Symposium on

Electronic Phenomena in Chemisorption and Catalysis on Semiconductors

held in Moscow, July 2–4, 1968

Edited by

Prof. Dr. K. HAUFFE

Institute of Physical Chemistry of the University
Göttingen, Germany

and

Prof. Dr. TH. WOLKENSTEIN

Institute of Physical Chemistry, Academy of Science
Moscow, USSR

123 Figures, 33 Tables

WALTER DE GRUYTER & CO.
vormals G. J. Göschen'sche Verlagshandlung · J. Guttentag, Verlagsbuchhandlung
Georg Reimer · Karl J. Trübner · Veit & Comp.

BERLIN 1969

Vorwort — Preface

In dem vorliegenden Buch sind die Vorträge veröffentlicht, die auf dem Symposium "Electronic Phenomena in Chemisorption and Catalysis on Semiconductors" anläßlich des 4. Internationalen Kongresses über Katalsye in Moskau im Juli 1968 gehalten wurden. Nachdem eine Veröffentlichung sämtlicher Vorträge in russischer Sprache vorgesehen ist, erschien es den Herausgebern empfehlenswert, die gleichen Vorträge auch in englischer Sprache – ausgenommen ein Beitrag in deutscher und einer in französischer Sprache – erscheinen zu lassen, um auch den der russischen Sprache nicht mächtigen Kollegen die Möglichkeit zum Studium dieser interessanten und anregenden Beiträge auf einem aktuellen Gebiet der Katalyse zu geben. Hierbei sind wir den Kollegen aus der UdSSR besonders dankbar, daß sie sich bereit fanden, ihre Beiträge in englischer Sprache zu verfassen, die mit kleinen sprachlichen Überarbeitungen nun vorliegen.

Wie der Leser merken wird, ist bedauerlicherweise die Einführung einer einheitlichen Symbolik nicht möglich gewesen. Dies macht sich besonders störend beim Lesen solcher Arbeiten bemerkbar, die formelmäßige Beschreibungen der Fehlordnungsreaktionen an der Oberfläche nichtstöchiometrisch aufgebauter Festkörper verwenden. In den vorliegenden Arbeiten wird neben der Symbolik von Kröger und Vink einerseits und der von Schottky andererseits auch die von Rees angewandt. Jede dieser Symboliken hat ihre Vorteile und Schwächen. Da eine einigende Absprache mit den Kollegen zur Beseitigung dieses Dilemmas einen weiteren, nicht vertretbaren Zeitverlust gebracht hätte, nachdem bereits ein solcher durch die verspätete Überarbeitung der Manuskripte verursacht wurde –

This book publishes the lectures, presented at the Symposium on "Electronic Phenomena in Chemisorption and Catalysis on Semiconductors" held in July 1968 at Moscow during the Fourth International Congress on Catalysis. Since the USSR publication is entirely in the Russian language, the editors believed that an English language edition (excepting one paper in French and one in German) would be desirable thus enabling scientists not possessing a knowledge of the Russian language to study these interesting and stimulatingly written contributions on actual problems in heterogeneous catalysis. We appreciate very much the ready willingness of the Russian colleagues for translating their papers into English. Only with small linguistic improvements, the papers are now available.

As the reader will recognize the introduction of uniform symbols was not possible. This is particularly inconvenient for the study of such papers which use descriptions of lattice-defect reactions on the surface of non-stoichiometrically composed solids. One will find the symbols introduced by Kröger and Vink on the one hand and by Schottky and even by Rees on the other. Each of these nomenclatures has its advantage and its weakness. To achieve agreement between the various speakers would have brought further time-consuming delay beyond that necessary for the detailed editing (the Press received the papers in April 1969) we preferred as earlier a publication as possible to preserve the freshness of these contributions.

However, this manko should not be so serious since the reader will be able to follow the content of the individual papers only with a small effort in transforming the employed symbols.

der Verlag erhielt diese erst druckfertig im April 1969 –, die Aktualität aber nur durch eine rasche Veröffentlichung gewährleistet ist, wurde auf die Schaffung einer einheitlichen Symbolik verzichtet. Dieses Manko sollte aber nicht so schwerwiegend sein, da der Leser mit einem vertretbaren Aufwand an Umdenken in den verwendeten Symbolen dem Inhalt ohne weiteres wird folgen können.

Die Themenwahl der hier vorliegenden Vorträge wurde von dem einen von uns (TH. WOLKENSTEIN) vorgenommen. Hierbei ist es natürlich selbstverständlich, daß für den wissenschaftlichen Inhalt dieser Beiträge der jeweilige Autor allein verantwortlich ist. Durch die Auswahl der Autoren, die aus verschiedenen Arbeitsrichtungen kommend auf dem Gebiet der heterogenen Katalyse tätig sind, werden teilweise ähnliche Fragestellungen von verschiedenen Gesichtspunkten aus behandelt, was den Reiz der Lektüre dieses Buches erhöhen dürfte.

Es ist zu hoffen, daß dieses Buch manche Anregungen dem Leser geben und ihn auch zur Kritik herausfordern möge. In einem solchen Fall wäre der Zweck dieses Buches erfüllt. Für die rasche Drucklegung und die angenehme Zusammenarbeit möchten wir dem Verlag sehr danken.

The choice of the speakers was determined by one of us (TH. WOLKENSTEIN). It is evident that every author is responsible for his own article. By the choice of the various authors who are active in research of heterogeneous catalysis from various viewpoints, it is very attractive to study the papers written about similar problems. The reader might consider that not all concepts discussed in this book are free of objections and of contradictions.

In spite of this, it is hoped that this book will not only stimulate the reader but will also invite his critical appraisal. In such a case, the book should have fulfilled the goal expected by the editors. Finally, we appreciated the cooperation with the Press very much.

K. HAUFFE, Göttingen

TH. WOLKENSTEIN, Moskau

Oktober 1969

Introduction

An International Symposium, devoted to the electronic phenomena in chemisorption and catalysis on semiconductors, was held in Moscow in July 1968. The Symposium was attended by more than 700 participants from 24 different countries. Nineteen lectures were delivered by distinguished specialists of the world representing research laboratories and educational institutions. These lectures are collected in the present volume.

The reader, in opening this book, sets foot on the surface of the semiconductor. Here the processes, which form the subject of the book, take their course. The surface of the semiconductor is at present attracting the growing interest of investigators of two entirely different trends.

On the one hand there are the physicists and engineers engaged in the physics of semiconductors and the construction of semiconductor devices. All the modern semiconductor technology is so to say focussed on the problem of the surface. Indeed the quality of semiconductor devices, which with each passing year find ever wider application, depends essentially on the properties of the surface. The instability of these properties and their unpredictable changes caused by temperature and environment lead to instability in the operation of semiconductor devices and hence a high rejection rate in their industrial production. In plant laboratories the efforts to reduce such waste are based mainly on empirical methods. The properties of the surface, the nature of the physico-chemical processes taking place on it, the role of environmental factors still remain undisclosed. To learn how to regulate the properties of the surface is a problem of prime importance in semiconductor technology.

On the other hand the semiconductor surface attracts the interest of investigators with quite another outlook: physico-chemists and chemists interested in adsorption and catalysis. The surface of the semiconductor is the sphere of action of various adsorptive and catalytic processes. Indeed, most semiconductors are catalysts of chemical reactions. It should be observed that in investigations of catalysis, we deal with the semiconductor surface more often than one might think. The fact is that many metals are usually covered with a semiconducting film; they are enclosed so to say in a semiconductor sheath, so that processes which apparently occur on the surface of the metal are in actual fact taking place on the surface of a semiconductor. The ultimate task facing investigators of catalysis is the selection of the catalyst: the question is to learn to produce sufficiently active catalysts for any specific reaction. However in industrial chemistry, as a rule, this problem still remains within the framework of pure empiricism. The physical mechanism of the catalytic act is still not entirely understood. To learn how to regulate the chemical and catalytic properties of the surface is a problem of prime importance in chemical technology.

The semiconductor surface thus presents a twofold interest: from the viewpoint of semiconductor physics and semiconductor technology, and from the viewpoint of chemical technology concerned with catalytic processes.

The semiconductor surface, an interface between two phases, is the meeting place for the main actors of the book. Some of them come to the surface from the gaseous phase – these are the gas molecules. The others come from the depths of the semiconductor – these are the free electrons and holes. The surface of the semiconductor, as the interface of the two phases, interacts with both phases on either side of it. The problem of the surface is thus not a two-dimensional problem as might seem at first sight, but, by its very nature, a three-dimensional problem. Investigators who forget about this, who conceive the surface as a two-dimensional world, will never solve its riddles.

The surface, like any other boundary, may be approached from two sides. Semiconductor physicists approach the surface from the solid. They come to the surface so to say from the bulk of the semiconductor. They investigate the surface in its interaction with the volume of the semiconductor, ignoring its interaction with the environment. Catalytic chemists, on the other hand, approach the surface from the gaseous phase. They investigate the interaction of the semiconductor surface with the surrounding gaseous phase, forgetting frequently about its interaction with the volume of the semiconductor. In each of these opposite approaches (taken separately) to the surface we are actually losing the surface itself: its behaviour, its properties elude us. In order to understand the surface we must consider it in conjunction with the two phases of which it is the interface. Such an approach to the surface is a characteristic feature of this book.

The surface of the semiconductor forms the interface between the two phases, and is at the same time the interface between two sciences: physics and chemistry. Here, in the words of Lomonosov, "physics and chemistry are so closely intertwined that the one cannot exist without the other."

Modern technology and industry frequently call our attention to problems bordering on two different sciences. Such problems are most promising from the scientific and practical points of view, but (due to historically determined circumstances) they usually show the slowest development.

The problem of the semiconductor surface which is vital for semiconductor technology on one hand, and for catalytic chemistry on the other, offers such an example. This book will therefore appeal both to physicists and to chemists. It is devoted essentially to chemical processes occuring on the semiconductor surface but considered here from the standpoint of physics. The ideas and conceptions of the electron theory of chemisorption and catalysis on semiconductors form the central theme of the book. Until now the problem was entirely in the hands of chemists but in recent years it is increasingly attracting the attention of physicists. The chemical problem of the catalytic activity of semiconductors may unquestionably be regarded as one of the problems of semiconductor physics.

Catalysis has two faces like the ancient God Janus: one of them is turned towards physics, the other towards chemistry. The penetration of physics into the problem of catalysis is a characteristic feature of the present stage of development of the science of catalysis. This is not the first time that physics invades the territory of chemistry as evidenced by the whole history of science. There is for instance the case of the theory of the chemical bond, which for many years operated merely with valence signs (having at its disposal nothing but these signs) until physics, using quantum mechanics, provided the physical meaning of these signs thereby disclosing the physical nature of the chemical forces.

Another characteristic feature of the book is that it represents the efforts of two types of investigators: experimentalists and theoreticians. These are workers of two different trades which are both equally necessary to improve our understanding of chemisorption and catalysis. The interrelation between experiment and theory can be expressed by the classical words of Lenin: "theory isolated from experiment is meaningless, experiment deprived of theory is sightless." Eperiment is the culture medium on which theory grows, while theory on its part, like footlights illuminates the experiment. Of course it is the experiment, from which we always proceed and to which we always return, that is the final judge of theory. The theorist always follows in the wake of the experimentator, and at the same time shows him his way. All the papers collected in this volume serve to illustrate this statement.

The authors of the book are representatives of the following countries: Belgium, Bulgaria, Britain, Czechoslovakia, Federal Republic of Germany, France, Italy, Japan,

Poland, Soviet Union, Spain, United States of America. This list alone shows that the electron trend in the development of the science of chemisorption and catalysis has proved its right to existence and is now widely acknowledged. The international character of this volume – the multiplicity of nations represented and the singleness of purpose – is still another of its characteristic features.

The book consists of two parts. The first is devoted to the mechanism of the chemisorption and catalytic act on the semiconductor. This part in its turn is divided into three sections: I. Theory of semiconductor catalysis; II. Mechanism of the chemisorption act; III. Mechanism of the catalytic act. The second part deals with the influence of external factors on the electronic and at the same time on the chemisorptive and catalytic properties of semiconductors. It comprises three sections: IV. Effect of impurities; V. Photoeffects; VI. Action of ionizing radiation.

The book opens with the paper of K. HAUFFE and R. STECHEMESSER. KARL HAUFFE is well known by his fundamental monograph "Reaktionen in und an festen Stoffen". HAUFFE is the author of a number of works on adsorption, catalysis, oxidation of metals, electrophotography. He is at the present time head of the division of Applied Physical Chemistry at the Institute of Physical Chemistry in Göttingen. In adsorption and catalysis HAUFFE is known as the initiator of the so-called "theory of the boundary layer" ("Randschichttheorie"), an original trend which has been developing since 1952.

The paper of HAUFFE and STECHEMESSER is theoretical in character. The authors of the three following papers (WOLKENSTEIN, TOMÁŠEK and KOUTECKÝ, PESHEV) are also theoreticians. KOUTECKY is known by his work on quantum chemistry of the surface. He is head of the Theoretical Department of the Institute of Physical Chemistry in Prague. PESHEV is a talented young Bulgarian theoretician working in the domain of electron theory. The paper of the Soviet researcher I. A. MYASNIKOV, author of the first experimental works on the electron theory in the USSR, is also in this group.

In the paper of the well known Spanish physico-chemist GARCIA DE LA BANDA concepts are developed which are similar to those of electron theory. The brief report of the American researchers BENSON, WALTERS and BOUDART bears a more particular character than the other papers. BOUDART is the author of the first work on electron theory in the USA, but in the last years he has given up this trend. The paper of V. F. KISELEV, head of the Laboratory of physico-chemistry of semiconductor surface at the Physical Department of Moscow State University, is directly concerned with the mechanism of catalysis.

The influence of additives on the catalytic and electronic properties of semiconductors is discussed in the paper of the American researcher PARRAVANO, known for his work on the doping of catalysts, in the paper of a group of French scientists headed by TEICHNER, collaborators of the Institute of Catalysis in Lyon (El SHOBAKY and GRAVELLE), and in the paper of the English authors BICKLEY and STONE. STONE, head of a Laboratory in Bristol, is known by his work on the influence of additives and on the photoadsorptive effect. In this group is also the paper of BIELANSKI and DEREN, representatives of the Krakov school widely known for its work in the domain of semiconductor catalysis.

A number of papers are concerned with the effect of illumination on the adsorptive capacity and catalytic activity of semiconductors. It must be observed that in photoadsorptive and photocatalytic effects the electronic mechanism of chemisorption and catalysis manifests itself more intensely and in a less veiled form than in many other phenomena. The photoadsorptive effect, discovered by J. A. HEDVALL more than 30 years ago and throroughly investigated by many authors including Soviet researchers headed by A. N. TERENIN, is discussed in the papers of E. MOLINARI (Italy) and T. KWAN (Japan), heads of the Italian and Japanese schools of photoadsorption. The photocatalytic effect is the topic of the paper by the young German researcher STEINBACH, pupil of G.-M. SCHWAB. The name of G.-M. SCHWAB is widely known in catalysis. During the last years he and his pupils have been working on photocatalysis. The paper of the well known

Soviet catalytist S. Z. ROGINSKY is concerned with a new effect: luminescence induced by adsorption.
Finally the last section of the book is devoted to radiation catalysis: it includes the paper of V. I. SPITSYN and I. E. MIKHAILENKO. SPITSYN is head of the Department of Radiochemistry of the Institute of Physical Chemistry in Moscow and is known by his work on the properties of catalysts with introduced radioactive additives.
The next paper is written by G. M. ZHABROVA, author of a number of interesting works concerned with the study of the influence of ionizing radiation on the catalytic properties of insulators and semiconductors. The book concludes with the paper of two Belgian researchers COEKELBERGS and CRUCQ. COEKELBERGS is head of a big laboratory in Bruxelles, generally engaged in research on radiation catalysis from the standpoint of the electron theory, which has contributed many interesting and valuable investigations.
This is a brief description of the content and the authors. We thought it necessary to introduce them to the reader. They are united by a common problem which they are considering from different aspects. All the scientists investigating catalysis, pursue the same final aim: to learn to control the catalyst, to vary its activity to the desired degree and in the desired direction. In order to achieve this we have to understand the phenomenon of catalysis. The deeper our insight into catalysis the greater will be our mastery of it.
Behind every macroscopic phenomenon there is always a hidden microscopic mechanism. To "understand" the phenomenon means to disclose this mechanism. This indeed is the leitmotiv of our book. The effort to reveal the microscopic mechanism of chemisorption and catalysis which is felt in each of the papers, is another characteristic feature of the book.
The aim of the electronic trend in catalysis is to penetrate to this underlying mechanism. That is why professor H. S. TAYLOR in his opening address at the First International Congress on catalysis held in Philadelphia in 1956, spoke of this electronic trend as of the general line in catalysis. Twelve years have passed since then. Most of the results described in our book were obtained during these twelve years. Does this mean that the number of problems facing us has become less? On the contrary it has augmented. Many of the problems discussed at the first Congress are now more or less completely solved but many new problems have arisen. "Each achievement of our knowledge always poses more problems than it solves. Every newly discovered land implies the existence of still unknown boundless continents" (LOUIS DE BROGLIE). Despite the brilliant achievements of our mind, or perhaps due to them, we are still surrounded by the mysteries of things. Their number increases as rapidly as we solve them. Therein lies the inexhaustibility of science. The world about us is infinitely complex and unceasingly challenges our understanding.
The phenomenon of catalysis is still not completely understood. Empirical methods still prevail in the selection of catalysts. The words of ROBERT BOYLE, who 300 years ago exclaimed "I hate empiricists, whose eyes and mind are covered with the soot from their own ovens" still ring in our ears. The microscopic mechanism of the catalytic act is only beginning to unfold before us.
Since, "daughter of amazement and curiosity" in the words of LOUIS DE BROGLIE is continuously presenting us with crossword puzzles. Every empty square awaits its letter, the only letter that will immediately resolve several words. In order to decipher the word "catalysis" we have still to fill a number of squares. That is what the authors of this book are trying to do. By solving this crossword puzzle we shall gain unlimited power over catalysts and be able to control them at will.

Moscow, October 1969 TH. WOLKENSTEIN

Contents

IV.
Influence of Impurities on Catalytic and Electronic Properties of Semiconductors

V.
Photoeffects in Chemisorption and Catalysis

VI.
Action of Ionizing Radiation on Catalytic and Electronic Properties on Semiconductors and Insulators

I.
Theory of Semiconductor Catalysis

1. Zur Randschicht-Theorie der Adsorption und Katalyse an Halbleiter-Katalysatoren

K. Hauffe und R. Stechemesser
Institut für physikalische Chemie der Universität Göttingen, Germany

Mit 10 Abbildungen

Abstract

In catalysis and adsorption often the electronic interaction of particles of one or several species plays a decisive role. The rate of reaction is significantly increased due to a drastic decrease of the activation energy of the rate-determining electron exchange step. Since for a successful investigation, a sufficient knowledge of the electronic structure of the catalyst is an indispensable presupposition, we consider only semiconducting catalysts. This restriction is understandable since the mechanism of the electronic reactions can be described by well-known relationships, such as the Boltzmann statistics and the electrochemical thermodynamics.
Because of the deviations from the stoichiometry of many inorganic compounds, we have to distinguish compounds with a metal excess and free electrons and compounds with a metal deficiency and free holes. The concentration of the electronic charge carriers can be characterized with the Fermipotential in the band model. The interaction of adsorbed particles with the semiconductor may be either weak (physisorption) or rather strong with a binding energy of about 1 ev (chemisorption, ionosorption). Often the chemisorptive bond may have heteropolar character due to direct electron exchange. We are particularly interested in this type of adsorption which we call ionosorption. Here, ions are adsorbed on the surface of a semiconductor representing a surface charge which is compensated by a corresponding space-charge. Depending on the adsorbing gas and the lattice-defect type, the space-charge layer is characterized by an accumulation or by a depletion of charge carriers. The equilibrium condition and the kinetics of ionosorption are derived under simplifying assumptions and discussed in detail. Since the chemisorption of charged particles is considered, the application of the Langmuir equation, derived for the adsorption of electrically neutral particles, is not appropriate. A generally valid equation of the amount of chemisorbed species as a function of the Fermipotential, the band edges, the diffusion potential and the electronic exchange level of the adsorbed species has been derived.
In the case of enrichment space-charge layers, the coverage of the surface at higher chemisorbed amounts depends only on the concentration of the electronic species on the surface and no more on the concentration in the bulk and, therefore, no dependence on the doping could be detected. Subsequently, the kinetics of chemisorption was described and the undesired side-reactions of the chemisorbed species with the lattice defects were discussed.
The knowledge of the direction of the electron transfer through the interface catalyst/chemisorbate is for the elucidation of the rate-determining step essential. It could be demonstrated by means of an electrochemical cell with a ZnO single crystal as electrode that electrons can preferentially leave the semiconductor starting the chemisorption but can hardly be injected from the chemisorbed particles into the catalyst. It can be assumed that the distance of the electronic exchange level from the conduction band is so large that the thermal energy is not sufficient to lift them into the conduction band. By actinic light (λ = 380 nm for ZnO), however, electrons and holes are generated in the semiconductor near the surface and are available for a surface reaction. Holes can react by recombination with the electrons trapped by the chemisorbed

particles while the electrons remain in the conduction band simulating an injection of free electrons. On the basis of these experiments, both the oxidation and the decarboxylation of formic acid on ZnO surfaces was studied and their mechanism clarified. Illumination has an accelerating influence on the rate of the reaction. In contrast to this, the oxidation of hydroquinone is strongly retarded by light.
Finally, the mechanism of the photoadsorption on zinc oxide is discussed. On the basis of WOLKENSTEIN's relations, conditions have been derived which indicate the presuppositions of an adsorption or a desorption under illumination. According to the derived relation:

$$\Delta = \Delta\eta_{-} - \Delta E_B^L - V_D \gtrless \text{Zero}$$

where ">" denotes photoadsorption and "<" photodesorption, it could be demonstrated that photoadsorption is only possible if $\Delta\eta_{-} = 1\text{–}2$ ev. But this is preferentially realizable by doping the zinc oxide with 0,1 mole % Li_2O or more.
In the first appendix, the conditions necessary for the photoadsorption according to WOLKENSTEIN have been derived. In the second appendix, the photoadsorption on thin ZnO films is discussed and WOLKENSTEIN's assumptions are revised.

1. Einleitung und Problemstellung

Wie man heute weiß, beschleunigt ein Katalysator eine Gasreaktion dadurch, daß Moleküle eines oder mehrerer Reaktionspartner an seiner Oberfläche adsorbiert werden und dabei in elektronische Wechselwirkung mit ihm treten. Wenn die Wechselwirkung die für den Reaktionsablauf maßgebende Aktivierungsenergie merklich herabsetzt – was häufig der Fall ist –, wird die Reaktionsgeschwindigkeit drastisch erhöht. Die Untersuchung dieser Vorgänge setzt voraus, daß die elektronischen Verhältnisse im Katalysator genügend bekannt und nicht zu kompliziert sind. Darum erschien es sinnvoll, sich mit einfachen Reaktionen an Halbleiter-Katalysatoren zu beschäftigen. Metall-Katalysatoren werden zunächst außer Acht gelassen, weil die Elektronentheorie der Metalle für einen Chemiker im allgemeinen erheblich schwieriger zu handhaben ist als die der Halbleiter (z. B. Oxide, Sulfide und deren Mischphasen), wo der Mechanismus des Elektronenaustauschs sich durch Gesetzmäßigkeiten (Boltzmann-Statistik, ideales Massenwirkungsgesetz und elektrochemische Thermodynamik) beschreiben läßt, die der Gedankenwelt der Chemiker bereits vertraut sind.
Um zu nachprüfbaren Ansätzen zu gelangen, wollen wir nur solche Reaktionen betrachten, die unter Elektronenaustausch ablaufen und die wir in die »Elektronische Randschicht-Katalyse« einordnen, da der Elektronenaustausch bis in eine gewisse Schichttiefe des Katalysators wirkt. Dieser Reaktionstyp ist von Mechanismen zu unterscheiden, bei denen der maßgebende Teilschritt nur durch Schwellenerniedrigung infolge von Oberflächen-Streufeldern katalysiert wird, ohne daß eine vorübergehende Abgabe oder Aufnahme von Elektronen in die bzw. aus der Randschicht des Katalysators stattfindet. Dieser als Heterogene Polarisations-Katalyse [1] bezeichnete Reaktionstyp wurde mittels quantenchemischer Vorstellungen über vorübergehende kovalente Bindungszustände eines am Katalysator temporär vorhandenen Teilchens wohl erstmalig von WOLKENSTEIN [2] diskutiert. In diesem Zusammenhang wurde der Begriff der freien Valenz eines Katalysators geprägt und somit der chemische Aspekt in die Elektronen-Prozesse eingeführt, was zu einer Erweiterung des Mechanismus der Katalyse führte [2].
Um aber, wie bereits gesagt, zu formulierbaren und nicht zu komplizierten Ausdrücken zu gelangen, werden wir bevorzugt die beiden extremen – aber im Experiment verifizierbaren – Adsorptionszustände, die Physisorption (= Adsorption in elektrisch neutraler Form) und die Chemisorption – auch Ionosorption genannt – (= Adsorption mit Ladungsaustausch), berücksichtigen. Ferner wird thermisches Gleichgewicht zwischen den freien Elektronen bzw. Defektelektronen im Halbleiterinnern und an der Ober-

fläche angenommen, ein wesentlicher Sachverhalt, den WOLKENSTEIN anfänglich vernachlässigte, später aber ebenfalls berücksichtigte. Hierdurch wird der Zusammenhang zwischen dem Reaktionsgeschehen an der Halbleiter-Oberfläche und der Elektronenkonzentration im Innern des Halbleiters verständlich. Wie jedoch noch später gezeigt wird, kann im Falle von ausgeprägten Anreicherungs-Randschichten das Reaktionsgeschehen an der Halbleiter-Oberfläche unabhängig von der Elektronenkonzentration im Innern des Katalysators werden.

Da jede heterogene Katalyse durch Adsorption zumindest eines der Reaktionspartner am Katalysator eingeleitet wird, erscheint es sinnvoll, sich zunächst mit der Adsorption von elektronenaufnehmenden und -abgebenden Gasen an geeigneten Halbleitern zu beschäftigen, wobei der Nachweis erbracht werden soll, daß dabei in der Tat Elektronenübergänge in beiden Richtungen auftreten, die durch Änderung der elektrischen Eigenschaften der Katalysatoren nachgewiesen werden können. Es muß also in der ersten Etappe unserer Bemühungen ein Zusammenhang zwischen Art und Ausmaß der Adsorption und der Elektronenfehlordnung des Katalysators gefunden werden, der dann später für einen Reaktionsablauf an der Oberfläche eines Katalysators erweitert wird. Zum besseren Verständnis der elektronischen Austauschvorgänge wird auch die Ad- und Desorption von Gasen an belichteten Photohalbleitern betrachtet, wobei wir von Überlegungen von WOLKENSTEIN ausgehen und durch zusätzliche Betrachtungen zu verstehen suchen, wie die durch Licht erzeugten Elektron-Lochpaare mit den an der Oberfläche ad- und desorbierenden Gasteilchen reagieren. Es darf bei der Untersuchung der Adsorption allein oder beim Studium eines katalytischen Vorganges mit vorgelagerten Adsorptionsschritten nicht vergessen werden, daß in den sich ausbildenden Raumladungs-Randschichten starke elektrische Felder wirken, die zu Ionenbewegung und sekundärer Reaktion führen. Diese unerwünschten Oberflächen-Reaktionen, die mit steigender Temperatur immer mehr ins Spiel kommen, täuschen höhere Oberflächen-Konzentrationen von adsorbierten geladenen Teilchen vor. Dieser Sachverhalt wiederum führt zu falschen Abschätzungen der Raumladungsfelder und der für die Katalyse zur Verfügung stehenden adsorbierten reaktionsfähigen Teilchen. Ferner werden durch derartige Oberflächen-Reaktionen Veränderungen der chemischen und physikalischen Struktur der Katalysator-Oberfläche bewirkt, was wiederum zu zeitlichen Änderungen des katalytischen Zustandes führen kann (z. B. Abnahme der katalytischen Aktivität = Altern).

Neben einer Vielzahl wertvoller Einzelbeiträge zur Elektronentheorie der heterogenen Katalyse an Halbleitern sind neben den Arbeiten von WOLKENSTEIN und seinen Mitarbeitern [2], sowie von HAUFFE und Mitarbeitern [3] ganz besonders die Beiträge von ROGINSKI und TERENIN mit ihren Schulen zu nennen [4] [5]. Fernerhin haben SCHWAB und Mitarbeiter [6] wertvolle experimentelle Beiträge geliefert. Ohne Zweifel repräsentiert die Mitwirkung der elektronischen Reaktionen nur einen – wenn auch sehr wichtigen – Reaktionsschritt. Daneben darf die Bedeutung anderer Teilvorgänge und Probleme, wie z. B. die Struktur und die geometrische Form von Molekül und Katalysator, wie sie von BALANDIN [7] und TAYLOR [8] bearbeitet wurden, und die chemische Natur der Reaktionsabläufe [9] nicht unterschätzt werden. Desgleichen bringen porige Katalysatoren zusätzliche Probleme in die Betrachtung, worüber zusammenfassend schon vor längerer Zeit WHEELER [10] berichtete.

Es ist einleuchtend, daß nur dann Geschwindigkeit und Selektivität der Reaktion durch die Konzentration der freien Elektronen und Defektelektronen beeinflußt werden, wenn elektronische Reaktionen als geschwindigkeitsbestimmende Teilschritte auftreten. Weil dieser Sachverhalt nicht immer genügend berücksichtigt wurde, ist in der Literatur der Bedeutung elektronischer Oberflächenvorgänge gelegentlich widersprochen worden. SCHLOSSER und HERZOG [11] [12] haben sich kürzlich an Hand neuerer Versuchsergebnisse mit diesem Mißverständnis auseinandergesetzt.

Entsprechend unserer Problemstellung werden in der vorliegenden Abhandlung die elektronischen Teilschritte während der Adsorption und auch während des Ablaufs einer einfachen Reaktion im Vordergrund des Interesses stehen. Es wird der Versuch unternommen, die Abhängigkeit der Reaktionsgeschwindigkeit von der Lage des Fermipotentials, der elektronischen Umladungsniveaus (= Austauschpotentiale) der reagierenden Moleküle und der Bandkanten des Halbleiters aufzuzeigen und Folgerungen für weitere Experimente zu ziehen.

2. Über den Elektronen-Mechanismus der Adsorption

2.1. Allgemeine Betrachtungen zur Fehlordnung und zum Bändermodell

Infolge des nicht-stöchiometrischen Aufbaus der meisten Oxide, Sulfide usw. existieren im Falle eines Metallüberschusses, wie z. B. im ZnO, freie Elektronen e' und Zinkionen auf Zwischengitterplatz $Zn^{\bullet\bullet}$ bzw. Sauerstoffionen-Leerstellen $|O|^{\bullet\bullet}$ und im Falle eines Metallunterschusses bzw. Nichtmetallüberschusses, wie z. B. im NiO, Defektelektronen $|e|^{\bullet}$ und Nickelionen-Leerstellen $|Ni|''$. Bei genügend hohen Temperaturen herrschen die folgenden Fehlordnungsgleichgewichte für ZnO:*)

(2.1.1) $$ZnO = Zn^{\bullet\bullet} + 2\,e' + \tfrac{1}{2}\,O_2\,(gas)$$

mit dem bei niedrigen Temperaturen merklichen Assoziations-Gleichgewicht

(2.1.2) $$Zn^{\bullet\bullet} + e' = Zn^{\bullet}$$

und für NiO:

(2.1.3) $$\tfrac{1}{2}\,O_2\,(gas) = NiO + |Ni|'' + 2\,|e|^{\bullet}$$

mit dem entsprechenden Assoziations-Gleichgewicht

(2.1.4) $$|Ni|'' + |e|^{\bullet} = |Ni|'$$

Eine Möglichkeit zur Schaffung einer höheren Elektronen- bzw. Defektelektronen-Konzentration und einer entsprechend niedrigeren Ionenfehlordnungs-Konzentration besteht darin, daß man ZnO mit Ga_2O_3 und NiO mit Li_2O dotiert gemäß:

(2.1.5) $$Zn^{\bullet} + Ga_2O_3 = 2\,Ga\,|Zn|^{\bullet} + e' + 3\,ZnO$$

bzw.

(2.1.6) $$|Ni|' + Li_2O = 2\,Li\,|Ni|' + |e|^{\bullet} + NiO$$

Durch diese Dotierung werden also nicht nur die Dichten der elektronischen Ladungsträger erhöht, sondern auch die der Ionenfehlordnungsstellen erniedrigt. Ein entgegengesetzter Effekt wird beobachtet, wenn man ZnO mit Li_2O und NiO mit Ga_2O_3 dotiert. Hier wird die Konzentration der Ionenfehlordnungsstellen erhöht und die der freien Elektronen bzw. Defektelektronen erniedrigt gemäß:

(2.1.7) $$Li_2O + e' = 2\,Li\,|Zn|' + Zn^{\bullet} + ZnO$$

bzw.

(2.1.8) $$Ga_2O_3 + |e|^{\bullet} = 2\,Ga\,|Ni|^{\bullet} + |Ni|' + 3\,NiO$$

---

*) Diese und alle folgenden Gleichungen, die sich auf die Fehlordnung beziehen, werden mittels der SCHOTTKYschen Minimalsymbolik geschrieben [13]: hier werden nur die Abweichungen vom idealen Gitter in die Gleichungen aufgenommen.

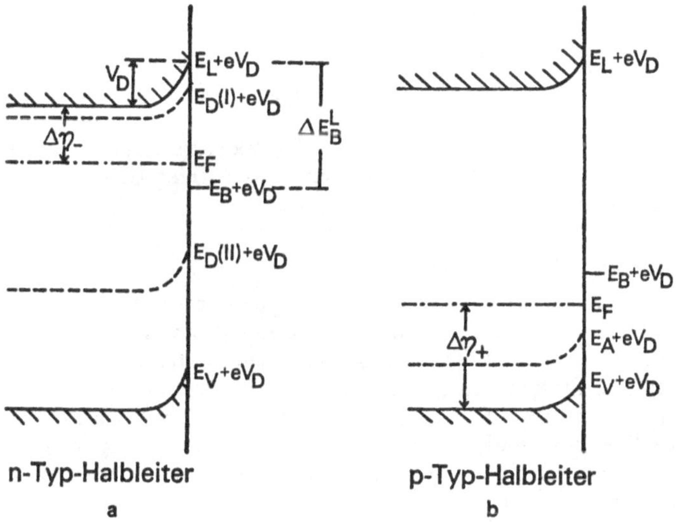

Abb. 1. Energiebändermodell für n-Typ- (a) und p-Typ-Halbleiter (b). E_F ist das Fermipotential und E_D(I) bzw. E_D(II) die Energie des 1. bzw. 2. Donatorniveaus. E_B ist das Austauschniveau der adsorbierten B-Teilchen und E_A die Energie des Akzeptorniveaus

Hier kennzeichnet Ga|Zn|• bzw. Ga|Ni|• ein Galliumion auf einem Zn- bzw. Ni-Ionen-Gitterplatz und Li|Ni|' bzw. Li|Zn|' ein Li-Ion auf einem Ni- bzw. Zn-Ionen-Gitterplatz. Im folgenden bezeichnen wir die Halbleiter mit freien Elektronen als n-Typ-Halbleiter und diejenigen mit freien Defektelektronen als p-Typ-Halbleiter.
Neben dieser atomistischen Beschreibungsweise hat sich in der Halbleiter-Physik zur Darstellung der energetischen Verhältnisse das erweiterte Bändermodell bewährt. Hier wird der Halbleiter charakterisiert durch ein ortsunabhängiges verbotenes Energieband, das nicht durch Elektronen besetzt werden kann. Unterhalb des verbotenen Energiebereichs erstreckt sich das Valenzband und oberhalb desselben das Leitungsband, in denen (abhängig von Zustandsdichte und Pauli-Prinzip) eine bestimmte Anzahl von Elektronen untergebracht werden und, solange die Bänder noch freie Plätze bieten, sich durch den Halbleiter bewegen können. Je nach Art der Abweichung von der Stöchiometrie gibt es im verbotenen Energiebereich jedoch lokalisierte Störstellen, die mit den Bändern Elektronen austauschen und dadurch in elektronisch besetzte und unbesetzte Zustände übergehen. Z. B. haben wir im Falle eines n-Typ-Halbleiters (Abb. 1a) in der Nähe der Leitungsbandkante mit der Elektronenenergie E_L den Donatorterm E_D (z. B. verursacht durch die Umladung $Zn^{\times} = Zn^{\bullet} + e'$), aus dem durch thermische Energie Elektronen frei beweglich ins Leitungsband gelangen, und im Falle eines p-Typ-Halbleiters in der Nähe der Valenzbandkante mit der Elektronenenergie E_V den Akzeptorterm E_A (z. B. verursacht durch die Umladung $|Ni|^{\times} = |Ni|' + |e|^{\bullet}$ *)), der durch Einfangen von Elektronen aus dem Valenzband für das Auftreten von beweglichen Defektelektronen verantwortlich ist (Abb. 1b).
Zur Charakterisierung der Elektronen- bzw. Defektelektronen-Konzentration führen wir das elektrochemische Potential der Elektronen bzw. Defektelektronen, η_- bzw. η_+, ein, das mit dem Fermipotential identisch ist [13]. Es ist definiert als die Summe des elektrischen Potentials V und des chemischen Potentials μ_- bzw. μ_+ der Elektronen bzw. der Defektelektronen:

---

*) Das liegende Kreuz am Symbol Zn und |Ni| kennzeichnet den elektrisch neutralen Zustand.

(2.1.9) $$\eta_- = \mu_- + eV = E_L + kT \ln (c_-/c_-^\circ) + eV$$

und

(2.1.10) $$\eta_+ = eV - \mu_+ = E_V - kT \ln (c_+/c_+^\circ) + eV$$

wo k die Boltzmann-Konstante, T die absolute Temperatur und e die Elementarladung ist, ferner c_-° bzw. c_+° die Entartungskonzentration der freien Elektronen bzw. Defektelektronen kennzeichnet.*)

2.2. Chemisorption und Raumladung

An der Oberfläche eines festen Körpers können zwei Grenztypen der Adsorption auftreten. Bei der einen ist die Bindungsenergie gering (etwa $\frac{1}{10}$ eV), die Bindungskräfte sind physikalischer Natur, z. B. Kräfte zwischen permanenten oder induzierten Dipolen (Physisorption). Die Bindungsenergie des anderen Adsorptionstyps beträgt etwa 1 eV, die Bindung ist chemischer Natur, d. h. es tritt eine Wechselwirkung zwischen den Elektronen des Teilchens und des festen Körpers ein (Chemisorption). Im Extremfall wird ein Elektron zwischen adsorbierten Gasteilchen und Festkörper ausgetauscht, die Oberflächenbindung wird heteropolar (Ionosorption). Dieser Fall wird uns vor allem beschäftigen. Er führt dazu, daß auf der Oberfläche des Festkörpers eine Oberflächenladung sitzt (z. B. als O_2^- oder O^-). Die Flächenladung wird im Falle eines n-Typ-Halbleiters die freien Elektronen im Oberflächenbereich des Katalysators abstoßen. Zurück bleiben die verhältnismäßig unbeweglichen positiven Donatoren. Sie schirmen die negative Flächenladung zum Halbleiterinneren hin ab. Es bildet sich also eine Randschicht aus, in der eine positive Raumladung sitzt. Als Folge tritt ein elektrisches Feld auf, das eine Verbiegung der Energiebänder bewirkt.

Einige Abschätzungen sind recht lehrreich. Die Bandaufbiegung dürfte von der Größenordnung der Bindungsenergie der chemisorbierten Teilchen sein, also rund 1 Volt betragen. In einem n-halbleitenden ZnO-Kristall beträgt die Konzentration der freien Elektronen etwa 10^{18}–$10^{19}/cm^3$ (abhängig von der Vorbehandlung). Praktisch genauso groß ist die Konzentration der Donatoren. Wird modellmäßig angenommen, daß durch die Oberflächenladung die Elektronen aus einer Schicht der Dicke d vollständig verdrängt, jenseits dieser Schicht aber überhaupt nicht beeinflußt werden, dann erhält man ein Kondensator-Modell der Randschicht, das sich leicht durchrechnen läßt. Für das Diffusionspotential $V_D = 1$ Volt ergibt sich als Schichtdicke

$$d = 1 \ldots 5 \cdot 10^{-6}\ \mathrm{cm}$$

Die Oberflächenbedeckung mit ionosorbierten B-Teilchen beträgt

$$\Gamma_{B^-} = 10^{13} \ldots 10^{14}/\mathrm{cm}^2$$

Da insgesamt $\Gamma_0 = 10^{15}/cm^2$ gleichwertige Oberflächenplätze vorhanden sind, ist nur 1 bis 10 % der verfügbaren Plätze besetzt. Bei alleiniger Physisorption kann dagegen eine vollständige Bedeckung erreicht werden.

Direkt an der Oberfläche beträgt der Wert des elektrischen Feldes $E(x=0)$ in der Randschicht 10^6 V/cm. Das dürfte etwa der Durchbruchs-Feldstärke im Festkörper ent-

---

*) E_L und E_V bedeuten ursprünglich Elektronenenergien, gemessen in eV (Elektronenvolt). Dividiert man durch e, den Betrag der Elementarladung, dann erhält man Elektronen-Potentiale, gemessen in Volt. Bei Verwendung der Einheiten eV und V ändert sich zwar die Dimension, nicht aber der Betrag der Größen. Daher werden oft gleiche Symbole für Energien und Potentiale ohne Unterscheidung gebraucht. Zu beachten ist jedoch, daß die übliche Definition der elektrischen Energien und elektrischen Potentiale genau umgekehrte Vorzeichen ergibt, da sie sich auf positive Ladungen beziehen. Daher wird hier der Zusatz „Elektronen-" benutzt.

sprechen und daher einen Ladungsabbau begünstigen oder eine weitere Chemisorption verhindern.

Nach diesen einführenden Betrachtungen wenden wir uns nun der Berechnung der – experimentell bestimmbaren – aufgenommenen Gasmenge zu. Da es sich um die Chemisorption geladener Teilchen handelt, ist die Anwendung der LANGMUIRschen Adsorptionsgleichung nicht erlaubt, da sie ausdrücklich für die Adsorption von elektrisch neutralen Teilchen aufgestellt wurde. Aus diesem Grunde mußte die LANGMUIRsche Theorie für den Fall der Adsorption geladener Teilchen verallgemeinert werden. Im Sinne elektrochemischer Prozesse war hier neben dem chemischen Potential μ das elektrische Potential V einzuführen. Bei der Ableitung wird elektronisches Gleichgewicht mit dem Inneren des Halbleiters vorausgesetzt und mit der Vereinfachung unbeweglicher Störstellen (= Ionenfehlordnungsstellen) operiert.

Wie sich jedoch später zeigen wird, können an einem Kristall mit merklichen Störstellen-Konzentrationen die Störstellen mit den chemisorbierten Teilchen mehr oder minder rasch reagieren, wodurch der Chemisorptionsvorgang einer direkten Beobachtung entzogen wird, sofern man nicht die Störstellen durch geeignete Dotierungen im Sinne der Gl. (2.1.5) und (2.1.6) vorher vernichtet. Allerdings wird hierdurch die Konzentration der freien Elektronen bzw. Defektelektronen ziemlich groß, die prozentuale Konzentrationsänderung dementsprechend gering.

Für die weiteren Betrachtungen wählen wir die Adsorption von A- und B-Teilchen aus der Gasphase an einem n- und einem p-Typ-Halbleiter, wie z. B. ZnO und NiO. Die Elektronen-Affinität der B-Teilchen soll so groß sein, daß nur mit einem Elektronenübergang vom Katalysator zum adsorbierten B-Teilchen gerechnet zu werden braucht. Hingegen sollen A-Teilchen Elektronen nur abgeben, aber nicht aufnehmen können. Prinzipiell sind stets die folgenden Teilschritte zu berücksichtigen:*)

(2.2.1) $B\,(gas) + o = B^{\times}\,(ads)$ Physisorption

und

(2.2.2a) $B^{\times}\,(ads) + e' = B^{-}\,(ads)$ } Ionosorption an ZnO

(2.2.2b) $B^{\times}\,(ads) = B^{-}\,(ads) + |e|^{\bullet}$ } Ionosorption an NiO

In ähnlicher Weise erhalten wir für die Adsorption der A-Teilchen:

(2.2.3) $A\,(gas) + o = A^{\times}\,(ads)$ Physisorption

und

(2.2.4a) $A^{\times}\,(ads) = A^{+}\,(ads) + e'$ } Ionosorption an ZnO

(2.2.4b) $A^{\times}\,(ads) + |e|^{\bullet} = A^{+}\,(ads)$ } Ionosorption an NiO

Im folgenden betrachten wir nur B-Teilchen, für A-Teilchen ergäben sich ähnliche Beziehungen. Da vorausgesetzt werden darf, daß die Physisorption viel rascher abläuft als die Chemisorption – denn sie wird im allgemeinen nicht durch eine Aktivierungsenergie behindert –, ist das Gleichgewicht des Teilschrittes (2.2.1) stets eingestellt:

$$\Gamma_{B^{\times}} = K_1\, p_B\, (\Gamma_0 - \Gamma_{B^{\times}} - \Gamma_{B^{-}})$$

Im Bereich niedriger Temperaturen ergibt sich die bekannte LANGMUIRsche Beziehung:

(2.2.5a) $$\Gamma_{B^{\times}} = (\Gamma_0 - \Gamma_{B^{-}})\,\frac{K_1\, p_B}{1 + K_1\, p_B}$$

---

*) o bedeutet einen unbesetzten Platz auf der Halbleiteroberfläche.

Γ_O, $\Gamma_{B^\times}$ und Γ_{B^-} sind darin die Oberflächen-Konzentrationen der überhaupt besetzbaren Plätze, der durch Physisorption und der durch Chemisorption besetzten Plätze. K_1 ist die Gleichgewichtskonstante für die Physisorption, p_B der Partialdruck des B-Gases. Bei höheren Temperaturen kann $\Gamma_{B^\times}$ neben Γ_{B^-} vernachlässigt werden, da die Bindungsenergie eines chemisorbierten Teilchens mit 1 eV etwa 10mal größer ist als die eines physisorbierten Teilchens. Andererseits kann Γ_{B^-} neben Γ_O vernachlässigt werden, wie oben durch eine Abschätzung gezeigt wurde.
Für die Chemisorption an einem n-Typ-Katalysator ergibt sich aus Gl. (2.2.2a) die Geschwindigkeitsgleichung

(2.2.5b) $$\frac{d\Gamma_{B^-}}{dt} = \alpha_- \Gamma_{B^\times} c_-(0) - \beta_- \Gamma_{B^-}$$

α_- ist der statistische Koeffizient der Wiedervereinigung von $B^\times$ und e'. Ferner ist β_- der Emissionskoeffizient für den Übergang eines Elektrons vom chemisorbierten B^--Teilchen ins Leitungsband, es gilt

(2.2.5c) $$\beta_- = \alpha_- c_-^0 \exp(-\Delta E_B/kT)$$

worin ΔE_B der Abstand des Umladungsniveaus von der Kante des Leitungsbandes (Abb. 1) und $c_-(0)$ die Elektronen-Konzentration im Halbleiter direkt an der Oberfläche ist. Ferner folgt aus Gl. (2.1.9) die folgende Verknüpfungsgleichung:

(2.2.5d) $$c_-(0) = c_-^0 \exp\{-(\Delta\eta_- + eV_D)/kT\}$$

mit $\Delta\eta_- = E_L - \eta_-$. Das sogenannte Diffusionspotential $V_D \equiv V(\xi = 0)$ ist noch völlig unbekannt.
Werden die Gl. (2.2.5a) bis (2.2.5d) zusammengefaßt, dann ergibt sich die endgültige Form der Geschwindigkeitsgleichung für die Chemisorption, die später noch diskutiert wird. Hier soll zunächst lediglich die Bedingung festgehalten werden, die sich daraus für den stationären Zustand ergibt, und zwar für den Fall, daß Sauerstoff in den Formen O^- und O_2^- chemisorbiert wird: *)

(2.2.6) $$\Gamma_{O^-} + \Gamma_{O_2^-} = \Gamma_o \frac{K_1 p_{O_2} \gamma}{1 + K_1 p_{O_2} \gamma}$$

worin

$$\gamma = \exp\{(-\Delta\eta_- - eV_D + \Delta E_B)/kT\}$$

Analoge Beziehungen lassen sich für die Chemisorption von A^+-Teilchen an einen p-Typ-Halbleiter aufstellen. Inwieweit die Desorptionsschritte genügend rasch ablaufen und damit Ionosorptionsgleichgewicht herrscht, hängt davon ab, wie stark die Emission von Elektronen bzw. Defektelektronen in den Halbleiter gehemmt ist.
Die abgeleitete Beziehung (2.2.6) ist aber noch nicht die gesuchte auswertbare Beziehung zwischen Gasdruck und chemisorbierter Gasmenge, denn sie enthält als unbekannte Größe V_D, die durch eine zusätzliche Rechnung eliminiert werden muß.
Durch die Ionosorption entstehen in einer gewissen Schichttiefe des Katalysators zur Kompensation der Oberflächenladung Raumladungen (im n-Typ-Halbleiter verursacht durch Donatoren), deren Dichte am Ort ξ wir mit $\rho(\xi)$ bezeichnen. Mittels der POISSON-Gleichung erhalten wir eine Verknüpfung zwischen dem Potential V und der Raumladung $\rho(\xi)$:

*) Wie bereits durch eine Abschätzung gezeigt wurde, ist häufig $\Gamma_{B^-} \equiv \Gamma_{O^-} + \Gamma_{O_2^-} \ll \Gamma_O$. Hiervon wurde Gebrauch gemacht. Dann muß nach Gl. (2.2.6) auch $K_1 p_{O_2} \gamma \ll 1$ sein, so daß der Nenner der Gleichung nahezu gleich 1 wird.

(2.2.7) $$\frac{d^2V}{d\xi^2} = \frac{4\pi}{\varepsilon}\,\varrho(\xi)$$

mit ε als Dielektrizitätskonstante der Raumladungs-Randschicht. Die Raumladungsdichte $\rho(\xi)$ am Orte ξ ist in einem p-Typ-Halbleiter gegeben durch

(2.2.8) $$\varrho(\xi) = e\,[c_+(\xi) - c_+(H)]$$

und in einem n-Typ-Halbleiter durch

(2.2.9) $$\varrho(\xi) = e\,[c_-(H) - c_-(\xi)]$$

Hier bedeuten $c_+(H)$ und $c_-(H)$ die Konzentration der Defektelektronen und Elektronen tief im Innern eines p- bzw. n-Typ-Halbleiters, wo sie die Raumladung der Akzeptoren bzw. Donatoren genau kompensieren, und $c_+(\xi)$ bzw. $c_-(\xi)$ die entsprechende Konzentration in der Raumladungs-Randschicht am Ort ξ.
Unter Berücksichtigung der BOLTZMANN-Gleichungen für einen p- bzw. n-Typ-Halbleiter

(2.2.10) $$c_+(\xi) = c_+(H)\exp(eV(\xi)/kT)$$

bzw.

(2.2.11) $$c_-(\xi) = c_-(H)\exp(-eV(\xi)/kT)$$

und der bekannten Verknüpfungsgleichungen zwischen c_+ und c_- und dem Fermipotential

(2.2.12) $$c_+(H) = c_+^\circ \exp(-\Delta\eta_+/kT)$$

und

(2.2.13) $$c_-(H) = c_-^\circ \exp(-\Delta\eta_-/kT)$$

erhalten wir schließlich aus Gl. (2.2.7) durch Integration die folgenden Beziehungen mit $V(\xi = 0) = V_D$ [14]:
Für einen p-Typ-Halbleiter

(2.2.14) $$\left(\frac{dV}{d\xi}\right)^2_{\xi=0} = \frac{8\pi c_+^\circ kT}{\varepsilon}\exp(-\Delta\eta_+/kT)\left[\exp(eV_D/kT) - \frac{eV_D}{kT} - 1\right]$$

und für einen n-Typ-Halbleiter

(2.2.15) $$\left(\frac{dV}{d\xi}\right)^2_{\xi=0} = \frac{8\pi c_-^\circ kT}{\varepsilon}\exp(-\Delta\eta_-/kT)\left[\exp(-eV_D/kT) + \frac{eV_D}{kT} - 1\right]$$

Entsprechend dem Bändermodell in Abb. 1 ist $\Delta\eta_+ = \eta_+ - E_V$ bzw. $\Delta\eta_- = E_L - \eta_-$.
Für die Chemisorption von Sauerstoff an einem p- bzw. n-Typ-Halbleiter unter der Annahme eines gleichzeitigen Auftretens von O^- (ads) und O_2^-(ads) ergeben sich wegen

$$-4\pi e\,(\Gamma_{O^-} + \Gamma_{O_2^-}) = 4\pi\int_0^\infty \varrho(\xi)\,d\xi = \varepsilon\int_0^\infty \frac{d^2V}{d\xi^2}\,d\xi = \left(\varepsilon\frac{dV}{d\xi}\right)_{\xi=0}$$

die folgenden Ausdrücke [15]: Für einen p-Typ-Halbleiter (Anreicherungs-Randschicht)

(2.2.16) $$(\Gamma_{O^-} + \Gamma_{O_2^-})^2 = \frac{\varepsilon kT}{2\pi e^2}\,c_+^\circ \exp(-\Delta\eta_+/kT)\left[\exp(eV_D/kT) - \frac{eV_D}{kT} - 1\right]$$

bzw. für einen n-Typ-Halbleiter (Verarmungs-Randschicht)

(2.2.17) $$(\Gamma_{O^-} + \Gamma_{O_2^-})^2 = \frac{\varepsilon kT}{2\pi e^2}\,c_-^\circ \exp(-\Delta\eta_-/kT)\left[\exp(-eV_D/kT) + \frac{eV_D}{kT} - 1\right]$$

Nun könnte man versuchen, Gl. (2.2.16) bzw. (2.2.17) nach V_D aufzulösen und das Ergebnis in Gl. (2.2.6) einzusetzen. Es entstände eine Beziehung zwischen $\Gamma_{O^-} + \Gamma_{O_2^-}$ und dem Gasdruck p_B ($\equiv p_{O_2}$), in der als Parameter noch die Elektronen-Konzentration im Halbleiter, die Temperatur, die Zahl der verfügbaren Oberflächenplätze und die Lage des Umladungsniveaus enthalten sind. Leider ist aber eine solche Auswertung in geschlossener Form nicht möglich.

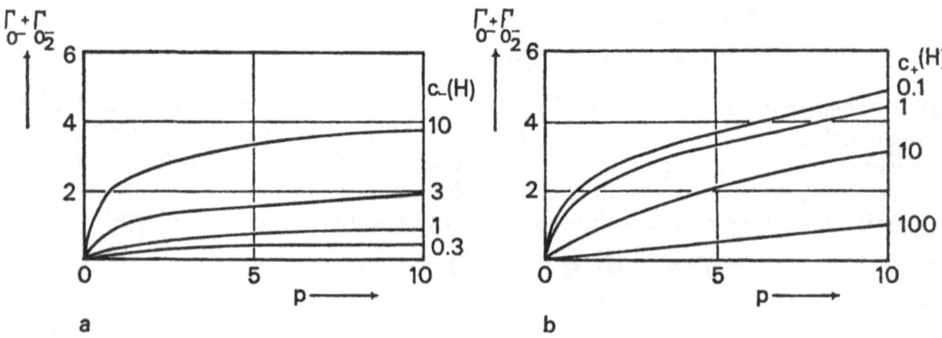

Abb. 2. Oberflächenbedeckung bei Chemisorption von Sauerstoff als Funktion des Gasdruckes p bei verschiedenen Ladungsträger-Konzentrationen im Halbleiter $c_-(H)$ bzw. $c_+(H)$ (in willkürlichen Einheiten)
a) für einen n-Typ-Halbleiter
b) für einen p-Typ-Halbleiter

Aus diesem Grunde wurde eine numerische Auswertung angewandt, deren Ergebnis in Abb. 2 dargestellt ist. Tritt eine Ladungsträger-Verarmung während der Chemisorption auf, so zeigen die Γ-p-Kurven eine gewisse Ähnlichkeit mit LANGMUIR-Isothermen, wenn auch die Bedeckung infolge der hohen elektrischen Felder in der Randschicht im allgemeinen viel geringer als eine monomolekulare Bedeckung ist. Auch die «Sättigungs»-Konzentrationen stehen in keinerlei Zusammenhang mit der monomolekularen Bedeckung. Die Bedeckung steigt anfänglich steil mit dem Druck, zeigt aber im weiteren Verlauf der Chemisorption nur noch eine sehr schwache Druckabhängigkeit, es gilt angenähert $\Gamma \sim \log p$. Die Oberflächenkonzentration folgt der Elektronen-Konzentration im Halbleiterinnern gemäß:

$$\Gamma \sim \sqrt{c_\pm(H)}$$

Bei Ladungsträger-Anreicherung steigt die Bedeckung mit steigendem Druck laufend an, eine Sättigung zeichnet sich nicht ab. Bei höheren Drucken gilt näherungsweise $\Gamma \sim p^{1/3}$. Nur bei hoher Ladungsträger-Konzentration $c_+(H)$ im Innern ist die Bedekkung umgekehrt proportional zu ihr. Bei geringeren Konzentrationen bzw. höheren Bedeckungen wird Γ unabhängig von $c_+(H)$.
Dieser Grenzfall soll an Hand der Gl. (2.2.16), die für p-Typ-Halbleiter gilt, erläutert werden. Bei zunehmender Adsorption von B^- (im speziellen Fall O_2^- und O^-) wächst V_D an. Bald spielt in der eckigen Klammer von Gl. (2.2.16) nur noch das Exponentialglied eine Rolle, es wird also

$$\Gamma_{B^-}^2 = \frac{\varepsilon kT}{2\pi e^2} c_+^\circ \exp\{(-\Delta\eta_+ + eV_D)/kT\} = \frac{\varepsilon kT}{2\pi e^2} c_+(0) \tag{2.2.18}$$

Bei starker Chemisorption hängt die Oberflächenbedeckung nur noch von der Defektelektronen-Konzentration an der Oberfläche ab, nicht mehr von der Konzentration $c_+(H)$ im Innern des Halbleiters. Die Chemisorption wird also in einem gewissen Bereich auch unabhängig von der Dotierung. Aus Gl. (2.2.16) folgt außerdem, wenn man sich nicht von vornherein auf $\xi = 0$ festlegt, daß für genügend kleine ξ gilt [12]

$$c_+(\xi) = c_+(0) \Big/ \left(1 + \frac{2\pi e^2 \Gamma_{B^-}}{\varepsilon k T}\,\xi\right)^2 \qquad (2.2.19)$$

Abb. 3 veranschaulicht diesen Fall. Entsprechendes gilt für die Adsorption von A^+-Teilchen an einem n-Typ-Halbleiter.

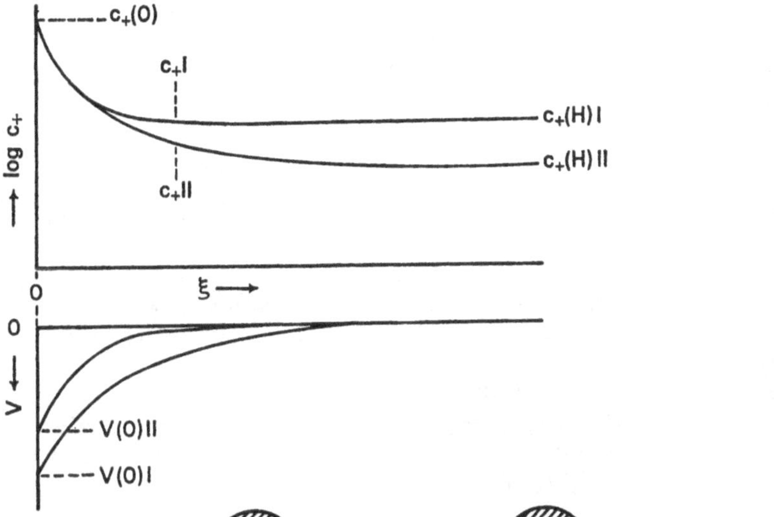

Abb. 3. Ladungsträger-Konzentration c_+ und Potential V in einem p-Typ-Halbleiter bei Chemisorption von Akzeptor-(B)-Teilchen als Funktion des Abstandes ξ nach SCHLOSSER und HERZOG. Bei höherer Bedeckung ist die Konzentration $c_+(0)$ an der Oberfläche unabhängig von der Konzentration im Halbleiterinnern, $c_+(H)I$ und $c_+(H)II$

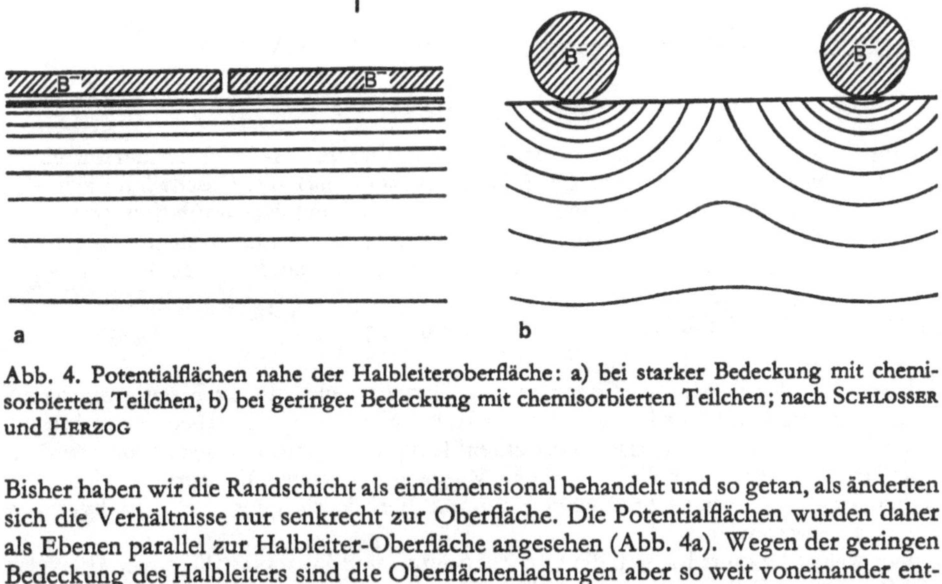

Abb. 4. Potentialflächen nahe der Halbleiteroberfläche: a) bei starker Bedeckung mit chemisorbierten Teilchen, b) bei geringer Bedeckung mit chemisorbierten Teilchen; nach SCHLOSSER und HERZOG

Bisher haben wir die Randschicht als eindimensional behandelt und so getan, als änderten sich die Verhältnisse nur senkrecht zur Oberfläche. Die Potentialflächen wurden daher als Ebenen parallel zur Halbleiter-Oberfläche angesehen (Abb. 4a). Wegen der geringen Bedeckung des Halbleiters sind die Oberflächenladungen aber so weit voneinander entfernt, daß in der Nähe der einzelnen Ladungen die Potentialflächen sphärisch gekrümmt sind (Abb. 4b). SCHLOSSER und HERZOG [12] haben diesen Punkt für den p-Typ-Halbleiter NiO eingehend diskutiert und sind zu dem Schluß gekommen, daß rund 98% der Raumladung in einem Quader von weniger als $\frac{1}{4}$ Elementarzelle des NiO um die chemisorbierten B^--Teilchen konzentriert sind, so daß man sagen kann: unter jedem chemisorbierten B^- ist ein Defektelektron fixiert (Abb. 5).

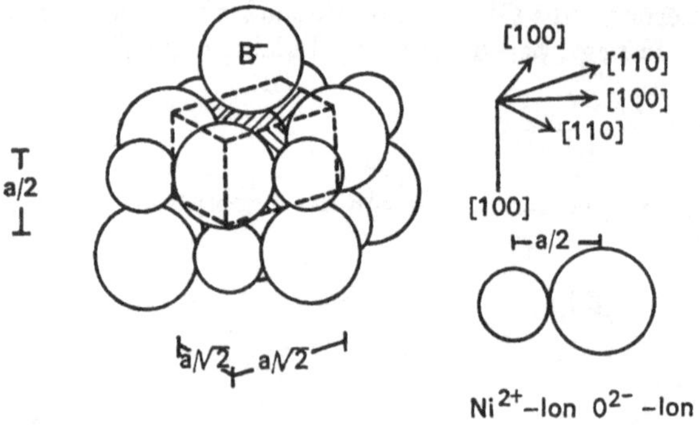

Abb. 5. Wird an NiO ein Akzeptorteilchen B^- chemisorbiert, dann sind 98% der positiven Raumladung, die die Ladung der Oberflächenteilchen kompensieren, in dem gestrichelt gezeichneten Quader (Volumen = ¼ Elementarzelle) konzentriert; nach SCHLOSSER und HERZOG

Wie nochmals betont werden soll, können häufig zusätzliche Komplikationen dadurch auftreten, daß die in der Raumladungs-Randschicht verfügbaren Ionen-Fehlordnungsstellen nicht als unbeweglich angenommen werden dürfen. Vielmehr können mehr oder minder intensive Reaktionen zwischen den chemisorbierten Teilchen und den Fehlordnungsstellen des Katalysators auftreten. Eine Beteiligung von Gitterionen ist ebenfalls ins Auge zu fassen. Bevor wir jedoch auf diesen Sachverhalt eingehen, wollen wir erst einige Betrachtungen über die Kinetik der Chemisorption einschieben.

2.3. Zur Kinetik der Chemisorption

Die Geschwindigkeitsgleichung für die Chemisorption von B-Teilchen an einem n-Typ-Halbleiter entsteht durch Kombination der Gl. (2.2.5). Das Ergebnis lautet bei Vernachlässigung von Γ_{B^-} neben Γ_o:

(2.3.1)
$$\frac{d\Gamma_{B^-}}{dt} = \alpha_- \Gamma_\circ \frac{K_1 p_B}{1+K_1 p_B} c_-^\circ \exp\{-(\Delta\eta_- + eV_D)/kT\}$$
$$- \alpha_- \Gamma_{B^-} c_-^\circ \exp(-\Delta E_B/kT)$$

Analoge Gleichungen ergeben sich für die Adsorption von A-Teilchen oder für einen p-Typ-Halbleiter. Wie man aus Gl. (2.3.1) erkennt, muß die Geschwindigkeit der Chemisorption der B-Teilchen mit steigender Elektronen-Konzentration bzw. mit kleiner werdendem $\Delta\eta_-$ zunehmen. Am Anfang der Chemisorption können wir in guter Näherung den Desorptionsschritt vernachlässigen und erhalten:

(2.3.2)
$$\frac{d\Gamma_{B^-}}{dt} = \alpha_- \Gamma_\circ \frac{K_1 p_B}{1+K_1 p_B} c_-(0)$$

d. h. eine mit der Zeit lineare Chemisorption. Experimente, die zur Bestätigung dieser Beziehung ausgeführt wurden, waren insofern unbefriedigend, als neben den elektronischen Reaktionen die mehrfach erwähnten Reaktionen mit Donatoren und andere Oberflächen-Reaktionen abliefen, die den Vorgang der reinen Adsorption weitgehend überdeckten [16]. Neue Untersuchungen unter Berücksichtigung dieses Sachverhalts wären wünschenswert.

Immer wieder bewährt hat sich die von ZELDOVICH und ROGINSKI [17] sowie ELOVICH und ZHABROVA [18] empirisch gefundene Formel

(2.3.3)
$$\frac{d\Gamma}{dt} = a\,p\,\exp(-\alpha\Gamma)$$

mit konstanten Werten für a und α. Daraus folgt ein logarithmisches Zeitgesetz für die Chemisorption. Diese Formel kann man aus den Gl. (2.3.2) und (2.2.17) ableiten, wenn man eine Aktivierungsenergie E_a für die Einstellung des Chemisorptionsgleichgewichtes einführt (Abb. 6) und eine so geringe Bedeckung Γ_B- annimmt, daß $eV_D \ll kT$ ist. Es ergibt sich eine Gleichung vom Typ (2.3.3) [15]:

$$\frac{d\Gamma}{dt} = kpc_{\mp}(H)\,\Gamma_S \exp\left\{\frac{-E_a}{RT} - z\,\Gamma\left(\frac{4e^2}{\varepsilon kT c_{\mp}(H)}\right)^{\frac{1}{2}}\right\} \tag{2.3.4}$$

Γ_s ist die Oberflächen-Konzentration der chemisorbierten Teilchen bei Adsorptions-Sättigung, $c_{\mp}(H)$ die Konzentration der freien Elektronen bzw. Defektelektronen im Halbleiterinneren.

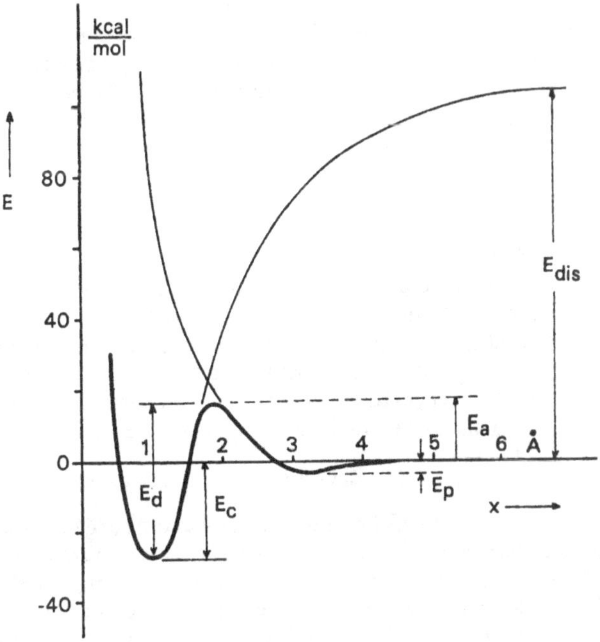

Abb. 6. Potentialmulden für Physisorption und Chemisorption. Energie- und Längenskala geben lediglich typische Werte an. E_a ist die Aktivierungsenergie für die Chemisorption, E_d die Aktivierungsenergie für die Desorption und Ep die durch van der Waalskräfte verursachte Energie der Physisorption

Über die Kinetik der Chemisorption liegt ein umfangreiches Material vor. Allen diesen Experimenten gemeinsam sind zwei Tatsachen:

1. Die Aufnahme des Gases am Halbleiter folgt einem logarithmischen Zeitgesetz.
2. Die Adsorptionsisotherme läßt sich nicht durch die Beziehung von LANGMUIR darstellen, sie folgt eher der empirischen FREUNDLICHschen Beziehung.

Wie bereits mehrfach betont [16], kann der Vorgang der Chemisorption in Anwesenheit von Ionenstörstellen in Oberflächennähe mehr oder minder stark von einer Oberflächen-Reaktion verfälscht werden. Dies sei am Beispiel der Chemisorption von CO an Nickeloxid erläutert. Da NiO ein p-Typ-Halbleiter mit Defektelektronen $|e|^{\bullet}$ ist und an seiner Oberfläche eine mehr oder minder große Menge an chemisorbierten Sauerstoff-Teilchen vorhanden ist, kann CO in folgender Weise adsorbieren:

$$CO\,(gas) + O^-(ads) + |e|^{\bullet} = \overset{\times}{CO_2}(ads) \tag{2.3.5}$$

und

$$CO\,(gas) + |e|^{\bullet} = CO^+\,(ads) \tag{2.3.6}$$

Während Reaktion (2.3.5) das elektrische Feld in der Raumladungs-Randschicht abbaut, da sowohl negative Oberflächen-Ladungen als auch positive Raumladungen in äquivalenten Mengen verschwinden, wird durch den Chemisorptionsvorgang (2.3.6) eine positive Oberflächenladung mit einer negativen Raumladung geschaffen bzw. vermehrt. Das hierdurch entstehende elektrische Feld kann nun die folgende Oberflächen-Reaktion begünstigen:

(2.3.7) $$CO^{+}\,(ads) + NiO + |Ni|' = CO_2^{\times}\,(ads)$$

wobei es zu einer Vernichtung von Nickelionen-Leerstellen kommt unter gleichzeitigem Abbau des elektrischen Feldes in der Raumladungs-Randschicht. Bei genügend tiefen Temperaturen kann jedoch die Mitwirkung von Oberflächen-Reaktionen weitgehend unterdrückt werden. Sollte aber die Anwendung einer so niedrigen Temperatur nicht möglich sein, dann kann die Leerstellen-Konzentration durch eine geringe Dotierung mit Li_2O so klein gemacht werden, daß eine nennenswerte Oberflächen-Reaktion im Sinne von (2.3.7) nicht mehr eintreten kann. Inwieweit die gleichzeitig eintretende Verschiebung des Fermipotentials eine Verschlechterung der katalytischen Aktivität des Nickeloxids verursacht, ist in jedem Fall gesondert zu prüfen.

2.4. Über die Richtung des Elektronen-Durchtritts durch die Phasengrenze Katalysator/Chemisorbat

Entsprechend dem allgemeinen Reaktionsschema der an der Katalysator-Oberfläche reagierenden A- und B-Teilchen interessiert die Frage, welcher der beiden Chemisorptionsvorgänge der schnellere ist, derjenige, der Elektronen vom Katalysator aufnimmt, oder derjenige, der Elektronen an den Katalysator abgibt. Dieser Sachverhalt sei am Beispiel des n-Typ-Katalysators ZnO diskutiert. Zu diesem Zwecke wurde ein ZnO-Einkristall als Elektrode in der folgenden elektrochemischen Kette [19] [20]:

(I) **In | ZnO-Einkristall | Redox-Elektrolyt | Pt**

eingesetzt und die elektronischen Austauschvorgänge durch die ZnO-Oberfläche mittels anodischer und kathodischer Polarisation studiert. Als Redox-System wurde z. B. Chinhydron verwandt. Wie aus Abb. 7 zu erkennen, tritt bei anodischer Polarisation der ZnO-Elektrode im Dunkeln nur ein sehr kleiner Strom auf ($i < 10^{-8}$ Amp/cm^2, Sperrwirkung), während bei kathodischer Polarisation ein verhältnismäßig großer Strom von $> 10^{-4}$ Amp/cm^2 beobachtet wurde. Dieser Befund läßt erkennen, daß der Übergang von Elektronen aus dem Katalysator an das chemisorbierte Redox-System erheblich leichter erfolgt als umgekehrt. Strahlt man nun Licht einer Wellenlänge von ≤ 380 nm ein, so beobachtet man, daß nunmehr auch bei anodischer Belastung der ZnO-Elektrode ein großer Strom von etwa 10^{-4} Amp/cm^2 fließt. Hieraus dürfen wir schließen, daß bei Belichtung der ZnO-Oberfläche auch Elektronen von den adsorbierten Teilchen in das Zinkoxid übertreten können, und zwar durch Rekombination der Elektronen mit den im Valenzband durch Licht erzeugten Defektelektronen. Auf Grund dieses experimentellen Befundes kann man die folgenden Reaktionsschritte vorschlagen:

(2.4.1) $$A\,(gas) + e' \sim |e|^{\bullet} \rightarrow A^{+}\,(ads) + e'$$

oder

(2.4.2) $$B^{-}(ads) + e' \sim |e|^{\bullet} \rightarrow B^{\times}\,(ads) + e'$$

Hier bedeutet $e' \sim |e|^{\bullet}$ ein Elektron-Lochpaar, das durch Licht im Oberflächenbereich des Zinkoxids erzeugt wird, und das liegende Kreuz gibt den elektrisch neutralen Zustand an [20].

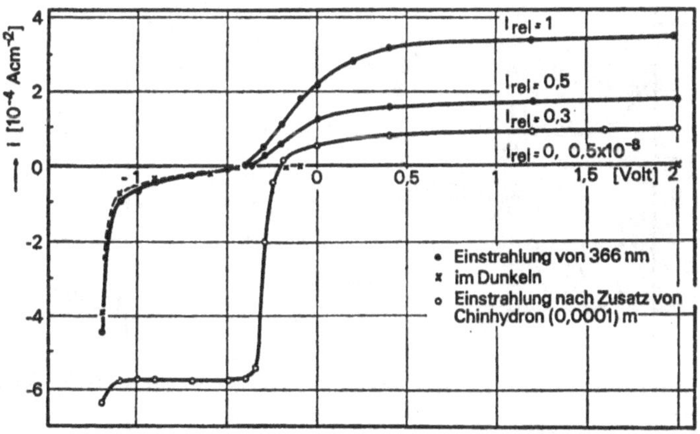

Abb. 7. Strom-Spannungskurven der elektrochemischen Kette I mit einer ZnO-Elektrode in einer azetatgepufferten m/2-KCl-Lösung (pH = 4,6) bei verschiedenen relativen Lichtintensitäten I_{rel} mit und ohne Zusatz von Chinhydron als Redoxsystem nach Hauffe und Range

Wie man aus den obigen Versuchen schließen muß, ist ein Übertritt von Elektronen aus chemisorbierten Teilchen ins Zinkoxid häufig erschwert, sofern nicht durch einen exothermen Folgeschritt

(2.4.3) $$A\,(gas) + B^-(ads) \rightarrow AB\,(gas) + e'$$

die für die Emission erforderliche Energie aufgebracht wird, wie das offenbar bei der Oxydation von Hydrochinon an dunklen ZnO-Oberflächen der Fall zu sein scheint, wie noch weiter unten gezeigt wird. Dieser Sachverhalt läßt erwarten, daß wohl eine Chemisorption von Sauerstoff sehr rasch erfolgen kann, da sie mit einem Übertritt von Elektronen aus dem ZnO zum Sauerstoff verbunden ist:

(2.4.4) $$O_2\,(gas) + e' = O_2^-(ads)$$

aber eine Desorption ohne Hilfe einer exothermen Desorptions-Reaktion stark gehemmt sein sollte, da sie ja mit einer Emission von Elektronen ins Leitungsband verbunden ist. Auf Grund dieser Situation sollte eine Erzeugung von Elektron-Lochpaaren eine Beschleunigung der Desorption gemäß Gl. (2.4.2) zur Folge haben.

Über die entscheidende Mitwirkung von Elektron-Lochpaaren bei der Oxydation von Ameisensäure am ZnO-Katalysator liegen aufschlußreiche Versuchsergebnisse von Freund und Morrison [19] vor, die den Reaktionsablauf

(2.4.5) $$HCOOH + O_2 \rightarrow CO_2 + H_2O_2$$

in einer elektrochemischen Kette studierten. Im Falle der Decarboxylierung von Ameisensäure, die bei Abwesenheit von Sauerstoff beobachtet wird, setzt offenbar bei Belichtung der ZnO-Oberfläche bevorzugt eine Entladung von Ameisensäure-Anionen ein [19] [30]:

(2.4.6) $$HCOO^-\,(aq) + e' \sim |e|^\bullet \rightarrow HCOO^*\,(ads) + e'$$

gefolgt von einem Zerfall des Radikals HCOO*(ads) mit einer infolge des exothermen Teilschrittes auftretenden Emission von Elektronen ins Leitungsband (Abb. 8):

(2.4.7) $$HCOO^*\,(ads) \rightarrow CO_2\,(aq) + H^+\,(aq) + e'$$

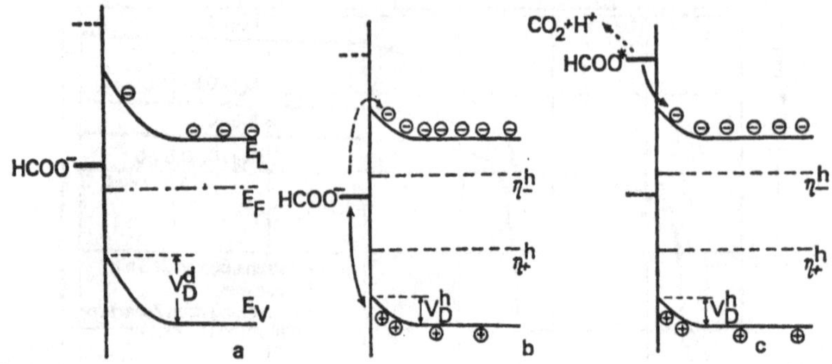

Abb. 8. Energieschema zur Oxydation der Ameisensäure an einem Zinkoxid-Katalysator nach HAUFFE und RANGE:

a) im Dunkeln: $HCOO^-$ adsorbiert

b) bei Belichtung: Rekombination und Radikalbildung gemäß Gl. (2.4.6), Elektronen-Emission erschwert

c) bei Belichtung: Elektronen-Emission vom energiereichen Radikal HCOO*(ads) und Desorptionsreaktion mit Zerfall gemäß Gl. (2.4.7)

η_-^h und η_+^h sind Quasi-Fermipotentiale, vgl. (2.5.11) und (2.5.12)

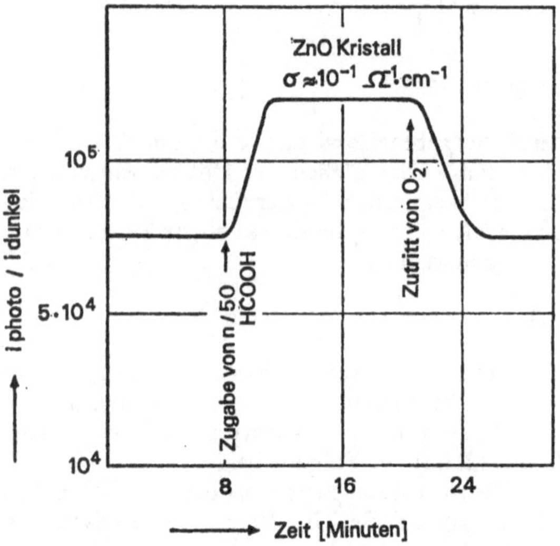

Abb. 9. Zeitlicher Verlauf des Verhältnisses des Photo- und Dunkelstromes i_{photo}/i_{dunkel} von ZnO bei anodischer Belastung in einem mit N_2 gespülten Elektrolyten bei Zugabe von Ameisensäure (annähernd Stromverdopplung) nach HAUFFE und RANGE. Bei Zugabe von O_2 verschwindet diese Stromzunahme wieder

Durch den Folgeschritt (2.4.7) muß bei Abwesenheit von Sauerstoff bei anodischer Polarisation des ZnO eine Verdoppelung des Stromes eintreten, die auch in der Tat beobachtet wurde (Abb. 9).

Fügt man nun Sauerstoff hinzu, so wird die Verdoppelung des Stromes aufgehoben, da Teilschritt (2.4.7) durch den folgenden ersetzt wird (Abb. 9):

(2.4.8) $$HCOO^* (ads) + O_2 (aq) \rightarrow CO_2 (aq) + H^+ (aq) + O_2^- (ads)$$

Da stets eine mehr oder minder große Menge an H_2O_2 gebildet wird, kann man für den weiteren Reaktionsablauf, wo aus Elektroneutralitätsgründen elektronenverbrauchende Teilvorgänge ablaufen müssen, die folgenden Teilschritte vorschlagen:

(2.4.9) $O_2^-(ads) + H^+(aq) \rightarrow HO_2^\times(ads)$

und

(2.4.10) $HO_2^\times(ads) + e' + H^+(aq) \rightarrow H_2O_2(aq)$

(2.4.11) $HO_2^\times(ads) + HCOO^*(ads) \rightarrow CO_2(aq) + H_2O_2(aq)$

Daß in der Tat der Reaktionsschritt (2.4.6) bei Lichteinstrahlung der maßgebende ist und nicht etwa die Teilschritte:

(2.4.12) $O_2(aq) + e' \sim |e|^\bullet \rightarrow O_2^-(ads) + |e|^\bullet$

(2.4.13) $O_2^-(ads) + |e|^\bullet \rightarrow O_2(ads)$ usw.

geht aus der Beobachtung hervor, daß in Gegenwart von Formationen im Elektrolyten die Kapazität der ZnO-Elektrode bei Belichtung enorm hoch, d. h. V_D sehr klein ist und damit gemäß der Strombeziehung [19]:

(2.4.14) $i_- \sim \Gamma_B \exp(-eV_D/kT)$

die Oberflächen-Konzentration Γ_B der Akzeptor-Moleküle ($\equiv O_2$-Teilchen) ebenfalls sehr klein ist.

Aus diesen Experimenten darf also geschlossen werden, daß an ZnO-Katalysatoren häufig derjenige Teilschritt gehemmt ist, der mit einer Emission von Elektronen ins Leitungsband des ZnO verbunden ist. Da aber dieser Teilschritt bei genügend energiereicher Einstrahlung durch einen elektronischen Rekombinationsschritt, wie er z. B. in Gl. (2.4.6) angedeutet ist, ersetzt werden kann, wird eine Rückgabe von Elektronen an den Katalysator erleichtert und somit die Reaktionsgeschwindigkeit erhöht.

Daß durch Licht auch eine Katalyse abgebremst werden kann, konnte am Beispiel der katalytischen Oxydation von in einem wässrigen Elektrolyten gelöstem Hydrochinon an Zinkoxid in Gegenwart von Sauerstoff gezeigt werden. Während im Dunkeln die Oxydation durch ZnO intensiv katalysiert wird, verursacht eine Einstrahlung von Licht der Wellenlänge 365 nm eine deutliche Abnahme des katalytischen Effektes [21]. Dieser Befund läßt sich nur verstehen, wenn man hier als wesentlichen Startschritt die Chemisorption von Sauerstoff ansieht:

(2.4.15) $O_2^-(aq) + e' = O_2(ads)$

der im Dunkeln mit Hydrochinon in folgender Weise abreagieren kann:

(2.4.16)
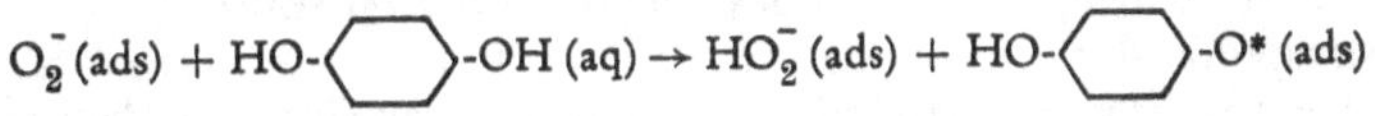

(2.4.17)
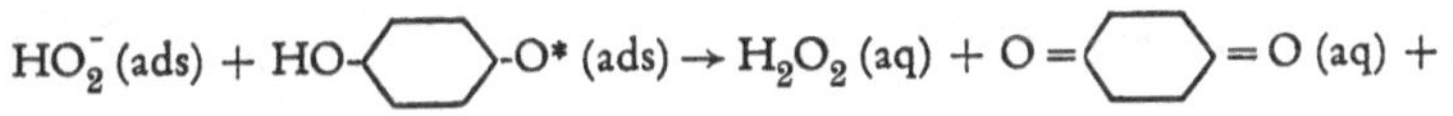

(2.4.18) $2\,H_2O_2 = 2\,H_2O + O_2(aq)$

In Gegenwart der durch Licht erzeugten Elektron-Lochpaare wird aber offensichtlich die für die Oxydation von Hydrochinon wichtige Startreaktion (2.4.15) infolge Desorption des chemisorbierten Sauerstoffs abgebremst gemäß:

(2.4.19) $O_2^-(ads) + e' \sim |e|^\bullet \rightarrow O_2(aq) + e'$

Im Gegensatz zur Katalyse der Ameisensäure-Oxydation, wo Teilschritt (2.4.6) der maßgebende ist, der durch die Anwesenheit von Elektron-Lochpaaren gefördert wird,

ist für die Katalyse der Hydrochinon-Oxydation offenbar der Teilschritt (2.4.15) maßgebend, der durch die Anwesenheit der Elektron-Lochpaare gebremst wird.
An Hand dieser beiden Beispiele dürfte es nicht allzu schwierig sein, den hier entwickelten Mechanismus mit Erfolg auf andere Reaktionen anzuwenden. Arbeiten in dieser Richtung sind im Gange.
Da Licht die Ad- und Desorptionsvorgänge an photohalbleitenden Katalysatoren stark beeinflussen kann, erscheint es wünschenswert, sich mit diesen Vorgängen etwas eingehender zu beschäftigen. In diesem Zusammenhang ist eine theoretische Abhandlung von Wolkenstein [22] [23] erwähnenswert. Basierend auf den allgemein gültigen Ansätzen des Abschnittes 2.2 kann man den Einfluß des Fermipotentials E_F und des Diffusionspotentials V_D bei Lichteinwirkung auf die Ad- und Desorption zeigen.

2.5. Photo-Adsorption und -Desorption

Wie bekannt, werden durch Einstrahlen von Licht geeigneter Wellenlänge in einem Photohalbleiter Elektron-Lochpaare $e' \sim |e|^{\bullet}$ erzeugt, die auch in einem mehr oder minder starken Ausmaß dissoziiert als freie Elektronen e' und Defektelektronen $|e|^{\bullet}$ auftreten. Es ist nicht überraschend, wenn diese zusätzlich erzeugten elektronischen Teilchen einen Einfluß auf die Adsorption ausüben. Wie die bisherigen Untersuchungen zeigten, hängt das Ausmaß der Adsorption bzw. Desorption von Sauerstoff an belichtetem Zinkoxid offenbar entscheidend von der Vorbehandlung der ZnO-Probe ab (Sauerstoffdruck und Temperatur). Leider sind die experimentellen Ergebnisse zum Einfluß aktinischen Lichtes auf den Adsorptionszustand nicht einheitlich. So fanden beispielsweise Fujita und Kwan [24] bei Zimmertemperatur eine Photo-Desorption von Sauerstoff an ZnO-Proben, die vorher mehrere Stunden bei 300° C entgast waren. Eine Photo-Adsorption zeigten hingegen solche Proben, die unter sonst gleichen experimentellen Bedingungen bei 0,1 Torr Sauerstoff getempert waren. Terenin und Solonitzin [25] fanden ein ähnliches Verhalten. Über entgegengesetzte Befunde berichten Romero-Rossi und Stone [26], die bei niedrigen Sauerstoffdrucken eine Photo-Adsorption und bei höheren Drucken eine Photo-Desorption fanden. Auch hier wurden die Messungen bei Zimmertemperatur ausgeführt.
Prinzipiell erhebt sich die Frage, ob überhaupt eine Photo-Adsorption von Sauerstoff an ZnO realisierbar ist und theoretisch plausibel gemacht werden kann. Die von Bube [27] beobachtete Leitfähigkeitsabnahme infolge Einwirkung von Sauerstoff auf CdSe bei 20° C unter Belichtung beruht vermutlich auf einer Oberflächen-Reaktion. Wenn auch ferner das Absinken der Photoleitung bei Sauerstoffdruck-Erhöhung während der Einstrahlung auf eine einsetzende Aufnahme von Sauerstoff durch ZnO hinweist [28], so ist sie aber nicht vergleichbar mit einer Photo-Adsorption, die bei gleichbleibendem Sauerstoffdruck bei Einschalten des Lichtes auftreten sollte.
Ausgangspunkt der aufzustellenden Theorie sind die folgenden Reaktionsgleichungen, in denen an Stelle von Sauerstoff-Teilchen nicht dissoziierende, Elektronen aufnehmende B-Teilchen gewählt werden:

(2.5.1) $$B\,(gas) + o \underset{k_1'}{\overset{k_1}{\rightleftharpoons}} B^{\times}(ads)$$

und

(2.5.2) $$B^{\times}(ads) + e' \underset{k_2'}{\overset{k_2}{\rightleftharpoons}} B^{-}(ads)$$

sowie

(2.5.3) $$B^{\times}(ads) \underset{k_3'}{\overset{k_3}{\rightleftharpoons}} B^{-}(ads) + |e|^{\bullet}$$

Ferner werden noch die Umladungsgleichgewichte

(2.5.4) $$D^{\bullet\bullet} + e' \underset{k_4'}{\overset{k_4}{\rightleftharpoons}} D^{\bullet}$$

und

(2.5.5) $$D^{\bullet\bullet} \underset{k_5'}{\overset{k_5}{\rightleftharpoons}} D^{\bullet} + |e|^{\bullet}$$

angenommen, wo wir mit D einen Donator kennzeichnen. Wenn wir auch im folgenden bevorzugt Adsorptionsvorgänge eines Elektronen aufnehmenden Gases an einem n-Typ-Katalysator im Auge haben, wo im allgemeinen nur ein Elektronenaustausch mit dem Leitungsband betrachtet wird, so möchten wir trotzdem die Reaktionsmöglichkeit mit dem Valenzband nicht unberücksichtigt lassen.
Auf Grund des seltenen Ereignisses kann der energetisch an sich mögliche Schritt

$$B^{-}(ads) + Zn^{\bullet\bullet} \rightarrow B^{x}(ads) + Zn^{\bullet}$$

vernachlässigt werden. Die Elektron-Lochpaarerzeugung formulieren wir wie folgt:

(2.5.6) $$h\nu \rightarrow e' \sim |e|^{\bullet} \rightarrow e' + |e|^{\bullet}$$

In einem n-Typ-Halbleiter mit bereits von Hause aus größerer Konzentration an freien Elektronen wird hierdurch des öfteren keine nennenswerte Erhöhung der Elektronenkonzentration verursacht. Hingegen wird die Konzentration der Defektelektronen in Oberflächennähe erheblich vergrößert. Im p-Typ-Halbleiter liegen die Verhältnisse umgekehrt.
Im folgenden erhalten alle Größen, die für eine Dunkelreaktion maßgebend sind, einen Index d, wie z. B. c_-^d die Konzentration der freien Elektronen im Dunkeln. Entsprechend erhalten alle Größen der Lichtreaktion als Index ein h.
Es ist nun zu zeigen, unter welchen Bedingungen

(2.5.7) $$\Delta\Gamma_{B^-} = \Gamma_{B^-}^h - \Gamma_{B^-}^d \gtreqless \text{Null}$$

ist, d. h. wann eine Photo-Desorption ($\Delta\ \Gamma_{B^-} <$ Null) und wann eine Photo-Adsorption ($\Delta\ \Gamma_{B^-} >$ Null) zu erwarten ist. Dazu hat man in den Gleichgewichts- bzw. Stationaritätsbedingungen, die sich aus (2.5.1) bis (2.5.6) ergeben, Konzentrationsgrößen mit den Energiegrößen des Bändermodells zu verknüpfen, z. B.

$$c_-^d = c_-^o \exp\{-(\Delta\eta_- + eV_D^d)/kT\}$$

So gelangen Wolkenstein und Karpenko [23] zu folgendem Ergebnis:

$$\Delta\Gamma_{B^-} \gtreqless \text{Null}$$

je nachdem

(2.5.8) $$\Delta = \Delta\eta_- - \Delta E_B^L - V_D \gtreqless \text{Null}$$

ΔE_B^L ist der Abstand des Umladungsniveaus der B-Teilchen von der Leitungsbandkante. Ein so übersichtliches Resultat ist aber nur dann zu erreichen, wenn vereinfachende Annahmen benutzt werden. Entscheidend dürfte bei Wolkenstein die folgende Annahme sein:

(2.5.9) $$\Delta V_D = V_D^h - V_D^d \ll kT/e$$

Im Anhang 1, in dem die von Wolkenstein aufgestellte Beziehung (2.5.8) auf einem etwas anderen Wege hergeleitet wird, ist ferner

(2.5.10) $$\Gamma^{h}_{B^-} \approx \Gamma^{d}_{B^-}$$

die wesentliche Voraussetzung – offenbar sind beide Forderungen, (2.5.9) und (2.5.10), eng miteinander verknüpft, d. h., wenn Belichtung den Chemisorptionsgrad fast nicht verändert, bleibt auch die Bandaufbiegung – also V_D – fast unverändert. Beide Annahmen dürften sich aber experimentell nur schwer verwirklichen lassen. Es erhebt sich die Frage, ob die Bedingung (2.5.9) überhaupt vertretbar ist. Ein Zahlenbeispiel soll unsere Bedenken veranschaulichen.

Für ein normales undotiertes ZnO darf angenommen werden:

$$\Delta\eta_- = 0{,}2\ \text{eV} \qquad \Delta E^{L}_{B} = 0{,}5 \text{ bis } 1\ \text{eV} \qquad V_D = 0{,}5 \text{ bis } 1\ \text{eV}$$

dann ist

$$\Delta = -0{,}8 \text{ bis} -1{,}8\ \text{eV} < 0$$

es sollte gemäß (2.5.8) eindeutig Photodesorption eintreten. Der Übergang zur Photoadsorption könnte erst erfolgen, wenn

$$\Delta\eta_- = 1 \text{ bis } 2\ \text{eV}$$

wird. Wir bezweifeln, daß sich diese Forderung durch eine alleinige Änderung des Sauerstoffdrucks erreichen läßt, wohl aber durch eine Dotierung mit Li_2O, die bei Konzentrationen von 0,1 Mol% und höher eine drastische Absenkung des Fermipotentials verursachen kann (Experimente in dieser Richtung sind im Gange).

Um die offenbar wenig realistischen Voraussetzungen (2.5.9) bzw. (2.5.10) zu vermeiden, haben wir eine andere Deutung versucht. Ihre rechnerische Durchführung, die sich im Anhang 2 befindet, ist auf dünne ZnO-Schichten ($\leqq 10^{-5}$ cm) beschränkt, in denen die Lichtstärke als in erster Näherung konstant angesehen werden kann. Solche Schichten sind immer noch dicker als die Raumladungs-Randschicht bei Ladungsträger-Anreicherung (10^{-7} bis 10^{-6} cm) und von gleicher Größenordnung bei Ladungsträger-Verarmung.

Während die Konzentrationen der Elektronen und Defektelektronen im Dunkeln mit Hilfe der Fermienergie E_F angegeben werden können, sind bei Belichtung Quasi-Fermipotentiale η^{h}_{-} und η^{h}_{+} der Elektronen und Defektelektronen maßgebend (Abb. 10):

(2.5.11) $$c^{h}_{-} = c^{o}_{-} \exp\{-(E_L + eV - \eta^{h}_{-})/kT\}$$

(2.5.12) $$c^{h}_{+} = c^{o}_{+} \exp\{-(\eta^{h}_{+} - E_V - eV)/kT\}$$

Mit diesen Ansätzen läßt sich die Adsorption bei Belichtung formal genauso behandeln wie die im Dunkeln (Kapitel 2.2), nur enthalten jetzt beide Bänder Ladungsträger.

Das Ergebnis ist wiederum eine Ungleichung, allerdings komplizierter als die von Wolkenstein:

(2.5.13) $$\exp\{(-\Delta E + \Delta E^{L}_{B} + \Delta\eta^{d}_{-} + eV^{d}_{D})/kT\} + \exp\{[(\Delta\eta^{d}_{-} - \Delta\eta^{h}_{-}) + e(V^{d}_{D} - V^{h}_{D})]/kT\} \gtreqless 1 + \exp\{(\Delta E^{L}_{B} - \Delta\eta^{h}_{+} + eV^{h}_{D})/kT\}$$

Die Bedeutung der Symbole ist aus Abb. 10 zu entnehmen. Falls »>« gilt, tritt Photoadsorption ein, falls »<« gilt, Photodesorption.

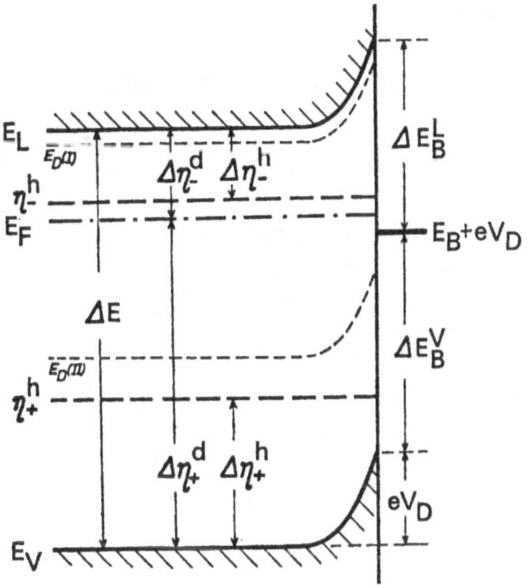

Abb. 10. Energiebändermodell für einen n-Typ-Halbleiter bei Belichtung. Elektronen- und Löcherkonzentration sind nicht mehr durch das Fermipotential, sondern durch die Quasi-Fermipotentiale η_-^h und η_+^h bestimmt. Der Index d bzw. h kennzeichnet den Dunkel- bzw. Hellwert

In den Fällen, in denen $V_D^d \approx \Delta E_B^L \ll \Delta E$ sowie V_D^d und $V_D^h > 0$ sind, kann der erste Summand in Ungleichung (2.5.13) gestrichen werden und ebenso die 1 auf der rechten Seite. Die Ungleichung vereinfacht sich dann zu

(2.5.14a) $$\Delta\eta_-^d - \Delta\eta_-^h + e(V_D^d - V_D^h) \gtrless \Delta E_B^L - \Delta\eta_+^h + eV_D^h$$

oder

(2.5.14b) $$\Delta\eta_-^d - \Delta\eta_-^h + \Delta\eta_+^h + e(V_D^d - V_D^h) \gtrless \Delta E_B^L$$

Zwei Zahlenbeispiele sollen diese Ungleichung erläutern. Bei Zimmertemperatur ist:

$$\Delta E = 3{,}2\ \text{eV} = 128\ \text{kT} \qquad \Delta E_B^L \approx V_D^d = 1\ \text{eV} = 40\ \text{kT}$$

$$\Delta\eta_-^d = 0{,}2\ \text{eV} = 8\ \text{kT}$$

Durch mäßige Belichtung läßt sich

$$\Delta\eta_+^h = 0{,}5\ \text{eV} = 20\ \text{kT}$$

erreichen. Dann dürfte $V_D^h \ll V_D^d$ sein. Außerdem ist $\Delta\eta_-^d \approx \Delta\eta_-^h$. Somit ergibt sich aus Gl. (2.5.14b):

$$20\ \text{kT} + 40\ \text{kT} > 40\ \text{kT}$$

d. h. Adsorption. Ist dagegen V_D^d lediglich 0,75 eV = 30 kT und die Belichtung sehr kräftig, was auf $\Delta\eta_+^h = 0{,}25$ eV = 10 kT führen kann, dann folgt

$$10\ \text{kT} + 30\ \text{kT} - 2\,eV_D^h < 40\ \text{kT}$$

Unter diesen Bedingungen kann also Photodesorption eintreten. V_D^h kann vermutlich durch den Sauerstoffdruck stark beeinflußt werden. Eine Auswertung der Beziehung (2.5.13) erfordert die Kenntnis der Energiegrößen im Dunkeln und bei Belichtung. Diese sämtlich zu bestimmen, scheint gegenwärtig nicht möglich zu sein.

Anhang 1

Vereinfachte Ableitung der Bedingung von Wolkenstein zur Photoadsorption

Bei kleinem Druck und geringer Bedeckung ergeben sich die Gleichgewichtsbedingungen für die Dunkelperiode aus den Gl. (2.5.1) bis (2.5.5):

(A.1.1) $$k_1 (\Gamma_o - \Gamma_{B^\times} - \Gamma_{B^-}) p_B - k_1' \Gamma_{B^\times} = 0$$

(A.1.2) $$k_2 \overset{d}{c}_- \Gamma_{B^\times} - k_2' \overset{d}{\Gamma}_{B^-} = 0 \quad \text{oder} \quad \overset{d}{\Gamma}_{B^-} = \frac{k_2}{k_2'} \overset{d}{c}_- \Gamma_{B^\times}$$

(A.1.3) $$k_3 \Gamma_{B^\times} - k_3' \overset{d}{c}_+ \overset{d}{\Gamma}_{B^-} = 0 \quad \text{oder} \quad \overset{d}{\Gamma}_{B^-} = \frac{k_3}{k_3'} \Gamma_{B^\times} / \overset{d}{c}_+$$

(A.1.4) $$k_4 \overset{d}{c}_- \overset{d}{c}_{D^{\cdot\cdot}} - k_4' \overset{d}{c}_{D^\cdot} = 0$$

(A.1.5) $$k_5 \overset{d}{c}_{D^{\cdot\cdot}} - k_5 \overset{d}{c}_+ \overset{d}{c}_{D^\cdot} = 0$$

Aus den Gl. (A.1.2) und (A.1.3.) bzw. (A.1.4) und (A.1.5) folgt die bekannte Beziehung:

(A.1.6) $$\overset{d}{c}_- \overset{d}{c}_+ = \frac{k_2'}{k_2} \frac{k_3}{k_3'} = \frac{k_4'}{k_4} \frac{k_5}{k_5'} = K$$

Bei Belichtung tritt Gl. (2.5.6) als weitere Reaktionsgleichung hinzu. Die Quantenausbeute soll in den folgenden Beziehungen gleich 1 sein. Außerdem ist zu beachten, daß die Reaktionen miteinander gekoppelt sind. An die Stelle der Gleichgewichtsbedingungen treten bei Belichtung Stationaritätsbedingungen, z. B.

(A.1.7) $$\frac{d\Gamma_{B^-}}{dt} = k_2 \overset{h}{c}_- \Gamma_{B^\times} - k_2' \overset{h}{\Gamma}_{B^-} + k_3 \Gamma_{B^\times} - k_3' \overset{h}{c}_+ \overset{h}{\Gamma}_{B^-} = 0$$

Obwohl ausdrücklich Reaktionen zwischen Elektronen bzw. Defektelektronen und Donatoren berücksichtigt werden sollten, treten sie in dieser Stationaritätsbedingung jedoch nicht explizit in Erscheinung. Implizit sind die in c_-^h und c_+^h enthalten. Die Konzentration der Elektronen bei Belichtung unterscheidet sich von der im Dunkeln um Δc_-, so daß gilt:

$$\overset{h}{c}_- = \overset{d}{c}_- + \Delta c_-$$

Entsprechend gilt:

$$\overset{h}{c}_+ = \overset{d}{c}_+ + \Delta c_+$$

Damit folgt aus Gl. (A.1.7):

(A.1.8) $$\overset{h}{\Gamma}_{B^-} [k_2' + k_3' (\overset{d}{c}_+ + \Delta c_+)] = \Gamma_{B^\times} [k_2 (\overset{d}{c}_- + \Delta c_-) + k_3]$$

Werden hiervon die Gl. (A.1.2) und (A.1.3) subtrahiert, dann ergibt sich

(A.1.9) $$(\overset{h}{\Gamma}_{B^-} - \overset{d}{\Gamma}_{B^-}) \cdot (k_2' + k_3' \overset{d}{c}_+) = \Gamma_{B^\times} k_2 \Delta c_- - \overset{h}{\Gamma}_{B^-} k_3' \Delta c_+$$

Wenn angenommen wird, daß

(2.5.10) $$\overset{h}{\Gamma}_{B^-} \approx \overset{d}{\Gamma}_{B^-}$$

gesetzt werden darf – falls nicht die Differenz dieser Größen auftritt –, dann folgt unter Berücksichtigung der Gl. (A.1.3) und (A.1.6)

(A.1.10) $$(\overset{h}{\Gamma}_{B^-} - \overset{d}{\Gamma}_{B^-})\cdot(k_2' + k_3' \overset{d}{c}_+) = \Gamma_{B^\times} k_2 \left(\Delta c_- - k_3 \frac{\Delta c_+}{\overset{d}{c}_+}\right)$$

$$= k_2 \Gamma_{B^\times} \left(\Delta c_- - \frac{k_3'}{k_2'} \overset{d}{c}_- \Delta c_+\right)$$

Gleichbedeutend mit

(2.5.7) $$\Delta\Gamma_{B^-} = \overset{h}{\Gamma}_{B^-} - \overset{d}{\Gamma}_{B^-} \gtrless \text{Null}$$

ist offensichtlich

(A.1.11) $$\Delta c_- - \frac{k_3'}{k_2'} \overset{d}{c}_- \Delta c_+ \gtrless \text{Null}$$

Ein Wert > 0 bedeutet Photo-Adsorption und ein Wert < 0 Photo-Desorption. Zur weiteren Auswertung verwenden wir die Beziehungen

(A.1.12a) $$\Delta c_- = q\, N\, \tau_- \exp(-\, e\overset{h}{V}_D/kT)$$

(A.1.12b) $$\Delta c_+ = q\, N\, \tau_+ \exp(+\, e\overset{h}{V}_D/kT)$$

worin N die Zahl der Photonen, die pro Volumeneinheit absorbiert, q die Quantenausbeute, τ_- und τ_+ Lebensdauern darstellen, die wahrscheinlich in erster Näherung gleich groß sein können. Für $\overset{d}{c}_-$ und k_2' verwenden wir die bekannten Ausdrücke [14]

(A.1.13) $$\overset{d}{c}_- = \overset{o}{c}_- \exp\{-(\Delta\eta_- + e\overset{d}{V}_D)/kT\}$$

(A.1.14) $$k_2' = k_2\, \overset{o}{c}_- \exp(-\,\Delta \overset{L}{E}_B/kT)$$

Die Symbole entsprechen denjenigen in Kap. 2.5 und in Abb. 10. Aus den Gl. (A.1.12), (A.1.13) und (A.1.14) ergibt sich schließlich

(A.1.15) $$\frac{k_2\ \tau_+}{k_3'\ \tau_-} \exp\{(\Delta\eta_- - \Delta\overset{L}{E}_B - e\overset{d}{V}_D)/kT\} \gtrless 1$$

als Bedingung für die Photo-Adsorption (> 1) oder Photo-Desorption (< 1). Dieser Ausdruck ist äquivalent dem von Wolkenstein [23] auf anderem Wege abgeleiteten.

Anhang 2

Photo-Adsorption an dünnen Filmen

Treffen N_0 Photonen/cm² sec auf die Oberfläche eines Zinkoxid-Kristalls auf, dann werden gemäß dem Absorptionsgesetz in einer infinitesimal dünnen Schicht mit dem Abstand x von der Oberfläche

(A.2.1) $$\frac{dN}{dx}\,dx = -\varkappa N_0\, e^{-\varkappa x}\, dx \approx -\varkappa N_0\, dx$$

Photonen absorbiert. Die zuletzt geforderte annähernde Gleichheit setzt voraus

(A.2.2) $$\varkappa x \lesssim 1 \quad \text{oder} \quad x \lesssim 1/\varkappa \approx 10^{-5}\,\text{cm}$$

für stark absorbierte Strahlung. Damit ist gesagt, was hier unter »dünnen Filmen« verstanden werden soll. Auf S. 6 war die Dicke der Randschicht zu etwa 5.10^{-6} cm geschätzt worden – die Randschicht könnte sich also in den postulierten dünnen Filmen ungestört aufbauen. Im übrigen hat die Beschränkung auf derart dünne Filme keinen physikalischen Hintergrund, sondern soll nur mathematische Schwierigkeiten ausschalten.

Bei einer Quantenausbeute q (≈ 1) und einer gemeinsamen Lebensdauer oder Rekombinationszeit τ der Elektronen und Defektelektronen entsteht durch die Bestrahlung eine zusätzliche stationäre Konzentration

(A.2.3) $$\Delta c_- = \Delta c_+ = \varkappa q\, N_0 \tau/\text{cm}^3$$

außerhalb der Randschicht. An ZnO-Einkritallen wurden Lebensdauern der Elektronen gemessen [29], die mit zunehmender Strahlungsintensität abnehmen, aber bei $N_0 = 10^{15}/\text{cm}^3$ noch 10^{-4} bis $2{,}5.10^{-3}$ sec betragen, so daß dann

$$\Delta c_- = \Delta c_+ = 10^{16} \text{ bis } 2{,}5\cdot 10^{17}/\text{cm}^3$$

wird. Solange das Zinkoxid nicht zu stark n-dotiert ist, so daß Entartung im Leitungsband eintritt, kann also durch kräftige Belichtung nicht nur

$$\Delta c_+ \gg c_+^d(H)$$

sondern auch

$$\Delta c_- \gtrsim c_-^d(H)$$

erreicht werden. Die Annahme $\Delta c_- \ll c_-^d(H)$, wie sie zur Linearisierung der ortsabhängigen Stationaritätsbedingungen gemacht wurde, soll daher genauso wenig wie die damit verwandte Voraussetzung $V_D^h \approx V_D^d$ benutzt werden.

Ausgangspunkt sind wieder die Reaktionsgleichungen (2.5.1) bis (2.5.6) und die daraus folgenden Gleichgewichts- und Stationaritätsbedingungen (A.1.1) bis (A.1.7).

Im Dunkeln ergeben die Gl. (A.1.1), (A.1.2), (A.1.13) und (2.2.5a)

$$\Gamma_{B^-}^d = \frac{k_2}{k_2'}\, c_-^d\, \Gamma_{B^\times} = \frac{k_2}{k_2'}\, K_1\, p_B\, (\Gamma_0 - \Gamma_{B^-}^d)\, c_-^0 \exp\{-(\Delta\eta_- + eV_D^d)/kT\}$$

wobei $K_1 = k_1/k_1'$ die Gleichgewichtskonstante der schnellen Physisorption ist.

Es folgt mit Gl. (A.1.14) die zu Gl. (2.2.6) identische Beziehung

(A.2.4) $$\Gamma_{B^-}^d = \Gamma_0\, \frac{\gamma^d K_1\, p_B}{1 + \gamma^d K_1\, p_B}$$

worin

$$\gamma^d = \exp\{(\Delta E_B^L - \Delta\eta_-^d - V_D^d)/kT\}$$

Bei Belichtung ergibt sich aus Gl. (A.1.7) zunächst durch einfache Umformungen

$$\overset{h}{\Gamma}_{B^-} = \Gamma_{B^\times} \frac{k_3'}{k_2} \frac{(k_3/k_3') + (k_2/k_3')\overset{h}{c}_-}{(k_2'/k_2) + (k_3'/k_2)\overset{h}{c}_+}$$

Hier werden die Quasi-Fermipotentiale η_-^h und η_+^h gemäß den Gl. (2.5.11) und (2.5.12) sowie (A.1.14) und

(A.2.5) $$k_3 = k_3' \overset{0}{c}_+ \exp(-\Delta \overset{V}{E}_B/kT)$$

eingeführt mit den vereinfachenden Annahmen

(A.2.6a) $c_+^\circ = c_-^\circ$ (das setzt vor allem gleiche effektive Massen für Elektronen und Defektelektronen voraus)

(A.2.6b) $k_2 = k_3'$ (Gleichheit der Rekombinations-Koeffizienten des Oberflächenterms mit beiden Bändern)

Dann erhält man

$$\overset{h}{\Gamma}_{B^-} = \Gamma_{B^\times} \frac{\exp(-\Delta \overset{V}{E}_B/kT) + \exp\{-(\Delta\overset{h}{\eta}_- + e\overset{h}{V}_D)/kT\}}{\exp(-\Delta \overset{L}{E}_B/kT) + \exp\{(-\Delta\overset{h}{\eta}_+ + e\overset{h}{V}_D)/kT\}}$$

$$= \Gamma_{B^\times} \overset{h}{\gamma} = \overset{h}{\gamma}(\Gamma_o - \overset{h}{\Gamma}_{B^-}) K_1 p_B \quad \text{oder}$$

(A.2.8) $$\overset{h}{\Gamma}_{B^-} = \Gamma_o \frac{\gamma^h K_1 p_B}{1 + \gamma^h K_1 p_B}$$

mit

$$\gamma^h = \frac{\exp\{(-\Delta E + 2\Delta \overset{L}{E}_B)/kT\} + \exp\{-(-\Delta \overset{L}{E}_B + \Delta\overset{h}{\eta}_- + e\overset{h}{V}_D)/kT\}}{1 + \exp\{(\Delta \overset{L}{E}_B - \Delta\overset{h}{\eta}_+ + e\overset{h}{V}_D)/kT\}}$$

Gl. (A.2.8) ist völlig analog zu Gl. (A.2.4) oder der identischen Formel (2.2.6). Gl. (2.2.5a) wurde unter der Voraussetzung verwendet, daß die Flächenbedeckung $\Gamma_B{}^\times$ durch Physisorption gering ist, der Nenner also gleich 1 gesetzt werden darf. Nun müssen weitere Beziehungen gefunden werden, die es erlauben, V_D zu eliminieren. Ausgangspunkt ist die entsprechend ergänzte Poisson-Gleichung

(A.2.9) $$\frac{d^2V}{d\xi^2} = \frac{4\pi e}{\varepsilon} \{[\overset{h}{c}_+(\xi) - \overset{h}{c}_+(H)] - [\overset{h}{c}_-(\xi) - \overset{h}{c}_-(H)]\}$$

$$= \frac{4\pi e}{\varepsilon} \{\overset{h}{c}_+(H)\cdot[\exp(eV/kT) - 1] - \overset{h}{c}_-(H)\cdot[\exp(-eV/kT) - 1]\}$$

Nach Integration und nochmaliger Benutzung der Näherung (A.2.6a) sowie der Beziehung

$$-4\pi\Gamma_{B^-} = \left(\varepsilon \frac{dV}{d\xi}\right)_{\xi=0}$$

(vgl. S. 9) folgt

(A.2.10) $$(\overset{h}{\Gamma}_{B^-})^2 = \frac{8\pi \overset{0}{c}_- kT}{\varepsilon} \{\exp(-\Delta\overset{h}{\eta}_+/kT)\cdot[\exp(e\overset{h}{V}_D/kT) - e\overset{h}{V}_D/kT - 1] +$$

$$+ \exp(-\Delta\overset{h}{\eta}_-/kT)[\exp(-e\overset{h}{V}_D/kT) + e\overset{h}{V}_D/kT - 1]\}$$

Die Analogie zu den Gl. (2.2.16) und (2.2.17) ist offensichtlich. Die Gl. (A.2.8) und (A.2.10) enthalten $\Gamma^h_{B^-}$, V^h_D und $K_1 p_B$ neben Größen, die im Versuch konstant gehalten werden können. Eine der Variablen kann daher eliminiert werden, z. B. V^h_D, so daß

$$\Gamma^h_{B^-} = f(K_1 p_B)$$

übrig bleibt. Leider läßt sich kein geschlossener Ausdruck angeben, so daß auch hier eine numerische Auswertung erforderlich ist.
Dennoch können die Gleichungen allgemein diskutiert werden. Die Beziehung

$$\Gamma^h_{B^-} \gtrless \Gamma^d_{B^-} \tag{A.2.11}$$

entscheidet darüber, ob Photo-Adsorption (>) oder Photo-Desorption (<) eintritt. Da im Dunkeln ebenso wie bei Belichtung $\Gamma_{B^-}/\Gamma_0 \ll 1$ ist, gilt in Gl. (A.2.4) und (A.2.8) auch

$$\gamma K_1 p_B \ll 1$$

so daß die Nenner beider Gleichungen 1 gesetzt werden dürfen. Da außerdem bei konstantem Druck experimentiert werden soll, kann Gl. (A.2.11) durch

$$\gamma^h \gtrless \gamma^d \tag{A.2.12}$$

ersetzt werden. Nachdem der Nenner von γ^h bereits auf die andere Seite gebracht wurde, erhalten wir ausführlich geschrieben

$$\exp[(-\Delta E + 2\,\Delta E^L_B)/kT] + \exp[(\Delta E^L_B - \Delta\eta^h_- - eV^h_D)/kT]$$

$$\gtrless \exp[(\Delta E^L_B - \Delta\eta^d_- - eV^d_D)/kT] + \exp[(2\,\Delta E^L_B - \Delta\eta^d_- - \Delta\eta^h_+ + eV^h_D - eV^d_D)/kT]$$

oder, wenn durch den dritten Term dividiert wird, den folgenden Ausdruck:

$$\exp[(-\Delta E + \Delta E^L_B + \Delta\eta^d_- + eV^d_D)/kT] + \exp[(\Delta\eta^d_- - \Delta\eta^h_- + eV^d_D - eV^h_D)/kT] \gtrless 1 + \exp[\Delta E^L_B - \Delta\eta^h_+ + eV^h_D)/kT] \tag{A.2.13}$$

Das ist aber die Ungleichung (2.5.13).

Literatur

1. K. Hauffe: Angew. Chemie. **68**, 776 (1956).
2. Th. Wolkenstein: J. fiz. Chim. **21**, 163 (1947), **22**, 311 (1948), **26**, 1462 (1952), **28**, 422 (1954). – Siehe besonders das Buch von Th. Wolkenstein: Elektronentheorie der Katalyse an Halbleitern, VEB-Verlag der Wissenschaften, Berlin 1964.
3. K. Hauffe & H. J. Engell: Z. Elektrochem. Ber. Bunsenges. phys. Chem. **56**, 366 (1952). – K. Hauffe: Angew. Chem. **67**, 189 (1955), **68**, 776 (1956), Naturwiss. **44**, 299 (1957), Bull. Soc. chim. Belg. **67**, 417 (1958). – K. Hauffe & E. G. Schlosser: Dechema Mongr. **26**, 222 (1956), Z. Elektrochem. Ber. Bunsenges. phys. Chem. **61**, 506 (1957). – K. Hauffe, G. Micus & E. G. Schlosser: Z. Elektrochem. Ber. Bunsenges. phys. Chem. **61**, 163 (1957).
4. O. W. Krylow, S. S. Roginski & J. A. Fokina: Izv. Akad. Nauk SSSR, Otdel. chim. Nauk (1957) 422. – N. P. Keier, S. S. Roginski u. I. S. Sasonowa: Dokl. Akad. Nauk SSSR **124**, 606 (1959), **134**, 807 (1960).
5. A. N. Terenin: in Probleme der Kinetik u. Katalyse, **8**, 17, Moskau 1955.
6. G. M. Schwab & J. Block: Z. phys. Chem. (NF) **1**, 42 (1954), Z. Elektrochem. Ber. Bunsenges. phys. Chem. **58**, 756 (1954). – G. M. Schwab: Adv. Catalysis **9**, 239 (1957). – G. M. Schwab, H. Noller, F. Steinbach & M. Venugopalan: Z. Naturforsch. **19a**, 45 (1964)
7. A. A. Balandin: in Fragen der chemischen Kinetik, Katalyse und Reaktionsfähigkeit, Moskau 1955, S. 461. – Eine Zusammenfassung der Arbeiten von Balandin stammt von B. M. W. Trapnell: Balandin's Contribution to Heterogeneous Catalysis, in Adv. Catalysis **3**, 1 (1951).
8. H. S. Taylor: Disc. Faraday Soc. **8**, 9 (1950).
9. Siehe den zusammenfassenden Bericht von G. M. Schwab, H. Noller & J. Block: Kinetik der heterogenen Katalyse, im Handb. der Katalyse, **5**, 160, Wien 1957.
10. A. Wheeler: Reaction Rates and Selectivity in Catalyst Pores, in Adv. Catalysis **3**, 250 (1951).
11. W. Herzog & E. G. Schlosser: Ber. Bunsenges. phys. Chem. **71**, 344, 352 (1967).
12. E. G. Schlosser & W. Herzog: Ber. Bunsenges. phys. Chem. **71**, 358 (1967).
13. W. Schottky: Statistische Halbleiterprobleme, in Halbleiterprobleme, **1**, 139 ff., Braunschweig 1954.
14. K. Hauffe & E. G. Schlosser: Z. Elektrochem. Ber. Bunsenges. phys. Chem. **61**, 506 (1957).
15. K. Hauffe & E. G. Schlosser: siehe bei K. Hauffe: Reaktionen in und an festen Stoffen, 301 ff., 2. Aufl. Springer-Verlag Berlin 1966.
16. K. Hauffe: Z. Elektrochem. Ber. Bunsenges. phys. Chem. **65**, 321 (1961).
17. Y. Zeldovich: Acta physicochim. UdSSR **1**, 449 (1934). – S. S. Roginski & Y. Zeldovich: Acta physicochim. UdSSR **1**, 554 (1934).
18. S. Y. Elovich & G. M. Zhabrova: Zhur. fiz. Khim. **13**, 1716, 1725 (1939).
19. S. R. Morrison & T. Freund: J. chem. Physics **47**, 1543 (1967).
20. K. Hauffe & J. Range: Ber. Bunsenges. phys. Chem. **71**, 690 (1967).
21. K. Hauffe & H. Pusch: Ber. Bunsenges. phys. Chem. **72**, 669 (1968).
22. Th. Wolkenstein: J. fiz. Chim. **27**, 159 (1953). – Th. Wolkenstein & S. M. Kogan: J. chim. phys. **55**, 483 (1958).
23. Th. Wolkenstein & I. Karpenko: J. appl. Phys. **33**, 460 (1962).
24. T. Kwan & Y. Fujita: J. Res. Inst. Catalysis, Hokkaido University, **7**, 24 (1959). – Y. Fujita & T. Kwan: Bull. chem. Soc. Japan **31**, 379 (1958).
25. A. N. Terenin & J. P. Solonitzin: Disc. Faraday Soc. **28**, 28 (1959).
26. F. Romero-Rossi & F. S. Stone: Vortrag Nr. 72, II Congrès International de Catalyse, Paris 1960.
27. R. H. Bube: J. chem. Phys. **27**, 496 (1957).
28. W. Doerffler & K. Hauffe: J. Catalysis **3**, 156, 171 (1962).
29. G. Heiland, E. Mollow & F. Stöckmann in Solid State Physics, vol. 8 (ed. F. Seitz und D. Turnbull), Academic Press New York 1959.
30. K. Hauffe: Rev. Pure and Appl. Chem. **18**, 79 (1968).

2. Some Basic Concepts of the Electron Theory of Chemisorption and Catalysis on Semiconductors

Th. Wolkenstein

Institute of Physical Chemistry, Academy of Sciences, Moscow, USSR

With 9 Figures

Zusammenfassung

In dem vorliegenden Referat werden die folgenden Gesichtspunkte diskutiert:

1. Das Konzept der Physi- und Chemisorption,
2. die Erscheinung des Elektronenübertritts während der Chemisorption und der Katalyse,
3. das Problem der »lokalen« und »kooperativen« Effekte in der Chemisorption,
4. die Bedeutung des Fermipotentials als Regulator der Chemisorption und der katalytischen Eigenschaften und schließlich
5. die Begriffe der »idealen« und »realen« Oberfläche.

Nach einer einleitenden Betrachtung der Bindungszustände bei der Physi- und Chemisorption werden die Probleme des Elektronenübertritts während der Chemisorption behandelt und an einem vereinfachten Schema erläutert. Hierbei wird der Begriff »Elektronenübertritt« einer kritischen Diskussion unterzogen und im Sinne der quantenmechanischen Betrachtung eingeschränkt.

Der »lokale« Effekt in der Chemisorption wird am Beispiel der Adsorption von Wasserstoff an ein Ionengitter erläutert (schwache Bindung, an der Elektronen oder Löcher nicht nennenswert beteiligt sind). Im Falle einer »kooperativen« Wechselwirkung (starke Bindung) hingegen beteiligt sich das freie Elektron oder Defektelektron (= Loch) des Kristallgitters maßgeblich an der Bindung des chemisorbierten Teilchens. Der Einfluß der Adsorption auf die elektrischen Eigenschaften (Leitfähigkeit, Austrittsarbeit) sowie der Einfluß äußerer elektrischer Felder auf die Chemisorption und die katalytische Aktivität sind ebenfalls Anzeichen von kooperativen Effekten. Bei Vorliegen einer kooperativen Wechselwirkung kann die Individualität (= chemische Natur) eines chemisorbierten Teilchens durch einen einzigen Parameter – durch sein lokales Energieniveau – ausgedrückt werden.

Anschließend werden Mischfälle behandelt, die bei Anwesenheit von Fremdionen im Halbleiter auftreten (z. B. Li^+ – Ionen in ZnO und NiO). An zwei Beipielen (Sauerstoff-Adsorption an mit Li_2O dotiertem ZnO und NiO) wird der Einfluß des lokalen bzw. kooperativen Effektes besprochen. Im Anschluß hieran wird auf die Bedeutung des Fermipotentials für die Chemisorption und die katalytischen Eigenschaften eingegangen. Durch Einbau von Fremdionen in die Oberfläche und durch Anwendung äußerer elektrischer Felder kann das Fermipotential im weiten Bereich geändert werden und damit auch die katalytischen Eigenschaften des Halbleiters, was in der Tat durch Experimente u. a. von Lyashenko bestätigt werden konnte.

Die Unabhängigkeit einer Reaktion vom Fermipotential – des öfteren beobachtet – spricht nicht gegen die Elektronentheorie der Katalyse. Am Beispiel der CO-Oxydation wird dieser Sachverhalt erläutert. Es werden drei Gebiete aufgezeigt, in denen das Fermipotential einen verschiedenen bzw. keinen Einfluß auf die Reaktionsgeschwindigkeit ausübt.

Am Beispiel der Chemi- und Desorption von Sauerstoff an TiO_2 wird aus Messungen des zeitlichen Verlaufs der Austrittsarbeit und der elektrischen Leitfähigkeit auf den reversiblen (schwache Bindung) und den irreversiblen (starke Bindung) Teil der Chemisorption hingewiesen. In diesem Zusammenhang wird eine gemeinsame theoretische Arbeit mit Peshev zitiert, in der gezeigt wird, daß im Falle der Desorption kein elektronisches Gleichgewicht herrschen kann.

Abschließend wird auf die gegenwärtig noch undurchsichtige Situation an realen Oberflächen aufmerksam gemacht, die u. a. durch die Umkehr der Verhältnisse zwischen schwacher und starker Bindung bei der Chemisorption an einer idealen Oberfläche gekennzeichnet ist. An einem einfachen Fehlordnungsmodell mit Ionenleerstellen und elektronischen Ladungsträgern wird dieser Sachverhalt diskutiert. Zur weiteren Erläuterung werden Photosorptionsmessungen herangezogen.

Abstract

A scientific investigation can proceed by one of two paths. The first leads us to an understanding of some hitherto unexplained phenomenon. The second, on the contrary brings us to a situation where seemingly indisputable things, upon closer consideration require explaining. Both these paths are progressive.

In the present lecture we shall proceed mainly by the second path. We shall analyze critically several fundamental concepts used in theoriet of chemisorption and catalysis, and shall find that much of what hitherto seemed perfectly clear is by no means so.

We shall consider the following concepts:

1. concepts of "physical" and "chemical" adsorption;
2. concept of "electron transfers" in chemisorption and catalysis;
3. concepts of "local" and "cooperative" effects in chemisorption;
4. concept of the Fermipotential as a regulator of chemisorptive and catalytic properties;
5. concepts of "ideal" and "real" surfaces.

1. "Physical" and "Chemical" Adsorption

A widespread concept among physical chemists is that there exist two types of adsorption – physical and chemical – which differ by their very nature. It is implied that there are clear-cut criteria, by which one can establish experimentally which type of adsorption is involved in each case.

The problem of the criteria of physical and chemical adsorption has two aspects; theoretical and experimental. On the one hand, one can speak of the actual definitions of "physical" and "chemical" adsorption; and on the other hand, how to distinguish between them experimentally.

We shall discuss each of these aspects.

From the theoretical viewpoint, in speaking of the interaction of a foreign particle with the adsorbent lattice one must distinguish between "small" and "large" distances. We shall call a distance "small" when the wave functions of the adsorbed particle and the adsorbent effectively overlap. We shall speak of "large" distances when such overlapping can be practically neglected.

In the region of "small" distances the interaction between the particle and the adsorbent bears an exchange character. The interaction energy V as a function of the distance x, depending on the electronic state of the system, is depicted by curve 1 or curve 2 in Fig. 1a. Curve 1 corresponds to the so-called "anti-bonding" states; curve 2 – to the "bonding" states. The exchange interaction falls off rapidly with the distance, tending to zero in the region if "large" distances.

Let us now consider "large" distances. In this region Van der Waals forces act between the particle and the adsorbent. These are attractive forces. The interaction energy is depicted by curve 3 in Fig. 1a. The Van der Waals forces appear as the second approximation of perturbation theory. Upon transition to the region of "small" distances the conception of Van der Waals forces becomes meaningless.

Adding curves 1 and 3 we obtain curve 1′ with a shallow minimum, as depicted in Fig. 1b. We are dealing here with physical (Van der Waals) adsorption.*) By adding curves 2 and 3 we obtain curve 2′ with a single deep minimum, as depicted in the same figure. In this case we are dealing with chemical adsorption (= chemisorption), and always have (see Fig. 1b):

(1) $$x_1 > x_2 \quad \text{and} \quad q_1 < q_2$$

*) In this paper and all the following papers, we call physical adsorption as physisorption and chemical adsorption as chemisorption suggested by Hauffe.

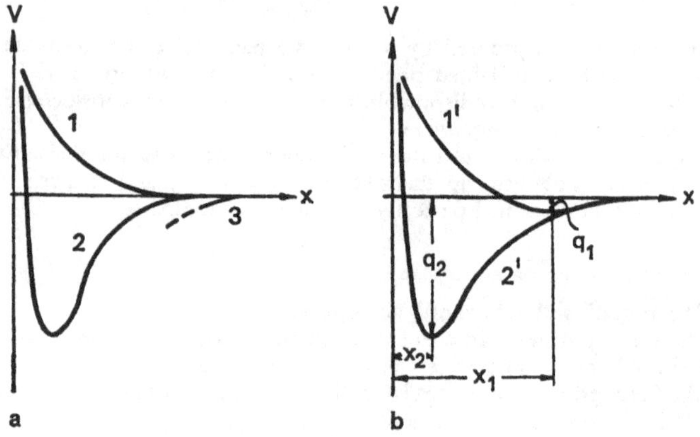

Fig. 1

We thus see that physisorption or chemisorption takes place, depending on whether the system is in an antibonding or in a bonding state, respectively. It thus follows that for a given electronic state of the system it is impossible for both physisorption and chemisorption to take place simultaneously; i.e., there cannot bet two minima on the same potential curve, as is sometimes erroneously depicted. It also follows that when our system is in the normal state, physisorption is in general excluded, if this normal state is a bonding state. Physisorption is possible only when the normal state is an antibonding state.

Let us now consider the experimental criteria, by which chemisorption can be distinguished from physisorption. There are a number of such generally recognized criteria. They are as follows:

1. The heat of adsorption, which is much greater in chemisorption than in physisorption. We observe immediately, however, that the heat effect Q cannot serve as the only criterion.

Indeed, if chemisorption of a molecule AB is accompanied by its dissociation, according to equation

(2) $$AB + L \rightarrow AL + BL$$

where L is the symbol of the lattice, then for the energy Q released upon adsorption we have:

(3) $$Q = q_A + q_B - D$$

where q_A and q_B are the binding energies of the separate atoms A and B, while D is the energy of dissociation of the molecule AB. We see that although the chemisorptive bonds q_A and q_B may be sufficiently strong, the heat effect Q may be rather small.

Furthermore, we observe that for the form of chemisorption called the "weak" form in the electron theory (the electrically neutral form, see § 3 in [1]), the binding energy may approach its value for physisorption. Thus, here too, the magnitude of the heat of adsorption cannot serve as a criterion.

2. A second criterion is the presence or absence of an activation energy. It is frequently assumed that chemisorption always requires activation, whereas physisorption does not. This is not so. Chemisorption is a reaction of association, which can take place without activation, if the formation of the chemisorptive bond does not involve breaking an intramolecular bond.

On the other hand, there can be cases of physisorption when the activation energy is not zero. It can be shown (see section 2b in [1]) that this takes place when the adsorbed particles repel each other. Thus, the existence of an activation energy does not necessarily indicate chemisorption, nor is its absence a proof of physisorption.

3. Let us consider one more criterion. It is frequently assumed that if adsorption causes a change in the conductivity of the semiconductor, then we are dealing with chemisorption; otherwise it is physisorption that is involved. This is not a single-valued criterion either.

In the first place, it must be observed that the so-called "weak" form of chemisorption, which is electrically neutral, can in no way affect the electrical conductivity. Neither can chemisorption on charged defects, which is a charged form, affect the conductivity, since the total charge of the surface remains unchanged upon adsorption.

At the same time, the physically adsorbed molecules become polarized upon adsorption, and their field creates shallow traps for the free carriers (electrons and holes); this may cause charging of the surface, and, hence, a change in the conductivity. Thus, E. N. Figurovskaya [2] recently observed a change in the conductivity of TiO_2 upon the adsorption of xenon and argon (a clear case of physical adsorption).

Thus, upon closer consideration the generally accepted criteria of physisorption and chemisorption are not valid. As has repeatedly been stressed (see, for example, [3] [4]), we presently have no criteria which would allow of distinguishing experimentally between these two types of adsorption. We therefore know that the problem of the difference between physisorption and chemisorption, which seemed quite obvious, is actually not clear at all. In stressing what is unclear in this question we have tried to make it clearer.

In conclusion, we observe that the boundary layer theory developed by K. Hauffe and coworkers (see § 4 in [5]) treats two forms of adsorption: physisorption, which is electrically neutral, and chemisorption, which is essentially charged. The electron theory [1], on the other hand, deals with two forms of chemisorption: a "weak" or electrically neutral form, and a "strong" or charged form. If in the boundary layer theory the term "physisorption" is replaced by the term "weak form of chemisorption", then both theories effectually merge. We thus see that on this question the difference between the two theories – and this should be stressed – is to a large degree purely one of terminology.

2. "Electron Transfers" in Chemisorption

Let us now turn to another concept, widespread among physical chemists, namely, the concept of "electron transfers" which occur in chemisorption. This deserves special attention. What is usually understood by this term, and what should it denote in reality?

The term "electron transfer" is usually understood literally, as the transfer of an electron from a chemisorbed particle to the adsorbent, or vice versa, from the adsorbent to a chemisorbed particle. In other words, an "electron transfer" consists in the following: an electron which belonged to the chemisorbed particle becomes a part of the lattice or the electron which was the property of the lattice is found to belong to the chemisorbed particle.

What do we mean when we speak of an electron "belonging" to an adsorbed particle? We mean that the wave function of the electron has a maximum on the adsorbed particle and falls off with the distance from the particle. What do we mean when we say that the electron "belongs" to the lattice? We mean that its wave function is non-zero inside the lattice and practically equals zero outside the lattice. Let us now consider the act of chemisorption from this point of view.

We shall limit ourselves to the simplest case – the chemisorption of a hydrogen atom, i.e., an atom with a single electron. It is shown in the electron theory (see section 3 in [1]) that such an atom can form three types of bond with the lattice: a "weak" bond, a "strong" donor bond in which the adsorbed atom acts as a donor, and a "strong" acceptor bond, where the atom plays the part of an acceptor. Let us examine how far the concept of "electron transfer" is applicable to these forms of chemisorption in the simplest case.

In the "weak" form of chemisorption, the electron of the chemisorbed atom is more or less (sometimes almost completely) drawn into the adsorbent lattice (this was shown in the earliest papers on the electron theory [6]). The wave function of the electron before and after chemisorption is depicted respectively in Figs. 2a and 2b, where the hatched region is that occupied by the adsorbent. The degree of this rapprochement is determined by the nature of the lattice. It is justified here to speak of the "transfer" of the electron to the lattice, since the electron remains attached to the chemisorbed particle and localized near it?

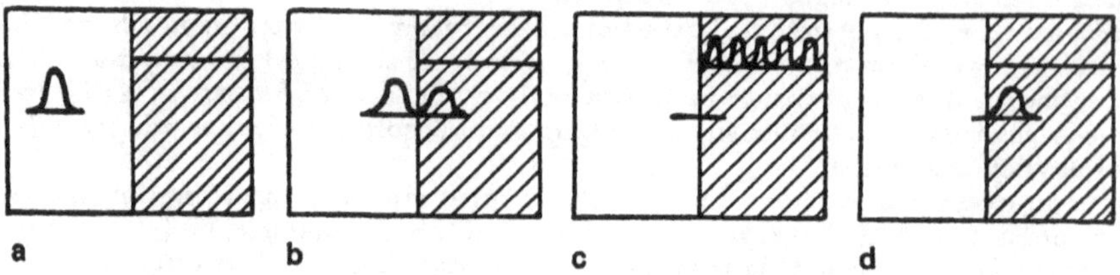

Fig. 2

In the case of a "strong" donor bond the electron of the atom is absorbed by the valence band of the crystal, or is transferred to the conduction band. In the latter case its wave function has the form depicted in Fig. 2a: it is smeared throughout the crystal and is equal to zero outside the crystal. In this case we can speak literally of a transfer of the electron from the atom to the crystal.

Let us consider, finally, a "strong" acceptor bond. Here one usually speaks of the transfer of an electron which belonged to the crystal, to the adsorbed particle. Actually, as was shown [7], upon the formation of a "strong" acceptor bond a free electron of the lattice is localized on the surface of the crystal near the chemisorbed particle, being more or less drawn to the particle. In some cases, as for instance the hydrogen atom, such rapprochement of the electron is practically absent. The wave function of the lattice electron prior to adsorption, when the electron is free, is depicted in Fig. 2c; the wave function after adsorption – in Fig. 2d. Can we, however, speak here of a "transfer" of the electron to the chemisorbed particle, seeing that the electron, while bound to the particle, remains in the crystal?

We see that the term "electron transfer" is rather vague, when understood in the primitive geometrical sense usually attributed to it. It is, however, in this geometrical sense the most authors (see, for example, [8] etc.) use it. This is an example of the use of classical terminology and classical concepts for the description of quantum mechanical effects.

In quantum mechanics (and chemisorption is a quantum mechanical effect) the term "electron transfer" should not be considered on a geometrical basis, but rather in the terms of energy, denoting the transfer of an electron from one energy level to another, i.e., from one state to another, the two states differing in general in the distribution of the electron in space (i.e., in the form of the wave function).

The "electron transfers" occurring in chemisorption are transitions of the electron from the conduction band or the valence band to the local level of the chemisorbed particle, or vice versa. These transitions are due to the transformation of one form of chemisorption into another. These are the transitions of an electron or a hole from the free state in which an electron or a hole wanders freely through the crystal, to a localized state in which an electron or a hole is bound to the chemisorbed particle; or, vice versa, all the transitions being in the reverse direction. If in the free state the electron (hole) is entirely associated with the adsorbent, in the localized state it belongs partly to the adsorbent, partly to the adsorbate, being more or less distributed between them.

The concept of "electron transfer" in chemisorption, as the transitions of an electron from the adsorbate to the adsorbent, or vice versa, should be discarded in the analysis of chemisorption and catalysis, as was previously done with the concept of electron orbits from atomic theory. These concepts at best lack sufficiently clear and unambiguous physical significance, whilst at worst they cause misconceptions concerning the processes which actually take place.

3. "Local" and "Cooperative" Effects in Chemisorption

We shall dwell on two more noteworthy and antithetical concepts – the so-called "local" and "cooperative" effects in chemisorption. Up to now their antithetical nature has been insufficiently stressed in the electron theory.

The interaction of a gas phase with the lattice of a solid involves two types of problems. The first concerns the interaction of the adsorbed particle with the adsorption center. Here we have an interplay between the electrons of the particle being adsorbed and the electrons of the site on which adsorption takes place. Such problems can be called local interaction problems.

In addition to these one encounters problems of an entirely different type, which can be termed cooperative interaction problems. Here one treats the interaction of the adsorbed particle with the lattice as a whole. In this case all the free electrons and holes of the lattice are involved in the interplay.

Problems of the first type belong to the realm of quantum mechanics; more exactly, to the quantum mechanics of a system of electrons. Problems of the second type belong to the realm of quantum statistics; they bring to the fore the concept of the Fermipotential, a characteristic of quantum statistics.

An example of the first class of problems is the formation in chemisorption of the so-called "weak" bond, i.e., a bond in which the free electrons and holes of the lattice play no part, and in which the adsorbed particle, although in general polarized, is still on the whole electrically neutral. The simplest problem of this kind is the problem of the adsorption of a hydrogen atom on an ionic lattice. This can be regarded as a one-electron problem. It was treated in detail by us as early as 1947 [8]. In the general base, problems involving the "weak" form of chemisorption are essentially many-electron problems. As an example we depict in Fig. 3 by means of valence signs that weak forms of chemisorption for the molecules O_2, H_2O, CO_2 [1]; here the electron and the hole play the part of the free valences (resp., positive and negative). Within the framework of quantum mechanics such problems, like all essentially manyelectron problems, are extremely difficult to solve.

Fig. 3

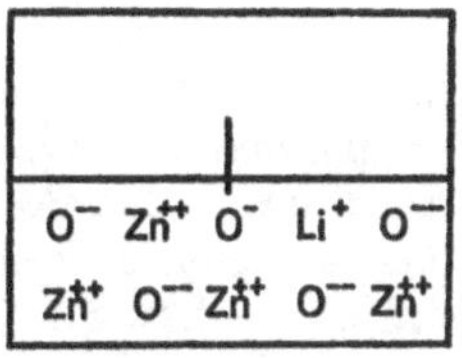

Fig. 4

An example of the second class of problems (cooperative interaction) is the problem of the formation in chemisorption of a so-called "strong" bond, in which a free electron or free hole of the crystal lattice takes part in the bond and the chemisorbed particle thereby acquires an electric charge. The influence of adsorption on the electrical conductivity and the work function, the influence of an external electric field on the adsorptivity and catalytic activity – all these are other typical examples of cooperative effects. From the viewpoint of the theory of cooperative interactions the whole individuality of the chemisorbed particle is expressed in a single parameter – the position of the local level of the chemisorbed particle – which expresses its chemical nature.

An example of a problem with two aspects – both local and cooperative – is to be found in the influence of impurities on the adsorptive and catalytic properties. Indeed, this influence can manifest itself in two ways.

Firstly, via the Fermipotential whose position depends on the nature and concentration of impurity; the position of the Fermipotential in its turn determines the adsorptivity and the catalytic activity of the surface. Here the influence of the impurity is a typical cooperative effect.

Secondly, by the direct participation of the impurity in the act of adsorption or catalysis, inasmuch as the impurity atoms can act as active centers in adsorption and catalysis, or, on the contrary, can block up the action of such centers. Here we have a typical local effect. These two mechanisms of action of an impurity – local and cooperative – may at times be oppositely directed, one or the other predominating; depending on the conditions.

For example, lithium atoms introduced as an impurity into a crystal of ZnO or NiO with which they form a substitutional solid solution, can be treated as adsorption centers for oxygen, since each atom of lithium gives rise to a free (unsaturated) valence (Fig. 4). From this point of view doping with lithium should increase the adsorptivity of the surface with respect to oxygen. On the other hand, lithium in forming an interstitial solution where it acts as an acceptor impurity and lowers the Fermipotential (i.e., increases the work function) should thereby, according to the electron theory, suppress, rather than increase the adsorptivity of the surface with respect to an accepter gas like oxygen. Indeed, according to the findings of Bielansky and Deren, which will be reported tomorrow, lithium increases the work function and retards the adsorption of oxygen, whereas, according to the data of Keier, which were reported to the Congress two days ago, lithium, by increasing the work function has the opposite influence and accelerates the adsorption of oxygen.

In the first case (experiments of Bielansky and Deren) the cooperative effect predominates, whereas in the second case (Keier's experiments) the local effect predominates over the cooperative effect. There is presently a fallacious opinion that all such cases, where the local effects mask the cooperative effects are in apparent contradiction with the electron theory. This shows a lack of understanding of the electron theory since its treatment of cooperative effects by no means ignores local effects, but rather contrasts the two.

4. The Fermipotential

Let us now turn to a fundamental concept of the theory of cooperative effects – the Fermipotential – which plays a leading role in the electron theory of semiconductors.

According to the electron theory, the position of the Fermipotential on the surface of a catalyst determines the relative content of different forms of chemisorption (neutral and charged, "weak" and "strong", "reversible" and "irreversible"), the chemisorptivity and the catalytic activity of the surface. Here we have in mind not the positions of the Fermipotential with respect to the conduction band and the valence band, which uniquely determine the concentrations of free electrons and holes, respectively, but its position relative to the local levels of the chemisorbed particles, which determines the extent of occupation of these levels by electrons and holes.

Thus, the position of the Fermipotential uniquely determines the chemisorptive and catalytic properties of the surface only when the energy spectrum of the surface is predetermined and remains unchanged. If we compare two catalysts of different nature and, hence, with different energy spectra, the Fermipotential would no longer serve as a characteristic of the surface. One can expect some correlation between the work function and the catalytic activity when comparing different samples of the same catalyst with different preparative history; but it is futile to expect such correlation (as some authors do) when comparing different catalysts. This must be especially stressed, for many errors are made by attributing undue importance to the Fermipotential.

The cognition of the importance of the Fermi level in catalysis (twenty years ago) as a regulator of the chemisorptive and catalytic properties posed the question of regulating its position by means of various external factors affecting the catalyst. Let us mention two such factors.

The first is the introduction of impurities into the crystal or onto its surface. Impurities shift the position of the Fermipotential on the surface, thereby changing the latter's chemisorptive and catalytic properties. This cooperative effect can be distorted by simultaneous local effects, as we have seen.

A second way of shifting the Fermipotential over a wide range is by the application of an external electric field normal to the surface. It can be expected that the external field will thereby regulate the chemisorptivity and the catalytic activity. This effect was investigated theoretically as far back as 1958 [9] [10], and was found experimentally in 1962 by V. I. Lyashenko, O. A. Serba and I. I. Stepko [11]. In this effect the role of the Fermipotential manifests itself more clearly and unequivocably than in any other.

It should be stressed, however, that the Fermipotential is by no means always the major factor in determining the surface behavior. There may be reactions or stages of a reaction whose rate in no way depends on the position of the Fermipotential. Contrary to widespread opinion, this is not a contradiction of the electron mechanism of the reaction or the electron theory in general.

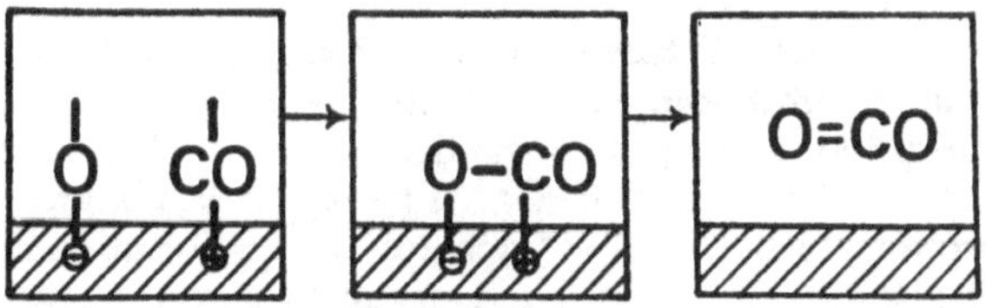

Fig. 5

For purposes of illustration, let us consider the oxidation of CO, which takes place via the simple mechanism shown in Fig. 5. Fig. 5a demonstrates the "strong" forms of chemisorption of O and CO which are ion-radical forms; while Fig. 5b shows the "weak" (electrically neutral, valence-saturated) form of chemisorption of CO_2, which leads to desorption of the molecule CO_2 as a result of the recombination of a hole and an electron.

It is easily shown that the dependence of the reaction rate dn/dt on the position of the Fermipotential E_F is given in this case by the curve schematically depicted in Fig. 6, where A and D are the local acceptor and donor levels, respectively, of the O atom and CO molecule. (It can be shown that the curve retains its character if the levels A and D in the figure are interchanged). In region I the reaction rate is accelerated as the Fermipotential is lowered (a so-called "donor" reaction in the terminology of the electron theory), while in region III, on the contrary, as the Fermipotential is lowered, the reaction is retarded (a so-called "acceptor" reaction). In region I the acceptor impurity (e.g., Li in ZnO or NiO) promotes the reaction (data of Schwab and Block [12]), whereas in region III the same impurity, on the contrary, acts as a poison (data of Parravano [13], and of Keier, Roginsky and Sazanova [14]). But in region II, which is very characteristic, we see that the reaction rate is quite insensitive to the position of the Fermipotential. The Fermipotential is thus incapable of controlling the catalytic activity here.

Thus, while the dependence of the catalytic activity on the position of the Fermipotential speaks in favor of the electron theory, the absence of such a dependence does not contradict this theory.

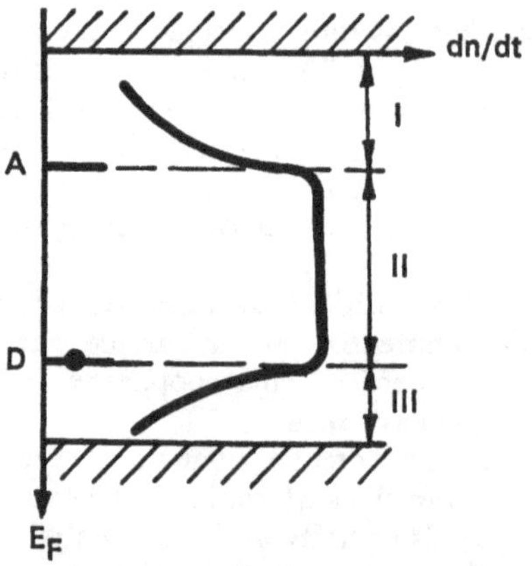

Fig. 6

It should be observed that the very concept of the Fermipotential has significance only as long as we are dealing with electron equilibrium. There are many problems, however, in the electron theory for which the conditions of electron equilibrium do not hold, and in these instances the Fermipotential does not play a part. In such cases the theory has to do without this concept. An example is the problem of a catalyst under irradiation. Another example is the problem of the kinetics of adsorption and desorption. We shall dwell in greater detail on the latter.

In Fig. 7 are shown the parallel changes of the thermionic work function ζ (ζ_0 is the work function of the reference fold electrode) and the electrical conductivity σ during adsorption and desorption, according to the data of E. N. FIGUROVSKAYA and W. F. KISELEW [15] (oxygen on titanium dioxide). At t = 0 gas is admitted into the adsorption volume (adsorption starts); at t = t* adsorption equilibrium, and hence electron equilibrium, sets in; at t = t* outgassing is begun (desorption starts). As is evident from Fig. 7b, the change in electrical conductivity is completely irreversible, indicating that the charged ("strong") form of chemisorption responsible for it is not removed by outgassing, i. e., it is an irreversible form. At the same time, as appears from Fig. 7a, the change in the work function is only partially reversible, which testifies to the contribution which the neutral (so-called "weak") completely reversible form of chemisorption brings to the work function in the form of a dipole component.

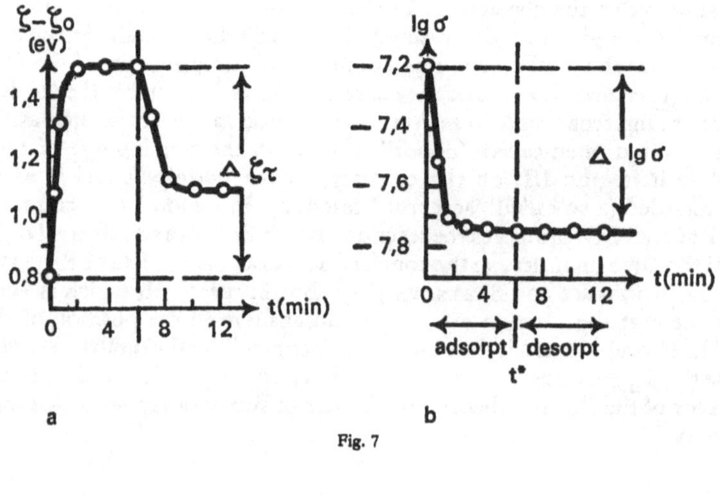

Fig. 7

In this case, according to a theoretical investigation by the author in collaboration with PESHEV [16], electron equilibrium is upset during desorption. Indeed, only the neutral form of chemisorption practically leaves the surface, and inasmuch as the establishment of an electron equilibrium cannot keep place with desorption, the desorption process takes place under conditions of disturbed electron equilibrium. As long as adsorption equilibrium exists between the surface and the gas phase, the Fermipotential reigns on the surface. As soon as desorption begins, the Fermipotential drops out of the game.

The electronic theory introduced the concept of Fermipotential into the science of catalysis. But it is important not to neglect the limitations in the use of his concept.

5. "Ideal" and "Real" Surfaces

In conclusions we shall dwell on two more concepts which are contradictory and which are of undisputed interest: the concepts of ideal and real surfaces.

From the viewpoint of chemisorption and catalysis, the difference between a real and an ideal surface consists not in the presence or absence of defects perturbing its strictly periodic structure, but rather whether or not these defects play the part of adsorption centers. In the theory of an ideal surface, structural defects retain the ability to shift the Fermipotential and thereby to change the chemisorptive properties of the surface (i.e., the cooperative effects are retained), but the immediate role of these defects as chemisorption centers is ignored (i.e., local effects are neglected).

The structural defects serve as traps for free electrons and holes, and since free electrons and holes play the part of free valences in catalysis, the structural defects are the localization centers of these valences. On a real surface, in contrast to an ideal one, chemisorption and catalysis take place not on wandering valences, but on such localized valences. This is borne out by many experimental facts. For example, according to KAHN and TAYLOR [17], and also MUHA [13] who investigated the adsorption of H_2 and D_2 on SiO_2, the centers of adsorption are holes, localized on surface defects. According to LUNSFORD and JAYNE [19], BAUER and STAUDE [20], and O. F. RAKITYANSKAYA [21] the centers of adsorption for O_2 and CO_2 on crystals of MgO and AgBr, etc. are electrons, localized on anion vacancies (F-centers).

Every real surface is characterized by a multiplicity of defects and, hence, by a multiplicity of adsorption centers; i.e., a real surface is by its very essence an inhomogeneous surface. A surface with a single kind of defect (adsorption centers), i.e., a homogeneous surface, is an idealized version of a real surface.

A real surface possesses a number of seemingly paradoxical properties, from the viewpoint of the conceptions to which we are accustomed in the theory of an ideal surface. For example, in adsorption on a real surface the neutral form of chemisorption is "strong" while the charged form is "weak", contrary to what occurs on the ideal surface. In adsorption on a real surface a donor gas, while remaining a donor, may also act as an acceptor, and vice versa, an acceptor gas can act as a donor.

Let us explain this by the following examples.

Consider the adsorption of acceptor molecules C on a crystal MR, built up of ions M^+ and R^-, where M is the symbol of a metal, and R – of a non-metal. Let the adsorption centers be ion vacancies on the surface of the crystal. Figs. 8a and 8b depict the "weak" and "strong" forms of chemisorption, respectively. In both cases the chemisorbed particle is attached to an empty anion site, equivalent to a positive point charge. In the case of a "strong" bond (Fig. 8b) the charge of this empty site is compensated by the charge of the electron participating in the bond; in the case of a "weak" bond (Fig. 8a) the charge remains uncompensated. Thus, the "strong" form of chemisorption is neutral, while the "weak" form is electrically charged. In figs. 8c and 8d we show for comparison the "weak" and "strong" forms of chemisorption on an ideal surface. Here, on the contrary, the "strong" form is charged, while the "weak" form is neutral.

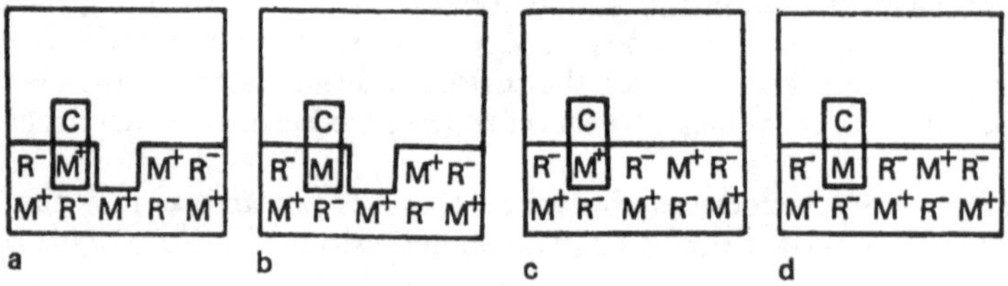

Fig. 8

Let us now turn to the energy spectrum (see Fig. 9). Let the defects of the surface which serve as adsorption centers be depicted by the local donor levels D, the acceptor particles C adsorbed on these centers – by the donor levels C. As adsorption proceeds, the levels D disappear, to be replaced by an equal number of levels C, causing the Fermipotential to shift down or up, depending on whether the levels C lie below or above the levels D. In the latter case, depicted in Fig. 9, the particles C, although they are acceptors, act as donors: their appearance on the surface leads to an upward shift of the Fermipotential with all the attendant results. Yu. P. Solonitsyn [22], who studied the adsorption of oxygen (an acceptor gas!) on zinc oxide (n-type semiconductor!), was evidently dealing with this effect: oxygen caused an increase, rather than a decrease in the conductivity, i.e., it acted as a donor.

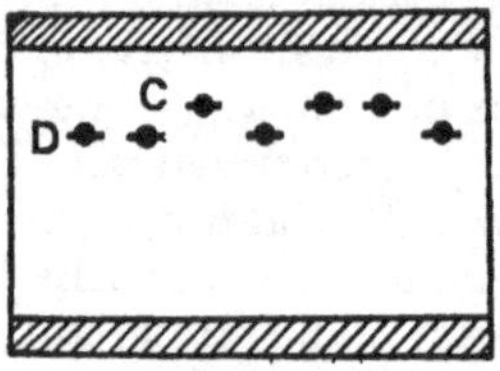

Fig. 9

We see that adsorption on defects has specific properties in comparison with adsorption on an ideal surface.

The concentration of adsorption centers on the surface can be changed by the action of various external agents. For example, irradiation of the surface can cause a depletion or, on the contrary, an increase in the number of adsorption centers. In the conclusion of their interesting lecture K. Hauffe and R. Stechemesser dwelt on the problems of the photoadsorption effect. I shall follow their example and in the concluding part of my lecture shall also deal with the photoadsorption effect, discussing some of its aspects from the viewpoint of the theory of a real surface.

As was discovered by Yu. P. Solonitsyn [22] and R. Coekelbergs and co-workers [23], in photoadsorption on semiconductors one sometimes observes some unusual effects, which can be called "memory effects". One of these (Solonitsyn's effect) consists in the following: if a semiconductor is preliminarily illuminated for some time, its dark adsorptivity becomes enhanced, and the more so the longer the preliminary illumination and the shorter the succeeding period of dark adaptation. Another such effect (Coekelbergs' effect) can be described as follows: if in the process of photoadsorption illumination is turned off, adsorption will continue for some time as if "by inertia", as if illumination had not been discontinued at all.

Both these effects, which we recently [24] treated theoretically in detail, can be easily understood if we proceed from the concept that adsorption takes place on electrons, localized on defects, i.e., thrown onto certain local acceptor levels. Under the influence of illumination the number of such electrons can be increased, but when illumination is turned off this number slowly relaxes to its initial dark value. Until this value is reached the adsorptivity remains enhanced, which finds expression in SOLONITSYN's and COEKELBERGS' effects.

We see no way of explaining these effects, or a number of others as well, within the frame of the theory of an ideal surface. The further development of the electron theory of catalysis undoubtedly requires that this frame be abandoned for a wider one.

In conclusion, I should like to repeat the observation with which I began this lecture. My aim here was not to set forth new results concerning concrete problems of the electron theory. I merely touched on some of these in the course of the exposition. My lecture was intended to be quite general in nature, and to deal with some fundamental concepts of the electron theory which seem clear enough, not because they are really so, but because they are so familiar to us. Familiarity frequently serves as a substitute for understanding. It shifts the bounds of the unknown. It is therefore useful from time to time to focus our attention on concepts that we have come to take for granted, in order to separate what is really clear from what is merely familiar.

Literature

1. TH. WOLKENSTEIN (F. F. VOLKENSHTEIN): "The Electron Theory of Catalysis on Semiconductors", Pergamon Press, (1963).
2. E. N. FIGUROVSKAYA & W. F. KISELEW: Doklady Akad. Nauk SSSR, **182**, 1365 (1968) (Russ.).
3. TH. WOLKENSTEIN: Industrie Chimique Belge, **31**, 655 (1966).
4. W. F. KISELEW: Z. Chemie, **7**, Heft 10, 369 (1967).
5. K. HAUFFE: „Reaktionen in und an festen Stoffen", 2. Auflage, Springer Verlag (1966).
6. TH. WOLKENSTEIN: Zhurn. Fiz. Khimii, **21**, 1317 (1947) (Russ.).
7. TH. WOLKENSTEIN: Zhurn. Fiz. Khimii, **21**, 1462 (1952) (Russ.).
8. C. B. G. GARRET: J. Chem. Phys., **33**, 966 (1960).
9. TH. WOLKENSTEIN & V. B. SANDOMIRSKII: Doklady Akad. Nauk SSSR, **118**, 980 (1958) (Russ).
10. V. BARU & TH. WOLKENSTEIN: Doklady Akad. Nauk SSSR, **167**, 1314 (1966) (Russ.).
11. V. I. LYASHENKO, O. A. SERBA & I. I. STEPKO: Doklady Akad. Nauk Ukrainskoi SSR, **3**, 350 (1962) (Russ.).
12. G. M. SCHWAB & J. BLOCK: Z. f. phys. Chem., **1**, 42 (1954).
13. G. PARRAVANO: J. Am. Chem. Soc., **74**, 1194 (1952); **75**, 1448 (1953).
14. N. P. KEIER, S. Z. ROGINSKY & I. S. SAZONOVA: Doklady Akad. Nauk SSSR, **106**, 859 (1956) (Russ.).
15. E. N. FIGUROVSKAYA, W. F. KISELEW & TH. WOLKENSTEIN: Doklady Akad. Nauk SSSR, **161**, 1142 (1965) (Russ.).
16. TH. WOLKENSTEIN & O. PESHEV: J. Catalysis, **4**, 301 (1965).
17. H. W. KAHN & E. H. TAYLOR: Deuxième Congrès Intern. de Catalyse, Paris 1960.
18. G. M. MUHA: J. phys. Chem., **70**, 1390 (1966).
19. J. H. LUNSFORD & J. P. JAYNE: J. phys. Chem., **69**, 2183 (1965).
20. E. BAUER & H. STAUDE: Berichte von der Hauptjahrestagung 1958, Chem. Gesellschaft der DDR, 129 (1959).
21. O. F. RAKITYANSKAYA: Candidate's thesis, Odessa State University (1966) (Russ.).
22. YU. P. SOLONITSYN: Candidate's thesis, Leningrad State University (1965) (Russ.).
23. R. COEKELBERGS, A. CRUCQ, J. DECAT, L. DEGOLS, M. RANDOUX & L. TIMMERMAN: J. phys. Chem. Sol., **26**, 1938 (1965).
24. TH. WOLKENSTEIN & V. G. BARU: Surf. Science, **13**, 294 (1969).

II.
Mechanism of the Chemisorption Act

3. Nature of the Chemisorption Bond on Semiconductor Surfaces

M. Tomášek and J. Koutecký
Institute of Physical Chemistry, Czechoslovak Academy of Sciences, Prague, Czechoslovakia

With 6 Figures

Zusammenfassung

In dem vorliegenden Referat wird die bei der Chemisorption an einer Halbleiter-Oberfläche auftretende Bindung unter der Voraussetzung behandelt, daß die geometrische Struktur des Chemisorbats mit der einer reinen Kristalloberfläche identisch ist. Unter vereinfachenden Annahmen wird die quantenchemische Behandlung der Chemisorptionsbindung als nützlich angewandt. Es werden bevorzugt die Ergebnisse aus der Theorie der lokalisierten Oberflächenzustände berücksichtigt. Nach einer eingehenden Diskussion der Tammschen Oberflächenzustände werden diese zur Beschreibung der energetischen Verhältnisse bei der Chemisorption herangezogen. Im Anschluß hieran werden die Oberflächenzustände nach Shockley behandelt, die freie Valenzen an der Oberfläche darstellen und in der Literatur auch als "dangling bonds" bezeichnet werden. Die Energie der Shockleyschen Oberflächenniveaus ist im allgemeinen nicht sehr verschieden vom Ionisierungspotential der Hybrid-Orbitale der aufgebrochenen Bindung an der Oberfläche. In gleicher Weise können diese Oberflächenzustände auch als Ausdruck der Eigenschaften freier Oberflächenradikale angesehen werden. Der experimentelle Nachweis ist mittels Elektronenresonanz-Messungen an Graphit versucht worden.

Im Anschluß hieran folgen einige quantitative Zusammenhänge zwischen der Chemisorption und den Oberflächenzuständen an einem Eigenhalbleiter mit Zinkblende-Struktur. Das betrachtete Modell ist nicht nur für homöopolare Bindung, sondern auch für intermetallische Bindungssysteme gültig. Im folgenden werden dann die lokalisierten Zustände der Flächen (111) und (100) eines Sphalerit-Typ-Gitters behandelt. Hierbei werden Beziehungen abgeleitet, die eine Abschätzung der bei der Chemisorption auftretenden Energie der Bindungs- und Antibindungszustände erlauben, wobei das Vorhandensein von Oberflächenzuständen nach Tamm oder Shockley berücksichtigt wird.

Im weiteren wird kurz auf die Fehler eingegangen, die durch Vernachlässigung der Wechselwirkung der Bewegung von Elektronen mit antiparallelem Spin entstehen. Möglichkeiten, diese Korrelation zu berücksichtigen, wodurch eine bessere Übereinstimmung mit den Experimenten erreicht werden kann, werden angedeutet. Dann wird die Frage erörtert, ob die bei allen Betrachtungen verwendete Molcao-Methode auch für die im Zusammenhang interessierenden Elektronen der äußeren Schalen gültig ist. Durch Vergleich mit exakten Rechnungen im Kronig-Penney-Modell wird sie im wesentlichen positiv beantwortet.

In der abschließenden Diskussion wird die aus der entwickelten Konzeption der lokalisierten Oberflächenzustände resultierende Vorstellung der Chemisorption mit der Wolkensteinschen Ein- und Zwei-Elektronen-Näherung und dem Konzept der Ionosorption verglichen. Dabei wird ihr genereller Wert eingeschränkt durch die Schwierigkeit, die auftretenden Parameter bestimmen und rechnerisch berücksichtigen zu können. Interessierende Größen, wie z. B. die Adsorptionswärme, können nur in einfachsten Grenzfällen berechnet werden.

Abstract

Results obtained by various quantum mechanical approaches in studying localized states on crystal surfaces are summarized and discussed. The one- and many-electron aspects of the problem are confronted and shown to lead to similar results. Emphasis is laid upon localized chemisorption states on intrinsic semiconductors. The problem of the calculation of chemisorption heat on solid surfaces is also mentioned.

1. Introduction and Scope

The purpose of this lecture is to give some insight into the properties of the chemisorption bond on solid surfaces. We shall summarize the results obtained in this field with theoretical methods. The problem of clean surfaces of solids is an equally difficult task both for the experiment and the theory [1]. In the case of chemisorption, the situation gets even more complicated. In spite of considerable progress and efforts made along this line, we have not yet been in the position to give a completely satisfying interpretation of experimental data concerning precise geometry and structure of surface layers of crystals, or the properties of bonds between the surface and the chemisorbing atoms or molecules. The arrangement of surface layers of crystals differs from the structure in the bulk. There exists a whole variety of intermediate types of bonds of the chemisorbate to the surface. In order to get more precise idea about the surface structure and the character of the bond in any particular case, it is necessary to perform large scale measurements and complicated calculations. In this situation, the theory is obliged to adopt extensive simplifications considering but the most typical features of every problem. Theoretical results set forth in this lecture have all been obtained on the assumption that the clean surface of the crystal or that covered with the chemisorbate show identical geometrical structure as the crystal bulk. Further simplifications refer to the quantum mechanical formulation.

At present the quantum chemical treatment of the problem of the nature of the chemisorption bond seems to be the most promising approach. The overwhelming part of results given in this lecture was obtained with the quantum chemical method. The complicated many-electron problem is being reduced to that of the behaviour and properties of a single valence electron moving in the effective potential field consisting of two components: 1) of the potential of the lattice of the crystal and chemisorbate which both are free from all valence electrons and 2) of the averaged potential with which other valence electrons act on the electron considered. In order to keep the clarity of the approach and to make the chemical interpretation of the results possible, a wave function of a chosen electron is constructed as a linear combination of atomic functions localized on individual atoms of the crystal lattice. Atoms built into the crystal lattice keep their properties (ionisation potential, electroaffinity etc.) to a certain extent even in the crystal. This fact is best reflected in the above mentioned Ansatz for the one-electron wave function, which is called MOLCAO (Molecular Orbital-Linear Combination of Atomic Orbitals) approximation. In addition to a simple chemical interpretation, this approximation enables a facile formulation of the boundary conditions for the wave function of the electron on the surface of the crystal. The exact characterization of these boundary conditions is one of the most difficult aspects of the whole problem and it might considerably influence the nature of the results of any approximate theory. MOLCAO representation is also a good starting point for the more general theory [2–3], involving that part of the electronic repulsion which has been omitted in the one-electron approximation. It makes possible to solve the problem of electronic correlation on surfaces in a comparatively easy way.

In this lecture we concentrate preferably on those results of the theory of localized states on the surfaces which may be used for the interpretation of the surface phenomena and chemisorption on intrinsic semiconductors. Surface effects on these substances were examined with quantum mechanical methods by a rather narrow range of papers [4–13]. A much more extensive literature [14] deals with simplified models of crystals (frequently one- or two-dimensional). One of the first is the well known VOLKENSTEIN's study [15] of chemisorption on the simple model of a crystal, dating back to 1947. Usually, substantial qualitative features of this range of papers remain preserved even in works on real crystals and will be summarized in chapter 2. In chapter 3 which forms the nucleus of this lecture the results will be discussed in detail which were obtained for localized states on the surface of the intrinsic semiconductor with zinc blende structure. The chapter 4 deals with the influence of electronic correlation on the properties of electrons localized on the surface. In chap. 5, the results obtained by two different methods of the one-electron approximation, with the so-called "high energy" method and the MOLCAO method are confronted. In chapter 6 the question of the calculation of chemisorption heat on solid surface is discussed together with other important problems.

2. General Classification of Localized States on Crystal Surfaces

In this chapter the qualitative results are summarized of the calculations of surface and chemisorption states in simple models of crystals obtained within the framework of the one-electron approximation. The stress is laid on the clarity of the exposition and some properties of the energy spectra of finite crystals are quoted. The knowledge of these properties is needed for the understanding of the nature of surface states.
The energy spectrum of the ideal finite crystal consists of two kinds of states. There are the so-called volume states, the energy of which does not differ from the corresponding energies in the infinite crystal. The electrons corresponding to these states are equally spread in the whole bulk of the crystal and for this reason the presence of the surface exerts vanishingly small influence on the position of their energy levels. Besides this in the final crystal we find states localized on the surface. In this case the existence of the surface exerts a decisive influence on the energy and wave function of these states. The energy of the electron is mainly determined by the physical conditions in the proximity of the surface. This is because its density is highest in the proximity of the surface and further towards the interior of the crystal it becomes practically zero.
Under the states localized on the surface we understand both so-called surface states of clean surfaces of solids, and the chemisorption states where the occurrence of electrons is practically limited to several layers formed by the chemisorbate and the surface of the crystal.

Fig. 1. Energy bands of an infinite crystal of type 1. E denotes energy and r the lattice constant

Fig. 2. Energy bands of an infinite crystal of type 2. For $r < r_0$ localized bonds appear

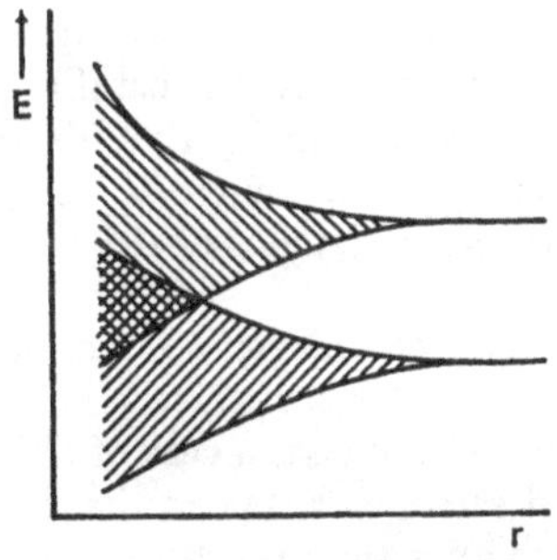

Fig. 1

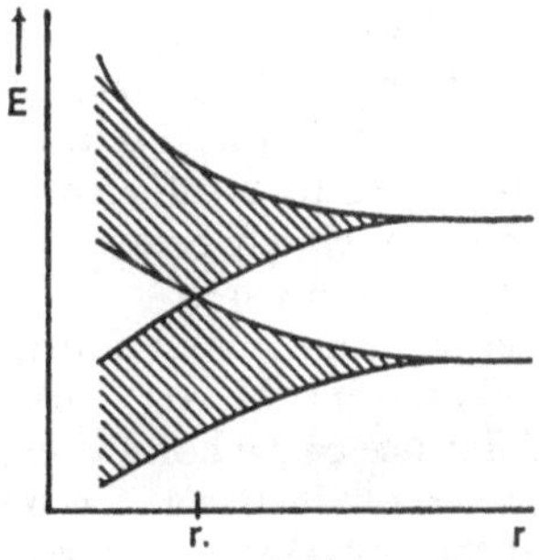

Fig. 2

From the point of view of the interpretation of the localized states it is of advantage to divide the volume states in two groups. In the first (1) group there are crystals in which individual energy bands do not interact. The bands are mutually separated either with the energy gaps of finite width or are merely overlapping (Figure 1). (The typical representatives are simple metals or ionic crystals.) In the second (2) group there are crystals where it comes to interaction between the electronic states of neighbouring bands. The dependence of the energy spectra of such crystals on the interatomic distance is shown in Figure 2. For this type of the energy spectrum the appearance is characteristic of the forbidden band resulting from the intersection of both neighbouring bands. The character of the forbidden bands before and after the intersection is quite different. At the moment of intersection, i.e. for the corresponding value r_0 of the lattice constant the localized bonds appear in the crystal. Both bands depicted in Figure 2 bear after the intersection the character of bands of bonding or antibonding states, respectively, in complete analogy with the situation in the hydrogen molecule. With intrinsic semiconductors the band of the bonding states is currently called "valence" band and is in the ground state completely filled with electrons, whereas the completely empty band of the antibonding states is called the "conduction" band.

In connection with this classification of bulk states we shall present the explicit division of the localized states on the surface to the so-called TAMM or SHOCKLEY localized states, respectively. For crystals with the energy spectrum of volume states of the first type, only TAMM states can exist whereas in the case of crystals of type 2, the appearance of TAMM as well as SHOCKLEY localized states is possible. However, simultaneous existence of TAMM and SHOCKLEY localized states in a crystal is always excluded.

2.1. Tamm states

Let us describe the mechanism of the origin of TAMM states. The existence of these states depends roughly on the difference of the potential on the surface of and inside the crystal. Naturally it is important to make a difference between the surface states and the chemisorption states. Let us first turn to the TAMM surface states. If the potential in the surface cell differs considerably from the potential inside the crystal, a new energy level of a localized state appears in the energy spectrum. If the potential of the surface is lower than in the bulk, then this state lies under the corresponding energy band of the volume states; on the contrary if it is higher it lies above this band. The probability of the appearance of the electron of TAMM state decreases exponentially with the increasing distance from the surface of the crystal. The localization of the electron in the surface cell of the crystal is caused by the fact that the electron from this potential well has a very small probability for its transition to the neighbouring cells of the crystal which have a considerably different potential. If this difference is limited but to the first layer of the crystal, the number of the localized surface states of the TAMM type is equal to the number of the elementary cells on the surface. If the surface potential reaches more layers under the crystal surface, there can further arise the so-called subsurface states of TAMM type [16]. Electrons of these states have the greatest probability of appearance not directly on the surface but below it. Generally we can say that TAMM surface and subsurface states are caused by a sufficiently strong local change in the potential on the surface of the crystal or closely below it. The mere existence of the surface is therefore not able to give rise to these states.

Let us turn the attention to TAMM chemisorption states. The choice of their name will follow from the rest. The change of the surface potential may be caused also by the difference of the bond strength between the layers of the elementary cells on the surface and below it. If e.g. the bond strength between the first and the second surface layer of the crystal is considerably higher than the bond strength between the layers in the bulk there arise two new types of the localized levels in the energy spectrum of the finite crystal. The so-called bonding levels which from the energetical point of view are more favourable and are therefore completely occupied in the ground state. Energetically unfavourable antibonding levels are in the ground state completely empty. The bonding levels lie in the energy spectrum under the original band of volume states, the antibonding ones lie above it. The highest probability of appearance of an electron of the bonding state can be found in the neighbourhood of the relevant bond and this probability decreases exponentially towards the crystal interior. If the bond between more surface layers is strengthened as compared with the bulk there may appear more pairs of bonding and antibonding states in the energy spectrum.

Both above mentioned mechanisms of the origin of TAMM states may exist simultaneously in the crystal. We meet this situation most frequently on real surfaces of simple metals. In this situation the decrease of the potential in elementary cells on the surface might facilitate the appearance of bonding states and hinder the appearance of antibonding states. The increase of the potential has an opposite effect. This change of the potential in surface cells causes the shift of localized bonding and antibonding states that might lead to their fusion with the original band of the volume states and to the disappearance of the localization of the electron on the surface at all.

The above mentioned localized states have been called chemisorption states because the described model is simultaneously a simple model of chemisorption on the crystal surface. This is true when the surface is completely covered with adsorbed atoms or molecules and when the adsorption layer shows identical two-dimensional symmetry as the base itself. The chemisorption might then be regarded as an incorporation of chemisorbed atoms or molecules into the crystal and the change of the bond strength between layers may be interpreted as the chemisorption bond. It is evident from the preceeding discussion that TAMM chemisorption states appear only when the chemisorption bond is sufficiently strong compared to the bonds in the bulk. The localization of the electron along this bond disappears if its strength approaches that of the bonds between individual atoms in the crystal bulk. The levels of bonding and antibonding chemisorption states are approaching the limits of the band of volume states, and at the moment of their fusion with this band the bond between "chemisorbing" atoms and the crystal surface changes to a metallic bond in which all electrons of the crystal take part. Same as above, the decrease or increase of the potential in the elementary cells on the surface might again cause the fusion of the localized chemisorption levels with the band of volume states and thus lead to the delocalization of the chemisorption bond. Though our model of chemisorption on metals is highly idealized it might be expected that with incompletely occupied surfaces where the original two-dimensional symmetry of the crystal has been perturbed, the above mentioned qualitative conclusions will remain preserved.

2.2. SHOCKLEY states

As already mentioned above, the appearance of SHOCKLEY states is possible with crystals showing markedly or partly localized bonds between atoms. For equilibrium interatomic distances, there came already to an intersection of the neighbouring bands with these crystals (Figure 2). The forbidden band separates the lower situated band of predominantly bonding character from the antibonding band. With typical intrinsic semiconductors (Ge, Si, indium antimonide etc.) we call this forbidden band the "gap". The interpretation of SHOCKLEY states is very simple [17]. Even here, it is necessary to make a difference between surface and chemisorption states, respectively. First, let us turn to SHOCKLEY surface states.

These states arise in the crystal when the surface formation occurs through breaking of localized bonds between neighbouring atoms. The mere existence of the surface is sufficient for their appearance. If there would not exist localized bonds in the crystal then its cleavage would not result in any surface states. For this reason these states represent localized free valencies on the surface [17]. In the literature, they are often called "dangling bonds" [18–19]. The energy levels of these states are placed in the gap. Because with solids interesting from the point of view of physics the width of the gap is not too large, the small change of the potential in the surface cells of the crystal is sufficient for shifting these levels to the boundaries of the bands of volume states. Through this shift the electron density is delocalized from the surface and the SHOCKLEY surface states disappear. Hence, small changes in the surface potential represent the existence condition for the occurrence of SHOCKLEY surface states. The behaviour of the wave function, which differs markedly from that of the Tamm state, is also very interesting. The existence probability of the electron is namely considerably higher along the bonds which differ from the broken bond on the crystal surface only by a translation along an arbitrary translational vector of the crystal lattice, whereas the propability on other bonds is negligible. However, with both groups of bonds, this probability decreases exponentially towards the crystal interior. The energy of the levels of Shockley surface states is usually not too different from the ionization potential of the hybride orbital, which forms the broken bond on the surface. These phenomena point clearly to the analogy of Shockley surface states with the so-called non-bonding states of odd alternant hydrocarbons where similar properties are known of the energy and wave function [20]. The existence of non-bonding states in these conjugated hydrocarbons lends them the character of free radicals. Similarly, Shockley surface states may be considered as the expression of free radical properties of the surface [4, 17]. From calculations of simple crystal models it follows that the number of Shockley surface states in a finite crystal should be equal to the number of interrupted bonds on the surface, i.e. to the number of free valencies. The most direct way to study these phenomena experimentally is to use paramagnetic resonance methods. Efforts have been directed to intrinsic semiconductors (silicon, germanium) where both standard [21] and double electron nuclear resonance techniques [22] have been used. In the case of graphite, the results seem to be really promising [23].

It is necessary to point out that Shockley surface states may exist even in crystals where bonds between atoms are not localized. However, with these crystals there must exist two systems of different kinds of bond, one weaker and the other stronger. The breaking of the stronger bond through surface formation results in bringing about the Shockley surface state in the forbidden band whereas by breaking the weaker bond, these states do not arise.

If in the crystal, there are important also bonds between non-neighbouring atoms then their breaking might lead to the existence of a system of additional localized states, the electron density of which is primarily concentrated on those bonds of atoms under the surface which had been broken through the surface formation. The behaviour of the wave functions of these additional states is the same as with Shockley surface states and therefore, we call them Shockley subsurface states [24–25].

During chemisorption, crystals with localized bonds behave in such a way that a system of localized chemisorption bonds arises again between the surface and the adsorbate. However, it appears only if the chemisorption bond is not too strong or, more precisely, if it is weaker than the localized bond in the bulk crystal. Corresponding states which again form couples of bonding and antibonding levels, are called Shockley chemisorption states.

It is very interesting that for a weak chemisorption bond, the energies of bonding and antibonding levels are approximately given by the well known energy formula for biatomic heteromolecules where the crystal is represented only by the Shockley surface state (free valency) wave function and energy level [7]. The similarity to Pollard's 1939 idea [26] is surprising. If the strength of the chemisorption bond is comparable to that of the localized bond in the crystal bulk, there comes to a shift of bonding and antibonding levels of Shockley chemisorption states from the gap to the corresponding bands of volume states and to the delocalization of electrons from the surface. Only for a very strong bond, localized levels can again appear below or above the system of energy bands of volume states. However, these localized states are already of the Tamm type.

The classification of localized states carried out in this chapter is sufficiently general in order to be valid even in crystals formed by two different kinds of atoms. In comparison with the homoatomic lattice, additional splitting occurs of any originally allowed band and two allowed bands appear. The new forbidden band, which separates them, may contain a new kind of localized states if the change in the surface potential of the crystal composed of atoms of one kind only diminishes the difference between the potential of these atoms and those of the other kind. Contrary to Tamm states a vanishingly small change of the potential is sufficient to cause the appearance of these localized states which might be surface or chemisorption ones. They may exist in crystals with localized and delocalized bonds.

3. Chemisorption and Surface States on an Intrinsic Semiconductor with Zinc Blende Structure [10, 12]

Let us illustrate the content of chap. 2 on the case of a real crystal. We shall choose the sphalerite-type lattice which is typical for the larger part of most important intrinsic semiconductors (intermetallic compounds of $A^{III} B^{V}$, $A^{II}B^{VI}$ type). Interesting compounds such as BN, SiC etc. also belong to this group. Sphalerite is a heteranalogue of the diamond-like lattice in which germanium and silicon crystalize and all that will be said, is valid even for these crystals if a trivial specialization is performed in the results. The treatment will be sufficiently general that its conclusions could be used in chap. 4 for the description of correlation effects in solid surfaces.

The sphalerite-type lattice is composed of two interpenetrating face centered lattices *A* and *B*. Their lattice points will be denoted A or B, respectively. The potential has the same symmetry properties in both these lattices but differs in the absolute value. The lattices are interpenetrated in such a way that the lattice point of the type A is surrounded by four points of the B type located in the vertices of a tetrahedron, the centre of which is formed by an A type point. Let us place four hybrid sp^3 orbitals pointing to the nearest neighbours in each lattice point. With intermetallic compounds chemically different atoms A and B situated in the lattice points. One of them is more electropositive and the other more electronegative.

Let us choose the model potential in such a way that only the following interactions are different from zero: the interaction of hybrids lying along the bond between two neighbouring lattice points A and B, denoted as γ, the interactions of hybrids placed on the same lattice point of the A or B type, resp. (the corresponding parameters are γ_A or γ_B resp.) and finally the interaction of the hybrid orbital on the lattice point A or B resp. with itself that shall be denoted α_A or α_B resp. With intermetallic compounds, the differences of the values of parameters α_A, α_B and γ_A, γ_B do not characterize only the differences of the potential of both lattices *A* and *B* respectively but also the charge transfer which took place along the bond connecting neighbouring atoms with different electroaffinity. The model considered is not limited to the homeopolar bond only, but it describes the actual bonding conditions with intermetallic compounds. The simplification consists in considering merely the most important interactions.

The energy spectrum of volume states of electrons in this model is given by regions I, II, III and IV of Figures 3 and 4. In Figure 3, we put $\gamma_A\gamma^{-1} = \gamma_B\gamma^{-1} = 0.25$, $\delta = 0.5$; in Figure 4 $\gamma_A\gamma^{-1} = \gamma_B\gamma^{-1} = 0.25$, $\delta = -0.5$. The quantity x in these Figures is related to the one-electron energy E by the relation

$$x = \tfrac{1}{2}(x_1 + x_2)$$

where

$$x_1 = (E - \alpha_A + \gamma_A)\,\gamma^{-1}, \quad x_2 = (E - \alpha_B + \gamma_B)\,\gamma^{-1}$$

The results of calculations shows that the form of the energy spectrum depends critically on the quantity

$$\delta = \tfrac{1}{2}(x_1 - x_2) = \tfrac{1}{2}(\alpha_B - \alpha_A)\,\gamma^{-1} + \tfrac{1}{2}(\gamma_A - \gamma_B)\,\gamma^{-1}$$

The greater is the absolute value of δ, the narrower are the energy bands of volume states, forbidden energy bands of these states being at the same time expanded. This is natural

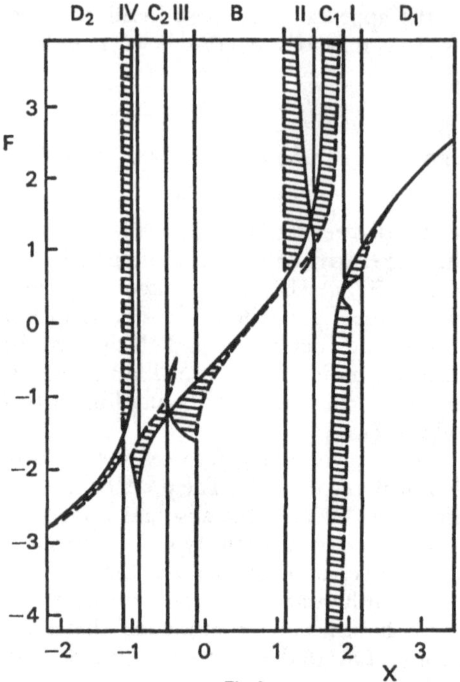

Fig. 3

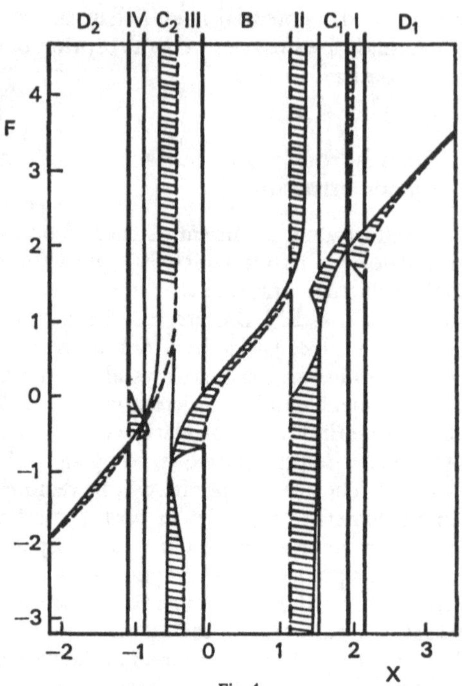

Fig. 4

Fig. 3. Electronegative surface plane (111). In shaded regions localized states can exist
Fig. 4. Electropositive surface plane (111)

because with increasing value of $|\delta|$, the energy barriers between atoms of the same kind increase. With large values of $|\delta|$, electrons are localized predominantly on the more electronegative atoms. The bands I and II, or III and IV resp. form bonding or antibonding bands, resp., of the bulk states and for $\delta = 0$, they would result in a global bonding or antibonding band, resp., known with diamond-like semiconductors (germanium, silicon) as the "valence" or the "conduction" band, resp.. Thus, the origin of additional forbidden bands C_1, C_2 is due to the mechanism described at the end of chap. 2. The main forbidden band B – the "gap", is the expression of the existence of localized bonds in the crystal and would disappear for $\gamma = 0$. The finite width of energy bands I–IV is due to the interactions γ_A, resp. γ_B. For $\gamma_A = \gamma_B = 0$, the crystal would consist of a system of non-interacting isolated bonds connecting neighbouring atoms.
Let us consider now the localized states on two different surfaces, which result in delimiting of the sphalerite-type lattice by the planes (111), or (100), respectively. Let us suppose that the surface atoms of the crystal are of the B type. It is necessary to differentiate the electronegative surface from the electropositive one. The value δ characterizes the electro-affinity of surface atoms. The case of $\delta > 0$ corresponds to the electronegative surface whereas that of $\delta < 0$ to the electropositive one. In order to characterize the change of the potential on the surface, originating either from the delimitation of the crystal or from chemisorption, let us define further the following interaction parameters (in γ units): The quantity $\rho = \alpha'\gamma^{-1}$ where α' represents the interaction of the surface hybrid orbital with itself on the surface atom, in the surroundings of which the crystal potential differs from that of the equivalent points in the crystal bulk, then the quantity $\sigma = \beta\gamma^{-1}$ where β represents the interaction between the surface hybrid orbital and the

orbital of the chemisorbing atom, and finally the value α, meaning the energy of the electron of the chemisorbing atom. Let us add another definition more

$$w = (E - \alpha)\,\gamma^{-1} = x - \alpha\gamma^{-1} - \tfrac{1}{2}(\alpha_A + \alpha_B)\,\gamma^{-1} - \tfrac{1}{2}(\gamma_A + \gamma_B)\,\gamma^{-1}$$

3.1. Surface plane (111)

This plane cuts one localized bond between two neighbouring atoms (Figure 5). On the Figure 3, which corresponds to the electronegative surface (111) and on the Figure 4, that corresponds to the electropositive surface (111), the dashed regions contain the family of curves $y = F$, which has the meaning of the existence condition for localized surface or chemisorption states. These states may exist for such values of the quantity x, for which the intersection of the hyperbola

$$y = \varrho + \frac{\sigma^2}{w} \tag{1}$$

occurs with these regions. The corresponding values of x form then the energy bands of localized states. The function (1) has a singularity for $w = 0$. The smaller is σ the more rectangular form have its two branches and the more they approach to the asymptotes

$$x = \alpha\gamma^{-1} + \tfrac{1}{2}(\alpha_A + \alpha_B)\,\gamma^{-1} + \tfrac{1}{2}(\gamma_A + \gamma_B)\,\gamma^{-1}, \quad y = \varrho$$

The energy of the corresponding bonding and antibonding chemisorption states can be estimated from the interaction of the Shockley surface state ($\rho = 0, \sigma = 0$) level with the level of the electron of the adsorbing atom ($\alpha \neq 0$) by means of the simple formula mentioned in chap. 2. For $\sigma = 0$, the hyperbola (1) changes to a straight line $y = \rho$ parallel to the x axis and the energy of surface states, which are either of Tamm or Shockley type, are obtained as an intersection of this straight line with the function $y = F$.

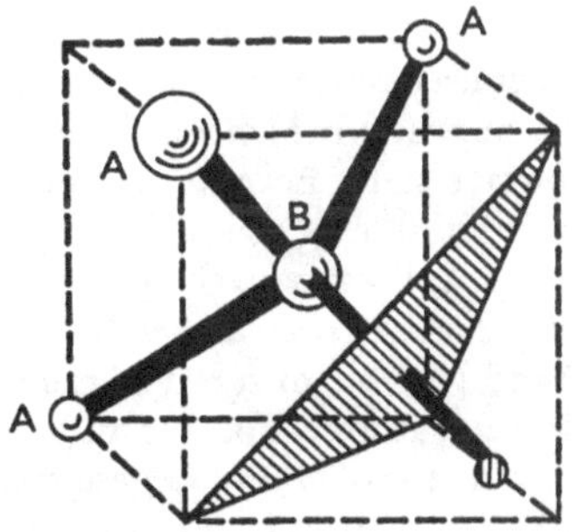

Fig. 5. Sphalerite-type lattice delimited by a (111) plane. The chemisorbed atom is shown

Localized states which are situated in the gap (B) are Shockley type states. In chap. 2 they have been interpreted as the expression of the existence of free valencies (dangling bonds), caused by breaking one bond of each surface atom or as the indication of the existence of weak chemisorption bonds. Localized states, situated below or above the system of volume state energy bands, i.e. in the intervals D_1 or D_2 are Tamm states. They appear because of a large change of the crystal potential near the surface caused either by the mere surface existence or by strong chemisorption bonds. Further localized states with energies in the regions C_1 or C_2 are those states, the existence of which with heteroatomic crystals has been discussed at the end of chap. 2. Figures 3 and 4 also show localized state energy bands which are completely situated inside the energy bands of volume states. These are connected with changes in the character of bonds between atoms lying just below the crystal surface. It is seen, that SHOCKLEY surface states occur only for a small perturbing surface potential (small values of ρ). On the other hand, TAMM surface states need a large perturbation of this potential (large values of ρ). Figures 3 and 4 show that the maximum value of F in the gap is equal to the minimum value of this function in the forbidden band D_1 and that the minimum value of F in the gap is equal to the maximum value of this function in D_2. Hence, the simultaneous existence of SHOCKLEY and TAMM surface states is excluded.

Figures 3 and 4 further indicate that the energies of SHOCKLEY surface states ($\rho = 0$) from the gap lie (for larger values of x) somewhat to the right from the point

(2) $$x = \delta$$

The transition from the physical situation when the plane (111) is formed by more electronegative atoms to that when it is formed by more electropositive atoms corresponds in our model to the change of the quantity δ from $|\delta|$ to $-|\delta|$. Using (2) a shift appears in the position of the energy bands of SHOCKLEY surface states from larger to smaller values of x, i.e. these bands move from lower to higher energies. It is seen also, that SHOCKLEY surface states are always obtained when $\rho = 0$. For very large positive values of δ, however, the energy band of SHOCKLEY states lies very close to the top of the valence band II. The more electronegative is the surface, the lower are positive values of ρ, for which SHOCKLEY surface states still exist in the gap. On the other hand, the smaller positive values of ρ are sufficient for the existence of TAMM surface states in the interval D_1 in this case. The more electronegative are the surface atoms, the smaller negative ρ leads to the appearance of SHOCKLEY states with energies in the gap and the smaller negative values of this quantity lead to the occurrence of TAMM states in D_2.

We can summarize the existence conditions for TAMM and SHOCKLEY surface states: When the relation $\delta\rho > 0$ holds, the appearance of SHOCKLEY surface states is more difficult then in the diamond-like lattice. TAMM states on the other hand become more probable. Therefore, the existence of TAMM states is made easier by an increase in the potential difference of atom B and A when on the surface. This is not hard to understand because TAMM states are connected with localization of electrons near the surface in consequence of the existence of a deep surface potential well. SHOCKLEY states show an opposite behaviour. When the relation $\delta\rho < 0$ is valid, the occurrence of SHOCKLEY surface states becomes easier and that of TAMM states becomes more difficult.

It is interesting to see the physical consequences of the above mentioned considerations. As is well known, the band of SHOCKLEY surface states from the gap is only half filled. If ρ exceeds a certain value, the half filled band of SHOCKLEY states immerses into the band II. This brings a number of holes into this band which is equal to the number of surface atoms. The Fermi level therefore coincides with the top of this band and we obtain a model of a degenerate semiconductor of the p type. If, on the other hand, the half filled energy band of SHOCKLEY surface states disappears from the gap and enters the conduction band III, a number of electrons enters this band which is equal to the number of surface atoms. In this way, a model of a degenerate semiconductor of n type is formed with the Fermi surface situated on the bottom of the conduction band III.

The analysis given in this chapter for surface states is applicable also to chemisorption states. The occurrence of localized states with energies lying in the gap is made more difficult by chemisorption, provided a shift of the hyperbola (1) does not take place by a suitable change of the quantity α of the chemisorbed atom or if chemisorption does not cause a suitable change of ρ by the inductive effect, i.e. by the electron charge transfer.

3.2. Surface plane (100)

We shall content ourselves to a short qualitative description of the results obtained. Because the inclusion of chemisorption and TAMM states would complicate the clarity of this discussion, we mention here only the results obtained for SHOCKLEY states ($\rho = \sigma = 0$). The (100) surface cuts two bonds between neighbouring atoms (Figure 6).

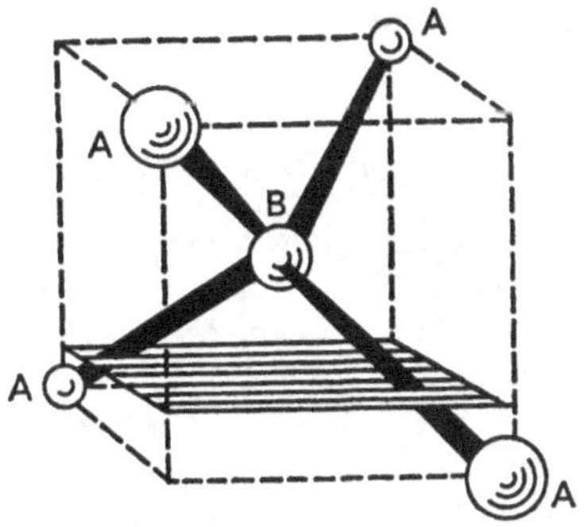

Fig. 6: Sphalerite-type lattice delimited by a (100) plane

The volume state energy band limits are identical with those in Figures 3 and 4. The interpretation of localized states which are either totally immersed in the volume state bands or lie in the intervals C_1, C_2 is identical with that of the (111) plane. However, the behaviour of energy bands of SHOCKLEY states in the gap is quite different in this case. From the interpretation of SHOCKLEY states as free valencies caused by breaking of localized bonds on the surface it is possible to expect here the appearance of two bands of SHOCKLEY states in the gap which correspond to two free valencies on each crystal surface atom. With respect to the non-bonding character of SHOCKLEY states (chap. 2) it is possible to say that in the limiting case $\gamma_A = \gamma_B = 0$ their energy will be given by the value of the parameter α_B. Mutual interaction between neighbouring sp^3 hybrids on the same atom, however, will cause the splitting into two energy levels, one bonding and the other antibonding with respect to the interaction γ_B. Detailed analysis of the results shows that this picture is true. SHOCKLEY states of the bonding type have an energy given approximately by the relation

(3) $$x_b = \delta + 2\gamma_B \gamma^{-1} + S$$

where S is a quantity which does not differ much from the zero for not too large values of δ [12]. The energy

(4) $$x_a = \delta$$

corresponds approximately to the location of SHOCKLEY state levels of antibonding type in the energy spectrum. From both equations (3) and (4), the dependence is clearly seen of the position of both types of the localized states on the quantity δ. It can be said, that the more electronegative are the surface atoms ($\delta > 0$) the larger is the shift of both surface states towards the top of the valence band II and in the limiting case $\delta \to \infty$ these states may even join this band. For negative values of δ, i.e. for the electropositive surface, these states move towards the bottom of the conduction band III and may immerse into it.

Let us suppose that (3) and (4) lie in the gap. Then, due to its bonding character, the state (3) always lies lower than (4). In the ground state, therefore, this state will be fully occupied, while the state (4) will be completely empty. In the excited state, both can be half filled. It appears that in the ground state, there are more likely to be electron pairs on the surface, mediating a bond of donor-acceptor character, than free valencies. Free valencies can be expected on the surface in the excited state. Because chemical reactions take place presumably in the excited state, it can be inferred, that even here, free valencies will play the most important role in the reactivity of solid surfaces. Physical effects which might occur in the excited state if the half filled band of surface states joins the top of the valence band II in the case of an electronegative surface, or merges into the conduction band III with an electropositive surface, are the same as those discussed with the (111) surface plane.

4. Electronic Correlation and Localized States on Crystal Surfaces

This chapter gives a very short account of basic features of the theory of electronic correlation in crystal surfaces which was worked out in several recent papers (2–3, 24, 27–30]. Main reason for including part of electronic repulsion, omitted in the one-electron (HARTREE-FOCK) approximation was that in this approximation, SHOCKLEY states appeared rather sensitive to changes of the crystal potential [7]. For more realistic potential models, energy levels of SHOCKLEY states seemed to move towards higher energies, i.e. in the direction opposite to the expected one [7, 18]. It was realized that this instability could be eliminated by treating the problem properly, i.e. as a many-electron system. It was expected that electron localized on the surface would have more chance for energy stabilization than volume states [2]. Results of the theory confirmed this idea.

The aim of the theory is to remove the main defect of the HARTREE-FOCK (HF) method, the "correlation error". The latter is caused presumably by the fact that the HF method does not take into account correlations of motion of electrons with antiparallel spins. Under appropriate approximations, the improved theory can be derived using second quantization and field theoretical methods [28–30]. However, to proceed along more conventional lines [2], one can say: A practicable version of the extended HF method [31], the so-called alternant molecular orbital (AMO) method [31] is modified to its simplest possible form and in the localized function (LCAO) representation, it is then used to study surface and chemisorption states on surface of crystals which are alternant systems. The theory is reduced to the following: In a large alternant system, i.e. in a system consisting of two completely equivalent subsystems *A* and *B*, the behaviour of electrons with antiparallel spins is governed by two different one-electron hamiltonians H^{ν} ($\nu = \uparrow, \downarrow$). H^{ν} differ because of the difference in non-local potentials acting on electrons with spin up ($\uparrow$) and down ($\downarrow$), respectively. These potentials act as if electrons with one spin orientation (let us say $\uparrow$) were affected in another way (e.g. more attracted) by atoms of the sublattice *A* than by those of the sublattice *B*, the reverse holding for electrons with opposite spin orientation. When this is fulfilled, electrons with antiparallel spins have sufficient freedom to avoid each other and the ground state energy of the system is stabilized, i.e. the "correlation error" is removed.

It is clear that the above picture is formally identical with the binary crystal case. The diamond-like lattice of the present theory, for example, corresponds to the sphalerite-type lattice of chap. 3. It is only necessary to treat the electrons with $\uparrow$ and $\downarrow$ spins separately, i.e. to fix corresponding spin indices to each parameter (ρ, σ, δ) of chap. 3 and to notice that

$$\delta^{\uparrow} = -\delta^{\downarrow}$$

One then obtains that all general qualitative conclusions on surface and chemisorption states which were summarized in chaps. 2 and 3 remain valid when electronic correlation is taken into account properly, but that this holds only for $\uparrow$ and $\downarrow$ spin electrons separately. This can have important consequences: For the same physical situation on the surface, the case can arise when the existence conditions of localized states of electrons with one spin orientation are fulfilled whereas those of electrons with opposite spins are not.

Hence, correlation introduces certain new features and completes the existing picture. Its inclusion brings about what could be called the fine structure of localized states on crystal surfaces. It is interesting to mention a direct calculation of a linear chain of about 30 atoms where "surface" effects have been studied by means of standard and unrestricted semiempirical HF method of quantum chemistry. The parametrization of Mataga-Nishimoto and Pariser-Parr [32–33] type was used, which proved to be useful for aromatic hydrocarbons. The results [34] show the same qualitative features as the theory presented here.

5. Low Energy or High Energy One-Electron Methods?

One objection which could be raised against the results of chaps. 2 and 3 is the opinion still spread among solid state theorists that the MO LCAO method gives a good description of the behaviour of electrons with low energies only, i.e. electrons lying in inner shells whereas valence electrons possessing higher energies are not treated so well. In this connection the term has been suggested of low and high energy one-electron methods. There are reasons to believe that this objection is not serious [35]. Let us mention here one investigation [25] in which these two energy regions have been treated on the same footing and in which it has been shown that at least the general classification of localized surface and chemisorption states, given in chap. 2, remains valid even for electrons with higher energies.

The crystal model studied was a generalization of that of Kronig and Penney [36] with a rudimentary potential consisting of Dirac δ-functions standing for separate atoms and of regions of constant values substituting the situation between these atoms. With this type of potential, exact quantum mechanical solution can be obtained for any energy and it was shown that this solution as well as the formulation of the problem can be given completely the same form as if the crystal were treated in the simple Hückel version of the MO LCAO method. The correspondence between parameters describing the interaction of localized wave functions in the Hückel method and those of the Kronig-Penney model can be seen from eqs. (7) and (8) of Ref. 25. Naturally, "Hückel" parameters in the Kronig-Penney model depend on energy and this causes, for example, that with higher energies the existence of localized states can be more probable and the discussion a little bit more complicated.

It indicates, however, that if applied in a sufficiently general form, the MO LCAO method could offer reliable results for localized states in both low and higher energy regions.

6. Discussion

Two different mechanisms have been suggested of the elementary act of chemisorption on semiconductor surfaces. Both of them appeal to the concept of free valencies.

The first one, advocated in this lecture, is based on the general classification of electronic states in finite crystals and includes the other one as a special case. In this mechanism, localized free valencies of Shockley type or "unsaturated" electron densities of Tamm surface states present on a pure surface are emphasized. If localized surface states exist in a finite crystal and if their energy levels are not fully occupied, the chemisorption act should proceed presumably as a quantum mechanical interaction of their energy levels with those of electrons of the chemisorbing atoms or molecules, i.e. by bond formation between localized surface charge densities and the chemisorbate. Two cases have to be distinguished. One has Tamm chemisorption states if the chemisorption bond is sufficiently strong or Shockley chemisorption states if it is weak enough. This bond may be a one- or two-electron bond depending on the occupation number of the corresponding energy level.

On the other hand, if there are no localized electrons on the pure crystal surface, the situation reduces to the Volkenstein model [37]: The chemisorbate perturbs the crystal and a localized state appears. The corresponding energy level is only half filled and a "weak" one-electron chemisorption bond is formed. Near the surface, however, there is always a certain amount of free electrons, which have been excited from the valence to the conduction band. These are Volkenstein's "free valencies", able to form a "strong" two-electron bond with the electron of the chemisorbate. The nature of these "free valencies" is completely different from that of Shockley "dangling bonds" but even here, they are supposed to cause the "polyradical" character of the surface.

As to the polarity of the chemisorption bond, with real crystals it is hard to make a general forecast of the "cationic" or "anionic" character [38] of a chemisorption state. This is possible for extremely simple chemisorption models which on their turn can hardly be used for interpreting experiments. With real systems, a large number of theoretical parameters is needed for their precise characterization. Therefore, a whole spectrum of possibilities exists and each particular case has to be treated separately. Except for crude reasoning or experimental information, it is hard to say without exact calculations whether to apply the ionosorption concept [39] or not in a particular case.

It remains to mention the problem of chemisorption heat on crystal surfaces. Except for weak Shockley chemisorption bond where calculations of the type discussed in this lecture could perhaps be used to estimate this quantity, the problem has to be treated in a different way. This is because chemisorbing atoms perturb each particular volume state energy level and for strong bonds the resulting total energy change can equal the width of the corresponding volume state energy band. This factor is included in every measurement of the chemisorption heat and cannot be separated from it. Recently, direct calculations of chemisorption heat were performed by calculating the difference of total energies of the crystal with chemisorbate and without it. Very simple crystal models were utilized [14, 40], but the well known experimental fact of the decrease of chemisorption heat with increasing surface coverage was reproduced only for extremely high electronegativities of chemisorbing atoms. Obviously, further investigations are needed here.

Literature

1. H. C. Gatos: Solid Surfaces, North-Holland Publishing Co., Amsterdam 1964.
2. M. Tomášek: Surface Sci. **4**, 471 (1966); Phys. Stat. Solidi **16**, 389 (1966).
3. S. G. Davison & A. T. Amos: J. Chem. Phys. **43**, 2223 (1965).
4. J. Koutecký & M. Tomášek: Phys. Rev. **120**, 1212 (1960); Proc. Internat. Conf. Semicond. Phys., 495, Prague 1960.
5. E. Antoncík: J. Chem. Phys. Solids **21**, 137 (1961); Proc. Internat. Conf. Semicond. Phys., 491, Prague 1960.
6. J. Koutecký & M. Tomášek: Czechosl. J. Phys. **B12**, 48 (1962).
7. M. Tomášek: Surface Sci. **2**, 8 (1964); H. C. Gatos: Solid Surfaces, North-Holland Publishing Co., Amsterdam 1964.
8. J. Koutecký: Surface Sci. **1**, 280 (1964).
9. D. Pugh: Phys. Rev. Letters **12**, 390 (1964).
10. J. Koutecký & M. Tomášek: Surface Sci. **3**, 333 (1965).
11. V. Heine: Phys. Rev. **138**, A 1689 (1965).
12. M. Tomášek: Czechosl. J. Phys. **B16**, 828 (1966).
13. C. M. Chaves, N. Majlis & M. Cardona: Solid State Commun. **4**, 271 (1966).
14. J. Koutecký: Adv. Chem. Phys. **9**, 85 (1965).
15. F. F. Volkenstein: Zh. Fiz. Khim. **21** 1317 (1947); **22**, 163 (1947); **26**, 1462 (1952).
16. J. Koutecký: Phys. Rev. **108**, 13 (1957).
17. J. Koutecký & M. Tomášek: J. Phys. Chem. Solids **14**, 241 (1960); Semiconductor Surfaces, Pergamon Press, Oxford 1960.
18. P. Handler: Semiconductor Surfaces, Pergamon Press, 1, Oxford 1960.
19. A. Many: J. Phys. Chem. Solids **8**, 87 (1959).
20. H. C. Longuet-Higgins: J. Chem. Phys. **18**, 265 (1950).
21. P. Handler: Private Communication.
22. M. F. Dejgen: Private Communication.
23. V. F. Kiselev & O. V. Nikitina: Preprint.
24. M. Tomášek: Internat. J. Quantum Chem. **1**, 829 (1967).
25. J. Koutecký, V. Tapilin & M. Tomášek: Czechosl. J. Phys. **B18** (1968), to appear; Unpublished Results (1962).
26. W. G. Pollard: Phys. Rev. **56**, 324 (1939).
27. S. G. Davison & H. T. Ho: Trans. Farad. Soc. **63**, 812 (1967).
28. M. Tomášek: Physica **36**, 420 (1967); **38** (1968), to appear.
29. M. Tomášek: Physics Letters **26A** (1968), to appear.
30. M. Tomášek: J. Chem. Phys., to be published.
31. P. O. Löwdin: Phys. Rev. **97**, 1509 (1955); J. Appl. Phys. Suppl. **33**, 251 (1962).
32. N. Mataga & K. Nishimoto: Z. Phys. Chem. (Frankfurt) **13**, 140 (1957).
33. R. Pariser & R. G. Parr: J. Chem. Phys. **21**, 767 (1953).
34. J. Koutecký: J. Chem. Phys., to be published.
35. M. Tomášek: Unpublished Results (1962).
36. R. L. Kronig & W. G. Penney: Proc. Roy. Soc. (London) **A 130**, 499, (1931).
37. F. F. Volkenstein: Adv. Catalysis **9**, 807 (1957); **12**, 189 (1960); Electronic Theory of Catalysis on Semiconductors, Moscow 1960.
38. T. B. Grimley: Adv. Catalysis **12**, 1 (1960).
39. K. Hauffe: Adv. Catalysis **7**, 213 (1955).
40. J. Koutecký & C. A. Coulson: Unpublished Results (1964).

4. Various Forms of Chemisorption on Semiconductors

O. PESHEV

Institute of General and Inorganic Chemistry
Bulgarian Academy of Sciences, Sofia, Bulgaria

Zusammenfassung

Die Chemisorption von Molekülen aus der Gasphase an einer Halbleiteroberfläche als einfachste Form einer chemischen Reaktion unter Beteiligung eines Halbleiters wird beschrieben, und verschiedene Typen der Chemisorption werden klassifiziert. Bei der Adsorption eines einwertig-positiv umladbaren Atoms an einem sich im Grundzustand befindenden Ionenkristall wird das Valenzelektron mehr oder weniger in das Kristallgitter hineingezogen. Es entsteht eine Einelektronen-Chemisorptionsbindung. Im Sinne des Bändermodells wirkt das adsorbierte Teilchen als eine Oberflächenstörstelle, die durch ein lokales Chemisorptionsniveau charakterisiert ist. Befindet sich jedoch der Kristall in einem angeregten Zustand, so wird dieses Niveau mit einer von der Fermi-Statistik bestimmten Wahrscheinlichkeit von einem Ladungsträger (Elektron oder Defektelektron) besetzt. In diesem Falle wird die Chemisorptionsbindung mit Hilfe von Ladungsträgern verwirklicht, die als freie Valenzen des Kristalls angesehen werden können. Das relative Ausmaß der beiden Bindungsarten (der ein- und zweielektronischen) hängt vom Gleichgewichtsabstand des chemisorbierten Teilchens von der Oberfläche ab. Im Falle einer Mehrelektronen-Betrachtung erscheinen Chemisorptionsbindungen als Zwischentyp, wie z. B. eine aus Einelektronenbindung und Adsorpstionsexziton auftretende Hybridbindung.

Im folgenden wird untersucht, inwieweit die lokalen Chemisorptionsniveaus sich in solche vom Tamm- und Shockley-Typ unterteilen lassen. Die freien Valenzen an der Oberfläche werden von Elektronen mit ungepaartem Spin vertreten, abgesehen von dem Berechnungsmodell, wo sie als lokalisiert angenommen werden (d. h., das Modell von Tamm bei Kristallen mit verbotenem Band vom Typ II und das Modell von Shockley bei Kristallen mit verbotenem Band vom Typ I). Es wird gezeigt, daß die Betrachtung des chemisorbierten Teilchens als eine Oberflächenstörstelle, der ein bestimmtes Niveau entspricht, unmittelbar zum Vorhandensein von elektrisch neutralen und geladenen, valenzgesättigten und radikalen, »festen« und »schwachen«, reversiblen und irreversiblen Formen der Chemisorption führt. Bei einem unbesetzten Niveau stellt das Teilchen samt dessen Adsorptionszentrum ein elektrisch neutrales Gebilde dar. Die Aufnahme eines Ladungsträgers vom Niveau, d. h. die Lokalisierung des Ladungsträgers (Elektron oder Defektelektron) in der Nähe des chemisorbierten Teilchens besteht in einem Übergang von der elektrisch neutralen zur geladenen Form der Chemisorption. Im Gleichgewicht sind beide Formen nur in vergleichbaren Mengen vertreten, wenn das Chemisorptionsniveau innerhalb eines Intervalls von der kT-Ordnung in der Nähe vom Fermi-Niveau liegt. Wenn die geladene Form überwiegt und nur das Gleichgewichtsverhältnis beider Formen von Bedeutung ist, wird infolgedessen die Analyse einer gegebenen Chemisorptions- oder katalytischen Erscheinung nicht davon abhängen, ob die neutrale Form im Prinzip vernachlässigt wird. Bei der Betrachtung kinetischer Fragen aber ist die Berücksichtigung der neutralen Form unbedingt notwendig. Die Einbeziehung der Ladungsträger des Kristalls in die Chemisorptionsbindung verändert den Ladungs- bzw. Valenzzustand des adsorbierten Teilchens und demzufolge auch dessen Reaktionsfähigkeit. Während der Adsorption kann hierbei ein als Radikal auftretendes Teilchen in den valenzgesättigten Zustand übergehen, oder umgekehrt, aus einem valenzgesättigten Zustand in ein Ionenradikal umgewandelt werden. Unter bestimmten Bedingungen können diese Vorgänge zur Dissoziation des adsorbierten Moleküls führen. Die Besetzung eines gegebenen Chemisorptionsniveaus führt zur Abnahme der Energie des Adsorbens-Adsorbat-Systems. Die mit Hilfe eines Elektrons oder Defektelektrons des Kristalls gebildete Chemisorptionsbindung wird deshalb als »fest« bezeichnet, zum Unterschied von der ohne Teilnahme von Ladungsträgern zustandekommenden »schwachen« Bindung. Die Unterteilung der Chemisorptionsformen in elektrisch neutrale und geladene, valenzgesättigte und radikale, »feste« und »schwache« wird nach verschiedenen Merkmalen vorgenommen. Hierbei muß nicht unbedingt z. B. die »schwache« Form elektrisch neutral sein. Bei Adsorption an einer elektrisch positiven Störstelle erweist sich die geladene Form als »schwach«. Die Lokalisierung eines

Elektrons in ihrer Nähe wandelt diese zwar in eine neutrale, aber gleichzeitig »feste« Form der Chemisorption um.
Zwei andere Formen der Chemisorption, die reversible und irreversible, sind mit der Geschwindigkeit verknüpft, mit der die lokalen Chemisorptionsniveaus besetzt und geleert werden. In Abhängigkeit vom Verhältnis zwischen der Geschwindigkeit der Elektronenübergänge und dem Teilchen-Austausch zwischen dem Adsorbat und der Gasphase kann eine Chemisorption sowohl bei fehlendem als auch herrschendem Elektronengleichgewicht stattfinden. Im ersten Falle wird das Gleichgewicht zwischen der neutralen und geladenen Form erst nach Einstellung des Adsorptionsgleichgewichtes erreicht. Bei Desorption sind die neutralen Teilchen die ersten, die die Oberfläche verlassen, während bei gehemmten Elektronenübergängen die geladene Form als praktisch irreversible Form der Chemisorption angesehen werden kann.
Die verschiedenen Formen der Chemisorption an Halbleitern werden durch die Betrachtung der adsorbierten Teilchen als Strukturdefekte der Oberfläche auf ein einheitliches Modell zurückgeführt.

Abstract

Consideration of the chemisorbed particles as surface defects causing the appearance of local surface levels leads to the conclusion that various forms of chemisorption may exist: 1. electrically neutral and charged, 2. valence-saturated and radical, 3. "weak" and "strong" and 4. reversible and irreversible.

1. Introduction

The chemisorption of molecules from the gaseous phase on the surface of a semiconductor is the simplest example of a chemical reaction with the participation of the semiconductor. For this reason chemisorption is very important in elucidating the chemical action of semiconductors. This problem has, however, some peculiarities which make its solution difficult. When speaking of chemisorption, we mean the exchange interaction between the surface of the semiconductor crystal and the adsorbed particle. Being connected by the exchange forces, the chemisorbed particle and the adsorbent exist and function as a system, i.e. as a new chemical compound. The elucidation of the specificity of the new chemical compound is a difficult problem for it is not enough to describe the properties of the gas particle and the crystal surface.

2. Simplest Cases of Chemisorption

2.1. With the participation of one electron

The simplest model, i.e. chemisorption of a monovalent electropositive atom on the surface of an ionic crystal, was investigated in 1947 by F. F. Wolkenstein [1] who discussed the behaviour of the valency electron of the adsorbed atom A in the field of all lattice ions and of its own ion A^+ by the molecular orbitals method. The cleaving of the lattice was taken into account by changing the Coulomb integral of the surface layer of atoms. Thus, the perturbation caused by the appearance of surface was not ignored but was thought to be localized in the first layer. The influence of the adsorbed atom was judged by the difference between the Coulomb integral α_M of the adsorption center (the metal ion, M^+) and both α' (the value which corresponds to the remaining surface ions, M^+) and α (characterizing the metal ions in the bulk). In other words, the perturbation caused by the adsorbed particle was assumed to be localized on the adsorption center. The wave function of the electron was built out as a linear combination of the ground state functions of the metal atoms of the lattice and the adsorbed atom taken separately. In this case, the energy spectrum consists of a band and two discrete levels. When the energy of the electron W merges into the band, the probability of finding the electron on a given positive ion is an oscillating function of the ion number. In this sense, an electron of this kind may be considered "spread over" the whole crystal (including ion A^+). On the contrary, the two discrete levels represent two molecular orbitals which are more or less localized in the neighbourhood of the adsorbed atom. The probability of finding the electron (being on one of the discrete levels) in the lattice quickly decreases with the increasing distance from the adsorption center. The extent of localization is greater at greater distances between the band and the corresponding level.

It should be pointed out that the presence of two discrete levels is not associated with adsorption since they are preserved even when the distance between the atom and the surface increases beyond all limits, one of them becoming level of the isolated atom and the other, surface level of the crystal which does not interact with atom A. Since the lattice ions are considered fixed and the distance R between the surface and ion A^+ is a parameter, this means that there are two different electronic states of the adsorbent-adsorbate system. Denote the lower state with W_1, and the higher one with W_2. The properties of these states (e.g. their effectivity for chemisorption) are determined by the exchange forces becoming operative or, in other words, by the interaction of the levels of the crystal surface and atom A with the decrease of R. To elucidate the binding or antibinding character of the different electronic states (including those corresponding to the band), it is necessary to take into consideration both the electronic energy W and the energy I of the interaction between the lattice ions and ion A^+. These two terms of the total energy U of the adsorbent-adsorbate system depend on the distance between the adsorbed particle and the surface. A given electronic state will lead to adsorption, i.e. it will be a binding state when equation $U(R) = U(\infty)$ has real roots within the interval of $0 < R < \infty$. Otherwise, there is no region where the energy of the system would be lowered with respect to its value at infinity and the corresponding electronic state is antibinding, i.e. the particle is repulsed by the surface. With a large value of the exchange interaction between the particles and the surface, the states corresponding to the band and the higher discrete level W_2 are antibinding, while the normal (lower) state of the system W_1 is binding.

These conclusions concerning chemisorption give no indications about the possibility of physical adsorption, the latter being eliminated in the above treatment. In fact, only the ground state of the isolated atom A is included in the wave function of the electron. Thus, the possibility of describing the polarization of the atom by the lattice at distances where there is no exchange interaction, is preliminary eliminated. It is also impossible to determine the VAN DER WAALS interaction which predominates at still greater distances, for the lattice ions are considered point ions. The forces responsible for physical adsorption may be taken into consideration, paying attention to the monotonic increase of the VAN DER WAALS and the polarization interactions with the atom coming near to the lattice. In this case, a small minimum corresponding to the state of physical adsorption and to a greater equilibrium distance between the adsorbed particle and the surface appears in the higher discrete state W_2

It was shown that at an infinitely great distance between ion A^+ and the surface, the presence of an electron on the ion means that the system is in state W_1 when the level of atom W_A is lower than the surface level of crystal $W_M + \alpha'$, otherwise the system is in state W_2. Therefore, when the atom comes near to the surface, this will lead to physical or chemical adsorption depending on whether the level of the atom is higher or lower than the surface level of the crystal. Physical and chemical adsorption are associated with two different electronic states of the adsorbent-adsorbate system. The transition of the system from one state into the other is possible.

Up to now we have dealt with a one-dimensional case since the resonance integrals in the directions parallel to the surfaces were neglected. On eliminating these simplifications, the principal results remain the same [2]. There is a band of surface states instead of one surface level of the crystal. When the atom approaches the crystal, two discrete levels leave this band. Being on them, the electron is localized in the neighbourhood of the adsorbed atom. Only these states may be binding due to the dependence of their position in the spectrum on the distance between the adsorbed atom and the surface. On taking into account the energy of ionic interaction, the states corresponding to the bulk and surface bands of the crystal prove to be antibinding.

The effectiveness of this type of bonding depends on the extent to which the valence electrons of the chemisorbed atom are drawn into the lattice. When the atom is thought to be over the cation of the lattice, the orbitals which correspond to the discrete levels are practically two-center ones, including mainly ion A^+ and the adsorption center M^+. In the case when the atom is assumed to be over the anion of the lattice, a one-electron bonding is also possible [3] at the expense of drawing the electron to lattice cations in the neighbourhood of the anion adsorption center. In this case, the corresponding orbital extends over more than two centers.

2.2. With the participation of two electrons

The one-electron bond becomes ineffective when atom A retains the electron (depending on the nature of the adsorbent or adsorbate), e.g. when its ionization potential is considerably higher than the ionization potential of the metal atom M. In this case (within the framework of the discussed model), practically no chemisorption takes place on a non-excited crystal. With an excited crystal, we have more possibilities. As was shown in 1952 by Wolkenstein [4], when a monovalent electropositive atom A comse near to the surface of the crystal and retains its electron, it produces a trap for the free electron of the crystal. Capturing of the electron by this trap leads to a decrease in the energy of the system (to an extent which corresponds to the affinity of the adsorbed particle with the electron) and creates a two-electron bond between the adsorbed particle and the lattice.

The case when two electrons are moving in the field of the lattice ions and in that of ion A^+ and are interacting with each other, was studied using the same assumptions: a) only the nearest ion of the lattice is influenced by the adsorbed atom; b) the perturbation caused by cleaving of the lattice is localized in the first layer; c) the atomic orbitals slightly overlap. The space part of the wave function of the two electrons is built out as a linear combination of symmetrized or antisymmetrized two-electron functions. The latter include the ground state of atom A and of one of the metal atoms (the two atoms being considered as isolated). Therefore, there is some analogy with the study of the hydrogen melocule made by Heitler and London [5]. This form of the wave function neglects the one-electron bonding, since it means that one of the electrons is always in ion A^+ and only the other is assigned to various metal ions. In the energy spectrum of the two-electron system this is expressed in the energy of all levels consisting of two terms. The first term is constant and is equal to the Coulomb integral of atom A. The second one depends on the movement of the other electron and its interaction with the first electron. Thus, the spectrum characterizes, in fact, the lattice electron. Besides the states which correspond to the volume and surface conductivity bands, two discrete levels appear in the spectrum when atom A comes near to the surface. Their wave functions decay at increasing distance from the adsorbed atom, this decay being quicker when the level is farther from the surface band. An electron localized in the neighbourhood of the adsorbed atom with its spin parallel to the spin of the electron of atom A (a triplet state) corresponds to one of these levels. A localization with antiparallel spins (a singlet state) corresponds to the other level. With negative values of the exchange integral, the state of antiparallel spins is energetically more favourable. Taking into consideration the energy of interaction between the lattice and A^+, the states corresponding to the surface band and the triplet state prove to be antibinding. The singlet state leads to chemisorption at the expense of exchange interaction of the two electrons with antiparallel spins.

It should be pointed out that calculations of that kind include several parameters (overlapping integrals, Coulomb integrals and exchange integrals) which are not easily evaluated theoretically or obtained from experimental data. The values of these parameters determine the positions of the local levels towards the surface band and thus, their importance for chemisorption. An actual calculation of the lower electronic levels in the cases of the participation of one and two electrons has been made by BONCH-BRUEVICH (by his method of the effective mass of the electron in the surface band [6]). The one- and two-electron bonds have been studied in the same way, which gives the possibility of comparing their effectiveness. When the equilibrium distance between the atom and the lattice exceeds some critical distance, the one-electron bonding is the more favourable one. It is realized by the valence electron of the adsorbed atom, the lattice electrons being in the conductivity band. With equilibrium distances smaller than the critical one, the chemisorbed atom displays affinity for the electron and the formation of a two-electron bonding in which one of the electrons of the lattice takes part, becomes the more favourable.

2.3. The many-electron approach

In those cases in which the drawing of an electron from the adsorbed atom into the lattice is negligible, chemisorption should practically not take place; but involving a lattice electron in bonding should make chemisorption possible in such cases. In the case of the many-electron approach, this is not the only way of enhancing chemisorption. NAGAYEV [7] has shown that the one-electron bonding is not the ground state of the electron system when one takes into consideration not only the valence electron of the adsorbed atom but the electrons of the outer shells of the lattice anions as well. There exists a state with lower energy, the so-called hybrid bonding which represents a superposition (in a quantum mechanical sense) of one-electron and exciton bonds. The exciton bond is a state in which the molecular orbital extending over atom A and its adsorption center (cation M^+) is occupied by two electrons. These are the valence electron of atom A and an electron coming from one of the neighbouring anions of the lattice where a hole appears. A purely exciton bonding (not mixed with a one-electron bond) is also possible. When atoms with not too low ionization potential are adsorbed on semiconductors which have a narrow forbidden gap, small affinity for the electron and small effective mass of the hole, the exciton bonding is more favourable than the hybrid bonding. The hybrid and exciton bonds are intermediate cases between the one-electron and two-electron bonds appearing in the study of the participation of one or two electrons, respectively. With the increase in width of the forbidden gap, the weight of the exciton bonding in the hybrid one decreases, and with a considerably wide forbidden gap, the hybrid bonding becomes a one-electron bonding. Since the presence of exciton bonding in the hybrid bonding causes a decrease in the energy, the electron energy increases with widening of the forbidden gap and the bonding between the atom and the lattice becomes weaker. On the other hand, exciting of the crystal leads to separation of the hole and the lattice electron and thus to the appearance of the two-electron bonding.

The number of chemisorption forms occuring without the participation of conductivity electrons and holes of the crystal increases on taking into account that the lattice may not be quite polar [8]. This deviation could be described approximately by representing the ground state of the crystal as a superposition of the purely polar and homopolar states, the former prevailing. In the homopolar state, there is a lattice electron on the cation (adsorption center) due to the chemical bond in the crystal not being purely ionic in character but not to the excitement of the crystal; a hole appears on one of the neighbouring anions.

In accordance with this, the wave function of the chemisorption of monovalent electropositive atom A (with a cation as an adsorption center) is a superposition of the states of the one-electron and two-electron bonds. With the adsorption of a hydrogen molecule, the two-electron bond corresponds to the polar state of the crystal, while the three-electron bond corresponds to the homopolar state. The wave function of the chemisorbed state is a linear combination of functions which express these two types of bonding. It should be pointed out that a superposition in the sense of quantum mechanics is meant, and not a separate existence of one or other type of bonding. A purely three-electron bond cannot exist at all since it is energetically unfavourable (according to Pauli's Exclusion principle). The additional electron which participates in the bond besides the valency electrons of the adsorbed particle comes not from the conductivity band but from the adsorption center (its presence there is due to the crystal being not quite polar). In the study discussed above, the participation of the conductivity electrons and holes in the chemisorption bonds is eliminated by the very formulation of the problem; their role has not been studied.

By summarizing the quantum mechanical calculations of the simplest cases of chemisorption we found that the formation of chemisorption bond produces a change in the energy spectrum of the adsorbent-adsorbate system. On the basis of the one-electron approach we could say that chemisorption leads to the appearance of new local levels which in turn influence chemisorption as far as the strength of bonding between the adsorbed atom and the lattice depends on the number of electrons on these levels.

In this connection, attempts have been made aiming at elucidating the existence conditions of the local chemisorption levels [9–14]. The results of these calculations made by the molecular orbitals method are relationships (sometimes cumbersome ones) between parameters whose theoretical or experimental determination is very difficult. It follows that in various cases the chemisorption levels may have different positions with respect to the energy bands of the crystal. There can be such ratios between the parameters at which the levels may be absent. As has been shown by Wolkenstein [4], the fact that the electropositive monovalent atom A when chemisorbed is a trap for the conductivity electron of the crystal, is associated with the interaction (including the exchange interaction) of the two electrons. The molecular orbital method does not give a complete picture of this interaction; in the simplest version of this method, Pauli's principle is introduced as an afterthought. For this reason, the conclusions made (by using this method) about the existence or non-existence of chemisorption levels should not be considered quite reliable.

3. Tamm and Shockley Chemisorption States

Proceeding from the surface states in the case of pure surfaces, Koutecky names the Tamm and Shockley chemisorption states [15]. For this reason, let us consider in brief the states which correspond to an ideal crystal surface. The possibility of their existence has been shown by Tamm [16]. These states of surface appear due to the periodicity of the potential of lattice being disturbed by the presence of surface. When assuming that the periodicity is preserved to the end, i.e. in the first (surface) layer of cells as well, this excludes the appearance of these states. It should be pointed out that in the model of Tamm (potential of Kronig-Penney) crossing of the energy bands is impossible [17].

By studying the evolution of the energy spectrum of a one-dimensional chain when the atoms come near to each other (from infinitely great to small distances between them), Shockley has found that surface states which are not connected with the subsurface disturbance of the periodicity of the potential appear at small values of the lattice constant (the study has been made by assuming that the potential is periodical up to the border cells [18]). In SHOCKLEY's model there is, however, a possibility of crossing of the bands. A clear interpretation of the surface states within the framework of the SHOCKLEY model has been given by KOUTECKÝ [11] [19] [20].

When the distances between the atoms of the chain are not too small, the molecular orbitals which belong to a given band may be considered as resulting from the corresponding atomic orbital. The gap between two volume bands expresses the difference between the energies of the corresponding atomic orbitals (gap of the II kind [15]). At small distances, however, there appears a chemical bond between the atoms, or, in other words, a hybridization of the atomic orbitals takes place. Each bond in the chain gives one bonding and one antibonding orbital (according to the terms of quantum chemistry). The first kind of orbitals produces the lower, and the second one, the higher volume band. Now, the gap between the bands is the difference in the energy of the binding and antibinding states of the chemical bond between the lattice atoms (a gap of the I kind [15]). With rupture of the chain, the hybrid orbital of the border atom which has been forming the bond with its neighbouring atom, remains unpaired. Considering its energetics, it is non-bonding, i.e., it is somewhere in the gap between the two bands. The electron localized on it is the surface state in the SHOCKLEY model.

Therefore, both the change in potential (associated with the existence of surface) and the presence of localized bonds (which have been ruptured with the cleaving of lattice) may entail the appearance of electron states localized on the surface. In the model with non-crossing bands (similar to the Tamm's model), only the first factor may be taken into account, whereas in SHOCKLEY's model attention is paid to the second factor but the influence of the first one is eliminated. If the forbidden gap in the crystal is a gap of the II kind, we use the model of TAMM. When it is a gap of the first kind, i.e. the bonds in the crystal are more or less localized, SHOCKLEY's model gives the surface states which are obtained by assuming that the presence of surface does not affect the course of the potential in the lattice.

Within the framework of the molecular orbitals method (MOLCAO), the perturbation produced by the cleaving of the lattice may be expressed by changing two quantities: the COULOMB integral of the first layer of atoms or the resonance integral between the orbitals of the first and second layers. In the first case, surface states are separated from the volume states band when the change in the COULOMB integral exceeds the width of this band. In the second case, this separation takes place when the bond between the first two layers is stronger (i.e. the absolute value of the resonance integral is greater) than the bond in the crystal bulk [15]. Analogously, the local chemisorption levels whose appearance is caused by the formation of a homopolar bond between the adsorbed particle and the lattice (which bond is stronger than the bonds existing in the bulk of the crystal), are named by KOUTECKÝ "TAMM chemisorption states".

If there is a surface state on the pure surface of a crystal with localized bonds (a gap of the first kind), the electron captured by this state is a free valency which could be saturated by chemisorption. Assume that the chemisorption bond, although localized, is weaker than the bonds in the crystal. This means that its bonding state will be less bonding and the antibonding, less antibonding than the corresponding states of bonds in the bulk. Taking into consideration the character of the gap of the I kind, one could say that the local level of the bonding state will be higher than the lower volume band and the antibonding state will be lower than the higher volume band. KOUTECKÝ names this case the "SHOCKLEY chemisorption state". When the chemisorption bond is stronger than the bonds in the bulk, its binding state will be below the lower volume band, while its entibinding state will be above the higher volume band. This case is called by KOUTECKÝ the "TAMM chemisorption state".

Thus, the value of the resonance integral between the orbitals of the chemisorbed layer and the first lattice layer is the criterion for classifying the states. If it is greater than the value of the resonance integral for two layers in the bulk of the crystal, i.e. when the chemisorption bond is stronger than the bonds in the bulk, the localized chemisorption states are called TAMM chemisorption states; this is valid for crystals having a gap of both the II and the I kind. Otherwise, the chemisorption states are called SHOCKLEY chemisorption states; they appear only in crystals with a gap of the I kind. Since this classification [15] [12] [21] is closely associated with the subdivision of the local levels of the pure surface into TAMM and SHOCKLEY states, its importance is determined by the significance of such a subdivision [11]. As has been shown by KOUTECKÝ, for crystals in which the chemical bonds are more or less localized, i.e. when the volume bands are separated by a gap of the I kind, the surface states obtained by neglecting the perturbation of the potential (caused by the presence of surface) and called states of the SHOCKLEY type may be considered free valencies of the crystal. It should perhaps not be assumed that states of this type alone express the existence of free surface valencies. In crystals where the forbidden gap is of the II kind (e.g. crystals which do not deviate very much from the ideal polarity) the TAMM surface states may be such valencies. An electron with an unpaired spin localized on the surface will play the part of free valency irrespective of the model of calculation which is responsible for this state. Taking into account the character of distribution of the electron density for the TAMM and SHOCKLEY states, we can hardly conclude that they will differ in their properties. The oscillation of the probability of finding the electron at an increasing distance from the surface is considered [20] a charycteristic feature of the SHOCKLEY state whereas for the TAMM state, this probability decreases monotonically according to the exponential law. For the SHOCKLEY state, however, this oscillation is modulated by a decaying exponential dependence. On the other hand, it appears in the TAMM states too, when a more complicated dependence of the energy upon the wave vector is used [11]. By neglecting the perturbation of the potential in the subsurface layer, a conclusion has been made that in the SHOCKLEY state, the electron cloud is directed towards the vacuum [19]. It is known, however, that this perturbation may influence the distribution of the electron density to such an extent as to cause the appearance of the so-called subsurface state [22]. Finally, the number of the two types of states is of the same order as the number of the surface atoms [23]. One comes to the conclusion that the SHOCKLEY states present on crystals having a gap of the I kind perform the same functions as the TAMM states on the surface of crystals with a gap of the II kind.

4. Forms of Chemisorption

When considering a chemisorbed particle as a defect of surface which produces a local level, we must take into account that this level may be occupied or unoccupied. This level has in general affinity not only for the electron but for the hole as well [24]. Thus, chemisorption leads to the appearance of both acceptor and donor local levels in the energy spectrum of the system. Their position is determined by the nature of the lattice and the adsorbed particle, and the probability of their occupation is given by the Fermi-potential position on the surface [25] [26]. When a local level is occupied, this means that the chemisorbed particle together with its adsorption center is on formation electrically charged. Thus, we come to the concept of ionosorption described in the papers of HAUFFE ET AL. [27] [28]. If the level is unoccupied, there is a neutral form of adsorption. Since the occupied and unoccupied levels are (with a given surface concentration of the chemisorbed particles) commensurable in number only in the narrow region (with a width of the order of kT) around the Fermipotential [26], it could be assumed that in most cases only one of the two forms of adsorption, i.e. the charged or the neutral one, may appear with the establishment of adsorption and electron equilibrium. For this reason, in the cases when only the equilibrium ratio of the two forms is of importance and the charged form prevails, analysis of a given chemisorption or catalytical phenomenon according to Hauffe must give the same results as the analysis according to WOLKENSTEIN (naturally, when proceeding from the same possible mechanism of the phenomenon). In kinetics where the neutral form must not be neglected even when its relative amount on the surface is small, there is a different situation [29]. With chemisorption levels which are not too shallow, only the neutral form participates practically in the exchange with the gaseous phase and for that reason it must be taken into consideration. Here, a formal coincidence may be obtained sometimes by attributing the role of the neutral form to the particles physisorbed [30]. It should be pointed out that this mingling of the neutral form with the physisorption is inconsistent. The neutral form of adsorption is a result of the quantum mechanical study of the formation of chemisorption bonding with the participation of both one electron and many electrons. We have seen that there are many types of neutral forms depending on the nature of chemical bonding in the crystal and on the adsorbed particle: one-electron, hybrid and exciton bonding. Apparently, it is the neutral form that contains much of the chemical specificity of adsorption which is not taken into account in ionosorption.

The existence of charged and neutral forms as well as the transitions of a particle during its lifetime in the adsorbed state from one form into the other causes the appearance of other forms of chemisorption. Drawing of an electron or hole of the adsorbent into the chemisorption bond leads to a change in the valency state of the chemisorbed particle. When the latter has a valence-unsaturated character before adsorption (i.e. it is a radical), the localization of an electron or hole of the adsorbent near it makes it pass into a valence-saturated state. Thus, the free electrons of the semiconductor may be considered free valencies of the crystal, positive and negative ones, respectively [24]. On the contrary, with the transition of a valence-saturated particle (e.g., a hydrogen molecule) into the electrically charged form of chemisorption, it reaches an ion-radical state [24]. The localization of the free valency of the crystal may be accompanied by its saturation at the expense of rupture of some bonds in the chemisorbed molecule, in particular, by dissociation of the molecule [31].

Thus, the forms of chemisorption may not be only charged and neutral. Depending on the valency state of the chemisorbed particle, it should be distinguished between the radical and valence-saturated forms. The change in the valency state of the particle with chemisorption causes a change in its reactivity. The radical forms should possess a higher reactivity than the valence-saturated. The hybrid and exciton bonds obtained within the framework of the many-electron approach applied to the neutral form of chemisorption are also radical forms since they have an unpaired charge carrier (an electron or a hole) [7].

Drawing of an electron or hole into the chemisorption bond causes a change in its strength. With the localization of the current carrier, the bonding between the particle and the lattice becomes stronger to an extent corresponding to the affinity of the local level orbital with the electron or hole [32] [6]. For this reason, among the various forms of chemisorption, the "weak" and "strong" bonds with the surface should be mentioned. The "weak" and "strong" bonds do not always coincide with the neutral and charged forms, respectively. For instance, when chemisorption takes place on an electropositive defect, the "weak" form will be the charged form of chemisorption [33]. With the localization of an electron near the adsorption center, the weak form becomes "strong" and electrically neutral. The terms "weak" and "strong" denote only the relative strength of the chemisorption bond for these two cases. Since in the first case the bonding may be strong enough, the term "weak form" is conventional.

The difference between neutral and charged, valence-saturated and radical, "strong" and "weak" forms of chemisorption is associated merely with the presence of unoccupied and occupied chemisorption levels. There are two more forms of chemisorption, reversible and irreversible, associated with the rate of capturing of electrons by the levels and their removal from the latter [29] [34]. Since with not too shallow chemisorption levels, only the neutral form of chemisorption participates in the exchange with the gaseous phase, the transition of a charged particle into the neutral state may be considered a preliminary condition of its desorption. The neutral and the charged forms pass continuously into each other due to electron transitions. When the transitions of electrons proceed rapidly with respect to the exchange between the neutral form and the gas, the ratio of the two forms remains in quasi-equilibrium during adsorption and desorption, i.e. it follows the changes of the Fermipotential (quasi equilibrium is assumed to be maintained in the bulk of the semiconductor). On the contrary, when the exchange between the neutral form and the gaseous phase is the fast stage, equilibrium between the neutral and the charged forms is reached only with the establishment of adsorption equilibrium. Desorption will increasingly disturb the initial ratio of the two forms: at first, the neutral form will leave the surface and then (depending on the rate of discharging) the charged form too. The electron transitions can be hindered to a degree causing the neutral form to behave (for a certain time) as a reversible one, and the charged form as an irreversible one.

5. Conclusion

Considering chemisorbed particles as defects of the surface producing local surface levels, this leads to the conclusion that various forms of chemisorption may exist: electrically neutral and charged, valence-saturated and radical, "weak" and "strong", reversible and irreversible [37]. It is very essential to take into consideration the variety of chemisorption bonds. Accepting the existence of the neutral form, i.e. eliminating the assumption that the chemisorption bond has always an ionic character, increases at once the possibilities of the theoretical treatment. The neutral form of chemisorption is not yet fully studied but the results obtained for the present show that it is here that the differences in the chemical nature of adsorbents and adsorbed particles manifest themselves [1] [4] [38]. To find an actual explanation of the role of every type of chemisorption bonding, it is necessary to take into account the energy of interaction of the skeleton of the adsorbed particle with the lattice. Only this evaluation (although a qualitative one) has made the studies of the mechanism of chemisorption possible [1] [2] [4] [8]. There are many calculations (made by the approximation of MOLCAO) which eliminate the problem of the mechanism of chemisorption, i.e. of the possibility of its proceeding under given conditions. In these publications, the chemisorption bonding between adsorbent and adsorbate is accepted as a fact and the electron structure of the compound formed is calculated [14] [12].

The theoretical studies of chemisorption on semiconductors carried out up to now cannot be applied to transition metals. In all papers cited above, the shells of the lattice cations are considered closed [6] [39]. This blank in the studies is very essential because there are many experimental results about the chemisorption and catalytic properties of the oxides of the transition metals [14]. There are also no investigations on the chemisorption of molecules more complicated than the hydrogen molecule.

In conclusion, it should be said that treatment of the chemisorbed particles as surface defects gives the possibility of uniting different phenomena from the field of chemisorption and catalysis by the same method of investigation. A theory has been made on the basis of this treatment [39] allowing further rational studies of the problems of chemisorption.

Literature

1. TH. WOLKENSTEIN: J. Phys. Chem., USSR, **21**, 1317 (1947).
2. V. L. BONCH-BRUEVICH: ibid., **25**, 1033 (1951).
3. E. L. NAGAYEV: Trans. Scientific Conf. of Young Scientists, Moscow Univ., 18, 1959.
4. TH. WOLKENSTEIN: J. Phys. Chem., USSR, **26**, 1462 (1952).
5. W. HEITLER & F. LONDON: Z. Phys., **44**, 455 (1927).
6. V. L. BONCH-BRUEVICH: J. Phys. Chem., USSR, **27**, 662 (1953).
7. E. L. NAGAYEV: Trans. 1st Conf. Higher Educ. Inst. on Catalysis, Moscow Univ., **1**, 132, (1962) (in Russian).
8. E. L. NAGAYEV: J. Phys. Chem., USSR, **35**, 327 (1961).
9. J. KOUTECKÝ & A. FINGERLAND: Coll. Czech. Chem. Comm., **25**, 1 (1960).
10. M. TOMAŠEK & J. KOUTECKÝ: Czech. J. Phys., **B10**, 268 (1960).
11. J. KOUTECKÝ: J. Phys. Chem. Solids, **14**, 233 (1960).
12. J. KOUTECKÝ: Adv. Chem. Phys., **9**, 85 (1965).
13. T. B. GRIMLEY: Proc. Phys. Soc., **72**, 103 (1958).
14. T. B. GRIMLEY: Adv. Catalysis, **12**, 1 (1960).
15. J. KOUTECKÝ: Angew. Chem. (int. Edit. English), **3**, 496 (1964).
16. I. E. TAMM: Physik. Z. Sowjetunion, **1**, 733 (1932).
17. I. M. LIFSHITZ & S. I. PEKAR: Usp. Fiz. Nauk (Adv. in Physics, USSR), **56**, 531 (1955).
18. W. SHOCKLEY: Phys. Rev., **56**, 317 (1939).
19. J. KOUTECKÝ & M. TOMAŠEK: J. Phys. Chem. Solids, **14**, 241 (1960).
20. J. KOUTECKÝ: Mod. Quant. Chem., Part 3, Acad. Press NY, 275 (1965).
21. J. KOUTECKÝ: Surf. Sci., **1**, 280 (1964).
22. J. KOUTECKÝ: Phys. Rev., **108**, 13 (1957).
23. J. KOUTECKÝ: Kinet. Katal. (Kinetics a. Catalysis, USSR), **2**, 319 (1961).
24. TH. WOLKENSTEIN: Probl. of Kinetics and Catalysis, **8**, 79 (1955) (in Russian).
25. TH. WOLKENSTEIN: J. Phys. Chem., USSR, **32**, 2383 (1958).
26. S. M. KOGAN: ibid., **33**, 156 (1959).
27. K. HAUFFE: Adv. Catalysis, **7**, 213 (1955)
28. K. HAUFFE: Adv. Catalysis, **9**, 187 (1957).
29. TH. WOLKENSTEIN & O. PESHEV: J. Catalysis **4**, 301 (1965).
30. O. PESHEV: Adv. in Chem., USSR, **35**, 1830 (1966).
31. TH. WOLKENSTEIN: Izv. Akad. Nauk SSSR, Otd. Khim. Nauk (Bull. Acad. Sci. USSR, Div. Chem. Sci.) 143 (1957).
32. TH. WOLKENSTEIN: J. Phys. Chem., USSR, **28**, 422 (1954).
33. V. L. BONCH-BRUEVICH: ibid, **27**, 960 (1953).
34. O. PESHEV & TH. WOLKENSTEIN: ibid. **40**, 574, (1966).
35. E. N. FIGUROVSKAYA, V. F. KISSELEV & TH. WOLKENSTEIN: Dokl. Akad. Nauk SSSR (Compt. rend. Acad. Sci. USSR), **161**, 1142 (1965).
36. E. N. FIGUROVSKAYA & V. F. KISSELEV: ibid., **175**, 1336 (1967).
37. TH. WOLKENSTEIN: Adv. in Physics, USSR, **90**, 275 (1966).
38. E. L. NAGAYEV: Kinet. Katal. (Kinetics a. Catalysis, USSR), **3**, 907 (1962).
39. TH. WOLKENSTEIN: "The Electron Theory of Catalysis on Semiconductors", Moscow 1960 and Pergamon Press, Oxford 1963.

5. Electronic Phenomena in the Process of Chemisorption of free Atoms and Radicals on Semiconductor Adsorbents

I.A. Myasnikow

Karpov Physico-Chemical Research Institute, Moscow, USSR

With 7 Figures

Zusammenfassung

Im vorliegenden Bericht werden Untersuchungsergebnisse über den Einfluß der Adsorption von freien Atomen (H, O, N, Na, Zn, Cd, Pb un In) und von einfachsten Radikalen (CH_2, CH_3, C_2H_5, NH_2 und $C_6H_5CH_2$) auf die elektrophysikalischen Eigenschaften von n-Typ-halbleitenden Oxiden angeführt. Es wird nachgewiesen, daß bei der Chemisorption der aktiven Teilchen zwei verschiedene Arten des adsorbierten Zustandes an der Oberfläche auftreten, von denen nur eine – die geladene Form – eine Änderung der Leitfähigkeit verursacht. Während die Adsorption von H-Atomen an ZnO, TiO_2 und CdO reversibel verläuft, treten irreversible Vorgänge mit NiO, WO_3 und MoO_3 infolge Anreduktion auf. An ZnO-Oberflächen wurde gefunden, daß die Anfangsgeschwindigkeit des Leitfähigkeitsanstiegs proportional der Konzentration der freien Wasserstoff- bzw. Metallatome ist. Ferner wird auf die Bedeutung der Existenz von chemisorbierten H-Atomen für die heterogen katalysierte Hydrierung und Dehydratisierung hingewiesen. Durch die folgende Reaktionsgleichung

$$H\,(gas) + H^{+}\,(ads) + e' \rightarrow H_2\,(ads) \rightarrow H_2\,(gas)$$

wird der beobachtete »negative Wasserstoff-Effekt« gedeutet.

Bei der Adsorption von Metallatomen hat man einen ähnlichen Mechanismus zu berücksichtigen. Ferner wurde gefunden, daß die CH_3-Radikale bei der Adsorption im Gegensatz zu den oben erwähnten Atomen die Leitfähigkeit der n-leitenden Oxide erniedrigen, wobei das Ausmaß der Erniedrigung der Leitfähigkeit in der aufgeführten Reihenfolge abnimmt:

$$ZnO > TiO_2 > CdO > WO_3 > MoO_3$$

Es wurde gefunden, daß mit steigender Tendenz zur Bildung von metallorganischen Verbindungen mit der Oberfläche des Oxids die Leitfähigkeitserniedrigung größer wird. Bemerkenswert ist auch die Abnahme der Leitfähigkeitserniedrigung von ZnO-Filmen durch die Chemisorption der Radikale in der Reihenfolge:

$$CH_2 > CH_3 > C_2H_5 > C_3H_7$$

Offensichtlich läuft die Adsorption der Radikale R in den folgenden Teilschritten ab:

$$R\,(gas) \rightarrow R\,(ads) \quad \text{und} \quad R\,(ads) + e' \rightarrow R^{-}\,(ads)$$

Für die Einstellung der stationären Zustände (Leitfähigkeit und Chemisorption der Radikale) wird eine Mechanismus vorgeschlagen und die einzelnen Teilschritte desselben werden ausführlich diskutiert. An Hand des zeitlichen Verlaufs der Leitfähigkeit von ZnO-Filmen in Gegenwart von CH_3-Radikalen konnte die Beziehung $(\sigma_0-\sigma)/\sigma = kt$ zur Auswertung verwandt werden, wo t die Zeit und σ_0 die Leitfähigkeit vor der Adsorption bedeuten. Abschließend werden weitere mögliche Reaktionsmechanismen besprochen.

Selbst für verschwindend geringe Mengen an freien Atomen und Radikalen wird sowohl die Leitfähigkeit als auch die Austrittsarbeit dünner polykristalliner Oxidfilme stark geändert. Auf Grund dieses Sachverhalts wurde eine hochempfindliche Methode (Methode der Halbleitersonden) für die Indizierung und Bestimmung der Konzentration der freien Atome und Radikale in Gas- und Flüssigkeitsmedien unter gewöhnlichen thermodynamischen Bedingungen entwickelt.

Abstract

An investigation has been made within a wide range of temperatures into the chemisorption of free atoms H, O, N, Na, Zn, Cd, Pb, In and of free radicals of CH_2, CH_3, C_2H_5, NH_2 and $C_6H_5CH_2$ on n-type semiconducting oxide adsorbents, as well as the influence of the chemisorption of these particles on the electrophysical properties of the adsorbents.

Two forms of chemisorption of the above active particles have been found, but only one is linked with changes in electric conductivity; this corroborates the conclusion of the electronic theory of chemisorption regarding the existence of these two forms.
It has been demonstrated experimentally that chemisorption of chemically active particles, in contrast to mulecules, have the following peculiarities:

a) The stationary concentration of chemisorbed particles is low owing to their high reactivity, when contrasted to molecules and free radicals.
b) Because of such low surface concentration and the great reactivity of chemisorbed particles on the surface in a charged form, charging of the surface in the course of chemisorption of free radicals plays a secondary role compared with the microchemical properties of the surface itself, the chemical activity of free and chemisorbed radicals, as well as with the medium surrounding the semiconductor.

New electric effects have been found on semiconductor films, which manifest themselves in the course of chemisorption of free atoms and radicals on the films.
A mechanism has been suggested for chemisorption of free atoms and radicals on metal oxides.
It has been shown that quantitative relationships which link the concentrations of free and chemisorbed active particles with the electric parameters of semiconductor films are feasible.
Proceeding from experimental data and the analysis of the resulting regularities, a new method with semiconductor adsorbents has been suggested for investigating free radical processes in gases and liquids at ordinary temperatures. The sensitivity of this method amounts to some 10^6–10^8 particles per cm^3.

1. Introduction

Investigation of the properties and reactivity of adsorbed atoms and radicals on the interface of a solid body and gas or a liquid, within the range of temperatures typical of most chemical reactions, is of considerable interest in grasping the mechanism of heterogeneous physico-chemical and biological processes. These processes are attended by the appearance on the surface of catalysts (= adsorbents) of various chemically active particles: free atoms and radicals, ions and excited molecules.
These particles which come into existence on the surface of a solid, have the following possibilities for reaction: they interact either with one another (recombination), or with the molecules on the surface, or, lastly, with the adsorbent itself.
Of chief interest to us in this report will be the third case, namely the case of interaction (especially reversibly) between the active particles and the surface of the adsorbent, as well as their reactivity in a chemisorbed layer.
In conformity with the electronic theory of chemisorption [1], the most complete information on such interaction can be obtained for the case of chemisorption of molecules, provided semiconductors are selected as adsorbents; the change in electrophysical properties with the chemisorption may serve as a sensitive detector for studying and controlling interactions of this kind.
The investigations we have undertaken regarding the chemisorption of more reactive particles, namely free atoms and radicals, have shown that the electrical conductivity and the work function of such adsorbents as semiconductors of the oxide type (made on quartz supporting structures as thin polycrystal films) undergo an extremely great change in the presence of even infinitesimal amounts (10^6–10^8 cm^{-3}) of free active particles. It appeared in this case, however, that under the same conditions the optical properties of semiconductor films, such as luminescence, do not change appreciably. It is worth recalling that the influence of considerably higher concentrations of hydrogen atoms, than we used, on luminescence of zinc oxide was already observed by Bonhoeffer [2] and of free radicals, by Kokhonenko [3]; this effect was investigated later and in greater detail in the work by Sokolov, Wolkenstein and Gorban [4].
The electric effects on semiconductors that we found were studied in detail for the case of chemisorption of various free active particles: atoms of hydrogen, deuterium,

oxygen, nitrogen and of some metals, as well as of the simplest free radicals: CH_2, CH_3, C_2H_5, C_3H_7, NH_2, $C_6H_5CH_2$, etc. These phenomena, as a rule, proved to be reversible and occur at the boundary between semiconductors and both gases and liquids within a wide range of temperatures. Experiments have proved that all the alkyl and amino radicals under investigation, as well as the free atoms of oxygen and nitrogen in the course of chemisorption reduce electrical conductivity and increase the work function of such semiconductors as ZnO, TiO_2, CdO, WO_3 and MoO_3. Quite the contrary, adsorption of the free atoms of hydrogen, sodium, zinc, cadmium, indium and lead on the same adsorbents leads to an opposite effect, i.e. to an increase in electric conductivity of the above adsorbents and to a decrease in the work function. We should like to note that the influence of adsorption of hydrogen atoms and zinc vapours on the electric conductivity of zinc oxide monocrystals was also recorded by Heiland [5] and Thomas [6].

It follows from our experiments that the observed effects are very great, particularly in the case of the influence of chemisorption of active particles on the electrical conductivity of polycrystalline semiconductor films. For example, in the case of thin polycrystal films of zinc oxide (of the order of a micron or less), the electrical conductivity may change, by tens and hundreds of per cent when CH_3-radicals to the amount of 10^9 particles in cm^3 are present depending on the conditions of the experiment. These effects proved to be far from being related (as it may appear on the face of it) with considerable filling of the semiconductor surface with chemisorbed radicals!

2. Chemisorption of Atoms

The detailed investigations [7] into the chemisorption of H-atoms on various oxides, carried out in our laboratory by I. N. Pospelova jointly with the author, have shown that unlike the chemisorption of hydrogen molecules, chemisorption of free hydrogen atoms cannot result in monolayer filling of the film surface even at low temperatures.

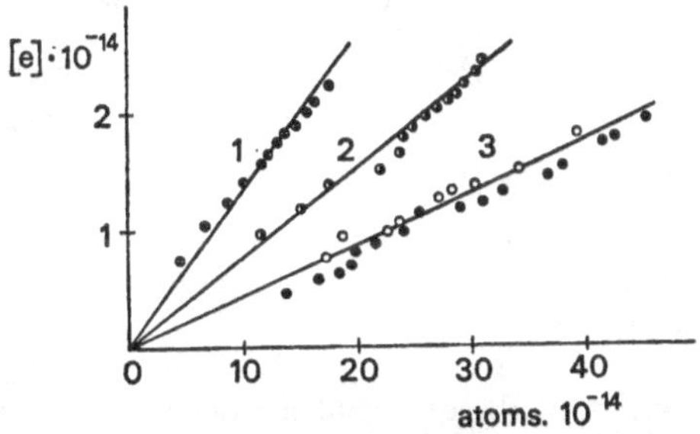

Fig. 1. Relationship between the number of adsorbed H-atoms on a ZnO film and the number of electrons accounting for the increase in its conductivity. Temperature of the film: —33° C (1); —78° C (2); —196° C (3)

The cause lies in the chemical interaction between chemisorbed atoms and the free atoms which bombard the adsorbent surface from the reaction volume. In the range of ordinary temperatures, there appears in addition to the above cause, the likelihood of recombination of chemisorbed atoms, the degree of filling the surface with H-atoms is smaller than the monolayer by several orders of magnitude. Moreover, only a small part of chemisorbed hydrogen atoms proved to be in an non-ionized state, i.e., in other words, the process of chemisorption of these particles may be depicted by the following scheme:

$$\text{(1)} \qquad H\,(gas) \xrightarrow{I} H\,(ads) \xrightarrow{II} H^{+}\,(ads) + e'$$

where (ads) signifies the surface state and e′, a conduction electron. The lower the temperature of the experiment, the greater the proportion of chemisorbed atoms in an uncharged state (Fig. 1).

It is of interest that the existence of the discovered forms of chemisorption of H-atoms under optimal experimental conditions of carrying out experiments (temperature, con-

centration of atoms) can also be observed by the phenomenon of retardation of changes in electrical conductivity. This relates to the process of accumulating chemisorbed particles on the surface of the film (we termed this phenomenon the "aftereffect"). The essential observation of the "aftereffect" is indicated by the increase in the conductivity of the adsorbent for some time after disappearance of H-atoms from the space surrounding the film. We should like to note that the existence of two forms of chemisorption of atoms on semiconductors was predicted by the electronic theory of chemisorption [1].
The energy of surface ionization of adsorbed hydrogen atoms is small (of the order of 2–3 kcal), and therefore a corresponding change in the electrical conductivity upon chemisorption on ZnO, for example, can be observed even at the temperature of solidification of hydrogen. It also follows from the experiment that the nature of the influence of chemisorption of hydrogen atoms on the electrical conductivity of different oxides greatly depends on their chemical stability. In the case of such oxides as ZnO, TiO_2 and CdO, this effect is reversible and is consequently linked with the reversible (not in the thermodynamic sense) chemisorption of H-atoms. But in the case of chemically unstable oxides, such as NiO, MoO_3, WO_3, etc., bombardement of their surface by free hydrogen atoms leads to a considerable reduction of these oxides which is, however, accompanied, as in the case of stable oxides, by an increase in electrical conductivity. This is caused by the fact that, due to the reduction of the surface of the oxides, metal atoms are generated at the surface which account for the recorded effect as shown below.
After the qualitative observations, to which I referred, had been made, the quantitative aspect of these phenomena was also of interest. Investigation into the kinetics of electric conductivity of semiconductor films under the influence of chemisorption of hydrogen atoms convinced us that there exists a strict proportionality between the concentration of free hydrogen atoms and the initial rate of the change in the electric conductivity of the film, i.e. the following relationship is valid:

$$\left(\frac{d\sigma}{dt}\right)_{t\approx 0} = K\,[H_v] \tag{2}$$

where K is the kinetic coefficient which depends on the temperature, the brackets denoting concentration. The validity of expression (2) can be easily shown in experiment by obtaining the experimental relationship between magnitudes $\left(\frac{d\sigma}{dt}\right)_{t\approx 0}$, which signify the initial rate of the change in electrical conductivity of the film and the temperature of the hot filament. The change of the conductivity is caused by chemisorption of hydrogen atoms generated by dissociation of hydrogen molecules on hot filaments (made of platinum or tungsten). Both the temperature and the filament material (Pt or W) determine the extent of dissociation of hydrogen. (Fig. 2, curve 1)

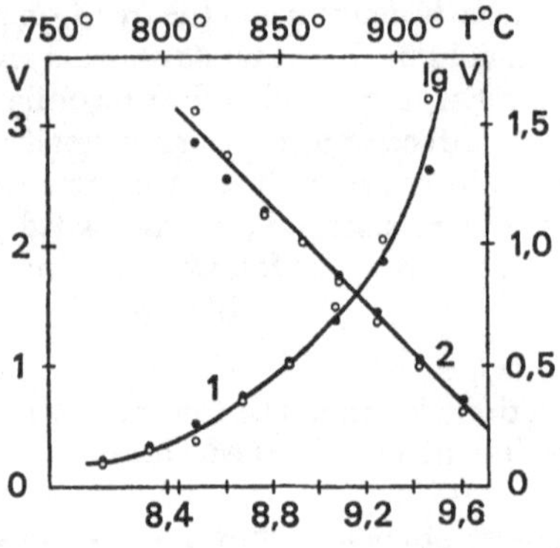

Fig. 2. Pyrolysis of hydrogen: 1 – relationship between the kinetics of the electric conductivity of a ZnO film and the temperature of the hot filament, Arrhenius' straight line; different points – parallel experiments; P_{H_2} = 0.1 torr; T of the film = 370° C. Distance from the film to the filament 12 cm

Calculation of the energy of H_2-molecule dissociation, made on the basis of the resultant data, leads to the magnitude of D/2–50 kcal/mole (Fig. 2, curve 2). The value of the hydrogen molecule dissociation energy, calculated from our experimental data by means of formula (2) is only a few per cent smaller than the magnitude computed from spectroscopic data. The result precisely corroborates the feasibility of expression (2).

It is worth noting in this connection that application of the laws of formal chemical kinetics to the processes of chemisorption of free atoms and radicals on semiconductor films and to free carriers, when there is no degeneration of the semiconductor, leads to simple expressions which relate the change in the electrical conductivity of a semiconductor sample to stationary concentrations of active particles in the space adjacent to the sample and in the adsorbed layer. These are, as a rule, corroborated by experiment [8].

It seems to us that the question of reactivity of chemisorbed atoms of hydrogen and, particularly, of its charged form acquires considerable interest in understanding the mechanism of such heterogeneous catalytic reactions as the reaction of hydration and dehydration, as well as the mechanism of the processes of recombination of hydrogen atoms on metal oxides. The experiment indicates that the temperature range in which the above reactions are generally carried out is typical of the existence of precisely this form of hydrogen chemisorption.

In this respect we have so far succeeded in observing experimentally only the interaction between chemisorbed H-atoms and free hydrogen atoms [9], CH_3-radicals and alcohol molecules [10]. This convinced us that chemisorbed hydrogen atoms are very reactive and that the surface reactions under investigation proceed with small activation energies. We feel that the experiment which may visually confirm the above, for instance in the case of free hydrogen atoms, is carried out as follows: H-atoms are chemisorbed on a semiconductor film of ZnO or TiO_2 at room temperature until its surface is saturated. This can be judged from the constant magnitude of the change in its electrical conductivity $\Delta\sigma = \sigma - \sigma_0$. In this case the constant concentration of the hydrogen atoms in the space surrounding the film is attained by means of either a hot metal filament or by photolysis of molecular hydrogen in the presence of mercury vapours. After the generator for free H-atoms had been switched off, it was not possible to notice in these experiments any other changes but a slow increase in the electric conductivity of the film (the "aftereffect"). But if a minute after the source of the atoms has been switched off, hydrogen atoms are now generated again, but at a lower concentration than before (by decreasing the filament voltage or the intensity of the light) then providing other conditions of the experiment are identical, it is possible to observe, instead of an increase in the electrical conductivity which generally accompanies chemisorption of H-atoms on these oxides, a rapid decrease (!) – the negative hydrogen effect! We believe that this is due to a "cleaning out" by free hydrogen atoms of the adsorbent surface covered with chemisorbed atoms of hydrogen in a charged form (H_s^+).

The results of this experiment attest that the "negative hydrogen effect" is evidently linked with the course of the following reaction on the surface of the semiconductor:

(3) $$H^+ (ads) + e' + H (gas) \rightarrow H_2 (ads) \rightarrow H_2 (gas)$$

The higher the temperature of the filament in this experiment, i.e. the higher the concentration of free hydrogen atoms, the greater the magnitude of the effect to be observed (Fig. 3, curves 1, 2, 3) and, consequently, the more intensive the course of this surface reaction.

We should like to note that our assertion that precisely the charged form of hydrogen chemisorption participates in this reaction is supported by the reliable experimental fact which testifies to the considerable delay of the surface process at room temperature:

(4) $$H^+ (ads) + e' \rightarrow H (ads)$$

at least at the surface concentrations of H-particles, which were used in our experiments.

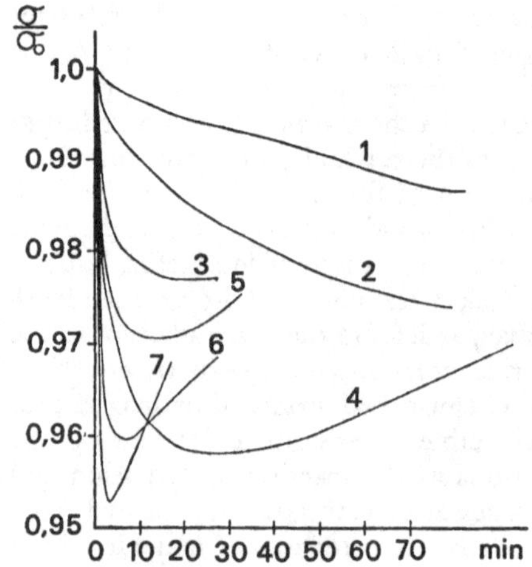

Fig. 3. "Negative hydrogen effect", depending on the temperature of the ZnO film (T of the film), the filament (T of the filament) and the time of exposure (τ) after the surface of the film has been saturated with H-atoms with the temperature of the filament = 1400° C.
Curves: 1,2 and 3 – T of the filament = 1000, 1100 and 1300° C; τ = 2–3 min; temperature of the film = 25° C.
Curves 4, 5, 6 and 7 – temperature of the filament = 1300° C; τ = 15 hours; 2–3 min; 1.5 hours; 1.5 hours. Temperature of the film = 25° C; 50° C; 50° C; 100° C

Experiments indicate that the course of process (4) becomes noticeable only when the temperature of the film exceeds 150° C.

Particular attention should be given to curve 4 (Fig. 3) obtained under the same conditions of experiment as curve 3, but 15 hours after the experiments whose findings are shown on curve 3. It is clear from comparing these curves that the negative effect appears again after 15 hours (although the film was not subjected to repeated bombardment by H-atoms) and even to a greater extent than in experiment 3.
It can be easily seen that the results derived in these experiments again corroborate our conclusion regarding the existence of two forms of chemisorption of hydrogen atoms on metal oxides, since only this fact may account for the experimental data presented in Fig. 3.
As a matter of fact, it required many hours of waiting for particles H_s^+ to reappear on the semiconductor film owing to the process of transition from one form of chemisorption to another (reaction 1). Apart from this, the resultant data also testify to the fact that this process, i.e. the second degree of reaction (I), occurs even at room temperature, though slowly, but at an appreciable rate. The higher the temperature of the experiment, the higher the concentrations of H_s^+ particles to which this reaction leads within the same time interval and, consequently, the greater in this case the magnitude of the "negative effect" (Fig. 3, curves 5, 6, 7). It is also evident from Fig. 3 that the electric conductivity of films containing chemisorbed hydrogen atoms on their surface first diminishes after switching on the generator of free H-atoms; then, on passing through a minimum (in 10 to 20 minutes at room temperature, and after several minutes at a temperature from 50 to 150°), it begins to increase up to a new stationary value of the concentration of chemisorbed hydrogen atoms, which corresponds to a new (lower) stationary concentration of free hydrogen atoms. The higher the temperature of the film, the faster the course of the process. It is easy to understand that the existence of a minimum is due to the fact that simultaneously with reaction (3), the surface process (I), stage 2, occurs first at a lower, and then at a higher rate than reaction (3).
In connection with the above material there arises a natural question: what then is the lot of the hydrogen atoms chemisorbed in an uncharged form in all these processes? It might appear that they should be less bound with the surface of the adsorbent and, consequently, should be more reactive than the hydrogen atoms chemisorbed in a charged form. Experimental data on this point are not yet available, but the ways of resolving this task have been mapped out.

In the light of available data, the question is, however, of interest how to conserve free valence by H_s hydrogen atoms adsorbed on a semiconductor oxide. The attempt to detect the appearance of an electron paramagnetic resonance signal in the case of adsorption of free hydrogen atoms on semiconductor oxides has not yet produced any positive results. These data are in agreement with the findings of the investigations carried out by V. B. KAZANSKY and his associates [11].

In this connection there arises the question regarding the nature of the centres of chemisorption of hydrogen atoms on oxides. Proceeding from analysis of the experimental data, it appears to us that, as in the case of dissociative chemisorption of molecular hydrogen on oxide adsorbents [12], regular oxygen ions of the lattice may be the centres of chemisorption of hydrogen atoms on these adsorbents. In other words, the process of chemisorption of H-atoms can be presented as the following surface reaction:

$$H\,(gas) + O^{-} \xrightarrow{I} HO^{-}\,(ads) \overset{II}{\rightleftarrows} HO^{-}\,(ads) + e' \tag{5}$$

If this mechanism is valid, it should be expected that (regardless of the nature of the metal composing the oxide) the electrical conductivity of an oxide should change by roughly an order of magnitude under the influence of chemisorption of hydrogen atoms if other things being equal. This is corroborated by experiment: in the presence of hydrogen atoms, ZnO, TiO_2 and CdO films increase considerably their electrical conductivity. But this is not quite the case, as will be shown below, in the instance of chemisorption of other active particles, such as alkyl radicals for which the oxygen ions of the lattice are not apparently the centres of chemisorption.

We should like to note that not only hydrogen atoms, buts also atoms of many metals possess the donor properties of electrons in a layer adsorbed on the same oxides.

Our experiments, carried out jointly with E. V. BOLSHUN [13], have shown that chemisorbed atoms of sodium, zinc, cadmium, indium and lead on metal oxides possessing electrical conductivity likewise increase their electrical conductivity to a great extent. The sensitivity of oxide semiconductor films to sodium atoms, for example, proved to be so great that already their electrical conductivity changed at an appreciable rate even in the presence of a granule of metal sodium even at room temperature! It is well known that the resilience of sodium vapour at this temperature amounts to but 10^{-11} torr, i.e. a cubic centimetre contains 10^5 sodium atoms.

Experiment has proved that the sensitivity of semiconductor films possessing a polycrystal structure is also very great to the adsorption of zinc, cadmium, lead and other atoms, while these semiconductor films are quite indifferent to mercury vapours even with relatively greater resilience of its vapour, amounting to 10^{-3} torr.

It has been demonstrated by experiment that the following expression is also valid in the case of adsorption of atoms of metals on polycrystal semiconductor films:

$$\left(\frac{d\sigma}{dt}\right)_{t\approx 0} = K\,[Me_v] \tag{6}$$

where $[Me_v]$ is the concentration of metal vapour in the space surrounding the film.

The validity of the above can be easily confirmed, for instance, in experiments aimed at determining the heat of evaporation of solid metals by means of a semiconductor film in the region of extremely small resilience of their vapours. Fig. 4 shows the relationship between the magnitudes of initial electrical conductivity of a ZnO film and the temperature of a small zinc bar. A calculation made on the basis of the resultant data leads to a magnitude of the heat of evaporation, equal to 30 kcal/gram-atom. The tabular magnitude amounts to 31 kcal/gram-atom [13, 14].

Detailed investigations into the influence of adsorption of metal vapours on the electric conductivity of films of zinc and cadmium oxides have led us to the conclusion that the atoms of the above metals behave on the surface of oxide semiconductors as hydrogen-

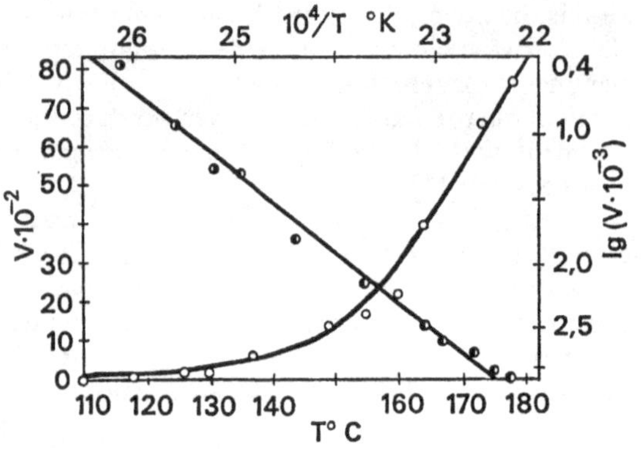

Fig. 4. Dependence of $\left(\frac{d\sigma}{dt}\right)_{t\approx 0}$ magnitudes of ZnO film in zinc vapours on the temperature of the evaporator with solid zinc; temperature of the film = 180° C

like atoms with small values of surface ionization energy of approximately 2–5 kcal/gram-atom. As in the case of hydrogen, two forms of chemisorption exist for them, of which only one accounts for the increase in the electrical conductivity of the semiconductor, i.e. the following two-stage scheme is also valid in the case of chemisorption of atoms of metals:

(7) $$\text{Me (gas)} \xrightarrow{\text{I}} \text{Me (ads)} \xrightarrow{\text{II}} \text{Me}^{+} \text{(ads)} + e'$$

Experiment has shown that the reactivity of atoms of metals in an adsorbed layer is likewise great. Proof of this will be provided later, when reference is made to the relationship between free alkyl radicals and atoms of metals in an adsorbed layer.

3. Chemisorption of Alkyl Radicals

In our opinion, the question of interest in comprehending the mechanism of chemisorption of hydrocarbons on metal oxides and the mechanism of catalytic reactions involving them (especially from the viewpoint of electronic phenomena in these processes) are, the relationship between free alkyl radicals and the surface of semiconductor oxide adsorbents on the one hand, and the questions of the surface condition, as well as of the reactivity of these particles in an adsorbed layer on the other hand.

Detailed investigations into the chemisorption of free radicals on different oxides by the methods of electrical conductivity, the work function of electrons and electronic paramagnetic resonance (EPR) have shown that within the range of ordinary temperatures above 0° C, adsorption of these particles on semiconductor oxide adsorbents does not lead (as in the case of adsorption of hydrogen atoms) to a noticeable appearance of EPR signals related to the adsorption of these particles (which is also in agreement with other data [11]) irrespective of the extent to which the electrophysical properties of the adsorbents may change.

The decrease in electrical conductivity in the course of chemisorption of alkyl radicals on semiconductor oxides of the n-type is generally of a reversible nature; however, under similar conditions, the magnitude of the effect depends on the chemical features of the adsorbent. For example, arranging the oxides we investigated in the order to which the electrical conductivity is diminished under the influence of chemisorption of, say, CH_3-radicals, we obtain the following series:

(8) $$ZnO > TiO_2 > CdO > WO_3 > MoO_3$$

In analyzing the resulting data, it is quite evident that those oxides to the left in this series concern metals which form more readily metalorganic compounds with free alkyl radicals.

It has also been proven by experiments that the magnitude of the effect of changing electrical conductivity in the case of chemisorption of different alkyl radicals on one and the same oxide depends in turn to an appreciable degree on the chemical nature of the free radicals. For example, if the simplest alkyl radicals we studied in this respect are arranged by the degree of the decrease in their influence on the electrical conductivity of ZnO films, we obtain the following series:

(9) $$CH_2 > CH_3 > C_2H_5 > C_3H_7$$

In this case the fact merits attention that the sequence of this series is also in good agreement with the decrease in the chemical activity of the above radicals [15], but it is in contradiction with the magnitudes, for instance, of the electronic affinity of some of these particles [16].

V. I. Tsivenko [17] from our laboratory, has recently demonstrated the influence of chemisorption of benzyl radicals ($C_6H_5CH_2$) on the electrical conductivity of zinc oxide films. Free aryl radicals are likewise very active particles, but their influence is of a peculiar nature, differing from that of the simplest radicals.

The substantial experimental material on the influence of chemisorption of the simplest radicals on the electric properties of oxide n-semiconductors [18] that we have accumulated in recent years has led to the conclusion that there exist two forms of chemisorption, as in the case of adsorption of donor particles in the same oxides; of these two, only one is linked with the decrease in electric conductivity. This means that interaction between alkyl radicals and the surface of an oxide can be depicted schematically as follows:

(10) $$R_v \xrightarrow{I} R_s \underset{+e}{\xrightarrow{II}} \bar{R}_s$$

where R denotes alkyl radicals.

At present there are many experimental facts to be dealt with below, which corroborate the suggested two-stage scheme of chemisorption of alkyl radicals on metal oxides.

Investigation into the kinetics of electrical conductivity of semiconductor films under the influence of chemisorption, for instance, of free CH_5- and C_2H_5-radicals, has shown that both the first and the second stages of process (10) may be the limiting stage of the whole process of chemisorption of free radicals, depending on the conditions of the experiment (concentration of the particles, temperature and the degree of filling the surface).

The existence of two forms of chemisorption of alkyl radicals, as in the case of chemisorption of H-atoms, is attested, for example, by the effect of retardation of the change in electrical conductivity. In the case of adsorption of alkyl radicals, the effect essentially consists of the following: after the death of, for instance, free methyl radicals in the space surrounding the film (switching off the light, a hot filament in photolysis or pyrolysis of acetone vapours), it is possible to observe a decrease in its electrical conductivity for some time.

Experiments have also shown that the initial rate of the change in the excess electrical conductivity of films $\left(\frac{d\sigma}{dt}\right)_{t\approx 0}$ is strictly proportional to the concentration of free radicals and does not depend at all on the initial (before adsorption) electrical conductivity of films σ_0, i.e. on the concentration of the admixtures in the semiconductor samples, responsible for their excess electrical conductivity. Both the proper disordered atoms of the lattice and the foreign atoms of various metals (Na, Zn, Pb, Cd, In), introduced on purpose on the surface of the oxide, were used as admixtures in our samples.

It is worth noting that the absence of the above relationship is, however, recorded only ta the very beginning to the process, when the coating of the semiconductor surface with radicals (R_s^-) chemisorbed in a charged form for the chosen conditions of the experiment amounted to but a few tenths of a per cent of its maximum magnitude which we assessed for the same conditions of experiment by the stationary value of the electrical conductivity of the films or, more exactly, by the magnitude of its change

$$\Delta \sigma = \sigma_0 - \sigma$$

Further observations have shown that as the surface of the film is filled with chemisorbed radicals, i.e. as $\Delta\sigma$ increases, the feasibility of the regularities so found is soon deranged. Instead of the lost regularities there appear new relationships whose area of action is likewise limited, however, by a considerable time interval than in the preceding case. It appeared that when the surface is greatly filled, the kinetics of the change in the electrical conductivity of the films under the influence of chemisorption of alkyl radicals is opposite to the case when the surface is filled very little, the magnitude depending on the electrical conductivity of the film.

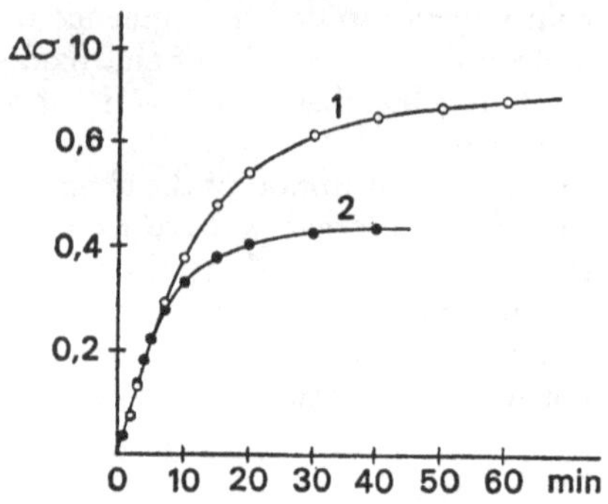

Fig. 5. Influence of adsorbed Na-atoms on the magnitude $\Delta\sigma$ of a ZnO film, due to chemisorption of CH_3-radicals (photolysis of acetone vapours, P = 0.5 torr); T of the film = 100° C.
Curves: 1 – after adsorption of Na-atoms;
2 – before adsorption of Na-atoms

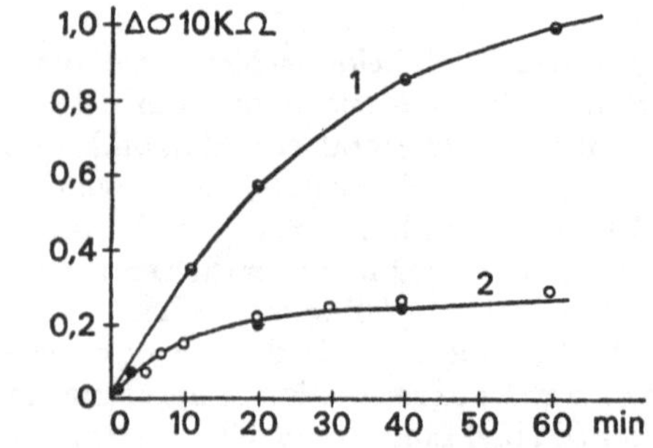

Fig. 6. Influence of adsorbed Zn-atoms on magnitude $\Delta\sigma$ of a ZnO film, due to adsorption of CH_2-radicals (photolysis of ketene, P = 0.5 torr); T of the film = 100 °C.
Curves: 1 – after adsorption of Zn-atoms
2 – { • before adsorption of Zn-atoms; o after desorption of Zn-atoms }

Figs. 5 and 6 show the kinetic curves of the electrical conductivity of ZnO films in the case of chemisorption of free methyl and methylene radicals on them for different values of initial electrical conductivity. The latter was made to vary in these experiments by preliminary adsorption of sodium and zinc atoms at a temperature of 100–120° C. It can be seen from the Figures that the greater the value of σ_0 (i.e. the more impurity atoms in the sample), the higher the rate and greater the magnitude of the stationary change in electrical conductivity, i.e. the greater the degree to which the surface of the film is filled with chemisorbed radicals.

How then can the observations we made and the regularities found be explained? To answer this question, let us analyze our experiments with alkyl radicals.

The stationary concentration of free radicals on our experiments was of the order of 10^8 particles per 1 cm^3 of gas volume and, consequently, the number of impacts by these particles against 1 cm^2 of the adsorbent surface per second amounted under such conditions to but 10^{13}. But, quite the contrary, in the case of molecules, however small the concentration of the mother substance, as for example, of acetone (0.1 torr) in experiments on photolysis of ketones, the number of impacts by molecules against the same surface of the film amounted already to the magnitude of the order of 10^{20} cm^{-2} sec^{-1}.

The experiments have shown (this will be dealt with in greater detail below) that chemisorbed radicals both with regard to free radicals and ketone molecules are very reactive. Consequently, taking the above-said into account, it is easy to arrive at the conclusion that under such conditions the stationary magnitude of filling the surface of a film with chemisorbed radicals will be insignificant; it will depend in direct proportion on the stationary concentration of free radicals in volume, since its value is basically determined by the competition between the processes of chemisorption of free radicals, on the one hand, and the interaction between chemisorbed radicals and molecules (in the main), as well as free radicals which bombard the adsorbed layer from the volume, on the other.

This conclusion regarding free radicals is supported by the fact that even in the case of chemisorption of hydrogen atoms when there was no such powerful factor as the influence of maternal molecules on the degree of filling the surface of the film with chemisorbed particles (the reaction $H_s + H_2$ does not take place), our direct measurements of adsorption of H-atoms (p. 71) have shown the following: even in this case, because of interaction between only free H-atoms and the adsorbed layer, the degree of filling the surface with adsorbed hydrogen atoms at room temperature amounts to an infinitesimal amount.

It follows from the above that the specific pattern of chemisorption of any of the simplest free atoms and radicals within the range of ordinary temperatures consists in small degrees of filling the surface with chemisorbed particles. The cause, as stated above, lies in the reactivity of chemisorbed particles.

To explain further the observations we have made of the electrical effects due to chemisorption of active particles, let us assume that the activation energy of the second stage of process (10), i.e. the formation of a charged form of chemisorption is greater than the first stage, i.e. the formation of an uncharged form of chemisorption (p. 75). It follows from this assumption that the rate of accumulation of this form of chemisorption will be lower than of the uncharged form. If the difference between the rates of these stages is great, it is possible to consider at some approximation that at any moment when the second stage of reaction (10) occurs, a stationary concentration of chemisorbed radicals in an uncharged form manages to become established.

The rate of the second stage will depend on this magnitude as well as on the concentration of free carriers in the semiconductor. When the surface of the adsorbent is slightly filled with chemisorbed radicals R_s^-, but along with high specific electrical conductivity of the semiconductor film, i.e. the concentration of the free carriers (foreign atoms) is high, the rate of this process may not depend on their concentration. In other words, the process of chemisorption will occur in this case according to the zero order with respect to the free carrier concentration. The above means that in the experiment when the surface is slightly filled (at the beginning of the process) the initial rate of the change in the electrical conductivity of the sample, due to chemisorption of the radicals, will not depend on its magnitude. This is confirmed by direct measurements of the dependence of the quantity $\left(\frac{d\sigma}{dt}\right)_{t\approx 0}$ on the concentration of the admixtures added to the surface of one and the same sample under mild conditions ($\sim 100°$ C).

As chemisorbed radicals in a charged form accumulate on the surface of the semiconductor film, they lead to a depletion by the carriers of the thin crystal filaments (which connect the separate small crystals of the "necks") of a polycrystal film, determining the electrical conductivity of the whole sample [19], then the zero order of the chemisorption in relation to conductivity electrons disappears. Consequently, there appears a dependence of the rate of change of the electrical conductivity on its magnitude. Experiments corroborate the above; they also indicate that the following kinetic equation is valid in the case of chemisorption of alkyl radicals within a wide range of temperatures and a long time interval:

$$\left(\frac{d\sigma}{dt}\right) = -K'\sigma^2 \quad (11)$$

or in an integral form:

$$\frac{\Delta\sigma}{\sigma} = Kt \quad (12)$$

where $\Delta\sigma = \sigma_0 - \sigma$ and σ_0 are the electrical conductivity of the film before adsorption of the radicals.

Fig. 7 shows the feasibility of this equation for the case of chemisorption of CH_3-radicals on ZnO films. Formulae (11) and (12) are valid [20] only when they are remote from the stationary value of electrical conductivity, which is evidently determined, as we already assumed before, by the processes of interaction of chemisorbed radicals with molecules, free radicals as well as with one another on the surface.

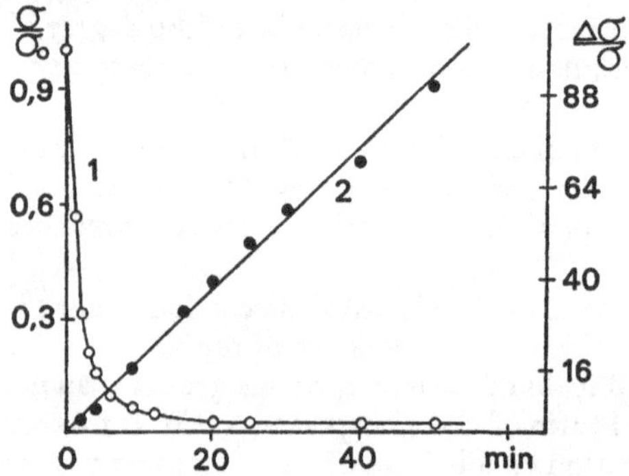

Fig. 7. Kinetics of the electrical conductivity of a ZnO film in the process of adsorption of free CH_3-radicals; T of the film = 185° C.
Curves: 1 – $\sigma/\sigma_0 = f(T)$
2 – verification of equation (12)

To prove the great reactivity of chemisorbed radicals in relation to molecules and free radicals, we shall cite some experimental results of our investigations into chemisorption of alkyl radicals on semiconductor oxide films from gas and liquid media at temperatures ranging from —70° C to 300° C. Ketones and alcohols were used as liquid media in our experiments; ketone vapours in a pure state and with an admixture of hydrogen and oxygen were used as the gas phase. The pressure of ketone vapours varied from 0.05 to 200 torr.

The experiments have shown that the degree of filling the surface of semiconductor film with chemisorbed radicals diminishes as the pressure of the maternal substance vapours increases. At the boundary between the film and the liquid phase, it becomes a very small magnitude as compared with the gas phase even at minus temperatures.

In contradistinction to the gas phase at low pressures (0.1 torr) of the maternal substance vapours in the liquid phase the effect of decrease in electrical conductivity under the influence of chemisorption of alkyl radicals is reversible at any temperature. But in the case of the gas phase, when the pressures of ketone vapours are low, it is necessary to heat the film so as to "clean" it of chemisorbed radicals. Experiments show that the higher the concentration of the ketone molecules and the higher the temperature of the experiment, the faster the return of the electrical conductivity of the film to its initial magnitude after the source of radicals in the volume has been switched off. But if a semiconductor film with radicals preliminarily chemisorbed on it in the gas phase is immersed in a liquid (as, for instance, in acetone) its electrical conductivity rapidly "reverts" to the initial value. This effect is recorded even at a temperature of —70° C.

It seems to us that the results of these experiments testify to the effect of "cleaning" the surface of the semiconductor by acetone molecules and, consequently, to the great reactivity of chemisorbed radicals on the surface of an oxide in a charged form R^-(ads) in relation to ketone molecules.

The chemical avtivity of chemisorbed radicals, relative to free radicals which bombard the surface of semiconductors from a reaction volume, is attested, as in the case of hydrogen atoms, by the "negative effect" we have discovered of electrical conductivity, which also originates, as proved by experiment, during chemisorption of alkyl radicals (this effect appears to be inherent in all active particles) *). For the case of adsorption of alkyl radicals, it essentially consists in that under certain conditions (superstationary filling of the surface of the film with chemisorbed radicals in form R^-(ads) for the chosen conditions of the experiment), under the influence of their adsorption there is no decrease in electrical conductivity of the film of, say, ZnO (the normal positive effect, p. 76), but its increase. In this case, too, we believe that the discovered anomalous effect in the change in electrical conductivity is likewise linked with the phenomenon of "cleaning" the surface of the semiconductor with free alkyl radicals, i.e. with their interaction with radicals R^-(ads) preliminarily chemisorbed in a charged form:

$$R^-(\text{ads}) + R\ (\text{gas}) \rightarrow M + e'$$

Naturally enough, the reactivity of free radicals is considerably greater than that of molecules and for this reason in the case of free radicals this effect can be observed at lower temperatures of the adsorbent than during interaction between the molecules and the adsorbed layer.

The results of the above experiments, both in relation to the influence of free radicals on the adsorbed layer and particularly in regard to the molecules, unambiguously testify to the great reactivity of chemisorbed radicals, the particles which lost their free valence and which are in a charged form in the adsorbed layer.

All the above statements lead to the second peculiarity (the first being the small degree of coverage) of chemisorption of active particles. It consists in the fact that the magnitude of the degree of coating of the surface in the case of chemisorption of free radicals is determined not by the electrophysical properties of the adsorbent (as, for instance, the charging of the surface), but chiefly by their microchemical properties, i.e. the chemical activity of the chemisorbed particles both toward the centres of adsorption and the molecules and free radicals of the medium which surrounds the adsorbent. In other words, it is determined by the processes of interaction of the adsorbed radicals not only with the surface of the adsorbent, but also with the molecules and free radicals of the medium surrounding the film, according to the scheme:

(13)

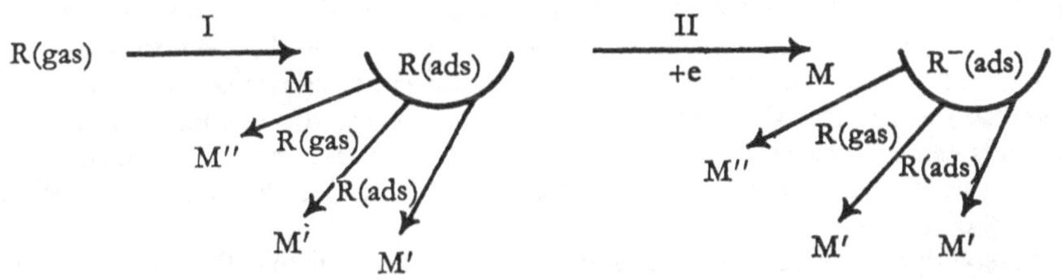

where R(gas) and R(ads) have the same significance as in the preceding schemes, and M refers to the molecules in the gas phase and the adsorbed layer.

---

*) A similar effect in the case of chemisorption of O-atoms on ZnO has been recently recorded in our laboratory by Malinova [29].

In connection with this interesting conclusion, there are also of interest the results of the investigation concerning the influence of chemisorption of free radicals on the work function of semiconductor oxide films, carried out by E. E. GUTMAN jointly with the author [20]. The experiment has shown that under the influence of chemisorption of free alkyl radicals (CH_3, C_2H_5) on zinc oxide the work function of electrons increases. It appeared that this effect, like that on electrical conductivity, is of a reversible nature. Detailed investigations into this effect have led us to the conclusion that electrical conductivity and the work function in the process of chemisorption of active particles change (the first quantity increases, while the other diminishes) proportionally to one another, i.e. the following expression is valid for any moment of time:

$$\Delta\sigma = \gamma\Delta\varphi \tag{14}$$

This expression interconnects the change in the work function $\Delta\varphi$ of the semiconductor, and electrical conductivity $\Delta\sigma$ due to chemisorption of these particles.
Proceeding from the analysis of these data, as well as from the results of studying the kinetics of the work function in the course of chemisorption of radicals, we managed to prove that the change in the work function of a semiconductor film occurs in proportion to the degree of filling of surface Θ with chemisorbed radicals, i.e.

$$\Delta\varphi = \beta\Theta \tag{15}$$

where β is the factor of proportionality.
It seems to us that the obtained relationships may be understood only for the case of very slight filling of the surface of the film with adsorbed particles and, consequently, their validity, as well as the results of the experiments on electrical conductivity, corroborate the conclusions we have drawn regarding the specific pattern of chemisorption of active particles, making it different from chemisorption of molecules.
The experimental information we have accumulated on the influence of chemisorption of free alkyl radicals on the electrophysical properties of oxide semiconductor films has enabled us to advance a working hypothesis concerning the nature of the centres of chemisorption of these particles on metal oxides.
In conformity with the hypothesis, the simplest alkyl radicals, when hitting the surface of metal oxides, interact with the regular cations of the lattice or the lattice defects and foreign atoms of the oxide metal, forming unstable surface metal-organic compounds. As a result of such interaction, the number of donor centres responsible for the impurity electrical conductivity of the oxide diminishes, which apparently is the principal cause of the decrease in the electrical conductivity of thin oxide films*).
Experiments have shown that the formed surface compounds are capable, even at relatively low temperature, of entering readily into chemical reactions with free radicals and molecules or of decomposing thermally. As a result of these processes, the former donor centres (as, for example, admixture atoms of metals) are formed on the surface of the adsorbent. In consequence of this, the electrical conductivity of the semiconductor film increases to its initial magnitude. Curiously enough, the decomposition of these compounds can be provoked, as in the case of volumetric metalorganic compounds, by photolysis of the surface layer in the ultraviolet part of the spectrum, within the range of 3000 to 3100 Å.
From the standpoint of our hypothesis, it should be expected that the more readily alkyl radicals interact with the atoms of some or other metals (Paneth's experiments with metal mirrors [21], the greater the degree to which they change at a preset temperature the

*) Electron micrographs of our polycrystal films have shown that the thickness of the connective crystal bridges ("necks") fused with the crystal grains averages 10^{-6} cm (I).

electrical conductivity of the corresponding oxide which contains the given metal. Experiments corroborate this conclusion (see the series of activity (8) and (9), pp. 74, 75).

Hence, the process of chemisorption of alkyl radicals can be defined schematically as follows:

$$\begin{cases} \text{a)}\ R\,(\text{gas}) \xrightarrow{\text{I}} R - Me^{+}_{*}\,(\text{ads}) \underset{+e'}{\xrightarrow{\text{II}}} R - Me_{*}\,(\text{ads}) \\ \text{b)}\ R\,(\text{gas}) \xrightarrow{\text{I}} R - Me^{++}\,(\text{ads}) \underset{+e'}{\xrightarrow{\text{II}}} R - Me^{+}\,(\text{ads}) \end{cases}$$

where M^{++} are the regular cations of the lattice, and M^{+} are lattice defect (interstitial) ions.

The rate of chemisorption of radicals and, consequently, that of the change in electrical conductivity may, in accordance with the given scheme, be expressed in the following way:

$$-\frac{d\sigma}{dt} \sim \frac{d\,[R(\text{ads})]}{dt} = K\,[R\,(\text{gas})]\,[Me_{*}\,(\text{ads})]$$

where $[R(\text{gas})]$ is the concentration of free radicals, and $[Me_{*}\,(\text{ads})]$ is the surface concentration of disordered atoms. This expression can be esaily transformed so as to bring it close to expression (12) which we found empirically.

4. Method of Semiconductor Probes

In concluding, I should like to say a few words about the possible practical application of the results we have obtained in investigating the influence of chemisorption of free atoms and radicals on the electrical properties of semiconductor adsorbents.

Proceeding from an extensive experimental material dealing with chemisorption of active particles on semiconductor adsorbents and with analysis of these data, it proved possible to substantiate and verify in experiment the new methods of studying free radical processes, namely the process of semiconductor probes whose lower limit of sensitivity without amplifying devices corresponds at present to 10^{6}–10^{8} particles per 1 cm^{3}. Owing to such a high sensitivity, the semiconductor method allows the detection of free active particles and to measure their concentration under stationary and non-stationary conditions in gases and liquids under ordinary temperatures typical of most physico-chemical and biological processes. Using this method, we have successfully investigated:

a) Recombination of various free radicals and atoms within the range of their very small concentrations (10^{-8} cm^{-3}), which cannot be achieved by any currently existing methods [22];

b) Reactions of interactions between chemisorbed radicals and molecules and free radicals. These investigations pointed to the great reactivity of chemisorbed radicals on the surface of an adsorbent both in a charged and uncharged forms;

c) Processes of pyrolysis and photolysis as well as of radiolysis of some simple chemical compounds [23]. Proceeding from the resultant data, we have succeeded in developing the semiconductor method of determining the binding energies in molecules [24].

d) The mechanism of some heterogeneous catalytic reactions [25];

e) The processes of interaction between slow electrons, excited atoms of Hg and the molecules of an adsorbed layer [26, 27];

f) The processes of adsorption and desorption of the atoms of metals on oxides, as well as those of evaporation of superstoichiometric atoms of metals from the surface of various oxides [13, 14].

g) We have managed to prove at present that semiconductor oxide films can be successfully applied for indicating free radicals and atoms in liquid media at ordinary temperatures [28].

Literature

1. TH. WOLKENSTEIN (F. F. Vol'kenshtein): "Electronic Theory of Catalysis on Semiconductors". Pergamon Press (1963).
2. K. BONHOEFFER: Erg. exact Naturwiss. **B 6** (1927).
3. P. KOKHONENKO: Acta phisic Chim. URSS **9** (1), 93 (1938).
4. TH. WOLKENSTEIN, A. N. GORBAN & V. A. SOKOLOV: "Surfaces properties of semiconductors", Consultants Bureau, New York, 127 (1964).
5. G. HEILAND: Zs. phys. **148**, 15 (1957).
6. D. G. THOMAS & I. I. LANDER: J. Phys. Chem. Solids, **2**, 318 (1957).
7. I. N. POSPELOVA & I. A. MYASNIKOV: Zhur. Fiz. Khim., **41**, 1991 (1967) (Russ.).
8. I. A. MYASNIKOV & I. N. POSPELOVA: Zhur. Fiz. Khim., **41**, 567 (1967) (Russ.).
9. I. N. POSPELOVA: Theses (1968) (Russ.).
10. I. A. MYASNIKOV & E. V. BOLSHUN: Collected Works "Methods of Investigating Catalysts and Catalytic Reactions". **I**, 41 (1965) Institute of Catalysis, USSR Academy of Sciences (Russ.).
11. V. B. KAZANSKY: Theses. Moscow 1966 (Russ.).
12. E. MOLLWO: Z. physik **138**, 478 (1954).
13. I. A. MYASNIKOV & E. V. BOLSHUN: Kinetika i Kataliz, **8**, 182 (1967) (Russ.).
14. I. A. MYASNIKOV & E. B. BOLSHUN: Kinetika i kataliz (in print) (Russ.).
15. E. W. R. STEACIE: "Atomic and free radical reactions" (1946).
16. Reference Book "Chemical Bond Breaking Energy. Potentials of Ionization and Affinity to Electron". Moscow, USSR Academy of Sciences Publishing House (1964) (Russ.).
17. V. I. TSIVENKO & I. A. MYASNIKOV: Kinetika i kataliz, **8**, 696 (1967) (Russ.).
18. I. A. MYASNIKOV: Theses. Moscow 1965 (Russ.).
19. I. A. MYASNIKOV, I. N. POSPELOVA & T. A. KORETSKAYA: Dokl. Akad. Nauk SSSR, (in print) (Russ.).
20. a) I. A. MYASNIKOV, E. V. BOLSHUN & E. E. GUTMAN: Kinetika i kataliz, **4**, 867 (1963).
    b) E. E. GUTMAN & I. A. MYASNIKOV: Kinetika i kataliz, **8**, 699 (1967) (Russ.).
21. F. PANETH & W. HOFEDITZ: Berichte, **62**, 1335 (1929).
22. a) I. N. POSPELOVA & I. A. MYASNIKOV: Kinetika i kataliz, **7**, 196 (1966) (Russ.).
    b) I. A. MYASNIKOV & E. V. BOLSHUN: Kinetika i kataliz, **6**, 997 (1965) (Russ.).
23. I. A. MYASNIKOV: Dokl. Akad. Nauk SSSR, **155**, 1407 (1964); **120**, 1298 (1958) (Russ.).
24. I. A. MYASNIKOV & I. N. POSPELOVA: Zhur. Fiz. Khim., **41**, 1028 (1967) (Russ.
25. I. A. MYASNIKOV: Zhur. Fiz. Khim., **33**, 2564 (1959) (Russ.).
26. A. M. PANESCH & I. A. MYASNIKOV: Zhur. Fiz. Khim., **39**, 2326 (1965) (Russ.).
27. A. M. PANESCH & I. A. MYASNIKOV: Zhur. Fiz. Khim., **42**, 2100 (1968) (Russ.).
28. I. A. MYASNIKOV: Zsur. Fiz. Khim. (in print) (Russ.).
29. G. V. MALINOVA: Kinetika i Kataliz, **10**, 328, 336 (1969).

III.
Mechanism of the Catalytic Act

6. Charge Transfer and Surface Oxidation-Reduction Processes during Chemisorption and Catalysis

JUAN F. GARCÍA DE LA BANDA
Instituto de Química Física "Rocasolano" Madrid, Spain

With 3 Figures and 1 Table

Zusammenfassung

Zunächst wird die Chemisorption in einem statistisch-thermodynamischen Modell beschrieben als Besetzung von Oberflächentraps (aktiven Zentren) mit Molekülen (neutrale Chemisorption) oder Molekülen und Elektronen (Chemisorption mit Ladungsübertritt). Ausgangspunkt einer statistischen Beschreibung ist die Zustandssumme, die als Produkt der Zustandssummen verschiedener Oberflächentraps aufgebaut wird, die zudem mehrere Moleküle oder Elektronen aufnehmen können (entsprechend unterschiedlicher Chemisorptionsbindung). Der allgemeine Ansatz wird spezialisiert auf den Fall eines Typs von Oberflächentraps, von denen jedes höchstens ein Elektron mit dem Volumen austauschen kann. Nachdem einige Parameter mit freien Enthalpien der Gasteilchen (proportional dem Gasdruck) und dem chemischen bzw. elektrochemischen Potential der Elektronen identifiziert worden sind, zu dem die Poissongleichung hinzugezogen wurde, erhält man bekannte Formeln für die Besetzung von Oberflächenzuständen bzw. die Oberflächenbedeckung mit neutralen und geladenen chemisorbierten Teilchen.
Die Oberfläche allein wird sehr viel leichter oxydiert oder reduziert als das gesamte Volumen eines Festkörpers. Da die Chemisorption die Bildung aktiver Zentren durch eine Oberflächenreaktion, z. B. einen Reduktions- oder Oxydationsprozeß voraussetzt und diese Reaktion zu einem Gleichgewicht entsprechend den vorhandenen Bedingungen führt, ist die Oberfläche hinsichtlich der Adsorption sehr empfindlich von der Gasatmosphäre abhängig. Als experimentelle Belege der theoretischen Vorstellungen werden diskutiert:
1. Die Chemisorption von Sauerstoff, Wasserstoff, Iso-Propylalkohol und Azeton auf Chromoxid wird mit einer gravimetrischen Methode untersucht. Da innerhalb weniger Sekunden nach Gaszutritt die Gewichtszunahme aufhört, ist die Aktivierungsenergie des Gesamtvorganges gering. Für alle vier untersuchten Moleküle wurde auf anreduziertem Cr_2O_3 dieselbe Aktivierungsenergie gefunden wie für iso-Propylalkohol und Azeton auf anoxydiertem Cr_2O_3. Dieser Befund läßt vermuten, daß in diesen Fällen wahrscheinlich dasselbe aktive Zentrum für die Chemisorption verantwortlich ist. Sauerstoff wird als Akzeptor, die übrigen Moleküle werden als Donatoren gebunden. Sauerstoff auf oxydiertem Chromoxid hat eine größere Aktivierungsenergie, wird also an einem anderen aktiven Zentrum chemisorbiert.
2. Die Katalyse der Para-Ortho-Wasserstoffumwandlung an Chromoxid bei 80° C zeigt, daß oxydiertes Chromoxid zwar mehr Wasserstoff chemisorbiert als reduziertes, daß aber nur das reduzierte katalytisch aktiv ist. Die Beobachtungen passen zu den Annahmen, daß auf oxydiertem Chromoxid (p-Typ-Halbleiter) H_2^+ und H_2° neben H^+ chemisorbiert werden, dagegen an dem reduzierten Oxid (n-Typ-Halbleiter) nur der neutrale Wasserstoff in der Form H° und H_2°. Weiterhin kann man annehmen, daß nur die neutrale Form H° zur Umwandlung führt. Aus Messungen des elektrischen Widerstandes an unterschiedlich anreduzierten Preßlingen von Chromoxid und den dazugehörigen Geschwindigkeitskonstanten der Umwandlung kann geschlossen werden, daß hier Elektronen im Zusammenhang mit den aktiven Zentren stehen. Ein Mechanismus von Valverde berücksichtigt neben der Existenz aktiver Zentren für die Chemisorption den Fortgang der Reaktion über H° in Gegenwart reduzierter Cr^{2+}-Ionen.

3. Es wird ein hypothetischer Mechanismus diskutiert, der zeigt, wie die Selektivität eines Katalysators vom Parameter $\eta - u_s$ (η elektrochemisches Potential, u_s ein reduziertes elektrostatisches Potential an der Oberfläche) abhängt, wenn die Reaktion über unterschiedlich chemisorbierte Arten (A^-, A°, A^+) läuft.
Da bei der Berührung von Gas und Festkörper neben der Chemisorption auch eine chemische Veränderung der Oberfläche (z. B. Oxydation oder Reduktion) eintreten kann, hat man bei der Interpretation zu berücksichtigen, ob
a) die Oberfläche unveränderlich ist und ein bestimmtes Molekül auf eine oder mehrere Arten chemisorbiert wird;
b) die Oberfläche verändert wird, aber nur eine Art der Chemisorptionsbindung vorliegt;
c) die Oberfläche verändert wird und gleichzeitig mehrere verschiedene Chemisorptionsbindungen vorliegen.
Der letzte und schwierigste Fall liegt anscheinend den meisten realen Experimenten zu Grunde. Benötigt werden weitere Kenntnisse der Reduktions-Oxydationsvorgänge an der Oberfläche (neben chemischen Untersuchungen sollten Messungen der ESR und der Transporteigenschaften des Festkörpers nützlich sein) sowie der chemisorbierten Teilchen (Oberflächenpotential, Halleffekt, Gesamtchemisorption, evt. UV- und IR-Spektren, LEED).
Bei theoretischen Ansätzen zur Kinetik katalytischer Vorgänge werden die Oberflächenkonzentrationen der chemisorbierten Reaktionspartner und -produkte benötigt; da sie unbekannt sind, setzt man unter Berufung auf das Adsorptionsgleichgewicht die Gaspartialdrucke an ihre Stelle, obwohl die Abhängigkeit von weiteren Parametern nicht bekannt ist.

Abstract

The first part of the paper reviews briefly the current state of the Charge Transfer Chemisorption Theory on semiconductors. The statistical treatment of the standard system is outlined, and the importance of oxidation-reduction processes at the surface, in a generalized sense, is stressed. The influence of these processes in the total amount and distribution of chemisorbed species is discussed.
The second part deals with the interpretation of experimental data on chemisorption and catalysis according to the above outlined ideas. For chemisorption processes the current theory is fairly acceptable in many aspects. For catalytic processes, however, a satisfactory theory is missing.
Along these lines a tentative theory is outlined and a series of considerations are given regarding: a) the kind of experiments required, b) some new questions to be answered and (c) the kind of further information needed in order to find additional support to the theory.

1. Introduction

The purpose of this paper is to give an outline of the present ideas on the different phenomena playing a major role during the processes of chemisorption and catalysis, considered within the framework of the band picture and the charge-transfer model of chemisorption.
It is not intended to give an exhaustive list of references, discussing the various points of view held by different authors. Direct reference will be given only in special cases and we will quote if possible review articles in the field. Also we shall try to select from the different and sometimes conflicting theories those which, in our opinion, describe better the observed facts, trying, furthermore, to give a selfconsistent interpretation of the overall process.

2. Theoretical Aspects

Two main different aspects are going to be taken into consideration: 1) the charge transfer theory of chemisorption, and 2) the role of surface oxidation reduction processes both in chemisorption and catalysis.

Concerning charge transfer theory, GARCÍA-MOLINER [1] reviews the development of the present theories and extends the statistical treatments for the trapping of electrons in the bulk of semiconductors to the charge transfer chemisorption, considered as a trapping, by surface traps, of both gas molecules and charge carriers. This treatment, results in a general formalism from which most of the current equations and partial approaches can be developed, as particular cases, and is outlined in the next Section. Concerning surface oxidation-reduction processes, GARCÍA DE LA BANDA [2] quotes some original papers. An up-to-date treatment will be outlined in section 2.2.

2.1. The conceptual basis of the charge transfer theory of chemisorption on a semiconductor surface.

The solid is assumed to be described by a standard semiconductor model exhibiting three main types of electronic states.

1) Unlocalized Bloch states, of which one is usually interested in the valence and conduction bands.
2) Localized impurity states, bound to the immediate neighborhood of impurities, present throughout the bulk, right up to the surface. Other types of defect states are conceivable but only impurity states have been considered in the models so far developed.
3) Constitutional surface states, which would belong to the uncontaminated crystal in vacuo. These may be Bloch-like in the plane parallel to the surface, but are localized in the perpendicular direction. These states are frequently ignored in the charge-transfer models of chemisorption, but they may be very important in some situations.

Left to itself, such a crystal would have these states partly occupied, depending on temperature, defect concentration and statistical rules. This equilibrium is upset by the presence of foreign impurities, chemisorbed on the surface, which may act as donors and/or acceptors. The problem of the charge-transfer theory of chemisorption consists in calculating the redistribution of occupancy of the various states, taking into account the new states created at the surface.

2.1.1. The treatment of the problem: Qualitative picture

Consider, to fix ideas, the case of acceptor chemisorption. This results in a surface charge which the solid will tend to screen, typically within a distance of the order of a DEBYE-HÜCKEL length. Inside this region there is a space-charge, due to the general depletion of electrons. So that a Poisson equation is brought into the analysis, with the surface charge as boundary condition (the other condition being, obviously, electrical neutrality for large distance from the surface). This general shortage of electrons affects all types of states. To express how the occupation of the various states is affected one needs a statistical formalism. Finally, from the surface charge one can evaluate the amount of chemisorbed substance. If this can be related to the gas pressure, then one has achieved the calculation of the chemisorption isotherms, while evaluating the charged and uncharged fractions. We shall now outline a method of treatment which, within the conceptual frame of the model, does not involve any specific assumptions about the physical condition of the solid or the gas.

2.1.2. The statistical formalism

Consider an abstract system of "traps" which can capture "molecules" of species A, B,... Let there be R different types of traps, labelled by $r = 1,2, \dots R$, and assume that each given trap of type r can capture up to A_r molecules of species A, B_r of species B, etc. The purpose is to find, in thermal equilibrium, the average number $\nu^{r}_{\alpha, \beta, \dots}$ of traps of type r with α molecules A, β molecules B, etc.

Assume, furthermore, that the partition function of the system of traps can be factorized as a product of individual partition functions pertaining to one single trap. Then, the total grand partition function of the entire system under consideration can be written as

$$Z = \prod_{r=1}^{R} \left(\sum_{a=0}^{A_r} \sum_{b=0}^{B_r} \cdots \lambda_A^a \lambda_B^b \cdots Z^r_{a,b,\ldots} \right)^{N_r} \tag{1}$$

Here $Z^r_{a,b,\ldots}$ is the partition function of one trap of type r in the condition specified by the numbers a, b, . . ., and λ_A, λ_B . . . are the absolute activities. Thus, for example $\lambda_A = \exp(\mu_A/kT)$, where μ_A is the chemical potential. If A is a charged species (e.g. electrons) then μ_A is the electrochemical potential. This is where the electrostatics is introduced in the formalism. From (1), the desired formula is

$$\nu^r_{\alpha,\beta,\ldots} = N_r \frac{\lambda_A \lambda_B \cdots Z^r_{\alpha,\beta,\ldots}}{\Sigma_{a,b,\ldots} \lambda_A^a \lambda_B^b \cdots Z^r_{a,b,\ldots}} \tag{2}$$

Notice that here r is merely a label, whereas the numbers a, b,... are actual exponents in the powers of the absolute activities.

This analysis in terms of grand partition functions is suitable to study open systems, with a variable number of "molecules", as is formally the situation in the standard charge-transfer model of chemisorption.

2.1.3. The calculation of adsorption isotherms

To fix ideas, let us make the following assumptions: a) Adsorption occurs independently on independent localized active centres of only one kind (R = 1). b) Each adsorbed molecule can accept one electron from the solid substrate. c) The crystal is much thicker than the boundary layer. d) We neglect non-chemisorption surface states. One then uses formula (2) in the following way: The active centres are regarded as traps for two species, namely, gas molecules (A) and electrons from the crystal (B). A chemisorbed monolayer is the described by a = 0,1 and b = 0,1, with $Z_{01} = O$ (i.e., electrons can only be trapped by chemisorbed molecules). The absolute activities are: $\lambda_A = P\chi(T)$ (where P is the gas pressure and χ is some given function which describes the nature of the gas) and $\lambda_B = \exp(E_F/kT)$, where E_F is the energy of the Fermi potential. The numbers of interest are $N^\circ = \nu_{10}$ and $N^- = \nu_{11}$, for uncharged and charged coverage, respectively. If N_s is the number of active centres, then (2) yields

$$N^\circ = N_s \frac{\lambda_A Z_{10}}{Z_{00} + \lambda_A Z_{10} + \lambda_A \lambda_B Z_{11}} \tag{3}$$

and

$$N^- = N_s \frac{\lambda_A \lambda_B Z_{11}}{Z_{00} + \lambda_A Z_{10} + \lambda_A \lambda_B Z_{11}} \tag{4}$$

The ratios Z_{10}/Z_{00} and Z_{11}/Z_{00} can be interpreted as

$$\frac{Z_{10}}{Z_{00}} = Z_0 = \exp(-f^\circ/kT); \quad \frac{Z_{11}}{Z_{00}} = Z_1 = \exp(-f^-/kT) \tag{5}$$

where f° and f^- denote the corresponding free energies. Let ψ be the electrostatic potential, and ψ_s its value at the surface. Assuming that

$$f^- = f_0^- - e\psi_s \equiv f_0^- + kTu_s \tag{6}$$

where $-e$ is the charge of the electron. The second equality defines the dimensionless quantity u which, for acceptor adsorption, is $\geqslant O$ everywhere. This then takes account of the Coulomb interaction between charged adsorbed molecules, while the partition functions can still be factorized. Introducing the coverage degrees

(7) $$\Theta^\circ = N^\circ/N_s,\ \Theta^- = N^-/N_s,\ \Theta = \Theta^\circ + \Theta^\circ = N/N_s$$

and the notation

(8) $$a = \chi(T) \exp(-f^\circ/kT),\ b = \chi(T) \exp\{-(f_0^- - E_F)/kT\}$$

the above expressions for N° and N^- become

(9) $$\Theta^\circ = \frac{Pa}{1 + P[a+b\exp(-u_s)]},\ \Theta^- = \frac{Pb\exp(-u_s)}{1 + P[a+b\exp(-u_s)]},\ \Theta=\Theta^\circ+\Theta^-$$

These are not yet the final equations for the isotherms, because u_s depends on coverage, hence ultimately on P. The Poisson equation is now introduced. To this effect, the charge density must be written down, i.e.

(10) $$\varrho = e(\overset{+}{N_d} + p - \overset{-}{N_a} - n)$$

in terms of free electrons and holes and ionized donor and acceptor impurities. Assuming non-interacting impurities with one localized energy level, one has

(11) $$\overset{+}{N_d} = N_d\{1 + g_d \exp[(E_F - E_d)/kT] \exp(-u)\}^{-1};$$

$$\overset{-}{N_a} = N_a\{1 + g_a \exp[(E_a - E_F)/kT] \exp(-u)\}^{-1}$$

where g_d and g_a are suitable degeneracy factors.
Putting n_b and p_b for the bulk values, and assuming non-degenerate statistics:

(12) $$n = n_b \exp(-u) \quad p = p_b \exp u$$

Using now the Poisson equation, performing a first integration and using the Gauss theorem at the surface, one obtains

(13) $$\Theta^- = (\varepsilon kT/2\pi e^2 N_s^2)^{\frac{1}{2}} \{N_d \ln[(1+G_d \exp u_s)/(1+G_d)]$$
$$+ N_a \ln[(1+G_a \exp-u_s)/(1+G_a)] - n_b[1-\exp(-u_s)] - p_b(1-\exp u_s)\}^{\frac{1}{2}}$$

where ε is the dielectric constant of the medium and

(14) $$G_d = g_d^{-1} \exp[(E_d - E_F)/kT];\ G_a = g_a^{-1} \exp[(E_F - E_a)/kT]$$

Equation (13), linking up the surface with the bulk, is the next condition needed to find the surface potential u_s and the coverage degrees Θ° and Θ^- as functions of P. An exact solution for the general case would require numerical computations, but explicit formulae can be derived for some simplifying conditions. The most meaningful simplification, from the experimental point of view, corresponds to low pressures. In this case the formulae given in equation (9) reduce to those derived by Sandomirskii and Kogan.

2.2. Surface oxidation-reduction processes

Many semiconducting materials suffer extensive surface oxidation-reduction processes in a generalized chemical sense (that is, with change in the boundary layer stoichiometry) under conditions which seem too weak to originate such changes.
Thus, for instance, for the reduction of bulk chromia (Cr_2O_3) one needs a temperature of the order of 1000° C and pressures of about 1 atm of H_2. Nevertheless, a strong surface reduction takes place at 250° C and a hydrogen pressure as low as 10^{-6} torr.

Therefore, apparently mild treatments can originate drastic changes in the surface properties of the solid. When we study a solid as an adsorbent or a catalyst we should not forget that the gas atmosphere in contact with the solid could bring about oxidation-reduction processes at its surface, occuring simultaneously with the phenomenon under study.

Moreover, it is very likely that these processes of interaction between the surrounding gas and the surface, referred to as oxidation-reduction processes, are related to the active centre formation reaction.

2.2.1. Relationships between surface oxidation-reduction processes and chemisorption

When a gas is brought into contact with a semiconducting solid, at a constant temperature, the molecules (or the atoms) of the gas can be chemisorbed as different species. The equilibrium coverage for each one could be calculated from equations equivalent to (9) and (13) [1].

Taking as a reference level the bottom of the conduction band, the dependence of the concentrations C^-, C° and C^+, for three possible chemisorbed species, A^-, A° and A^+, of a given molecule A, as a function of the reduced chemical potential $\mu'_A = \mu_A/kT = E_F/kT - u_s = \eta - u_s$, results in the well known plot of figure 1.

The total amount chemisorbed and the relative concentrations of the different species depend on μ'_A and N_s. The quantity μ'_A depends on characteristic bulk magnitudes of the solid (Fermipotential, etc.), of the gas (free energies of chemisorption of A^-, A° and A^+, etc) and on the possible oxidation-reduction processes above mentioned.

The quantity N_s depends, as was previously said, on the oxidation-reduction state of the surface. Let us assume that C is an active centre (either for chemisorption or for both chemisorption and catalysis) which is formed from a given precursor P, following the equation

$$P \rightleftharpoons C + \varepsilon \tag{15}$$

where ε is a particle (or group of particles) that keeps the rules of charge neutrality and mass conservation. There are not any aprioristic hypotheses on the nature of P and C; they could be atoms, ions, or even groups of these entities with particular configurations and adequate electronic properties. We could visualize, tentatively, equation (15) as, for example

$$(\overset{3+}{Me_2} \mid \overset{+}{\square})(\overset{=}{O_3} \mid \overset{-}{\square}) = (\overset{2+}{Me_{2\delta}} \mid \overset{3+}{Me_{2(1-\delta)}} \mid \overset{+}{\square})(\overset{=}{O_{3-\delta}} \mid \overset{-}{\square}) + \frac{\delta}{2} O_2 (g) \tag{16}$$

This, perhaps too simplified, example could illustrate how a reduction process will produce a supposed active centre ($Me^{2+}|\square^+$) from a supposed precursor ($Me^{3+}|\square^+$).

These facts have been taken into account, more or less explicitly, by several theories of chemisorption. Wolkenstein, in particular, has studied the influence of temperature changes on adsorption and catalysis as due to the change in number of surface defects. On the other hand, the substrate-catalyst interaction in the oxidation-reduction processes of oxides is also well known [3].

To sum up: Starting with a surface in contact with an adsorbate which could either oxidize or reduce it, the nature and number of the bonds formed will change until the final equilibrium, at a given constant temperature, for both chemisorption and surface-oxidation-reduction processes is reached.

2.2.2. The activation energy of chemisorption

There is a current agreement that chemisorption is an activated process, and there is no doubt that the overall phenomenon presents an activation energy. However, there is no aprioristic reason to establish that this activation energy belongs to the chemisorption process itself.

For the sake of simplicity, let us assume that there is only one possibility of bonding between the surface and a given molecule A. Let us call C_L the free active centre for this chemisorption, P and ε being the same as before.
By combination of the chemisorption and the centre formation processes we can postulate the following reaction scheme

(17)
$$\begin{array}{c} A \\ + \\ P \rightleftharpoons C_L + \varepsilon \\ \upharpoonleft\downharpoonright \\ A\cdot C_L \end{array}$$

where $A \cdot C_L$ stands for the chemisorbed molecule.
We have thus two simultaneous reactions

(18) $$A + C_L \rightleftharpoons A\cdot C_L$$

(19) $$P \rightleftharpoons C_L + \varepsilon$$

The overall process (17) has, in many cases, an activation energy, but it is not so obvious to discriminate if this activation energy belongs to either (18) or (19), or both processes. This is a question of paramount importance in the chemisorption theory, because the activation energy of chemisorption is very useful in speculations on the nature of the activated complex. If, for a given system, the activation energy belonged to the process of active centres formation, these speculations would be grossly in error.
An actual case could be that in which both processes co-operate to the overall apparent activation energy. Situations could be envisaged in which each one of the processes becomes the major contributor to the activation energy at two different temperature ranges.

2.3. Considerations on catalysis by semiconductors

Let us consider the simple case of the isomerization of a molecule A according to the overall catalytic reaction

(20) $$A + C_L \rightarrow B + C_L$$

assuming that A can be chemisorbed in the forms A^-, A° and A^+. The surface concentrations of these species, C^-, C° and C^+ as a function of $\eta - u_s$ are given in figure 1. The charged species concentration behave qualitatively in the expected way, but C° goes through a maximum.
Let us assume that only one of these three chemisorbed species is (or leads to) the intermediate in the catalytic process (20). The other two species, either do not give any reaction or lead to undesired products. Let us further assume that the adsorption-desorption kinetics is not significantly affected, in this particular case, by the change in μ'_A.
If the intermediate is A^- or A^+, the result is the obvious and well known condition that an increase of the n-type or p-type character, respectively, of the semiconducting catalyst increases the rate of reaction. If the intermediate is A° the situation is more suggestive. Assuming that A° is the intermediate and A^- and A^+ do not react, we can write

(21)
$$\left.\begin{array}{ll} A + C_L \rightleftharpoons A^-\cdot C_L + \oplus & \text{a} \\ A + C_L \rightleftharpoons A^+\cdot C_L + \ominus & \text{b} \\ A + C_L \rightleftharpoons A^\circ\cdot C_L \rightarrow B + C_L & \text{c} \end{array}\right\}$$

If these reactions are simple in the kinetic sense, that is to say, they represent the true mechanism, we can see that, the rate of reaction of (21c) will be proportional to C°. The maximum rate for the given catalyst will be obtained shifting η-u_s to the value corresponding with the maximum of C° in Figure 1.

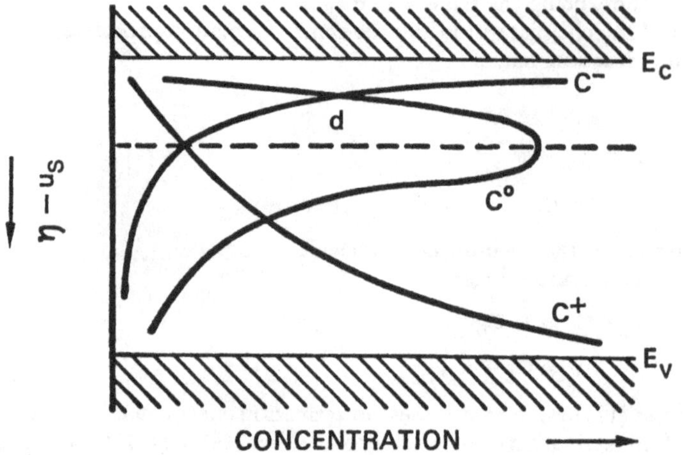

Fig. 1. Changes in the concentrations of C°, C^- and C^+ as functions of η-u_s

Therefore, we can conclude, that the reduced chemical potential, μ'_A, is a magnitude of capital importance not only for chemisorption but also for heterogeneous catalysis.

3. Experimental Evidence and Future Implications

3.1. Chemisorption

There is a great deal of experimental evidence indicating the existence of different adsorbed species during chemisorption of a single kind of molecules on a semiconductor. The work by Stone and Romero-Rossi, for instance, on the different kinds of oxygen chemisorbed on ZnO [4] is a good example.

One the other hand, the existence of neutral and charged species is, experimentally, out of doubt. The results of Prater and Chon, concerning the oxidation of CO both on pure and doped ZnO [5] constitute one of the cleanest experiments in this field.

As far as we know there is no direct proof of the change in the species distribution with the degree of surface oxidation, but the change in the overall amount chemisorbed is well known. Some indirect evidence on the change in relative concentrations of the chemisorbed species may be drawn from para-hydrogen conversion studies discussed later on.

3.1.1. The activation energy and the heat of chemisorption

As we pointed out the activation energy for the overall process (17) could be alternatively attributed to each one of the simple processes (18) and (19).

We have an extensive experimentation on a system in which we think the activation energy belongs to the process of formation of chemisorption active centres. This system is chromia*), chemisorbing either oxygen, hydrogen, iso-propyl alcohol or acetone.

The amount chemisorbed was measured gravimetrically starting with two kinds of Cr_2O_3, oxidized and reduced**) [2]. The sample was kept at each temperature in vacuum

*) Instead of chromia we shall sometimes write Cr_2O_3. This is not meant to imply the quantitative composition indicated by the stoichiometric formula.

**) Both forms were prepared by heating chromia, either in dry air or hydrogen at ~ 710 torr at 500° C, during several hours and pumping off to a final pressure of less than 10^{-6} torr. This treatment was repeated until constant weight under vacuum at 500° C was attained.

for several hours (sometimes more than a day) before starting each series of experiments. As soon as we put the gas (or vapour) in contact with the sample, the weight (amount chemisorbed) increased very quickly (in a few seconds) up to a constant value. This value did not change (within the limits of error) if the experimental conditions were kept for hours.

As these chemisorptions are extremely rapid it seems plausible that their activation energies are very low. Nevertheless, at constant pressures and increasing temperatures, the total amount chemisorbed increased, showing we are in the so-called pseudo-equilibrium part of the isobar and therefore the overall process (17) is activated. From this we can conclude that most (if not all) of the overall activation energy must be assigned to the active centre thermal formation process.

Assuming that the activation energy was due to centre formation, i.e. the chemisorption was in equilibrium, the amount chemisorbed at $\Theta = 1$ is a measure of the number of active centres. Therefore, if we plot the logarithm of these amounts against $1/T$ we could expect a straight line whose slope will be related to the energy of formation of active centres for chemisorption.

By plotting the results for oxygen and hydrogen we obtained nice straight lines, different for oxidized and reduced chromia. The most surprising result was that in the case of iso-propyl alcohol and acetone on both chromia forms we obtained the same straight line for the four systems as shown in Figure 2.

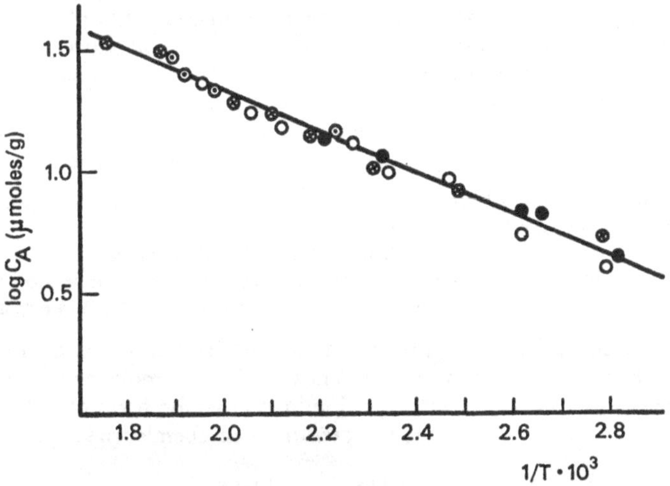

Fig. 2. Logarithm of the number of μ moles of iso-propyl alcohol and acetone adsorbed at saturation on chromia, versus $1/T$ ● iso-propyl alcohol and ⊙ acetone on oxidized Cr_2O_3, ○ iso-propyl alcohol and ⊗ acetone on reduced Cr_2O_3

Values for the energy of active centres formation are given in Table 1

Table 1

Energies of formation, kcal/at. g. active centre

Adsorbent	Hydrogen	Oxygen	iso-Propanol	Acetone
Oxidized Cr_2O_3	6,5	17,3	3,6	3,7
Reduced Cr_2O_3	4,1	4,4	3,9	4,1

The constancy of values suggests that the same kind of active centre chemisorbs the four different molecules on reduced Cr_2O_3 and also iso-propyl alcohol and acetone on oxidized Cr_2O_3, but oxygen on the oxidized form is chemisorbed on a different kind of active centres. The value for hydrogen could be due to a partial reduction of the surface. From electrical conductivity changes during chemisorption on chromia, we know that oxygen chemisorbs (at least) in an acceptor form and hydrogen, acetone and iso-propyl alcohol in a donor one. Conductivity measurements do not exclude the existence of the uncharged forms or even the opposite charged ones, but the net charge balance is favorable to the anionic form in oxygen and to the cathionic form in the case of hydrogen, acetone and iso-propyl alcohol.

Therefore, on this basis, it seems that both acceptor and donor chemisorptions can proceed on a single kind of active centres, or traps. This is, once again, in accordance with the statistical approach outlined in Section 2.1.

3.2. Catalysis

A situation similar to that described in Section 2.3. takes place in the case of para-hydrogen conversion on chromia. The reaction is a simple one: para-hydrogen is catalytically converted into ortho-hydrogen, by a chemical mechanism, at temperatures above the room temperature. This mechanism involves chemisorption of hydrogen.

Chromia is a very suitable catalyst for this kind of studies. It is a good catalyst for processes involving hydrogen and, at the same time, is a semiconductor of variable stoichiometry which can be changed very easily by oxidation-reduction processes.

Surface degree of oxidation, measured by the so-called "excess oxygen", and the different valence states of chromium at the surface have been extensively studied [2] using besides chemical methods, ESR and magnetic techniques.

Our results on para-hydrogen conversion on chromia can be summarized as follows:

a) The reaction at 80° C proceeds by the chemical mechanism, very likely by the dissociative mechanism given by Bonhoeffer and Farkas.
b) Oxidized chromia chemisorbs more hydrogen than reduced chromia.
c) Oxidized chromia is not catalytically active for the para-hydrogen conversion at 80° C and hydrogen pressures up to 100 torr. Reduced chromia is very active in the same conditions.

These results can be explained assuming that on oxidized chromia, exhibiting p-type behaviour, the hydrogen could be mainly chemisorbed as molecular species H_2° and H_2^+; atomic species could also appear predominantly in the form of H^+. On reduced chromia, exhibiting n-type behaviour, the predominant chemisorbed species should be H° and H_2°

If the intermediate species is H° and not H^+, the results fit in a selfconsistent scheme. The chemisorbed species on oxidized chromia give a high total amount of chemisorbed hydrogen but in a non reacting form, and one of the atomic chemisorbed species on reduced chromia leads to reaction.

Speculations on the actual nature of the chemisorbed species are, of course, highly tentative and experiments are needed in order to have a better foundation for them. Nevertheless, even with different species the situation seems to be very likely as described.

We also made some experiments which we think are interesting in showing the relationships between surface oxidation-reduction, electrical properties and catalytic activity.

A pellet of oxidized chromia was treated in a moderate vacuum ($p \sim 10^{-6}$ torr) at different temperatures ranging from 300 to 500° C in order to have slightly reduced surfaces, whose "degree of reduction" depends on temperature. We measured the electrical resistance during the reduction and when a constant value was obtained the pellet was cooled down quickly to 80° C, the reaction temperature for our p-hydrogen conversion studies. Electrical resistance was measured, at this temperature, for the differently treated pellets and the first order rate constant for para-hydrogen conversion calculated from kinetic experiments.

Results are given in Figure 3, showing a linear relationship between the surface reduction, measured by the electrical resistance, and the catalytic activity, measured by the rate constant. Moreover, as the partially reduced samples behave still as p-type semiconductors, in a first approximation, the resistance is a measurement of the number of free holes, and, through the mass action law for carriers, an increase in resistance means an increase in the electron concentration. The rate constant k' involves the number of active centres per gram of catalyst. Therefore, it looks as if electrons are in this particular system closely related with active centres.

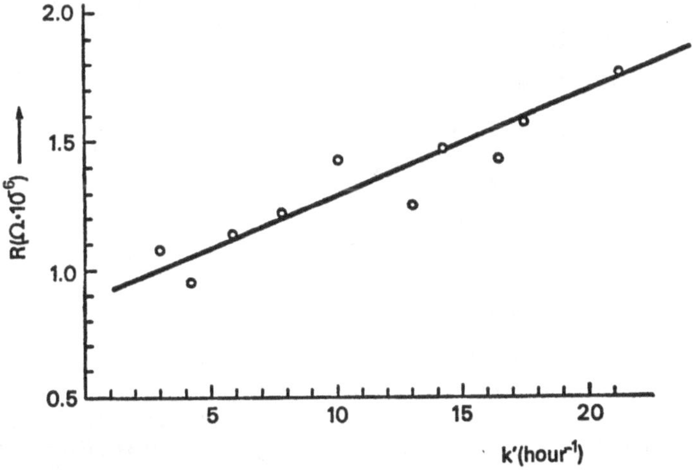

Fig. 3. Plot of the electrical resistance of Cr_2O_3 catalysts versus its rate for para-hydrogen conversion (both at 80°C)

One of the main characteristics of the partially reduced chromia surfaces is the increasing amounts of Cr^{2+} ions. Going a step further in speculating on possible reaction mechanism for high temperature para-hydrogen conversion on chromia, Valverde [6] postulates the following tentative scheme:

(22)

$$p-H_2 + C_L \rightleftharpoons H_2^+ \cdot C_L + \ominus$$

$$H_2^+ \cdot C_L + C_L \rightleftharpoons 2\,H^+ \cdot C_L + \ominus$$

$$H^+ \cdot C_L + Cr^{2+} \rightarrow H^\circ \cdot Cr^{3+} + C_L$$

$$2\,H^\circ \cdot Cr^{3+} \rightleftharpoons o-H_2 + 2\,Cr^{3+}$$

$$2\,Cr^{3+} + 2\ominus \rightleftharpoons 2\,Cr^{2+}$$

The main interest of this mechanism lies in establishing an interdependence between surface oxidation-reduction processes, different types of chemisorbed molecules and catalytic activity. The active chemisorbed species would be H° and the reaction by the chemical mechanism only proceeds in the presence of Cr^{2+}, the concentration of which becomes higher as the degree of partial reduction increases.

There is more experimental evidence already published, supporting the same general idea. Among others, our experimental work on iso-propyl alcohol dehydrogenation on mixed $ZnO–Cr_2O_3$ catalysts and the work by Dereń and coworkers on decomposition of H_2O_2 on chromia.

3.2.1. The selectivity of catalysts

If we consider a catalytic reaction a little more complicated than reaction (20), for instance

$$A \begin{matrix} \nearrow D \\ \searrow B \end{matrix} \tag{23}$$

and we include in our study the reaction (15), assuming three possible chemisorbed species of the A molecule, A^-, A° and A^+, and with the hypothesis of being A^- and A° the intermediates to D and B respectively, the reaction mechanism (equivalent to (21)) could be:

$$\begin{aligned}
&P && \rightleftharpoons C_L + \varepsilon \\
&A + C_L && \rightleftharpoons A^\circ \cdot C_L \\
&A + C_L && \rightleftharpoons A^- \cdot C_L + \oplus \\
&A + C_L && \rightleftharpoons A^+ \cdot C_L + \ominus \\
&A^- \cdot C_L && \rightarrow D \cdot C_L + \ominus \\
&D \cdot C_L && \rightleftharpoons D + C_L \\
&A^\circ \cdot C_L && \rightarrow B \cdot C_L \\
&B \cdot C_L && \rightleftharpoons B + C_L
\end{aligned} \tag{24}$$

Modifying the parameter $\eta - u_s$ of the given semiconducting catalyst we are able to drive the overall reaction (23) in the sense of increasing the formation of either D or B, that is, we change the selectivity of the catalyst. One of the simplest ways of doing it, at least with semiconducting oxides and sulfides, is by changing the surface oxidation-reduction state.

The actual mechanism will in all probability be even more complicated. The products could also be chemisorbed as different species and, moreover, in (24) we wrote all the steps in equilibrium except the actual catalytic processes $A^\circ.C_L \rightarrow B.C_L$ and $A^-.C_L \rightarrow D.C_L + \ominus$. Of course, other possibilities are open. Mechanisms of this kind can help in the interpretation of experimental data as the one already mentioned on iso-propyl alcohol dehydrogenation on mixed ZnO–Cr_2O_3 catalysts.

The next step in the generalization includes the extension to several kinds of traps, that is different types of active centres as has been shown by some authors, for instance in the paper submitted by CRIADO et al. to the IV Intern. Congr. Cat.

3.3. Generalizations and future implications

We shall refer ourselves separately to the fields of chemisorption and catalysis.

3.3.1. Chemisorption

When a solid adsorbent contacts a gas, at a given temperature, two kinds of phenomena can take place:

1) The surface of the solid suffers chemical changes until the equilibrium, for the given temperature, pressure and composition of the atmosphere, is reached.
2) The gaseous molecules become chemisorbed.

The relative importance of these two processes will depend on the system in question. The case of oxides has been considered mainly in this paper, but the same could be said in the case of sulfides and, in general, semiconducting materials, provided the right con-

ditions are given. In the case of insulators the influence will be much lower. For the metals the role of these surface changes depends on the actual state of the surface. If the metal surface is in contact with an oxidating atmosphere in conditions at which a stable oxide could be formed (in general a stable compound formed by reaction with a given component of the gas phase) the situation will be identical to the case of the oxides.
The simultaneous existence of two processes greatly complicates the interpretation of the meaning of experimental quantities. For reasons of simplicity we can divide the real systems into three groups:

1) Invariable surface. Possibility of several chemisorbed species for each gas molecule*).
2) Variable surface. Only one chemisorbed species
3) Variable surface. Possibility of several chemisorbed species for each gas molecule.

Case 1. – If a molecule A, can be chemisorbed giving different species A^-, A°, A^+, . . ., concepts like adsorption isotherm, heat of chemisorption, etc. get a new dimension.
The situation is similar to the chemisorption of a solute from a solution, the disolvent being also chemisorbed, and the experimental isotherms will be composite isotherms [see for instance (7)]. If we look for results sufficiently meaningful for the establishment of a theory, we must study the individual isotherms, i.e. the isotherms for each chemisorbed species, and from them derive other magnitudes.
Case 2. – Difficulties arise now from a different corner. The chemical reactivity of the surface and the existence of possibly overlapped activated processes could render meaningless the observed overall activation energy. We need proper assumptions on the different mechanisms and rate determining steps before we can arrive to the right conclusions.
Case 3. – Here, both thermodynamic and kinetic experimental quantities could be meaningless. The situation is by far more complicated, but, in our opinion, this is the real situation in the case of good chemisorbents.
It is clear that we need more and detailed information on chemical surface oxidation-reduction processes and on the individual species chemisorption.
For the first problem, besides chemical methods, ESR and the transport properties of the solid can be useful helps.
For the second question, surface potential, Hall coefficient, the total amount chemisorbed and, eventually, U.V. and I.R. studies of the chemisorbed layer could give invaluable information. LEED is giving also very important information, adding further complications to the model here outlined. Photoeffects and field effects are also very promising techniques.

3.3.2. Catalysis

One of the main aspects to be considered is related to kinetics. Rates of reaction depend on the concentrations of reactants and products in the chemisorbed layer. These are unknown and we replace them by the partial pressures in the gas phase, through the corresponding adsorption-desorption equilibrium.
This perhaps could be a good approximation when each molecule gives only one chemisorbed species but looses its validity when we are dealing with several kinds of species from the same gaseous molecule. Even the too restrictive assumption that the relative distribution of A, between A^-, A°, A^+, . . ., at each temperature is independent of the pressure (p_A), becomes untenable when one considers that the products themselves, R, S, . . ., could be also chemisorbed as R^-, R°, R^+, . . ., S^-, S°, S^+, . . .

*) The simplest case, invariable surface and only one chemisorbed species, is covered by the classical theory of chemisorption.

In this case, changing p_A, p_B, p_S . . ., at constant total pressure, the distribution of species will change and the measured change in rate of reaction will no longer be directly related to the change in partial pressures. Therefore, some of the rate equations currently derived in the literature are open to criticism.

If these complications arise at constant temperature we can foresee the difficulties that one could envisage in dealing with studies at different temperatures as needed for the calculation of activation energies.

Following the ideas outlined in Sections 2.3 and 3.2., we can derive a better understanding on the doping action on catalysts, on reactivity changes due to different factors, and so on.

For the future, in order to change the electronic theory of chemisorption into a true electronic theory of catalysis we need to measure the relationships between chemisorbed species distribution and rate of reaction. Studies of the early states of the reaction would be important, avoiding, if possible, surface changes. Besides the techniques adequate for chemisorption studies, chromatographic pulse techniques, the use of tracers and kinetics at very low pressures would be possibly of great help. Advances in the study of some particularly interesting solid catalysts, i.e., a better knowledge of the electronic structure and properties of transition metal oxides, would be welcome.

Acknowledgements

I wish to express my warmest thanks to Dr. García-Moliner and Dr. Gamero for a series of extremely interesting and critical discussions which helped a great deal in the preparation of this paper.

Literature

1. F. García-Moliner: Catalysis Rev., **2**, 1 (1968).
2. Juan F. García de la Banda: Pontificiae Academiae Scientiarum Scripta Varia. "Semaine d'Etude sur les forces moleculaires", 475–521 (1967).
3. W. M. H. Sachtler & N. M. de Boer: Proc. IIIrd Intern. Congr. Catalysis, North-Holland Publ. Co., Amsterdam, 214 (1965). P. Mars & J. G. M. Maessen, ibid, 266 (1965).
4. F. Romero-Rossi & F. Stone: Proc. IInd. Intern. Congr. Catalysis, Technip. Paris, 1481 (1961). F. Stone: "Química Física de Procesos en Superficies Sólidas", Librería Científica Medinaceli, Madrid, 109 (1965).
5. H. Chon & C. D. Prater: Discussions Faraday Soc., **41**, 380 (1966).
6. N. Valverde: Rev. Real Acad. Cienc. Exact. Fis. Nat., Madrid, **LXI**. 2°, 255 (1967).
7. J. J. Kipling: "Adsorption from Solutions of Non-electrolytes", Chapter 4, Academic Press (1965).

7. Activation of Hydrogen at 79°K by Supported Copper *)

J. E. BENSON, ARDEN B. WALTERS AND M. BOUDART
Stanford University, Department of Chemical Engineering
Stanford, California USA 94305

With 2 Tables

Zusammenfassung

Es werden neue Kupfer-Magnesiumoxid-Katalysatoren beschrieben, die die Fähigkeit besitzen, molekularen Wasserstoff schon bei 79° K zu aktivieren. Diese Aktivierung wird am H_2-D_2-Austausch demonstriert. Der aktivste Katalysator, der 5.0 Mol % Cu enthielt, wurde durch eine Temperung bei 750°K erhalten und ergab bei 100°K einen 100%igen Austausch. Selbst bei drastischer Herabsetzung des Kupfergehaltes um den Faktor 100, also auf 0,05 Mol % und nach gleicher Aktivierung betrug der Austausch bei 117°K noch 91%.
Eine 3stündige Behandlung des Katalysators mit Wasserstoff von 1 atm bei 466°K verursachte eine vollkommene Desaktivierung, die allerdings durch Evakuieren bei höheren Temperaturen (z. B. 747°K) teilweise wieder rückgängig gemacht werden konnte.
Diese bemerkenswerte katalytische Aktivität des Katalysators kann nicht auf metallisches Kupfer zurückgeführt werden. Vielmehr muß es sich um einen intermediär anreduzierten Zustand des Kupfers handeln, der sich fein verteilt in der Magnesia-Matrix an der Oberfläche befindet. Durch die Anwesenheit von Wasserstoff werden Cu^{2+}-Ionen zu Cu^+ reduziert und ferner treten OH^--Ionen auf, die beim Evakuieren O^--Zentren infolge eingefangener Defektelektronen ergeben. Diese katalytisch wirksamen Doppelzentren Cu^+O^- können durch H_2-Einwirkung bei höheren Temperaturen durch eine $(CuH)^+(OH)^-$-Bildung vergiftet werden.

Abstract

A new catalyst containing 500 ppm of copper on magnesium oxide has been found to activate molecular hydrogen at 79°K as evidenced by its ability to catalyze the H_2–D_2 exchange at that temperature, at a rate, per surface atom, comparable to that measured on metallic nickel. This catalyst is poisoned by adsorption of hydrogen at higher temperature. The nature of the surface sites responsible for the exchange is discussed.

1. Introduction

Active catalytic centers associated with electronic defects induced by irradiation of silica gel with aluminium impurities have been recently discovered by KOHN [1] and studied in detail by various workers [2–4]. Similar centers have been investigated by LUNSFORD and LELAND [5–6] on magnesia with iron impurities. Several workers [7–9] whose results have remained unpublished, have also described a catalyst which resembles those of KOHN and LUNSFORD in its unexpected ability to catalyze the hydrogen-deuterium exchange at liquid nitrogen temperature as well as in its deactivation by hydrogen adsorbed at higher temperatures. The catalyst consisted of 5 mole-percent copper supported on magnesia activated without irradiation by reduction and evacuation at high temperature. In view of the recent findings with irradiated catalysts, it became imperative to confirm and expand the previous results with special attention to the absence of impurities such as nickel that might be introduced during the preparation of the catalysts.

---

*) This paper is already published in: J. phys. Chem. **72**, 4587 (1968). The editors appreciate the permission of the American Chemical Society for printing.

2. Experimental

All chemicals used were of high purity. The gases used were hydrogen (produced electrolytically) and deuterium (99.5 % D_2, obtained from Matheson Company). Both hydrogen and deuterium were purified by diffusion through palladium alloys prior to their use. Grade A helium was obtained from General Dynamics. Catalysts containing 5.0 and 0.05 mole-percent copper on magnesia were prepared by impregnating Mallinckrodt analytical reagent grade magnesia with a cupric nitrate solution prepared by dissolving ASARCO copper metal (99.999+ % Cu, < 1 ppm Ni) in BAKER and ADAMSON reagent grade nitric acid (< 0.50 ppm Ni). A simple Pyrex flow system was used for the activation and reaction. The powder catalysts were protected from grease and other contaminants by liquid nitrogen traps on the upstream and the downstream sides of the catalyst chamber. Following impregnation, the catalysts were calcined in air at 400°C. Then they were activated in situ. The 5.0 mole-percent Cu-MgO catalysts were reduced for 24 hours in hydrogen flowing at a space velocity of 0.020 sec^{-1} at temperatures from 575 to 750°K and then evacuated to 10^{-5} torr for at least 12 hours at the reduction temperatures before the exchange reaction was studied at temperatures from 79 to 373°K. The 0.05 mole-percent Cu-MgO catalyst was similarly activated at 733°K.

Approximately equimolar mixtures of hydrogen and deuterium were passed over the thermostatted catalysts at atmospheric pressure. The gas mixtures were analyzed gas chromatographically by the method of FUJITA and KWAN [10]. The column, immersed in liquid nitrogen, was packed with 100–200 mesh alumina impregnated with 10 wt. % $MnCl_2$. Helium at a flow of 150 ml/min was used as the carrier gas. The separated isotopes were oxidized to the corresponding isotopic water molecules in a CuO column at 580°C to increase the sensitivity of detection in an Aerograph A90–P3 gas chromatograph connected to a Honeywell-Brown recorder equipped with an integrator. The amount of each isotopic component was taken from the area of each recorded peak. The chromatographic system was calibrated for H_2 and D_2 by sampling equal amounts of pure H_2 and D_2 separately, and for HD by equilibrating H_2–D_2 mixtures over a 0.6% Pt – Al_2O_3 catalyst at room temperature.

3. Results and Discussion

Table 1
Conversion $(HD)/(HD)_{eq.} \cdot 100$
for equimolar H_2–D_2 mixtures over 5.13 grams 5% Cu-MgO
pressure: 1 atm
reactor volume: 11 cc
H_2–D_2 flow: 9.5 micromoles/sec
space velocity: 0.020 sec^{-1} (for gas at N.T.P.)
catalyst pretreatment A: reduced & cooled to reaction temperature in flowing H_2
B: outgassed after reduction

	Conversion %			
Reaction Temperature °K	Catalyst Pretreatment Temperatures 575°K		750°K	
	A	B	A	B
79	3	3	12	35
115	–	–	94	100
173	4	29	–	94
273	36	48	100	98
373	96	100	–	100

The previous studies [7–9] showed that the unusual activity of the Cu-MgO catalyst for the H_2–D_2 exchange in the region of 100°K was a consequence of suitable reduction and evacuation. Our study of the 5.0 mole-percent Cu-MgO catalyst has verified these findings. Moreover, the activity was increased even further by long evacuation following reduction. These results are presented in Table 1. *The most active catalyst, activated at 750°K, equilibrated the H_2–D_2 mixture at 115°K.*
A slight dip in conversion with increasing temperature due to the deactivation of the catalysts by hydrogen was observed in this study and in the previous unpublished work. The results presented in Table 2 demonstrate that exposure to hydrogen at higher temperatures deactivates the catalyst for the exchange at liquid nitrogen temperature but that this activity can be restored by high temperature evacuation for suitably long periods of time.

Table 2
Conversion $(HD)/(HD)_{eq.} \cdot 100$
for equimolar H_2–D_2 mixtures over 5.13 grams 5% Cu-MgO
pressure: 1 atm
reactor volume: 11 cc
H_2–D_2 flow: 9.5 micromoles/sec
space velocity: 0.020 sec $^{-1}$ (for gas at N.T.P.)

Successive conditions of treatment of catalyst prior to run		Percent conversion at 79°K
	Temperature °K	
reduction & outgas	750	35
flowing H_2 – 1 hour	373	28
flowing H_2 – 3 hours	466	~0
outgas 6 hours	477	~0
outgas 10 hours	638	3
outgas 18 hours	747	38

A magnesia sample treated with the same chemicals used in preparing the Cu-MgO catalysts was studied to discover if impurities other than copper were responsible for the activity of the 5.0 mole-percent Cu-MgO catalyst. Activated by reduction and evacuation at 780°K, the magnesia yielded no measurable conversion at 77°K and a conversion of only 60% at 273°K at a space velocity of 0.013 sec^{-1}. This demonstrates that copper is essential to the catalytic activity observed for the Cu-MgO catalysts at low temperatures.
To see whether dilution of the copper on the magnesia support changes its activity per copper atom, we decided to reduce drastically the amount of copper used. A sample of 0,05 mole-percent Cu-MgO catalyst was activated at 733°K. The exchange reaction was studied at a space velocity of 0.010 sec^{-1}. A conversion of 17% was obtained at liquid nitrogen temperature. Thus the catalyst, containing one hundred times less copper, was about one fourth as active as the 5.0 mole-percent Cu-MgO catalyst. A conversion of 91% was observed at 117°K. After exposure to flowing H_2-D_2 mixtures at 211°K, the 77°K conversion dropped to 2%.
From these data, a turnover number of 1.1 molecule of HD per minute per Cu atom in the sample was calculated for the 0.05 mole-percent Cu-MgO catalyst at liquid nitrogen temperature. By contrast, a turnover number of 5×10^{-9} min^{-1} for copper foil at 77°K was calculated from the data of Mikovsky et al. [11] by using the reported activation energy to extrapolate from 600°K to 77°K. This demonstrates that metallic copper cannot be active for the exchange reaction at liquid nitrogen temperature. For metallic

nickel, an excellent catalyst for the H_2-D_2 exchange reaction, a turnover number of 2.2 min^{-1} was calculated at 1 atm from the data of ELEY and NORTON [12] for a clean nickel wire at liquid nitrogen temperature. Thus, per surface metal atom, our active catalyst is practically as active as bulk nickel for the exchange reaction at liquid nitrogen temperature.

In analogy with the catalytic center of KOHN and LUNSFORD, we propose that the anomalous catalytic activity observed in this work is due to an intermediate state of reduction of copper stabilized in the magnesia matrix at or near the surface. Quite clearly, copper metal is totally inactive at low temperatures. If, as is reasonable, adsorption of hydrogen requires *two* adjacent sites, it is unlikely that Cu^+ (d^{10}) or Cu^{++} (d^9) *alone* can account for the observed results. Instead, we assume that the reduction of Cu^{++} ions leads to Cu^+ ions and OH^- ions. Some of the latter, especially after evacuation of this partially reduced system at high temperature for long periods of time would then lead, by loss of hydrogen, to an O^- center, a positive hole trapped in the vicinity of a Cu^+ ion. We ascribe the low temperature activity of the Cu-MgO system to such V-centers, which are completely analogous to those first demonstrated by KOHN [1–2] and MEESHCHENKO and BORESKOV [4] in the case of irradiated silica gel with aluminium impurities and by LUNSFORD [6] in the case of irradiated magnesia with iron impurities. In particular, the poisoning of the active sites by high temperature adsorption of hydrogen receives a common explanation: with homolytic adsorption of H_2 on Cu^+O^-, the dual center becomes $(CuH)^+(OH)^-$, and is inactivated. It is suggested that at low temperatures, H_2 is adsorbed in heterolytic manner on the same center to yield (CuH) (OH) reversibly [13].

The identification of another electronic defect associated with a catalytically active site would be of particular importance for further development of the electronic theory of catalysis. Work now in progress is directed toward such an identification. It includes more detailed studies on hydrogen poisoning, further studies of the role played by the copper by means of electron paramagnetic resonance spectroscopy, and a search for the particular electronic defect responsible for the catalytic activity observed for the Cu-MgO system.

Acknowledgment

This work was supported by the National Science Foundation under grant NSF GK 2208. Valuable discussions of their unpublished work with Drs. ALEI and SNOW in Sir HUGH TAYLOR's laboratory and with Dr. MANGES, are gratefully acknowledged.

Literature

1. H. W. KOHN: J. Phys. Chem., **63**, 966 (1959).
2. H. W. KOHN & E. H. Taylor: Actes Du Deuxième Congrès International De Catalyse, Paris, **II**, 1461 (1960).
3. H. W. KOHN: J. Catalysis, **2**, 208 (1963).
4. Y. A. MEESHCHENKO & G. K. BORESKOV: Kin. i Kat., **6**, 842 (1965).
5. J. H. LUNSFORD & T. W. LELAND, Jr.: J. Phys. Chem., **66**, 2591 (1962).
6. J. H. LUNSFORD: J. Phys. Chem., **68**, 2312 (1964).
7. M. ALEI, Jr.: Ph. D. Dissertation, Princeton University (1951).
8. M. L. SNOW: Ph. D. Dissertation, Princeton University (1956).
9. J. P. MANGES, Jr.: A. B. Dissertation, Gettysberg College (1964).
10. K. FUJITA & T. KWAN: Japan Analyst., **12**, 15 (1963).
11. R. J. MIKOVSKY, M. BOUDART & H. S. TAYLOR: J. Am. Chem. Soc., **76**, 3814 (1954).
12. D. D. ELEY & P. R. NORTON: Disc. Faraday Soc., **41**, 135 (1966).
13. R. L. BURWELL, Jr. & C. J. LONER: Proc. Third Intern. Congress on Catalysis, **II**, 804 (1964).

8. Electronic Processes on the Surface of Solids and Reactivity of Chemisorbed Molecules

V. F. Kiselev

Physics Department of Moscow Lomonosov State University Moscow, USSR

With 4 Figures

Zusammenfassung

Einleitend wird auf die Problematik der bei der Chemisorption auftretenden Bindungsformen hingewiesen. Neben der Adsorption neutraler Teilchen treten durch die Wechselwirkung der adsorbierten Teilchen mit den Ladungsträgern auch Ionen-Radikale auf, die durch EPR-Messungen nachgewiesen wurden. Die Adsorption von Wasser, Alkoholen, Ammoniak und Amminen an Oxiden von Ti, Zn, Cu und an Germanium und Silizium ist mit dem Auftreten positiver Oberflächenladungen verbunden.

Es konnte gezeigt werden, daß die Ad- und Desorption von Wasser an mit Wasserstoff behandelten TiO_2 reversible Änderungen in der Austrittsarbeit und der elektrischen Leitfähigkeit verursacht. An n-Typ-Germanium wurde ein scharfes Ansteigen des Oberflächen-Potentials und der Oberflächenleitung während der Chemisorption von Wasser beobachtet. Es wird darauf hingewiesen, daß das Auftreten elektrisch geladener chemisorbierter Teilchen nicht immer adäquat ist mit dem Auftreten einer reaktionsfähigen radikalischen Chemisorptionsform der an der Oberfläche befindlichen Teilchen. In diesem Zusammenhang wird die Reaktionsfähigkeit der elektrisch neutral chemisorbierten Teilchen mit dem Donator-Akzeptor-Mechanismus diskutiert. Den möglichen Bindungsproblemen wird hier eine längere Diskussion gewidmet.

Besonders die Adsorption des Wassers und des Alkohols an verschiedenen Halbleitern steht im Vordergrund des Interesses. So wird die Änderung des ESR-Spektrums durch die Oberflächenzustände des Siliziums erwähnt, die durch die Chemisorption von Wasser verursacht wird. Unter Berücksichtigung der Ergebnisse über die Dehydrierung von Alkohol an TiO_2 wird der Mechanismus der Chemisorption des Alkohols diskutiert. Daß in der Tat bei der Chemisorption von Wasser an TiO_2 ein Wasserstoffatom abgespalten wird und eine OH-Gruppierung sich bildet, konnte experimentell mittels des Massenspektrometers nachgewiesen werden.

Auf die Mitwirkung von Defektelektronen, verursacht durch geeignete Lichteinstrahlung oder durch Anwendung elektrischer Felder, wird hingewiesen. Als Beispiel wird die photochemische Dehydrierung von Alkohol an ZnO angeführt, die sich durch den Koordinations-Mechanismus beschreiben läßt und dem Radikal-Akzeptor-Mechanismus entgegensteht. Es wird ferner vorgeschlagen, die katalytischen Reaktionen in Oxydations-Reduktions- und in Säure-Base-Reaktionen einzuteilen. Hierbei wird auf die Bedeutung der Lewis- und Brönsted-Zentren eingegangen.

Abstract

The effect of chemisorption on the electrophysical parameters of a semiconductor is discussed. The reactivity of molecules chemisorbed by the donor-acceptor mechanism is considered. A donor-acceptor mechanism of catalysis is suggested and a study is made of the relationship between the catalytic activity on the one hand, and the chemical properties of the surface of semiconductor and its electronic parameters, on the other.

The surface of real solids is characterized by high density of different surface states. In accordance with [1–3] the spectrum of local levels of chemisorbed particles put on the energy spectrum of non-adsorption origin. Under equilibrium conditions the levels population is unambiguously determined by the position of the Fermipotential on the surface. Accordingly, the electronic theory of catalysis (ETC) considers two forms of chemisorption: the neutral form, where the bond between the molecule and the surface is effected without the participation of free carriers of the lattice (the corresponding levels being the vacant ones) and the charged form with localization of the carrier on or near the adsorbed particle (occupied levels). Drawing of the free carriers into the chemisorptive bond gives rise to radical (or ion-radical) forms of chemisorption or valence-saturated links of the particles with the surface. Since the radical form of chemisorption is reactive, ETC has established, for the case of a homogeneous surface, a relationship between the catalytic activity, on the one hand, and the position of local levels of chemisorbed particles and the Fermipotential, on the other.

Electron transition in chemisorption is usually represented as localisation of an electron or a hole directly on the adsorbed particle attended by its conversion into a radical or ion-radical. In this case the chemisorbed particle is assigned a charge state such as O_2^-, H_2O^+, etc. Such consideration considerably narrows the range of possible electron transitions on a real surface. If the adsorbent – adsorbate system is regarded as a single quantum-mechanical system [3], an electron transition means solely the transition of the carrier from one energy state to another, without the fixation of the transition geometry. In the general case, the maximum of the wave function of a localized carrier may not coincide with the chemisorbed particle. This situation will be particularly probable in the case of a defective surface like that of a real catalyst. Within the framework of purely electrophysical measurements it is impossible, in principle, to solve the problem of the position of the maximum of the wave function of the localized carrier relative to the chemisorbed particle and the neighbouring defects. Information in this direction can be obtained from the investigation of the spectra of electron (EPR) or electron-nuclear (ENMR) magnetic resonance.

The chemisorbed molecules are considered in the ETC only from the view point of their acceptor or donor action. For such typical acceptor particles as O_2, O, NO, which possess high affinity energy, the charging of the surface may be explained by the localization of free carriers on the orbitals of these particles. EPR data confirm the existence of radical forms of chemisorbed oxygen [4–6]. It is, however, risky to generalize this mechanism to the wide range of molecules investigated in catalysis. Let us consider the same simple examples. According to [7–13] the adsorption of water, alcohols, carboxylic acids, ammonia, amines at 20° C on the hydrated surface of oxides of Ti, Zn, Cu, as well as oxidized germanium and silicon, is accompanied by the positive charging of the surface of these semiconductors. The formation of H_2O^+ or ROH^+ ions at these temperatures is hardly probable [9, 11]. Heats of adsorption of water (Qd) in the filling region corresponding to the greatest changes in the surface potential Y_s, do not exceed ~ 1 ev [14]. Thus, it is seen from Fig. 1 that adsorption and desorption of water on hydrated n-type TiO_2 results in reversible changes in the work function φ and electrical conductivity σ [15]. It is still more difficult to imagine the formation of H_2O^+ (ROH^+) ions in adsorption on germanium (or silicon), which requires the overcoming by the carrier of a considerable potential barrier created by the high-ohmic film of GeO_2 (or SiO_2). Fig. 2 shows that adsorption of water on n-type germanium brings about a sharp increase in Y_s and surface conductivity σ_s, the region of the greatest changes in these values coinciding with the range of the highest heats of adsorption [16]. The absence of direct electron transitions through the oxide film is indicated by our data on the long-term relaxation of conductivity in the field effect on Ge and Cu_2O [17].

The present author [18] has suggested another possible mechanism of adsorption, which explains the positive charging of the surface but does not require the presence of the ion-radical forms of chemisorption. The real surface of solids is characterized by the high density of various surface states of non-adsorption origin which are reflected in the energy spectrum as a system of local levels characterized by their position in the zone E_t and by the capture cross-sections of the electron – C_n and the hole – C_p (When the concentration of surface states is high, one should speak of a surface zone). In considering

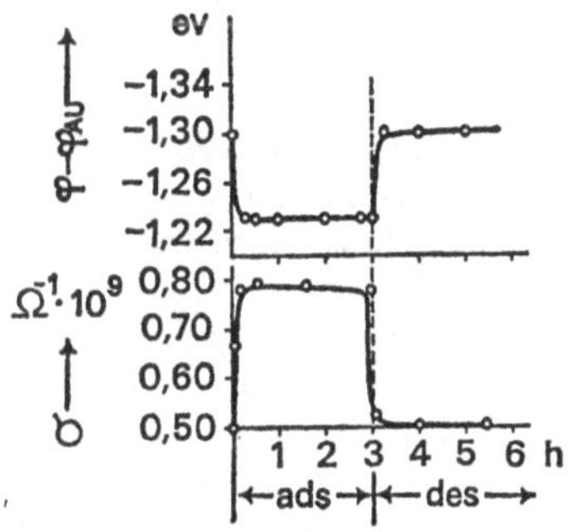

Fig. 1

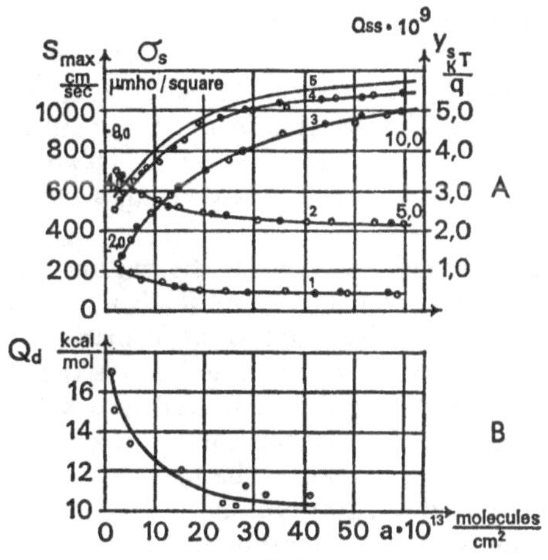

Fig. 2

Fig. 1. Variations of work function φ ($\varphi = \varphi_0 - \varphi_{Au}$) and electrical conductivity σ of hydrated rutile in adsorption and desorption of water. The gold electrode is passivized by a polymer

Fig. 2. Variations of: A— (1) velocity of surface recombination S_{max}, (2) charge in fast surface states Q_{ss}, (3) surface conductivity σ_s and [4, 5] surface potential Y_s, according to our and Dord's data [16]; B – data Q_d – heat of adsorption. All these values are given as a function of concentration of water molecules adsorbed on real surface of n-germanium

chemisorption on regular lattice atoms, ETC [3] assumes that chemisorbed particles do not change the spectrum of surface states of non-adsorption origin. In the case of adsorption directly on a defect, the theory shows that either the local level of the defect may disappear altogether or the value of E_t may change. This, however, is not the only possible course. Even when there is no direct interaction with the defect, the local electric fields of the adsorbed molecules may substantially affect E_t, C_p, and C_n of neighbouring defects, converting them into capture centres, or may neutralize the existing recombination or adhesion centres [19].

These fields may be set up by dipoles of polar physically adsorbed molecules [20] or by induced dipoles in the nonpolar molecules with high polarizability. The high dielectric constant will promote the polarization of the defect. So the authors [21] find the reversible changes in the conductivity during the adsorption of Ar and Xe on rutil (very high dielectric constant)*). The author [22] observed quite reversible changes of the lifetime of excess carriers during the oxygen physical reversible adsorption. Very high fields may be set up by the neutral form of chemisorption. The capture of the carriers by the polarized defect will mean the transition of the neutral form to the charged form of chemisorption, this being manifested in the change of φ and σ of the semiconductor. The chemisorbed molecule, however, will retain its valence-saturated state. Thus, *the appearance of the charged form of chemisorption is not always equivalent to the appearance of a reactive radical (or ion-radical) form of chemisorption.* In the case of real catalyst surfaces such situations are highly probable and are possibly the cause of the divergencies between the results of adsorption-catalytic investigations and predictions of ETC, which are often discussed in the literature.

---

*) The inert gas adsorption on the ionic crystal (TiO_2) is the classic example of physical adsorption. Discovered changes of electronic states of the surface gives rise to doubts as regards the methods adopted in the calculation of the adsorption potential used in physical adsorption.

There are many experimental confirmations of the fact that adsorption substantially changes the spectrum of the surface states of non-adsorption origin, i.e. it changes E_t, C_p and C_n of defects in the surface region. As can be seen, for instance from Fig. 2, adsorption of water results in a change in the velocity of surface recombination S and the charge in fast surface states Q_{ss}. The parameters of the slow surface states change likewise [17]. All the indicated changes are completely reversible in the adsorption-desorption process.

It is difficult to consider the various forms of adsorption bonds in the limits of the classic physical and chemical adsorption. At present many systems are known in which adsorption is indebted to the formation of bonds with unpaired electrons of the donor-acceptor or dative bonds and bonds with multicentre-delocalized orbitals. In all of these cases the adsorption may lead to a substantial change in the electronic properties of solids. The form of the bond is determined not only by the nature of the adsorbent and adsorbate but also by the nature of the real surface of the adsorbent, which, besides having different macro and micro defects, inevitably exhibits a gamut of surface compounds. Let us, for instance, consider the surface of oxides containing hydroxylic groups [11, 14, 23]. Some investigators [24, 25] believe that in the case of the hydrated surface of silica only the surface OH-groups are the unique sites of adsorption of water, alcohols and other molecules capable of forming hydrogen bonds. The authors [26] connected the ether reactions on the surface and the dehydratization reactions of alcohols with these centres. This mechanism applies to the other oxides. However, it is impossible to explain the charge of surface, which always accompanies the adsorption of these molecules [11, 14, 18] by the mechanism of hydrogen bonds. The data of measurements of heats of adsorption [14, 23] infrared spectroscopy [27, 28] and NMR spectrum [23] show, that in the initial filling region, adsorption of water, alcohols and ammonia on the hydrated surface of oxides of Si, Ge, Ti, Sn, Al, Zn proceeds on the most active centres. It has been shown in these works that the general mechanism of adsorption in this region was the mechanism of formation of donor-acceptor bonds (DAB) between the unshared electron pairs of the ligand molecules and the inner free orbitals of the surface atoms Ge, Si etc. Modern quantum chemistry demonstrates that the ability to form coordination bonds with the participation of inner orbitals extends far beyond the typical transition elements [29, 30]. The class of molecules capable of entering into donor-acceptor interactions is also very large [29]. It includes such molecules with unshared electrons as those of water, ammonia, nitrogen oxide, alcohols, carboxylic acids, ethers, etc. Ligand molecules include an enormous number of organic molecules with conjugate bonds capable of forming π-complexes. It is known [31] that for the formation of DAB it is necessary the accordance of the unleading representation of the interacting orbitals of central atoms and point group symmetry of ligand molecules.

In donor-acceptor interaction, the unshared electron pair of the ligand molecule (A) is drawn into the inner orbitals of the lattice atom (B) which is the adsorption centre. The latter acquires a certain effective charge ($-\delta$), while the ligand acquires ($+\delta$). The effective dipole formed, μ_{ef}, is of purely quantum-mechanical origin and may exceed manyfold the proper dipole moment of the ligand, because there is the definite delocalization of bonds [29]. The bond formed is actually one of the types of the neutral form of bonds considered in ETC for the case of S-electron. In our case its consideration, however, requires a multi-electron approach due to the participation of the inner electrons. The bond strength of A–B depends on the degree of electron delocalization and can be changed in the wide range. With strong interaction the complete transition of electron to atom B and formation of ionic pair are possible. In such complexes with charge transition (Mulliken), the appearence of ESR-signal as a result of the sufficiently great separation of charges is possible. Actually, the authors [32] observed the ESR signals from the molecular ion-radicals of aromatic amines (and acenes) adsorbed on silico-alumina.

According to different surface treatments of Al_2O_3 one observed the coordination-bound molecules NH_3 and ions NH_3^+ [33]. In the general case it is necessary to take into account the possibility of the formation of dative bonds which may change the sign and magnitude of effective charges δ. We consider the case when δ of the central atom is (–) and δ of the ligand (+).

A coordination bond may lead to a substantial change in the crystal field in the region of the adsorption centre. Thus, the authors of [34, 35] discovered that adsorption of water, ammonia and aldehyde brings about reversible changes in the EPR spectrum from Cr^{5+} ions owing to the transition of its coordination sphere from tetrahedral to octahedral. Such systems formed by DAB local crystal fields are very numerous. It may lead to the STARCK's splitting of the levels. The local fields formed in donor-acceptor interactions may change E_t, C_p and C_n of neighbouring defects, transforming them into hole capture centres, or may neutralize the existing recombination centres. Now revert to the examples considered above. Complexes of water with titanium atoms are known to exist. It can be seen from Fig. 1 that adsorption of water on n-type TiO_2 results in the positive charging of the surface, which corresponds to an increase in σ and a decrease in φ. The effective dipoles of the coordination-bound water, which are located in the defects of the GeO_2 film, near the Ge-oxide interface, change the spectrum of the fast and slow surface states [16, 17]. It can be seen from Fig. 2 that Y_s and σ_s increase with the water adsorption. The authors [36] observed in ESR spectrum delocalization of the electron from the donor levels in ZnO with water adsorption. The change of ESR spectrum from the surface states of Si with adsorption of water was shown in [37]. In [27] one has shown the possibility of DAB formation of water with SiO_2. One might assume that the change of the parameters of surface states by adsorption of water and other ligands could be responsible for the turning of the photoluminescence [38] and also for the effect of adsorption-luminescence, discovered recently [39].

According to ETC, the catalytic effect of the surface amounts to the appearance on it of reactive radical or ion-radical forms of chemisorbed molecules. By way of illustration, consider the alcohol dehydrogenation reaction. On the surface of an ideal lattice this reaction, according to ETC [3], proceeds by the radical acceptor mechanism, i.e. it is accompanied by the negative charging of the surface (Fig. 3). However, according to most of the investigations [7–10, 13], adsorbed alcohol molecules behave as donors both at room and at catalysis temperatures [10]. So far there are no experimental confirmations of the radical nature of this reaction.

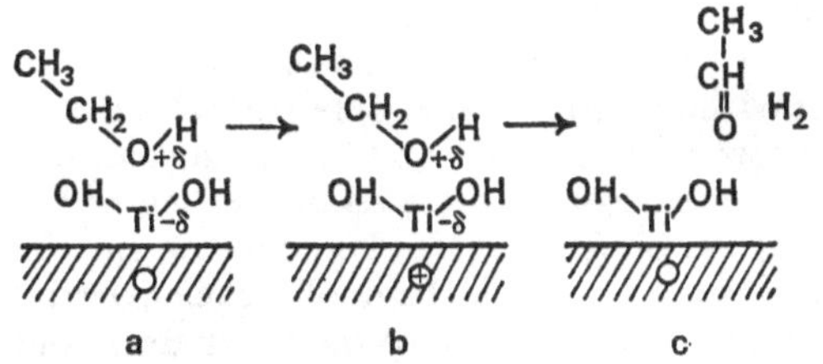

Fig. 3. Scheme of alcohol dehydrogenation by donor-acceptor mechanism

According to the mechanism of donor-acceptor interactions suggested by us, adsorbed molecules will be, to a certain degree, always reactive. Indeed, the drawing of the electron pair into the inner orbitals of the lattice atom will result in the deformation of the adsorbed molecules and the weakening of the intramolecular bonds. Under certain conditions the molecule may disintegrate. The localization of the holes on neighbouring defects will promote the strengthening of the bond and increase the deformation of the molecule. Let us revert to the example of the alcohol dehydrogenation reaction. The alcohol molecule is adsorbed on the hydrated surface of the oxide (for instance TiO_2) by the donor-acceptor mechanism (Fig. 4). The drawing of the unshared electrons of oxygen (in sp^3 hybridization) into the d-orbitals of Ti will weaken the valence bonds inside the molecule. The localization of the holes (Fig. 4b) promote the strengthening of the bonds of the molecule. At sufficiently high temperatures the molecule may undergo a catalytic transformation (Fig. 4c), the water molecule may loose a hydrogen atom and convert to an OH group valence-bond with the adsorption centre. In the heat treatment of TiO_2, GeO_2 [14, 15] Al $(OH)_3$, $Mg(OH)_3$ [40], hydrogen was detected by mass-spectrometric analysis. In adsorption by the donor-acceptor mechanism, the adsorbed molecules formally behave as donors (Fig. 4) which is in agreement with experimental data on the charging of the surface [7–10, 13]. They remain valence-saturated and electrically neutral.

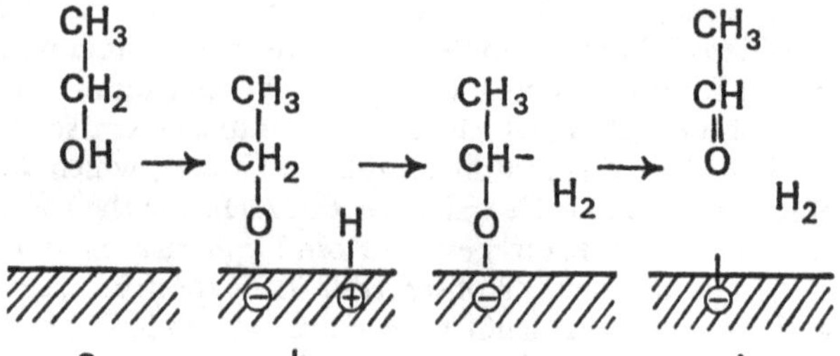

Fig. 4. Scheme of alcohol dehydrogenization by radical-acceptor mechanism [31]

If a catalytic reaction proceeds on an ideal surface by the radical mechanism (Fig. 3), the principal controlling factor of the catalytic activity is the position of the Fermipotential which determines the concentration of the electrons and holes on the surface. A change in the latter, and consequently in the catalytic activity, may be achieved by introducing impurities, applying transverse electric fields or illumination [3].

The reactivity of molecules chemisorbed by the donor-acceptor mechanism and the strength of the chemisorptive bond will depend primarily on the degree of deformation of the molecule which will be determined by its structure, the geometry of the hybrid orbitals of the unshared electrons and the extent of their being drawn into the inner orbitals of the lattice atoms, i.e. on the value of μ_{ef}. The latter, in turn, will depend on the nature of the adsorption centres and their surroundings, including the position and number of ionized defects near the centre. Other things being equal, μ_{ef} will depend on the nature and number of the functional groups bound with the given centre, i.e. on the chemical nature of the surface. In the case of oxides, the value of μ_{ef}, and consequently the strength of the coordination bond, depends on the degree of hydration of the surface [23]. Thus, the dehydration (in the case of oxides) and chemical modification of the surface (silanizing, fluorination, etc.) will change the chemisorptive avticity. The author and SIDOROV [41] detected a noticeable shift of the absorption band of the coordination-bound water in the infrared spectrum on replacement of the hydroxylic groups on SiO_2 surface by metoxylic ones. It is not improbable that the observed changes in the chemisorptive activity on introduction of impurities [3], which are attained by treating the catalyst in electrolytes, are due not only to the change in the position of the Fermipotential, but also to the change in the surroundings of the adsorption centres owing to the partial cationizing of the surface. All the factors considered above are the chemical characteristics of the catalytic process, and the electronic theory is often blamed for neglecting them.

On the other hand, the reactivity and strength of the bond depend on the number of holes localized on neighbouring defects. The population of these defects will be determined by their parameters (E_t, C_p, C_n), the position of the Fermipotential, and the temperature. These are the electronic factors determining the catalytic activity. The lowering of the Fermipotential by introducing an acceptor impurity will lead to an increase in the concentration of the holes and in the catalytic activity in relation to the dehydrogenation reaction (Fig. 4). This is in agreement with the data of [7, 8]. To confirm the acceptor nature of the dehydrogenation reaction (Fig. 3), WOLKENSTEIN [3] outlines experimental investigations which revealed an increase in the catalytic activity on introduction of donor impurities into an n-type semiconductor. It is not ruled out that under certain conditions catalysis proceeds directly on the impurity atoms. Besides, for such a highly dispersed system as a catalyst, the data on electrical conductivity (and thermo-emf) are not unambiguous criteria of the type of the reaction and the type of conductivity because of the presence of barrier effects [14].

Changes in the concentration of the holes and in the reactivity of the surface can be effected by illumination or by application of electric fields. If the sign of the field (plus on the semiconductor) promotes the filling of the surface defects by holes, the coordination bond will be strengthened and the catalytic activity will increase. A change in the field sign will, contrariwise, enhance their desorption. The latter data concerning the sign agree with the data of [42] on desorption of methanol from germanium on application of a field. BARU and WOLKENSTEIN [43] consider experimental data concerning the acceleration of an alcohol dehydrogenation reaction on ZnO on setting up a transverse field (+ on ZnO). The sign of the effect coincides with the predicted coordination mechanism of the reaction (Fig. 4) and is opposite to the radical acceptor mechanism [3] (Fig. 3).

The increase of concentration of excess carriers, for example, by illumination will lead also to change of adsorptive and catalytic activity. Therefore, besides photoadsorption and photodesorption the decomposition of adsorbed molecules is possible. The type of effect will be determined by the sign of carriers captured by defects disposed near adsorption centres. This depends on the parameters of defects and on the positions of the Fermipotential. Recently, TERENIN [44] has obtained the desorption of H_2 by the illumination of the Al_2O_3 together with the chemisorbed molecules of H_2O and NH_3. The authors have shown that the desorption of H_2 was not connected with the photodissociation of OH-groups and H_2O and NH_3 molecules on the surface. According to [28, 33] H_2O and NH_3 are adsorbed on the surface of Al_2O_3 with the formation of DAB.

The variation of electronic parameters determining the catalytic activity may be obtained by the change of the surface defect parameters, by heat and ionizing radiation treatment of the sample. In conclusion it is necessary to note, that in accordance with ETC [3] for the cases of Si and Ge we have obtained the dependence of the concentration of the coordination-bound water molecules on the dispersity [45].

It is proposed to separate the catalytic reactions into oxidation-reduction and acid-base ones reaction, respectively. If in the first case one considers the electronic mechanism of reaction, it is often excluded in the second case. The acid-base catalysis is based on the consideration of LEWIS-BRONSTED acid centres on the surface. LEWIS centres, according to the majority of investigators, is connected with surface coordination – unsaturated cations. There is not such a consent in the interpretation of BRONSTED centres. Some authors attribute the proton-donor functions to the surface OH-groups [46, 47] or to the H_3O^+ ions [48]. The spectroscopic investigations of silica [27] demonstrate that the deformed coordination-bound water molecules may be the proton-donor centres. Indeed, the entering of the water molecules (or the other compounds of type ROH) into DAB leads to the weakening of O–H bonds. This leads to an increase of their acidity which depends on the strength of the central atom field [30]. According to the above-considered physical and chemical factors which affect the donor-acceptor mechanism of adsorption and catalysis, it is possible by their changes to regulate the acidity of Lewis and Bronsted centres on the semiconductor surface. In particular, these changes can be caused by the application of transverse field (+ on the semiconductor), illumination or injection into p–n junction. It should be noted the investigations [49, 50] in which we have obtained the connection between acidity of Al_2O_3 [49] and specific catalytic activity in the dehydration reaction on one hand [51] and the catalyst dispersity (or from the its surface curve [49]) on the other hand which is in accordance with the assumptions of ETC and the data [45].

The idea of the participation of inner orbitals of atoms in catalysis has been discussed more than once in the literature (see survey [51–53]), but often led to pessimistic conclusions owing to the lack of direct correlations between the catalytic activity and the number of d-electrons. Such correlations are hardly possible considering the complex relationship of the reactivity of molecules with numerous parameters characterizing the state of the molecule adsorbed on the solid. The donor-acceptor mechanism of catalysis is completely within the competence of ETC. In my opinion, it is incorrect to assume that these two mechanisms oppose each other. As has been shown above, they act simultaneoulsy. The reactivity of the surface is determined by the combination of chemical factors (the structure of the adsorbed molecules and the adsorption centres, the chemical state of the surface and its defectivity) and of physical factors (the parameters of the surface states of non-adsorption origin and their change in the local fields of the adsorbed molecules, the Fermipotential and the temperature). A theoretical consideration of the suggested mechanism should obviously be based both on the application of the quantum-mechanical methods of the ligand-field theory and the multi-electron methods of solid state physics. In the former direction, very interesting results have been obtained recently [54].

Literature

1. J. E. Germain: J. Chim. Phys. **51**, 263, 691 (1954).
2. K. Hauffe: Adv. in Catal. **7**, 213 (1955).
3. Th. Wolkenstein (F. F. Vol'kenschtein): „The electron theory of catalysis on semiconductor", Pergamon Press (1963).
4. R. I. Kokes: J. Phys. Chem. **66**, 99 (1962).
5. V. B. Kazanskij, O. V. Nikitina, G. B. Parijski & V. F. Kiselev: Dokladi Akad. Nauk. SSSR **151**, 369 (1963) (Russ.).
6. Lu Tun-Sin & V. L. Rapoport: Vestnik LGU, **10**, 45 (1966) (Russ.).
7. G. M. Schwab: Semicond. Surf. Phys., 283 (1957).
8. S. Z. Roginskii: Problemi kinetiki i katalisa, **10**, 5 (1960) (Russ.).
9. A. N. Terenin: ibid **10**, 214 (1960).
10. A. Bielanski & G. Deren: ibid **10**, 37 (1960).
11. V. I. Kvlividze & V. F. Kiselev: ibid, **12**, 302 (1968).
12. V. A. Presnov & L. L. Luse: „Surface properties of semiconductors", Consulants Bureau, New York, 217 (1964).
13. V. G. Litovchenko, V. I. Laschenko & O. S. Frolov: ibid., 147.
14. V. F. Kiselev: Z. f. Chem. **7**, 369 (1967).
15. E. N. Figurovskaja: Problemi kinetiki i katalisa, **12**, 149 (1968) (Russ.).
16. R. V. Prudnikov, Iy. F. Novotozkij-Vlasov & V. F. Kiselev: Fizika tverdogo tela, **8**, 2458 (1966) (Russ.).
17. S. N. Koslov & V. F. Kiselev: Fizika i technika poluprovodnikov, **1**, 568 (1967) (Russ.).

18. V. F. KISELEV: Dokladi Akademii Nauk SSSR, **176**, 124 (1967) (Russ.)
19. A. V. RZHANOV: Trudi fisicheskogo instituta AN SSSR, **20**, 3 (1963) (Russ.).
20. JU. A. KURSKIJ: Fizika tverdogo tela, **4**, 2620 (1962); **6**, 1485 (1964) (Russ.).
21. E. N. FIGUROVSKAJA & V. F. KISELEV: Dokladi Akademii Nauk SSSR **182**, 1365 (1968) (Russ.).
22. T. T. BIKOVA: "Electr. process. on the surface of semiconductors", Novosibirsk, 181 (1967) (Russ.).
23. M. M. EGOROV, V. F. KISELEV, V. I. KVLIVIDZE & K. G. KRASSILNIKOV: Koll. Zs. **212**, 126 (1966); Zhur. Fiz. Khim., **40**, 1984 (1966) (Russ.)
24. A. V. KISELEV: Zhur. Fiz. Khim. **33**, 2624 (1959); **40**, 1980 (1966) (Russ.).
25. S. P. ZHDANOV: ibid **32**, 699 (1958); **36**, 2098 (1962).
26. K. V. TOPCHIEVA, K. JU-PIN & I. V. SMIRNOVA: "Poverchnostni chimicheskii soedinenija i ich role v javlenijach adsorbzii", MGU, 311 (1957).
27. L. A. IGNATIEVA, V. F. KISELEV & G. D. TCHUKIN: Dokladi Akad. Nauk SSSR **181**, 914. (1968) (Russ.).
28. L. A. IGNATIEVA & G. D. TCHUKIN: ibid., 1968.
29. I. B. BERSUKER & A. V. ABLOV: "Chimicheskaja svjas v kompleksnich soedinenijach", Kischinev 1962 (Russ.).
30. A. A. GREENBERG: "Vvedenie v chimiju kompleksnich soedinenij". M. (1966) (Russ.).
31. A. SLATER: "Electronic Structure of Molecules" (1963).
32. A. N. TERENIN & V. A. BARASHEVSKI: Spectrochim. Acta **19**, 1797 (1963).
33. H. DUNKEN & P. FINK: Acta chim. Akad. Sci. Hung. **53**, 179 (1967).
34. V. B. KAZANSKI & JU. I. PECHERSKAJA: Kinetika i katalis, **4**, 244 (1963) (Russ.).
35. L. L. VAN Reijen & P. COSSEL: Disc. Farad. Soc. **41**, 277 (1966).
36. E. V. BARANOV, V. E. CHOLMOGOROV & A. N. TERENIN: Dokladi Akad. Nauk SSSR, **146**, 125 (1962) (Russ.).
37. T. B. BIKOVA & I. V. VINOKUROV: Fizika tverdogo tela, **7**, 2597 (1965) (Russ.).
38. K. V. TAGANCEV & A. N. TERENIN: Optica i spectroskopia, **2**, 355 (1967) (Russ.).
39. JU. N. RUFOV, A. D. KADUSCHIN & S. Z. ROGINSKI: Dokladi Akad. Nauk SSSR, **171**, 905 (1966) (Russ.).
40. F. FREUND & H. GENTSCH: Ber. Deutsche Keram. Gesellschaft, **44**, 51 (1967).
41. A. N. SIDOROV: Zhur. Fiz. Khim., **30**, 395 (1956) (Russ.).
42. E. P. MICHEEVA & N. P. KEJER: Kinetika i katalis, **5**, 748 (1964) (Russ.).
43. V. G. BARU & TH. WOLKENSTEIN: Dokladi Akad. Nauk SSSR, **167**, 1314 (1966) (Russ.).
44. V. A. KOTELNIKOV & A. N. TERENIN: ibid. **174**, 1366 (1967).
45. A. E. BAGANOVA, S. I. SAVELJEVA & V. F. KISELEV: Zs. f. Chem. **9**, 52 (1969).
46. A. V. KISELEV & V. N. LUGIN: Uspechi khimii, **31**, 351 (1962) (Russ.).
47. M. R. BASILA, T. H. KANTER & C. H. RHEE: J. Phys. Chem., **68**, 3197 (1964).
48. J. J. FRIPIAT, A. LEONARD & I. B. UTTERHOEVEN: ibid., **69**, 3274 (1965).
49. J. BOKARIJEV: Zs. f. Phys. Chem., **225**, 273 (1964).
50. W. H. WADE, S. TERANISHI & I. I. DURHAM: J. Phys. Chem., **69**, 590 (1965)
51. D. A. DOWDEN, N. MAKENZIE & B. M. TRAPNELL: Proc. Roy. Soc., **237**, 245 (1956).
52. F. STONE: Adv. in catal., **13**, 1 (1962).
53. D. A. DOWDEN & D. WELLS: Proc. 2nd Intern. Congr. of Catalysis, Paris 1961.
54. M. D. GLINCHUK & M. F. DEIGEN: Fizika tverdogo tela, **4**, 2521 (1962); **5**, 405 (1963) (Russ.).

IV.
Influence of Impurities on Catalytic and Electronic Properties of Semiconductors

9. Electron and Ion Defects in Oxidation Catalysis

G. Parravano

Department of Chemical and Metallurgical Engineering University of Michigan, Ann Arbor, Michigan, USA

With 5 Tables

Zusammenfassung

In früheren Diskussionen über die katalytische Aktivität von Festkörpern wurden die physikalischen Gesichtspunkte des Fehlordnungszustandes besonders hervorgehoben. Für Oxydationsreaktionen wurde die Aktivität der Oxid-Katalysatoren auf die Natur der Majoritäts-Ladungsträger zurückgeführt. Neben der rein elektronischen Betrachtung, die in gewissen Grenzfällen erfüllt ist, muß man jedoch häufig die Beteiligung der Atome mitberücksichtigen.
Unter diesem Gesichtspunkt ist es für das Studium der katalytischen Oxydation von großer Bedeutung, Experimente bei konstanter Konzentration bzw. Aktivität von adsorbiertem Sauerstoff auszuführen. Durch entsprechende experimentelle Bedingungen kann ein thermodynamisches Gleichgewicht zwischen der Festkörper-Oberfläche und der Gasphase erhalten werden. Ausgenommen die Isotopen-Austauschexperimente unter definierten stationären Bedingungen, sind viele Untersuchungen über die katalytische Aktivität der Metalloxide an Proben mit schlecht definiertem Anfangsgehalt an Sauerstoff ausgeführt worden, der nicht dem während der Katalyse herrschenden virtuellen Sauerstoff-Partialdruck entsprach. Das zentrale Problem einer Näherung muß es sein, nur solche Reaktionen am Katalysator zu betrachten, die ähnlich den Auf- und Abbauvorgängen von Oberflächenschichten mit einer Änderung der Zusammensetzung ablaufen. Läuft bevorzugt nur einer der Vorgänge – Adsorption oder Desorption – ab, so haben wir es mit einer Festkörper-Reaktion zu tun. Finden beide Vorgänge jedoch gleichzeitig statt, dann liegt eine Katalyse vor. Als Konsequenz dieses Bildes wird eine Katalysator-Oberfläche in Zusammensetzung und Struktur durch die ablaufende katalytische Reaktion bestimmt.
Mittels dieses Modells ist es möglich, die während der Katalyse vorhandene überwiegende Art der Oberflächen-Störstellen, die unter Gleichgewichtsbedingungen hervorgerufen sind, zu bestimmen. Da Austausch-Reaktionen mit Isotopen diese Forderung erfüllen, haben wir für die Betrachtung die experimentellen Ergebnisse der folgenden Reaktionen

$$^{32}O_2\,(\text{gas}) + {}^{36}O_2\,(\text{gas}) \rightarrow 2\,{}^{34}O_2\,(\text{gas})$$

$$^{*}CO_2\,(\text{gas}) + CO\,(\text{gas}) \rightarrow {}^{*}CO\,(\text{gas}) + CO_2\,(\text{gas})$$

wo $^{*}C = {}^{13}C$ oder ^{14}C bedeutet

aus der Literatur und aus unseren Messungen verwandt. Die Oberflächen der folgenden Oxide wurden analysiert: NiO, CuO, Cr_2O_3, MgO, ZnO, CoO, TiO_2, Fe_2O_3, FeO, V_2O_5 und CeO_2. Obwohl in einigen Fällen die Ergebnisse dieser Analyse nicht eindeutig sind, können doch einige allgemeine Feststellungen getroffen werden. Ein maßgebender Einfluß der Elektronenfehlordnung auf die katalytische Aktivität der Oberfläche konnte für NiO (tiefere Temperaturen), CoO, TiO_2 und FeO und mit geringerer Sicherheit für Cr_2O_3 festgestellt werden. Auf der anderen Seite war ein solcher Einfluß bei CuO, ZnO und NiO im Bereich höherer Temperaturen nicht beobachtbar. In diesen Fällen ist die Teilnahme von adsorbierten Kationen an der Oberflächen-Reaktivität ziemlich sicher. In anderen Fällen, wie an den Oxiden Fe_2O_3, V_2O_5,

CeO_2 und MgO, kann formal durch die Analyse gezeigt werden, daß die freien Elektronen die kontrollierenden Teilchen für die Kinetik darstellen. Der gesamte Vorgang ist aber komplizierter. Dieser Sachverhalt zeigt, daß die Änderung in der Sauerstoff-Bedeckung der Oberfläche bzw. Ionenfehlordnung, verursacht durch eine Änderung der Aktivität des Sauerstoffs, eine wichtige Rolle in der Mehrzahl der Fälle spielt. Modelle und Theorien, die eine alleinige Berücksichtigung des elektronischen Beitrages beinhalten, sollten mit Vorsicht betrachtet werden.
Die in diesem Bericht diskutierte Näherung bietet gegenüber den früheren Methoden zwei Vorteile für die Analyse und die Auswertung der Oberflächen-Reaktionsfähigkeit. Sie berücksichtigt nämlich die unter Gleichgewichts-Bedingungen beobachtete Oberflächen-Reaktivität und die Begriffsbildung ähnlich den physiko-chemischen Theorien der kristallinen Verbindungen. Hierdurch erhofft man sich einen besseren Einblick sowohl in die experimentellen als auch in die theoretischen Zusammenhänge. Um zu mehr quantitativen Ergebnissen zu kommen, sind weitere Untersuchungen über Oberflächen-Gleichgewichte erforderlich.

Abstract

The establishment of gas-surface equilibria during surface catalysis brings forth geometrical and compositional changes in the surface layer. The classical approach of solid state chemistry, involving internal and external defect reactions, may be conveniently used to describe surface equilibria and to bring out the role of the thermodynamic activity of adsorbed intermediates upon the rate of surface reaction.
The method is discussed in detail for oxidation reactions, particularly CO oxidation on metal oxide catalysts. Results from the literature on the pressure dependence of the rate of the catalytic equilibration of oxygen isotopes in molecular oxygen and on the rate of the oxygen transfer between CO and CO_2 upon the CO/CO_2 ratio are employed to derive information on the nature of surface reactive sites and reaction intermediates. The analysis shows the different yet complementary role of electron and ion defects in catalytic oxidations. The possibilities and the liabilities of the method are pointed out.

1. Introduction

The catalytic activity of solids is a consequence of their ability to form labile compounds by chemical interaction with surrounding phases. As a result of this it is of interest to explore the application of concepts and methods, which proved successful to characterize the chemical reactivity of solids, to the interpretation and classification of the catalytic activity of solid surfaces. The main ideas of this approach were formulated several years ago [1], but only recently this viewpoint has been applied to several catalytic processes [2, 3, 4, 5]. These studies have shown that the method offers valuable insights into the role of ionic and electronic defects in surface catalysis and into their relation to reaction kinetics. In addition, this approach throws light on the nature of the reaction intermediates and of the reactivity sites at the surface. It is, therefore, appropriate to review the possibilities and the liabilities of the method in the field of oxidation catalysts, mainly metal oxides. These substances have been the subject of extensive investigations and correlations to interpret their catalytic activity in oxidation reactions have been put forth. This situation allows a better appraisal of the present method and its conclusions against those formulated earlier.
In previous discussions on the catalytic activity of solids great emphasis was placed on physical aspects of the theory of the defect solid state [6]. The nature, concentration and energy of the electron carriers have been stressed. In oxydation reactions it has been suggested that the activity of oxide catalysts is dependent upon the nature of the majority of electrical carriers [7]. This conclusion was based upon studies carried out on chemically different solids and upon particular assumptions of the controlling step of the catalytic reaction. It is conceivable that the catalytic effects may be more related to factors that control rather than are dependent upon the chemical behavior of the solid and that a

broader spectrum of physicochemical properties may have to be considered in the interpretation of the complex interphase behavior associated with surface reactivity and catalytic activity. To emphasize purely electronic properties of the solid in order to correlate surface processes may be valid for limiting cases, while in most instances the contribution of atomic solid state processes cannot be neglected. This view is consistent with the increasing body of experimental results, which do not support a purely electronic approach in the interpretation of catalytic activity of metal oxides [8, 10].

A major experimental complication in studies on the catalytic activity of metal oxides is the well known influence of residual H_2O in the form of OH^- and of residual CO_2 in the form of CO_3^{-2} on the activity of the surface. In addition, the amount of "residual" oxygen, initially present on the surface, is often of crucial importance, since it is now well recognized that different types of binding energies are taken up by oxygen [9]. The situation is complicated by the difficulty of correctly defining the "residual" oxygen present at the surface of a compound in which oxygen is a major bulk component.

From this point of view it is of great importance to perform experiments at constant concentration or activity of adsorbed oxygen. This is obtained by setting up experimental conditions under which a thermodynamic equilibrium between the solid surface and gas phase is established.

With the exception of the investigations on the isotopic exchange and equilibration of molecular oxygen, studies on the catalytic activity of metal oxides have generally been conducted with ill defined initial content of oxygen and different from that corresponding to the real or virtual oxygen partial pressure prevailing in the gas phase during catalytic oxidations.

Because of the possibility of applying a conceptual framework similar to that employed for reactivity studies of bulk oxides and of carrying out rate investigations at constant activity of adsorbed oxygen, it appeared of singular interest to collect the available experimental results on the oxidation activity of metal oxides obtained under equilibrium conditions and to analyze the former in terms of a generalized defect model of the solid, emphasizing atomic as well as electronic defects. From the analysis, information on the nature of surface reactive sites and on the extent of electron localization which prevails in the bonding of the adsorbed oxygen may be obtained. An assessment of the role of atomic and electronic defects is then possible.

2. Model of Reactive Solid Surface

The central point of the approach is to regard reactions at solid surfaces similar to processes of building up and tearing down surface layers by compositional changes. If either one of these processes predominates, adsorption, desorption or bulk solid state reaction occur depending upon the penetration depth; if they take place simultaneously, a catalytic reaction results. Since in the building up and in the tearing down of the solid, solid state defects are of critical importance, the reactive surface will generally extend for a depth at which considerations of coordination and distribution of defects among crystal sites become important [10]. Generally, this situation involves more than one atomic monolayer and removes the conceptual difficulty of defining the adsorption monolayer of a gas phase component which is a major constituent of the surface. A consequence of this picture is a surface that is modified in composition and structure by the occurrence of the catalytic reaction. There is already much experimental support for this surface model.

The modification of surface patterns upon adsorption at room temperature, observed in LEED experiments [11], the corrosive aspects of chemisorption [10], the macroscopic changes, often detected optically, on surfaces exposed to reacting gases [13], the influence of the latter on the low temperature sintering of small particles [14], the readiness with which surface diffusion [15] and, in some cases, bulk diffusion [8a] occur in particles with small radii of curvature, lead to suspect that surface and subsurface mobility at reaction temperatures is sufficiently large to induce fast redistribution of matter between various parts of the surface and between surface and gas phase. If this picture of a catalytically active surface is accepted, equilibration reactions between surface and gas phases take place readily during catalysis and must be considered in the description of the surface. At sufficiently low reaction temperatures, the rate of surface equilibration becomes negligible in comparison to the rate of the catalytic reaction and the former may be neglected ("frozen" surface) [5a].

3. Thermodynamic Considerations

Let us consider an oxide crystal, MO, in which M is metal and O oxygen constituents, possessing a crystal structure characterized by an equal number of sites of two types, one mainly occupied by M and the other by O atoms. A small fraction of either type of site may be vacant, V_M and V_O. V_M is assumed to act as an acceptor and V_O as a donor of electrons. Some of the most important defect equilibria that may occur at the MO surface when surrounded by molecular oxygen are written in the following, together with the corresponding equilibrium relations, obtained through the application of the ideal mass action expression:

a) Intrinsic atomic and electronic disorder reactions:*)

(1) $$sV_M^{-r} + rV_O^{+s} = 0 \qquad K_s = [V_M^{-r}]\,[V_O^{+s}]^r$$

(2) $$V_M^{-r} + M_i^{+r} = 0 \qquad K_f = [M_i^{+r}]\,[V_M^{-r}]$$

(3) $$e^+ + e^- = 0 \qquad K_i = [e^+]\,[e^-]$$

b) Extrinsic disorder reactions:

(4) $$\frac{r}{2s} O_2(g) = V_M^{-r} + re^+ \qquad K_O = \frac{[V_M^{-r}]\,[e^+]^r}{p_{O_2}^{\frac{r}{2s}}}$$

From equations (2), (3) and (4):

(5) $$M_i^{+r} + re^- + \quad O_2(g) = 0 \qquad K_O = [M_i^{+r}]\,[e^-]^r \quad p_{O_2}^{\frac{r}{2s}}$$

In equations (1) to (5) V_M^{-r}, V_0^{+s}, M_i^{+r}, e^-, e^+ represent ionized lattice defects, excess electrons and electron holes, respectively and g refers to gas phase, $r = 1, 2, 3 \ldots$ and $s = 1, 2$. In addition to equations (1) to (5) the electroneutrality condition is:

(6) $$[e^+] + [M_i^{+r}] + s\,[V_O^{+s}] = [e^-] + r\,[V_M^{-r}]$$

The set of five independent equations (1) to (4) and (6) permits expressing all of the six unknown quantities, $[e^-]$, $[e^+]$, $[V_M^{-r}]$, $[V_0^{+s}]$, M_i^{+r}, p_{O_2}, in terms of one and of the constants. For our task it is advantageous to choose p_{O_2} as the independent variable. The precise calculation of all the concentrations will not be attempted. Rather, approximate solutions may be easily obtained if the general neutrality conditions (6) is substituted by an approximate one. At low p_{O_2}, $r[V_M^{-r}] \ll [e^-]$ and $[e^+]$, $r[M_i^{+r}] \ll s[V_O^{+s}]$ and equation (6) may be approximated by $[e^-] = s[V_O^{+s}]$. This situation corresponds to a bulk n-type oxide with preponderably anionic vacancies. As p_{O_2} is increased other

*) These are formulated according to the symbolism of F. A. Kröger in "Chemistry of Imperfect Crystals" J. Wiley, 1964.

approximations may be considered. Using these expressions in place of condition (6) and equations (1) to (4) the values of $\delta \ln [\ ]/\delta \ln p_{O_2}^{\frac{1}{2}}$ have been calculated and are reported in Table 1.

Table 1

Values of $\frac{\delta \ln []}{\delta \ln p_{O_2}^{\frac{1}{2}}}$ in a Metal Oxide for Various Approximations of the Electrical Neutrality Condition (6)

Defect	$[e^-] = [V_O^{+s}]$ I	$[e^-] = r\,[M_i^{+r}]$ II	$[e^-] = [e^+]$ III	$s\,[V_O^{+s}] = r\,[V_M^{-r}]$ IV	$[M_i^{+r}] = [V_M^{-r}]$ V	$[e^+] = r\,[V_M^{-r}]$ VI
e^-	$-\frac{1}{s+1}$	$-\frac{1}{s}\left(\frac{r}{r+1}\right)$	0	$-\frac{1}{s}$	$-\frac{1}{s}$	$-\frac{1}{s}\left(\frac{r}{r+1}\right)$
e^+	$\frac{1}{s+1}$	$\frac{1}{s}\left(\frac{r}{r+1}\right)$	0	$\frac{1}{s}$	$\frac{1}{s}$	$\frac{1}{s}\left(\frac{r}{r+1}\right)$
M_i^{+r}	$-\frac{r}{s(s+1)}$	$-\frac{1}{s}\left(\frac{r}{r+1}\right)$	$-\frac{r}{s}$	0	0	$-\frac{1}{s}\left(\frac{r}{r+1}\right)$
V_M^{-r}	$\frac{r}{s(s+1)}$	$\frac{1}{s}\left(\frac{r}{r+1}\right)$	$\frac{r}{s}$	0	0	$\frac{1}{s}\left(\frac{r}{r+1}\right)$
V_O^{+s}	$-\frac{1}{s+1}$	$-\frac{1}{r+1}$	-1	0	0	$-\frac{1}{r+1}$

4. Kinetics of Catalytic Oxidations

Let us consider the reaction between oxygen donor, AO, and oxygen acceptors molecules, B, namely:

(7) $$AO\,(g) + B\,(g) \rightarrow A\,(g) + BO\,(g)$$

catalyzed by MO. Let us assume that adsorbed oxygen, O(s), is the catalytic intermediate present in the surface layer of MO during reaction [7]. The latter may, then, be visualized as the sequence of two surface steps:

(a) $$AO\,(g) \rightarrow O\,(s) + A\,(g)$$

(b) $$B\,(g) + O\,(s) \rightarrow BO\,(g)$$

The rate of steps (a) and (b) depends upon the gas phase partial pressure, the state of the catalyst surface and, in particular, upon the thermodynamic activity or concentration of O(s). This may be expressed mathematically by considering [2] the rates of steps (a) and (b), v_a and v_b, dependent upon the first power of gas partial pressure and upon a function of the concentration of surface active sites f[O(s)], or:

(8) $$\frac{v_a}{A} = k_a f_a\,([O\,(s)])\,p_{AO} - k'_b f'_a\,([O\,(s)])\,p_A$$

(9) $$\frac{v_b}{A} = k_b f_b\,([O\,(s)])\,p_B - k'_b f'_b\,([O\,(s)])\,p_{BO}$$

where k_a, k'_a, k_b, k'_b are the rate of reaction steps (a) and (b) per unit surface area A, gas partial pressure and [O(s)]. For step (a) the equilibrium condition is:

(10) $$[O\,(s)]_{equil\,(a)} = \frac{p_{AO}}{p_A}\,K_a$$

where K_a is the equilibrium constant of reaction step (a). Substituting condition (10) into the rate equation (8) and using the expression for the rate at equilibrium equation (8) becomes

(11) $$\frac{v_a}{A} = k_a f_a([O(s)])\, p_{AO} \left\{1 - \frac{[O(s)]_{equil(a)}}{K_a} \cdot \frac{p_A}{p_{AO}}\right\}$$

Similarly, the rate expression (9) becomes

(12) $$\frac{v_b}{A} = k_b f_b([O(s)])\, p_B \left\{1 - \frac{p_{BO}/p_B}{[O(s)]_{equil(b)}\, K_b}\right\}$$

where K_b is the equilibrium constant of reaction step (b). At the reaction steady state [O(s)] is constant, or:

(13) $$v_a - v_b = k_a f_a([O(s)]) \left\{p_{AO} - \frac{[O(s)]_{equil(a)}}{K_a} p_A\right\} - $$

$$- k_b f_b([O(s)]) \left\{p_B - \frac{p_{BO}}{[O(s)]_{equil(b)}\, K_b}\right\} = 0$$

Complete solution of equation (13) requires a knowledge of v_a, v_b (or k_a, k_b), $f_a[(O(s)])$ $f_b([O(s)])$.

To analyze in a qualitative fashion the role of atomic and electronic defects in the catalytic activity of MO for reaction (7) the functions $f_a([O(s)])$ and $f_b([O(s)])$ have a special significance.

A knowledge of their explicit form should reveal the nature of the surface defects with a predominant role during oxidation catalysis. This brings forth the problem of the experimental determination of $f_a([O(s)])$ and $f_b([O(s)])$. For this purpose we shall outline briefly a method previously developed [2].

Equilibrium conditions during catalysis must be established. This aim is fulfilled by employing isotopic exchange reactions, which are characterized by a dynamic equilibrium, in such a way that the rates of the forward and reverse reaction are similar (neglecting kinetic isotope effects). Consider the reactions:

(14a) $$^*AO\,(g) + A\,(g) \rightarrow AO\,(g) + {}^*A\,(g)$$

and

(14b) $$^*BO\,(g) + B\,(g) \rightarrow BO\,(g) + {}^*B\,(g)$$

where *AO, *A, *BO, *B are isotopic species. Reactions (14a) and (14b) may be visualized to occur in a catalytic sequence of two steps, namely (for reaction (14a)):

(14a') $$^*AO\,(g) \rightarrow {}^*A\,(g) + O\,(s)$$

(14a") $$A\,(g) + O\,(s) \rightarrow AO\,(g)$$

Reaction steps (14a') and (14a'') take place at the same rate, since a chemical equilibrium is established during the occurrence of reaction (14a) $\left(\frac{p_{AO} + p^*_{AO}}{p_A + p^*_A} = \text{const.}\right)$. Since reaction step (14a') is similar to reaction step (a) (neglecting kinetic isotope effects), useful information on the catalytic mechanism of step (a), including the influence of the chemical potential of [O(s)] upon the rate, may be obtained by studying the rate of reaction (14a'). Let us consider the rates of reaction steps (a) and (b) at equilibrium, $(v_a)_e$, $(v_b)_e$.

(15) $$\frac{(v_a)_e}{A} = k_a f_a [O(s)_{equil(a)}]\, p_{AO}$$

(16) $$\frac{(v_b)_e}{A} = k_b f_b [O(s)_{equil(b)}]\, p_B$$

and let us set:

(17) $$f_a([O(s)]) = [O(s)]^{-m} = \left(\frac{p_{AO}}{p_A}\right)^{-m} K_a^{-m}$$

where m is a constant. From equations (15) and (17)

(18) $$k_a = \frac{(v_a)_e}{A}\left(\frac{p_{AO}}{p_A}\right)^m \frac{K_a^m}{p_{AO}}$$

In a similar fashion by setting

(19) $$f_b([O(s)]) = [O(s)]^n = \left(\frac{p_{BO}}{p_B}\right)^n \frac{1}{K_b^n}$$

where n is a constant, equations (16) and (18) yield:

(20) $$k_b = \frac{(v_b)_e K_b^n}{A\left(\frac{p_{BO}}{p_B}\right)^n} \cdot \frac{1}{p_B}$$

Thus from measurements on the rates $(v_a)_e$ and $(v_b)_e$ by means of the isotopic exchange reactions (14a) and (14b) at different p_{AO}/p_A and p_{BO}/p_B ratios the values of m and n may be experimentally determined. On the other end, by assuming a suitable defect reaction for the incorporation of O_2 on the MO surface (Table I), theoretical values of m and n may be arrived at. The comparison between experimental and theoretical values permits us to evaluate the role of atomic and electronic defects in the catalytic oxidation reaction (7).

The approach is of general application. Its success is based on the discovery of suitable isotopic reactions of the type of reactions (14a) and (14b).

In this lecture, we shall discuss the application of the method to the case for which reaction steps (a) and (b) become:

(21) $$\tfrac{1}{2} O_2(g) \rightarrow O(s)$$

(22) $$CO(g) + O(s) \rightarrow CO_2(g)$$

The rate of reaction step (21) may be studied at constant [O(s)] by investigating the rate of isotopic equilibration in molecular oxygen:

(23) $$^{32}O_2(g) + {}^{36}O_2 \rightarrow 2\,{}^{34}O_2(g)$$

Experimental results on the dependence of the rate of reaction (23) upon p_{O_2} are employed to derive the value of m. The value of n, which governs the relation between the rate of reaction step (22) and [O(s)], may be calculated from results on the dependence of the rate of the equilibration of carbon isotopes between CO and CO_2 upon the ratio p_{CO_2}/p_{CO}, namely:

(24) $$^{*}CO_2(g) + CO(g) \rightarrow CO_2(g) + {}^{*}CO(g)$$

where *C represents ^{13}C or ^{14}C.

5. Experimental Results

Results from the literature on the dependence of the rate of reaction (23) upon p_{O_2} expressed as: Rate $= k'_0 p_{36O_2}$, where $k'_0 = k_0 p_{O_2}^{-m}$ (25) and $p_{O_2} = p_{36O_2} + p_{34O_2} + p_{32O_2}$, have been used to compute the value of m for various metal oxide catalysts. The results of the computations are collected in Table 2. For reaction (24), values of n are directly available in the literature for most cases and are reported in Table 3.

Table 2

Values of $\frac{\delta \ln k_O}{\delta \ln p_{O_2}}$ for Reaction (23) Catalyzed by Metal Oxides, p_{O_2} = 1–250 Torr

Catalyst	Temperature (° C)	m	Reference
NiO	225 300 390–590	—0.61 —1.0 —1.0	(16) (17) (18)
CuO	425–525	—0.62	(16)
MnO_2	225–325	—0.63	(16)
Fe_2O_3	350 350–450	—0.20 —0.37	(17) (16)
Cr_2O_3	400–550	—0.22	(16)
V_2O_5	450–550	—0.21	(16, 19)
CeO_2	490	—0.18	(20)

Table 3

Values of $\frac{\delta \ln k_O}{\delta \ln (p_{CO_2}/p_{CO})}$ for Reaction (24) Catalyzed by Metal Oxides, (p_{CO_2}/p_{CO}) = 0.03–3.0

Catalyst	Temperature (° C)	n	Reference
MgO	740	—0.95	(2)
CoO	1000	—0.70	(2)
ZnO	740	—0.70	(2)
TiO_2	540 572	—0.40 —0.52	(8b) (8b)
FeO	800 900 983	—1.0 —0.7 —0.6	(2) (2) (2)
Activated iron (Fe_2O_3?)	325	—0.5	(21)

Discussion

The experimental results collected in Tables 2 and 3 cover a wide range of experimental conditions including temperature p_{O_2} and physical form of the catalyst. In particular the results of Table 2 were obtained in a range of temperature considerably lower than those of Table 3. A comparison between the two sets of results cannot be made with confidence, while that among results of the same set is meaningful since conditions most closely approaching surface-gas equilibrium have been established in all cases. The interpretation of the experimental values of m and n reported in Tables 2 and 3 will be attempted on the basis of two assumptions. Firstly, a surface defect equilibrium with the oxygen donor, qualitatively or quantitatively similar to that known for the bulk phase, will be considered. Secondly, a stoichiometry for the reaction slow step will be assumed. This step will always be written as an adsorption step, since for a given adsorption reaction involving oxygen and an electron or ion defect, it is always possible to obtain a thermodynamically similar results by employing a desorption step between the oxygen acceptor and a stoichiometrically equivalent but chemically different defect. The kinetic problem of distinguishing between adsorption or desorption rate determining steps can be solved by application of absolute rate theory. The results from reaction (23) will be discussed first. (Table 2).

NiO is a well known oxygen excess semiconductor. Taking range V (Table 1) for the validity of the approximation of the electrical neutrality condition (6) and a rate limiting step for reaction (23): $\frac{1}{2} O_2(g) + 2e^- \rightarrow O^{-2}(s)$, a value of $m = -0.50$ results in fair agreement with the experimental value of $m = -0.61$. If it is assumed that at higher temperatures the electronic intrinsic disorder of the solid predominates (range III) and that the limiting reaction step includes surface adsorbed N_i^{+2} ions, namely: $\frac{1}{2} O_2(g) + 2(N_i^{+2})_i \rightarrow N_i^{+3}O^{-2}N_i^{+3}$, a value of $m = -1.0$ similar to the experimental one is obtained. In this interpretation, electron defects have a controlling role for the thermodynamic aspect of surface reactivity, while ion defects play a significant part in the kinetic aspect of surface reactivity. Experimental values of $\frac{\delta \ln \sigma}{\delta \ln p_{O_2}} = 0.16$ [22] and 0.22 [23], where σ is the electronic conductivity, have been reported in fair agreement with the value of $m = -0.61$. In CuO, σ is practically independent of p_{O_2} [24] and intrinsic defect reactions predominate. In this compound a large difference between $\delta \ln \sigma/\delta \ln p_{O_2}$ and m is found. Taking range III for the validity of the electroneutrality condition (6) and $(Cu^+)_i$ as the surface reactive sites, namely:

$2(Cu^+)_i + \frac{1}{2} O_2(g) \rightarrow Cu^{+2}O^{-2}Cu^{+2}$, a value of $m = -0.5$ is obtained in fair agreement with the experimental value of -0.61. For MnO_2, a metal excess semiconductor, we shall assume range I for the validity of condition (6) and a limiting step similar to that used for CuO, namely

$\frac{1}{2} O_2(g) + 2(Mn^{+4})_i \rightarrow Mn^{+5}O^{-2}Mn^{-5}$. A value of $m = -0.66$ in agreement with the experimental value is obtained. The electronic nature of Fe_2O_3 is not completely clear [25]. Taking range II for the validity of condition (6) (metal excess semiconductor), and the limiting reaction step $\frac{1}{2} O_2(g) + e^- \rightarrow O^-$, the value of $m = -0.18$ is obtained at low temperature (350° C). At higher temperatures a limiting step: $\frac{1}{2} O_2(g) + 2e^- \rightarrow O^{-2}$ yields $m = -0.36$ in agreement with the experimental values. In Cr_2O_3, σ was found not to be influenced by p_{O_2}[26]. Taking range VI for the validity of the condition (6) on the surface of Cr_2O_3 and a limiting step: $\frac{1}{2} O_2(g) + e^- \rightarrow O^-$, a value of $m = -0.18$ in fair agreement with the experimental value of -0.22 is found. V_2O_5 is known to be a metal excess semiconductor. Thus we shall consider range II for condition (6) and a limiting step for reaction (23) $\frac{1}{2} O_2(g) + e^- \rightarrow O^-$. A value of $m = -0.20$ is obtained in good agreement with the experimental value of -0.21. The nature of electron defects in CeO_2 is not known. Taking range I for condition (6) and a rate limiting step: $\frac{1}{2} O_2(g) + e^- \rightarrow O^-$, a value of $m = -0.17$ in agreement with the experimental value of -0.18 is found.

The results obtained by means of the isotopic exchange reaction (25) may be analyzed in a similar fashion. For MgO, ranges IV or V may be assumed to represent the correct approximation of condition (6). Taking as a limiting step of reaction (25): $CO_2(g) + 2\,e^- \rightarrow CO(g) + O^{-2}$ the value of m = —1.0, in agreement with the experimental results is found. For p-type CoO, taking range VI for the approximation of condition (6) and a limiting step which includes electrons, namely: $CO_2(g) + 2\,e^- \rightarrow CO(g) + O^{-2}$, the value of n = —0.66, in good agreement with the experimental value is found. As it has been pointed out earlier [2], the value of $\frac{\delta \ln \sigma}{\delta \ln p_{O_2}} = 0.4$, obtained in past investigations on CoO [25], is consistent with the experimental and theoretical values of n. For ZnO, the assumption that range II adequately describes the approximation of condition (6) and that the limiting step for reaction (25) is: $CO_2(g) + (Zn^+)_i + e^- \rightarrow Zn^{+2}O^{-2}$, yields a value of n = —0.66 in agreement with the experimental result. In previous studies on ZnO, the values of $\frac{\delta \ln \sigma}{\delta \ln p_{O_2}} = -0.25$ and —0.20 [27] were obtained. These are not consistent with the value of n. TiO_2 is an n-type semiconductor, for which $-0.16 \leqslant \frac{\delta \ln \sigma}{\delta \ln p_{O_2}} \leqslant -0.5$ [28]. Interstitial Ti and/or oxygen vacancy have been considered to be present. If $(Ti^{+3})_i$ are assumed to be present at the surface and range II for the approximation of condition (6), the limiting step for reaction (25) is: $CO_2(g) + (Ti^{+3})_i \rightarrow CO(g) + Ti^{+4}O^-$. The value of n = —0.37 in agreement with the experimental results at 540 °C is obtained. It is also possible to consider V_O^{+*} as surface defect and range I for the approximation of condition (6). The rate limiting step: $CO_2(g) + e^- \rightarrow CO(g) + O^-$ yields n = —0.33. For FeO, taking range VI for the approximation of condition (6) and the limiting step: $CO_2(g) + 2\,e^- \rightarrow CO^2(g) + O^{-2}$, a value of n = —0.66 consistent with the experimental result at 983° C is found. As suggested earlier [2], it is also possible to obtain agreement with the experimental results by considering adsorbed Fe^{+2} cations and a slow step: $CO_2(g) + (Fe^{+2})_i \rightarrow CO(g) + Fe^{+3}O^{-2}$. The result on activated Fe is easily explained, if it is assumed that a layer of Fe_2O_3 was formed. The previous conclusions are collected in Tables 4 and 5.

Table 4

Calculated and Experimental Values of $\delta \ln k_O'/\delta \ln p_{O_2}$ for Reaction (23) Catalyzed by Metal Oxides

Catalyst	Range Equation (6)	$\frac{\delta \ln k_O'}{\delta \ln p_{O_2}}$		$\frac{\delta \ln \sigma}{\delta \ln p_{O_2}}$	Surface Reactive Site	Reaction Intermediate
		Theoretical	Exptl.			
NiO	V III	—0.50 —1.00	—0.61 —1.00	0.16 [22]– 0.22 [23]	e^- $(Ni^{+2})_i$	O^{-2} $Ni^{+3}O^{-2}Ni^{+3}$
CuO	III	—0.50	—0.62	O	$(Cu^+)_i$	$Cu^{+2}O^{-2}Cu^{+2}$
MnO_2	I	—0.66	—0.63	?	$(Mn^{+4})_i$	$Mn^{+5}O^{-2}Mn^{+5}$
Fe_2O_3	II	—0.18 —0.36	—0.20 —0.37	?	e^-	O^- O^{-2}
Cr_2O_3	VI	—0.18	—0.22	O	e^-	O^-
V_2O_5	II	—0.20	—0.21	?	e^-	O^-
CeO_2	I	—0.17	—0.18	?	e^-	O^-

Table 5

Calculated and Experimental Values of $\delta \ln k_O'/\delta \ln \left(\frac{p_{CO_2}}{p_{CO}}\right)$ for Reaction (25) Catalyzed by Metal Oxides

Catalyst	Range Equation (6)	$\frac{\delta \ln k_O'}{\delta \ln \left(\frac{p_{CO_2}}{p_{CO}}\right)}$ Theoretical	Experimental	$\frac{\delta \ln \sigma}{\delta \ln p_{O_2}}$	Surface Reaction Site	Reaction Inter-mediate
MgO	IV or V	—1.0	—0.95	?	e^-	O^{-2}
CoO	VI	—0.66	—0.70	0.4	e^-	O^{-2}
ZnO	II	—0.66	—0.70	0.20–0.25	$(Zn^+)_i + e^-$	O^{-2}
TiO_2	II I I	—0.37 —0.33 —0.66	—0.40 (540° C) —0.50 (600° C)	0.16–0.50	$(Ti^{+3})_i$ e^-	O^- O^-
FeO	VI	—0.66	—0.6 (983° C) —0.7 (900° C)	0.12–0.50	e^- $e^- + (Fe^{+2})_i$	O^{-2}
Activated Fe	II	—0.36	—0.50	?	e^-	O^- O^{-2}

In several instances, the results of the analysis are not unique, since alternate, but less likely, possibilities exist. Despite this situation, some general remarks may be formulated. A predominant role of electron defects upon surface reactivity can be fairly well established for NiO (lower temperature), CoO, TiO_2 and FeO, and with less certainty for Cr_2O_3. On the other end, this role is not supported for CuO, ZnO and NiO at higher temperatures. In these instances the participation of adsorbed cations to surface reactivity is fairly certain. In other cases, Fe_2O_3, V_2O_5, CeO_2, MgO, free electrons are formally indicated by the analysis as the kinetically controlling species, but the situation is more complex than that underlying electronic transport properties. This fact shows that the change in oxygen surface coverage (or ionic surface defects) with the activity of oxygen plays a role in the majority of cases discussed. Thus, models and theories of heterogeneous oxidation catalysis emphasizing solely the electronic contribution should be considered with caution. The crudeness of the model employed in this study does not allow a more accurate and unequivocal calculation of the theoretical values of m and n. The most crucial, and in some cases questionable, assumption of the model employed resides in the applicability of the mass action expression in simple form to reactions equilibria (1) to (4). Deviation may arise from defect interactions and associations and from the formation of a relatively thick charged layer at the surface. The influence of this latter effect in modifying the value of m has been recently evaluated for the case of TiO_2 [8b]. Similarly, the model discussed does not consider the possibility of the presence of different degrees of ionization for the same atomic defect. In this instance, inversion in the sign of m (or n) as a function of temperature and/or p_{O_2} occurs and complex reactivity patterns result [29]. Furthermore, the model does not take into consideration defects present in ternary compounds (spinels). However, despite the approximations involved, the diverse but complementary roles of atomic and electronic imperfections of metal oxides in oxidation catalysis clearly emerge. The extent and the nature of the relative contribution vary with temperature, p_{O_2}, and the structural aspects of the defect. The approach discussed in this study offers two main advantages over previous methods for the analysis and interpretation of surface reactivity; namely, the equilibrium conditions under which surface reactivity is observed and a conceptual framework similar to that upon which the physicochemical theories of crystalline solid compounds are based. These characteristics provide the method with greater experimental reliability and theoretical insight over previous approaches and directly relate surface to bulk behavior of solids. On the other end, more adequate description of thermodynamic equilibria at surfaces and the development of treatments of surface interaction phenomena are needed to obtaine more quantitative results.

Acknowledgment

The financial support of the National Science Foundation in carrying out this study is gratefully acknowledged.

Literature

1. C. Wagner & K. Hauffe: Z. Elektrochemie angew. physik. Chem. **44**, 172 (1938); H. Kobayashi & C. Wagner: J. Chem. Physics **26**, 1809 (1957).
2. H. J. Grabke: in Proc. Third Intl. Congress on Catalysis, W. M. H. Sachtler, G. C. A. Schuit & P. Zwietering, Editors, Interscience Publishers, 928 (1965); Ber. Bunsengesell. physik. Chemie, **69**, 48 (1965).
3. S. Stotz: Ber. Bunsengesell. physik. Chemie **70**, 37, 769 (1966).
4. H.-J. Schonnagel: Ph. D. Thesis, Georg-August University, Göttingen 1967.
5. a) G. Parravano: Ind. Eng. Chem., **58**, 45 (1966); b) J. of Catalysis, **8**, 29 (1967).
6. F. F. Vol'kenshtein: "The Electronic Theory of Catalysis in Semiconductors", Pergamon Press, London 1963; Advances in Catalysis, **XII** (1960), Academic Press, New York.
7. F. S. Stone: in "Chemisorption", W. E. Garner, Editor, Butterworths, London, 179 (1957).
8. a) S. T. Hwang & G. Parravano: J. Electrochem. Soc. **114**, 478, 482 (1967); b) D. Y. Cha & G. Parravano: J. of Catalysis, **11**, 355 (1968).
9. G. K. Boreskov: Discussions of the Faraday Society **41**, 263 (1966).
10. G. Parravano: paper presented at the Fourth Intl. Congress on Catalysis, Moscow 1968.
11. J. J. Lander: Surface Science **1**, 125 (1964); H. E. Farnsworth: in "Advances in Catalysis", vol. XV, Academic Press, 31 (1964); A. A. Holscher & W. M. H. Sachtler: Disc. Faraday Soc. **41**, 29 (1966).
12. W. M. H. Sachtler & L. L. v. Reijen: in Shokubai (Tokyo).
13. S. S. Roginskii: "Adsorption und Katalyse an inhomogenen Oberflächen", Akademie-Verlag, Berlin 1958.
14. L. F. Norris: Ph. D. Thesis, University of Michigan (1965); L. F. Norris & G. Parravano: paper presented at the VI Intl. Symposium for the Reactivity of Solids, Schenectady, New York, August 1968.
15. R. Gomer, R. Wortman & R. Lundy: J. Chem. Phys. **26**, 1147 (1957); **27**, 1099 (1957).
16. A. P. Dzizyak, G. K. Boreskov & L. A. Kasatkina: Kinetika i Kataliz, **3**, 81 (1962).
17. V. V. Popovski et al.: ibid. **1**, 566 (1960)
18. E. R. S. Winter: J. Chem. Soc. (London), 3824 (1955).
19. A. P. Dzizyak, G. K. Boreskov & L. A. Kasatkina: Kinetika i Kataliz, **2**, 386 (1961).

20. L. A. Sazonov: Kinetika i Kataliz, **7**, 521 (1966).
21. F. Gollob: Ph. D. Thesis, Columbia University (1954).
22. H. H. Baumbach & C. Wagner: Zeit. physik. Chemie **22B**, 199 (1933).
23. S. P. Mitoff: J. Chem. Phys. **35**, 882 (1960).
24. K. Hauffe & H. Grunewald: Zeit. physik. Chemie **198**, 248 (1951).
25. C. Wagner & E. Koch: Zeit physik. Chem. **32B**, 439 (1936). D. J. M. Bevan, J. P. Shelton & J. S. Anderson: J. Chem. Soc. 1729 (1948).
26. K. Hauffe & J. Block: Zeit. physik. Chemie **198**, 232 (1951); P. R. Chapman, R. H. Griffith & F. D. J. Marsh: Proc. Royal Soc. A224, 419 (1954); S. W. Weller & S. E. Voltz: Jour. Am. Chem. Soc. **75**, 5231 (1953), **76**, 4695 (1954), Zeit. physik. Chemie NF **5**, 10 (1955).
27. H. H. Baumbach & C. Wagner: Zeit. physik. Chemie **B22**, 199 (1933); K. Hauffe & J. Block: ibi **196**: 438 (1950).
28. G. H. Johnson & W. A. Weyl: J. Am. Ceram. Soc., **32**, 298 (1949); K. Hauffe, H. Grunewald & G. Tranckler-Greese: Z. Elektrochem. **56**, 937 (1952) G. H. Johnson: J. Am. Ceram. Soc. **36**, 97 (1953); H. Grunewald: Ann. Phys., **14**, 121 (1954); P. Assyag, M. Dodem & R. Faivre: Compt. Rend. Acad. Sci. (Paris), **240**, 1212 (1955); H. P. R. Frederikse & W. R. Hosler: Bull. Am. Phys. Soc., **4**, 180 (1959); K. S. Forland: Tionde Nordiske Kemistmotet, Stockholm 1959; P. Kofstad: J. Phys. Chem. of Solids **23**, 1579 (1962).
29. G. Parravano: J. Catalysis **11**, 228 (1968).

10. Mechanisms of Doping of Nickel Oxide and Their Relation to the Surface Structure of the Solid

P. C. GRAVELLE, G. EL SHOBAKY*) and S. J. TEICHNER

Institut de Recherches sur la Catalyse (Villeurbanne) et
Faculté des Sciences de l'Université de Lyon

With 1 Figure and 10 Tables

Zusammenfassung

Bei 250° C konnte in fein-pulvriges Nickeloxid bei einem Druck von 10^{-6} Torr eine begrenzte Menge von Lithium- oder Galliumionen eingebaut werden. Im Gegensatz zum Hochtemperatur-Einbau von Li_2O werden hier Anionenleerstellen erzeugt, während die Zahl der Ni^{3+}-Ionen nicht nennenswert zunimmt. Defektelektronen (= Ni^{3+}-Ionen) entstehen nur dann, wenn Sauerstoff in die Anionenleerstellen aufgenommen wird. Ferner entstehen beim Einbau von Ga_2O_3 Kationenleerstellen und Nickelatome, die sich zu Kristalliten zusammenlagern, groß genug, um sie magnetisch nachweisen zu können. Das Auftreten von freien Elektronen (n-Typ-Fehlordnung) ist wenig wahrscheinlich. In beiden Fällen ist das Prinzip der kontrollierten Valenz nicht erfüllt. Bei 250° C wächst das Ausmaß der Sauerstoff-Aufnahme von reinem bzw. dotiertem Nickeloxid in der Reihenfolge:

$$NiO + Ga_2O_3 < NiO < NiO + Li_2O$$

In der gleichen Reihenfolge nimmt die Zahl der Ladungsträger zu, die für die elektrische Leitfähigkeit verantwortlich sind. Dieses abweichende Verhalten der Dotierung wurde unter Vakuum erhalten. Die aufgenommene Sauerstoffmenge folgte stets der angegebenen Reihenfolge. Der aufgenommene Sauerstoff konnte aber nicht identisch sein mit den normalen Sauerstoffionen des Oxids, da sonst die bei 30° C beobachtete Reaktionsfähigkeit mit dem Kohlenmonoxide unvrständlich bliebe. Die Aufnahme von CO ist mit einer Bildung von CO_2 verbunden, was durch Evakuieren bei 250° C nachgewiesen werden konnte. Das Entfernen von Oberflächen-Sauerstoff geht mit der Abnahme der elektrischen Leitfähigkeit parallel. Die während der CO-Aufnahme entstehende Wärme wurde kalorimetrisch ermittelt.

Abstract

Limited amounts of Li^+ and Ga^{3+} ions were incorporated in a divided nickel oxide at 250° C in vacuum. Lithium ions are located at lattice sites and anion vacancies are formed. Incorporation of gallium ions causes the reduction of Ni^{2+} ions to metal crystallites and cation vacancies are formed. The principle of "controlled valency" was not verified. The affinity at 250° C of the doped samples for oxygen was found to increase in the order:

$$NiO + Ga^{3+} < NiO < NiO + Li^+$$

The number of charge carriers responsible for the electrical conductivity in nickel oxide was observed to increase in the same sequence as the amount of oxygen fixed. It was concluded that the doping produces primarily a modification of the surface structure of the nickel oxide and that the modification of the electrical properties noted in the presence of oxygen is an indirect effect.

---

*) Present address: National Research Center, Dokki, Cairo, U.A.R.

1. Introduction

Stoichiometric nickel oxide, a yellowish-green solid, is an insulator. Non-stoichiometric nickel oxide with an excess of oxygen is a p-type semiconductor. Its colour may vary from grey to black. According to VERWEY and DE BOER [1], electronic conduction in binary compounds containing metal atoms which belong to the transition series of the periodic system is associated with the presence of ions of the same element but of different valency at crystallographically equivalent lattice points. Conductivity in non-stoichiometric nickel oxide is thence associated with the formation of Ni^{3+} ions according to the scheme:

(1)
$$(\overset{2+}{Ni_1})(\overset{2-}{O_1}) + \frac{n}{2} O_{2(g)} \rightarrow (\overset{2+}{Ni}_{1-2n}\,\overset{3+}{Ni}_{2n}\,\boxed{c}_n)(\overset{2-}{O}_{1+n})$$

where $\boxed{c}$ symbolizes a cationic vacancy. Excess oxygen cannot occupy interstitial positions in nickel oxide and non-stoichiometric nickel oxide should be actually considered as a metal-deficient compound [2].

According to the principle of "controlled valency" [3–4], the number of Ni^{3+} ions (or positive holes $\oplus$) existing in a non-stoichiometric nickel oxide is changed when ions of different valency are introduced into the lattice of the oxide ("doping"). Introduction of monovalent ions (Li^+) should increase the number of Ni^{3+} ions and consequently the p-type semiconductivity:

(2)
$$(\overset{2+}{Ni_1})(\overset{2-}{O_1}) + \frac{n}{2} Li_2O + \frac{n}{4} O_{2(g)} \rightarrow (\overset{2+}{Ni_1}\,\overset{+}{Li_n}\,\oplus_n)(\overset{2-}{O}_{1+n})$$

where n is small compared to 1. According to equation (2), the oxide absorbs oxygen from the atmosphere. Conversely, doping with trivalent ions (Ga^{3+}) should release oxygen to the atmosphere and result in a decrease in the amount of Ni^{3+} ions in the initially non-stoichiometric oxide.

(3)
$$(\overset{2+}{Ni}_{1-n}\,\boxed{c}_n\,\oplus_{2n})(\overset{2-}{O_1}) + \frac{n}{2} Ga_2O_3 \rightarrow$$
$$\rightarrow (\overset{2+}{Ni}_{1-n}\,\boxed{c}_n\,\overset{3+}{Ga_n}\,\oplus_n)(\overset{2-}{O}_{1+n}) + \frac{n}{4} O_{2(g)}$$

The principle of controlled valency was demonstrated experimentally in the case of lithium-doped nickel oxide, by VERWEY et al. [5], who showed that the amount of Ni^{3+} ions in the oxide phase in equilibrium with air at 1200° C is approximately equivalent to the amount of lithium in the lattice, whereas pure nickel oxide, prepared under the same conditions, contains practically only Ni in the divalent state.

A very large number of publications has since been devoted to the study of the electrical conductivity of lithium-doped NiO. Samples used in these studies were either single crystals [6–11] or sintered powders [12–21]. They are generally prepared at a high temperature. The principle of controlled valency is apparently well verified since, in all cases, incorporation of lithium increases the electrical conductivity of the oxide. However, the mechanism of conduction is not yet fully understood. The 'hopping' mechanism (activated diffusion of carriers along local levels) which was discussed in a number of papers [8, 9, 13, 14, 19, 22] has been challenged recently [7, 11, 15, 21] and it seems that this is still a moot-point.

As demonstrated first by PARRAVANO [23], the Fermipotential of nickel oxide is depressed, in accordance with the increased concentration of positive holes, when lithium ions are incorporated into its lattice. It seems, therefore, that this system is particularly convenient in the study of the influence of the height of the Fermipotential on adsorption capacity or catalytic activity. The oxidation of carbon monoxide, for instance, has been widely studied [23–31]. It should be noted that samples used for catalytic studies are sometimes fired at a lower temperature than samples for physical investigations and as STONE pointed out [32], this may account for some divergences between published results. However, it generally seems that oxygen chemisorption on nickel oxide is enhanced by lithium doping when the amount of foreign ions exceeds 1 mole Li_2O% [33–37]. Since the chemisorption of oxygen is an acceptor reaction, this result is the direct opposite of what was expected from the boundary layer theory [38]. Measurements of the work function [39] have shown that incorporation of lithium decreases the work function at the surface of the oxide instead of increasing it. Therefore, at least on the surface of nickel oxide, incorporation of lithium ions does not seem to be explained completely by mechanism (2). BIELANSKI and his co-workers, in a thorough study of lithiated nickel oxide [40–44], have shown that most physical properties of the doped material do not change monotonously with the increase of lithium content and that, therefore, the mechanism of the incorporation changes with the amount of the doping agent. They proposed several mechanisms for this incorporation [41]. They showed also that oxygen is strongly chemisorbed on the surface of the oxide during its preparation and that, when the temperature of firing is low (less than 700° C) most of the Ni^{3+} ions are located in the surface layers of the lattice and not in the bulk [45].

The incorporation of lithium ions in the lattice of nickel oxide seems therefore to be a complex process, particularly with regard to the oxygen fixation, at last when the temperature of preparation of the doped material is low, i.e., when the oxide is an active catalyst.

In this work, we investigated the incorporation of lithium ions in a powdered nickel oxide at a low temperature (250° C) in the absence of oxygen. The incorporation of Li^+ ions in NiO at 250° C, in air, has already been reported [46]. The resulting solid is not a bulk solid solution since foreign ions are probably located only in the outside layers of the oxide lattice. Therefore, one of the basic assumptions of the electronic theory of catalysis [47] is not fulfilled. However, a study of the mechanisms of low-temperature doping may provide useful information concerning the high-temperature incorporation.

We investigated also the low-temperature incorporation of gallium ions in nickel oxide. Published results on gallium-doped nickel oxide are scarce and in disagreement. The principle of controlled valency is apparently verified since the incorporation reduces the p-type semiconductivity of the oxide [16] or even produces, according to SCHLOSSER [15] an n-type semiconductor if the gallium oxide-content exceeds 0.6 mole%. However, according to ROOKSBY and VERNON [48], no true solid solution of Ga^{3+} ions in nickel oxide is obtained at high temperature and, instead, a second phase of spinel structure is formed. In this paper, gallium doped samples are fired at a low temperature in order to prevent the formation of nickel gallium spinel.

2. Experimental

Pure nickel oxide was prepared by dehydration at 250° C, in vacuum ($p \simeq 10^{-6}$ torr) of nickel hydroxide [49]. Its B. E. T. surface area measured by adsorption of N_2 is of 156 ± 7 sq.m/g. Its colour is yellowishgreen and its composition is NiO, 0.11 H_2O [50].

In order to prepare homogeneous mixtures of lithium and nickel hydroxides, known weights of nickel hydroxyde were thoroughly mixed with a small quantity of a known solution of lithium oxide in distilled water. The slurry was then dried at 60° C and crushed to a fine powder. Seven different samples were prepared. Mixtures of hydroxides were dehydrated at 250° C in vacuum ($p \simeq 10^{-6}$ torr). Preliminary experiments (see below) have shown that incorporation of Li^+ ions does not occur at temperatures lower than 250° C. Sample NiO + 10 at. Li %, for instance, has the following composition: NiO, 0.13 H_2O, 0.0475 Li_2O. The actual lithium content in most samples was determined by flame spectrophotometry (Table 1).

Table 1

Nominal composition (at. Li %)	0.2	1	2	4	10	15
Total Lithium content (at. Li %)	0.25	1.03	2.02	3.99	9.5	14

Surface areas of some lithiated nickel oxides are given in Table 2.

Table 2

Sample	NiO+0.2 at. Li %	NiO+2 at. Li %	NiO+4 at. Li %	NiO+10 at. Li %
Surface area (sq. m/g)	158 ± 7	164 ± 7	176 ± 8	176 ± 8

The colour of all lithiated oxides but NiO + 10 at. Li % and NiO + 15 at. Li % is yellowish-green, the latter being green.
Mixtures of gallium and nickel hydroxides were prepared by precipitation through the water vapour-stream extraction of (NH_3) from solutions of $Ni(OH)_2$ and Ga_2O_3, 1.75 H_2O in aqueous ammonia [51]. Precipitates were washed and dried at 60° C. Three different samples were prepared. As in the case of pure nickel oxide or lithium-doped oxides, they were dehydrated at 250° C in vacuum ($p \simeq 10^{-6}$ torr). Sample NiO +10 at. Ga %, for instance, had the following composition: NiO, 0.14 H_2O, 0.055 Ga_2O_3. The actual gallium content was determined by radioactivation (Table 3).

Table 3

Nominal composition (at. Ga %)	1.5	3	10
Total gallium content (at. Ga %)	1.4	2.8	10

Surface areas of the dehydrated samples are given in Table 4.

Table 4

Sample	NiO + 1.5 at. Ga %	NiO + 3 at. Ga %	NiO + 10 at. Ga %
Surface area (sq. m/g)	156 ± 7	155 ± 7	151 ± 7

3. Results and Discussion

3.1. Determination of the amount of Li^+ ions incorporated into the lattice of NiO

The quantity of lithium ions that can be washed out by water from samples of lithiated nickel oxide, dehydrated at 250° C (24 hours) was determined by flame-spectrophotometry. Cold or boiling water yields the same results. It was verified that nickel oxide does not adsorb lithium ions from a solution of lithia in water. Lithium ions which are not eliminated by water are considered to be incorporated into the lattice of nickel oxide. They were analyzed also by flame-spectrophotometry. Reproducibility of the analyses was verified. The results are given in Table 5.

Table 5

Total lithium content (at. Li %)	0.25	1.03	2.02	3,99	9.5	14
Incorporated lithium ions (at. Li %)	0.20	0.53	0.92	1.5	1.95	2

It appears that for our samples, the maximum solubility of Li^+ ions in nickel oxide is 2 at. Li %. If, as it is probable, the foreign ions are incorporated only in the surface lattice layer, their maximum concentration is 10 % of the cationic sites [52].
No similar method has been found to determine the number of gallium ions which are incorporated into the lattice of nickel oxide.

3.2. Determination of the stoichiometry of pure and doped nickel oxides

The extent of non-stoichiometry in nickel oxide may be determined by the use of the Bunsen-Rupp method [53–54]. However, since samples of nickel oxide prepared by dehydration of the hydroxide in vacuum at 250° C or at higher temperatures contain metallic nickel [55] and since it is necessary to prevent the adsorption of oxygen on their surface, we proposed a modification of this method [56]. The difference (2 $[Ni^{3+}]$ – $[Ni^{\circ}]$) was measured and the results were expressed in at. $O_{exc.}$% when the difference is positive and in at. $Ni_{exc.}$% when it is negative. The results are presented in Table 6.

Table 6

Sample	at. $O_{exc.}$% NiO	at. $Ni_{exc.}$% NiO
NiO		0.033
NiO + 2 at. Li %		0.042
NiO + 4 at. Li %		0.038
NiO + 10 at. Li %	0.053	
NiO + 10 at. Ga %		0.049

The composition of all samples was close to the normal stoichiometry. However, all samples but NiO + 10 at. Li % contained an excess of metallic nickel. The content of excess metal was larger for the Ga-doped sample than for lithiated or pure nickel oxides. Dehydration at 300° C, in vacuum, confirmed this result since, in this case, the chemical analysis indicated the presence of 0.106 at. $Ni_{exc.}$% in pure NiO and of 0.221 at. $Ni_{exc.}$% in the gallium-doped sample. Incorporation of lithium did not increase the number of Ni^{3+} ions since the stoichiometries of NiO, NiO + 2 at. Li %, NiO + 4 at. Li % were very close. In the case of NiO + 10 at. Li %, the number of Ni^{3+} ions increased compared with pure NiO but to a very small extent compared with the amount of lithium ions incorporated into the lattice (1.95 at. Li %) (Table 5).

3.3. Magnetic properties of pure and doped nickel oxides

All samples presented an anomalous paramagnetism which is caused by their highly divided state [5]. Moreover, thermomagnetic analyses have shown that a ferromagnetic species (nickel) exists in all samples. The quantities of nickel have been determined [50] and are presented in Table 7.

Table 7

Sample	at. Ni % NiO
NiO	0.024
NiO + 10 at. Li %	0.025
NiO + 10 at. Ga %	0.052

These results confirm that the quantity of nickel is larger in the gallium-doped nickel oxide than in the other samples. They demonstrate also that the incorporation of lithium has no influence on the formation of metal during the dehydration of the hydroxide.

3.4. Electrical properties of pure and doped nickel oxides

Electrical conductivities and thermoelectric power were measured in a cell with platinum electrodes by means of a D. C. bridge [57]. Contacts were ohmic. Electrical properties of pure and doped nickel oxides are identical if dehydration in vacuum is caried out at 200° C. At this temperature, no incorporation probably occurs. It was shown also [52] that in order to obtain a constant value of the electrical properties, in the case of the doped materials, it is necessary to heat the samples at least 24 hours at 250° C in vacuum. Incorporation at 250° C is therefore a slow process. The final values of conductivities at 250° C are reported in Table 8, together with the corresponding activation energies.

Table 8

Sample	Electrical conductivity at 250° C in vacuo (ohm cm)$^{-1}$	Activation energy of conductivity (250° C–175° C)
NiO + 10 at. Ga %	4.5×10^{-11}	30 kcal/mole
NiO + 3 at. Ga %	1×10^{-10}	29 kcal/mole
NiO + 1.5 at. Ga %	3×10^{-10}	25 kcal/mole
NiO	1.2×10^{-9}	24 kcal/mole
NiO + 1 at. Li %	5×10^{-9}	21,5 kcal/mole
NiO + 2 at. Li %	2×10^{-8}	19 kcal/mole
NiO + 4 at. Li %	6×10^{-8}	16 kcal/mole
NiO + 10 at. Li %	3×10^{-7}	15 kcal/mole
NiO + 15 at. Li %	2.9×10^{-7}	15 kcal/mole

These results confirm the efficiency of the incorporation of the altervalent ions at 250° C in the surface layers of the nickel oxide. In the case of lithium doping, they would demonstrate, if such measurements on loose powders truly reflect the surface electrical properties of the material [18], that lithium ions enhance the mobility of the charge carriers since, in our case and contrary to previously published results [8, 14], there is no simultaneous increase of the number of Ni^{3+} (Table 6).

Thermoelectric power measurements with these solids maintained in vacuum have a poor reproducibility, due to their small electrical conductivity. However, it has been possible to ascertain that the thermoelectric power, at 300° C, is positive for pure and lithiated nickel oxide. It is positive also for lithiated nickel oxide at 250° C. Both solids are therefore p-type semiconductors at 300° C in vacuum. They certainly remain so at lower temperatures where direct measurements are impossible. The sign of the thermoelectric power of gallium-doped nickel oxide was found impossible to determine, even at 350° C since the semiconductivity of nickel oxide is strongly decreased as a result of the incorporation of gallium ions (Table 8).

3.5. Chemisorption of oxygen on pure and doped nickel oxides

Chemisorption of oxygen at 30° C, on the nickel oxide samples, was followed by a microcalorimetric technique [58]. Differential heats of adsorption were measured. After the adsorption of the last dose, the equilibrium pressure was, in all cases, 2 torr. The curves of differential heats of adsorption of oxygen as a function of the amount adsorbed on pure or doped nickel oxides have been presented elsewhere [52, 59]. The results are summarized in Table 9.

Table 9

Sample	Initial heat of adsorption of oxygen (kcal/mole)	Amount of oxygen adsorbed at 2 torr (cm^3/g)
NiO + 10 at. Ga %	58	1.71
NiO	80	1.90
NiO + 0.1 at. Li %	65,5	1.84
NiO + 0.2 at. Li %	63	2.15
NiO + 2 at. Li %	70	2.61
NiO + 10 at. Li %	70	2.75

The initial heat of adsorption of oxygen on lithiated nickel oxide and the total amount of adsorbed gas increase when the lithium content is increasing. The average heat of adsorption, for all lithium-doped samples but NiO + 0.1 at. Li % is larger than for pure nickel oxide [52]. However, the intial heat of adsorption is higher on pure nickel oxide than on all other samples. This result was explained by the existence, on pure nickel oxide, of a small number of very active sites which are probably anion vacancies with trapped electrons, formed by the departure of oxygen during the dehydration of the hydroxide [60]. Oxidation of nickel (standard value of 116,8 kcal/mole O_2) does not affect the results since the gallium-doped oxide, which contains the largest amount of metal (Tables 6 and 7) still presents the least active sites for the adsorption of oxygen. Magnetic measurements [50] have confirmed that nickel crystallites in these solids are not readily oxidized at 30° C. It should be noted also that gallium-doped nickel oxide chemisorbs less oxygen at 2 torr than the other oxides.

3.6. Mechanisms of doping

Since the number of Ni^{3+} ions is not increased when lithium ions are incorporated into the lattice of nickel oxide (Table 6) (in the case of NiO + 10 at Li %, the increase is very small), the mechanism proposed by Verwey and de Boer [1, 3–5] (equation (2)) does not explain our results. The composition of the pure oxide, prepared under vacuum, being very close to the normal stoichiometry (Table 6), the mechanism of PARRAVANO and BOUDART [61]:

$$(4)\qquad (\overset{2+}{Ni}_{1-n}\,\boxed{c}_n\,\oplus_{2n})\,(\overset{2-}{O}_1) + \frac{n}{2}\,Li_2O \rightarrow (\overset{2+}{Ni}_{1-n}\,\overset{+}{Li}_n\,\oplus_n)\,(\overset{2-}{O}_1) + \frac{n}{4}\,O_{2(g)}$$

does not apply to these doped oxides either.

Two mechanisms of incorporation, proposed by BIELANSKI et al. [41] do not imply a modification of the initial concentration of Ni^{3+} ions and are possible in vacuum:

$$(5)\qquad (\overset{2+}{Ni}_1)\,(\overset{2-}{O}_1) + n\,Li_2O \rightarrow (\overset{2+}{Ni}_1\,\overset{+}{Li}_n\,n\,\overset{+}{Li}/\Delta)\,(\overset{2-}{O}_{1+n})$$

$$(6)\qquad (\overset{2+}{Ni}_1)\,(\overset{2-}{O}_1) + \frac{n}{2}\,Li_2O \rightarrow (\overset{2+}{Ni}_1\,\overset{+}{Li}_n)\,(\overset{2-}{O}_{1+\frac{n}{2}}\,\boxed{a}_{\frac{n}{2}})$$

where Li^+/Δ is a lithium ion in an interstitial position and $\boxed{a}$ an anion vacancy. The solubility of lithium ions in interstitial positions is limited, according to BIELANSKI et al [41] to 0.1 at. Li% whereas, in our case, 2 at. Li % may be introduced into the lattice of nickel oxide. Moreover, this mechanism (equation (5)) does not explain the increased chemisorption of oxygen (Table 9). The last mechanism (equation (6)), on the other hand, explains this result since the formation of anion vacancies should enhance the adsorption capacity of the solid towards oxygen. Mechanism (6) explains also the constancy of the number of Ni^{3+} ions (Table 6).

Magnetic and chemical analyses have shown (Tables 6 and 7) that the gallium-doped nickel oxide contains more metallic nickel than the pure or lithiated oxides. The following mechanism of incorporation explains this result.

$$(7)\qquad (\overset{2+}{Ni}_1)\,(\overset{2-}{O}_1) + \frac{n}{2}\,Ga_2O_3 \rightarrow (\overset{2+}{Ni}_{1-\frac{n}{2}}\,\overset{3+}{Ga}_n\,\boxed{c}_{\frac{n}{2}})\,(\overset{2-}{O}_{1+n}) + \frac{n}{2}\,Ni^{\circ} + \frac{n}{4}\,O_{2(g)}$$

If gallium ions do not influence the mobility of charge carriers, the decreased conductivity of the modified sample could be the result of the incorporation of trivalent ions according to the mechanism proposed by VERWEY and DE BOER [1, 3–5] (equation (3)). However, since the initial oxide is nearly stoichiometric, this mechanism could only account for the incorporation, in vacuum, of a very small quantity of trivalent ions.

The following mechanism proposed by SCHLOSSER [15] yields a nickel oxide which presents an n-type semiconductivity:

$$(8)\qquad (\overset{2+}{Ni}_1)\,(\overset{2-}{O}_1) + \frac{n}{2}\,Ga_2O_3 \rightarrow (\overset{2+}{Ni}_1\,\overset{3+}{Ga}_n\,\ominus_n)\,(\overset{2-}{O}_{1+n}) + \frac{n}{4}\,O_{2(g)}$$

$\ominus$ is a free electron, probably localized on the d^9 level of Ni^+. This mechanism seems to be unlikely in our case, though we were not able to determine the sign of the thermoelectric power, since the reduction of nickel ions produces Ni°. Moreover, according to the boundary layer theory [38], mechanisms (3) and (8) should enhance the adsorption capacity for oxygen. This was not observed in our case (Table 9). The observed decrease of the heat of adsorption and of the amount of adsorbed oxygen on the gallium doped sample is explained by mechanism (7). According to this mechanism, the reduction of the surface Ni^{2+} ions, sites for the chemisorption of oxygen, into nickel atoms which migrate, leaving cation vacancies, and form nickel crystallites, (not oxidized at 30° C [50]), should produce a decrease in the number of surface sites for the adsorption of oxygen. It should be noted that the following mechanism, proposed by HAUFFE [62], which supposes also the formation of cationic vacancies, should decrease the adsorption capacity of the oxide towards oxygen. However, this mechanism (equation (9)) does not explain the formation of metallic nickel.

$$(\mathrm{Ni}_1^{2+})(\mathrm{O}_1^{2-}) + \frac{n}{2}\,\mathrm{Ga_2O_3} \rightarrow (\mathrm{Ni}_1^{2+}\,\mathrm{Ga}_n^{3+}\,\boxed{\mathrm{c}}_{\frac{n}{2}})(\mathrm{O}^{2-}_{1+\frac{3n}{2}}) \qquad (9)$$

The low temperature doping of nickel oxide by altervalent ions produces therefore surface defects which modify the surface activity particularly towards oxygen. Further information was obtained from the following experiments.

3.7. Reactivity of oxygen fixed at 250° C

NiO + 10 at. Li %, NiO + 10 at. Ga % and pure nickel oxide were used in these experiments.

After their preparation at 250° C, the oxides were heated in oxygen (p = 160 torr) at the same temperature during 24 hours. Vacuum was then established for 1 hour ($p \simeq 10^{-6}$ torr) and the samples were cooled down to room-temperature in vacuo. All oxides are black and their electrical conductivity (Table 10 B) is larger than the conductivity of the fresh samples (Table 8). These results show that excess oxygen ions, associated with Ni^{3+} ions, are either adsorbed or built in the surface layers of the oxides

Table 10

Treatment	Electrical conductivity (ohm. cm)$^{-1}$ and activation energy of conductivity (kcal/mole)		
	NiO + 10 at. Li %	NiO	NiO + 10 at. Ga %
A			
– Fresh oxide prepared at 250° C (24 hours)			
Conductivity at 250° C	3×10^{-7}	1.1×10^{-9}	4.5×10^{-11}
Conductivity at 24° C	3.2×10^{-12}	10^{-13}	10^{-13}
B			
0 – Heating in oxygen (p = 160 torr) (24 hours)			
Conductivity at 250 °C	1.86×10^{-2}	3.67×10^{-3}	1.7×10^{-4}
1 – Vacuum at 250° C (1 hour) – Cooling			
Conductivity at 24° C	2.4×10^{-4}	2.8×10^{-5}	5×10^{-7}
C			
0 – Adsorption of CO (p = 30 torr) – 24° C	1.9×10^{-7}	1.1×10^{-9}	10^{-13}
1 – Vacuum at 24° C then 250° C (24 hours)			
Conductivity at 250° C	1.35×10^{-3}	2.0×10^{-5}	4.4×10^{-10}
Conductivity at 24° C	2.25×10^{-6}	1.5×10^{-9}	10^{-13}
Activation energy of conductivity – 250° C – 180° C	8	12,9	23
D			
0 – Adsorption of CO (p = 30 torr) – 24° C	2.04×10^{-10}	10^{-13}	10^{-13}
1 – Vacuum at 24° C then 250° C (24 hours)			
Conductivity at 250° C	6.1×10^{-6}	9×10^{-9}	3.8×10^{-11}
Conductivity at 24° C	2.9×10^{-10}	10^{-13}	10^{-13}
Activation energy of conductivity – 250° C–180° C	12,9	22,3	22,3
E			
0 – Adsorption of CO (p = 30 torr) – 24° C	1.8×10^{-12}		

after the oxidizing treatment at 250° C. Electrical conductivities decreased in the order: NiO + 10 at. Li % >NiO>NiO + 10 at. Ga %. The same sequence was already observed in the case of the fresh oxides (Table 10 A). It should be noted that if incorporation of oxygen occurs in the anion vacancies formed through mechanism (6) of the lithiated nickel oxide according to:

$$(Ni^{2+}_{1}\ Li^{+}_{n})\,(O^{2-}_{1+\frac{n}{2}}\ \boxed{a}_{\frac{n}{2}}) + \frac{n}{4}\ O_{2(g)} \rightarrow (Ni^{2+}_{1}\ Li^{+}_{n} \oplus_{n})\,(O^{2-}_{1+n}) \qquad (10)$$

the resulting oxide has finally the composition which was proposed by VERWEY and DE BOER [1, 3, 4, 5] for nickel oxide doped in the presence of oxygen, the sum of equations (6) and (10) being equivalent to equation (2).

Adsorption of carbon monoxide at room-temperature, on the treated oxides, decreased the electrical conductivity of all samples (Table 10 C–O). However, final conductivities still follow the same sequence: NiO + 10 at. Li % > NiO > NiO + at. Ga %. The final conductivity of the gallium-doped oxide (Table 10 C–O) is very close to the initial value for the fresh sample (Table 10 A). During the adsorption of CO, carbon dioxide is formed and is evolved from the solids when heated in vacuum at 250° C after the adsorption. Carbon monoxide interacts with adsorbed oxygen ions since CO does not react at room temperature with surface anions to form carbon dioxide [63–64]. The decrease of the electrical conductivity of the different samples is therefore related to the decreased amount of oxygen excess.

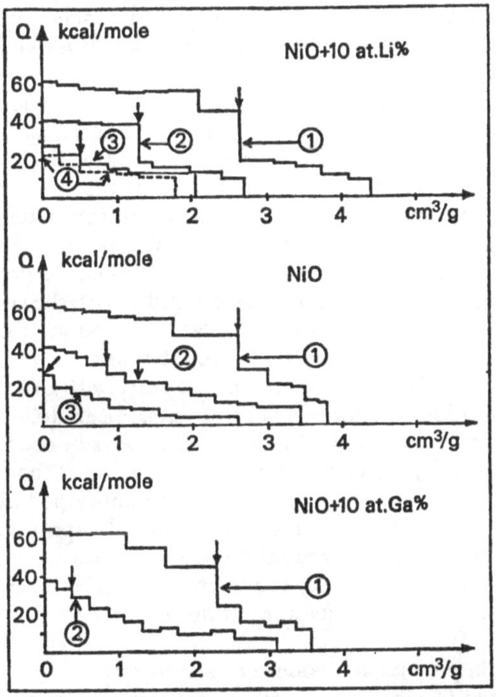

Fig. 1. Differential heats of interaction of carbon monoxide with nickel oxides

The formation of carbon dioxide is demonstrated also by calorimetric results (Fig. 1, curves 1). Heats measured during the introduction of the first doses of CO to the oxygen-treated oxides are larger than the heats measured during the adsorption of the same gas on the fresh samples [59] (initial heat of adsorption: 29 kcal/mole (NiO), 22 kcal/mole (NiO + 10 at. Li %), 29 kcal/mole (NiO + 10 at. Ga %)). The heats of adsorption of the last doses of CO are very close to those measured on the fresh samples. These results are very similar to the results obtained in the case of the adsorption of carbon monoxide on pure nickel oxide precovered by oxygen at 30° C [65] and, as in this latter case, they are explained by the interaction:

$$O^- (ads) + CO (gas) + Ni^{3+} \rightarrow CO_2 (ads) + Ni^{2+} \tag{11}$$

The quantities of carbon monoxide which are transformed into CO_2, thereby producing heats of interaction exceeding the initial heat of adsorption of CO on the fresh samples, are indicated on curves 1 of fig. 1 by an arrow. They are similar on all oxides. Since the electrical conductivity of gallium-doped nickel oxide after the adsorption of CO is close to the initial value for the fresh oxide (Table 10 B–O), nearly all excess oxygen ions have been transformed into carbon dioxide whereas in the case of NiO and NiO + 10 at. Li %, electrical conductivities are still higher than the initial ones and therefore, excess oxygen ions remain on their surface.

After the interaction with CO, all oxides were heated under vacuum at 250° C. Desorption of carbon dioxide occurred in all cases. A second adsorption of carbon monoxide at room-temperature decreased the electrical conductivity of all samples (Table 10 C–O). Thus, during the second adsorption, carbon monoxide reacts again with excess oxygen ions. Desorption of CO_2 during the vacuum treatment at 250° C which followed the second adsorption confirmed this result in the case of NiO + 10 at. Li %. A further confirmation was obtained from calorimetric data (Fig. 1, curves 2). The arrows, as in the case of curves 1 (Fig. 1), indicate the quantities of CO which react with excess oxygen.

Vacuum treatments and adsorption of carbon monoxide at room-temperature were again repeated once on NiO and twice on NiO + 10 at. Li % (Table 10 D and E, Fig. 1, curves 3 and 4). At the end of each series of adsorption experiments, the electrical conductivity of the sample was close to the initial value for the fresh oxide and thence, finally, all oxygen ions in excess have been eliminated from the oxide surface. This result was confirmed by the calorimetric experiments. The quantity of carbon monoxide which interacted, on the surface of all nickel oxides, with adsorbed oxygen (it is limited, in all cases, by an arrow) (Fig. 1, curves 1–4) decreased rapidly with the successive adsorptions to become either nil or insignificant during the last adsorption of carbon monoxide.

Thus, all oxygen ions adsorbed on the surface of the different nickel oxides at 250° C are not to be identified with lattice anions since they react with CO at room temperature, whereas normal lattice anions do not react at this temperature [63–64]. As a conclusion, incorporation of oxygen to the lattice of nickel oxide does not occur at 250° C.

In the lithiated nickel oxide, the excess oxygen content, after the treatment in oxygen at 250° C, was larger than in the case of pure or gallium-doped nickel oxides and the oxygen ions are strongly bound to its surface since *three* adsorptions of carbon monoxide at room temperature followed by vacuum treatments were necessary to remove this excess oxygen from the surface. The very active sites which therefore exist on the lithiated oxide are most probably, anion vacancies resulting from the incorporation of the monovalent ions (equation (6)).

Active sites exist also on pure nickel oxide. *Two* adsorptions of CO, followed by vacuum treatments, were needed to eliminate all excess oxygen. These sites are probably again anion vacancies with trapped electrons formed during the preparation of the sample under vacuum at 250° C [59, 60].

Finally, these active sites did not exist on the surface of the gallium-doped nickel oxide since nearly all excess oxygen was transformed into carbon dioxide during the *first* adsorption of carbon monoxide at room temperature.

It appears, therefore, that the low-temperature doping of nickel oxide, in vacuum, by lithium ions increases the number of surface anion vacancies without increasing the nickel content of the doped sample (Table 7) (equation (6)), whereas in pure nickel oxide migration of electrons trapped in anion vacancies is responsible for the formation of the metal [59, 60]. On the other hand, incorporation of gallium ions increases the metal content (Table 7) without increasing the number of anion vacancies (equation [7]).

The main result of the low-temperature doping in vacuum is therefore to create defects on the surface of nickel oxide. Increase of electrical conductivity and of the number of Ni^{3+} ions which is caused by the ionic adsorption of oxygen at 30° C or at 250° C is influenced by the surface structure of the different solids and is thus *indirectly* related to the presence of altervalent ions in the lattice of nickel oxide.

4. Conclusions

It is possible to incorporate a limited amount of altervalent ions (Li^+ and Ga^{3+}), under vacuum at 250° C, into the surface lattice layers of a divided nickel oxide. Lithium ions are located at lattice sites and anion vacancies are formed. Incorporation of gallium ions at lattice sites causes the reduction of Ni^{2+} ions. Metal atoms are formed and migrate, leaving cation vacancies to form nickel crystallites.

In both cases, surface defects are created which change the surface structure of the oxide. Because of the surface structure modifications, adsorption capacity and catalytic activity are influenced by the low-temperature doping [59].

The principle of "controlled valency" [3, 4] is not verified. In the case of an initially nearly stoichiometric nickel oxide, incorporation of trivalent ions, in vacuum or in air, should yield, according to this principle, an n-type semiconductor, whereas, in our case, the reduction of Ni^{2+} ions creates a separate metal phase. This result is probably related to the values of the different ionization potentials of the nickel atom.

Incorporation of lithium ions under vacuum does not increase the number of preexisting Ni^{3+} ions contrary to the predictions of the principle of controlled valency. Positive holes (or Ni^{3+} ions) are formed only when oxygen ions are fixed in the anion vacancies of the lithiated surface. The mechanism of Verwey and de Boer [1, 3–5] consists of two separate steps, which, in the presence of oxygen may occur simultaneously. It appears, therefore, that formation of Ni^{3+} ions is to be related to the incorporation and diffusion of oxygen ions in the lattice of nickel oxide and *not* only to the incorporation and diffusion of lithium ions. Moreover, in our case, incorporation of oxygen ions, identical to lattice anions, was not observed at 250° C. It is very probable that the existence of anion vacancies, resulting from the incorporation of Li^+ ions is not completely ephemeral, even in the case of high-temperature doping in air, at least in the bulk of the oxide, whereas, on the surface, vacancies may be partially compensated by adsorbed oxygen species. It has indeed been shown that anion vacancies may exist in the bulk of the high-temperature doped oxides [21, 66]. But in this case, the doping by lithium at high temperature would not lead to a homogeneous distribution of Ni^{3+} ions throughout the crystal, because the existence of these ions is related to the fixation of oxygen in anion vacancies.

Finally, doping of nickel oxide by altervalent ions modifies the chemical defect structure and/or the composition of the oxide surface. Increase or decrease of the number of Ni^{3+} ions is the indirect consequence of these structural modifications and is always related to the fixation of oxygen. Changes in catalytic activity which are caused by doping of a nickel oxide catalyst may not be the direct consequence of the modification of the height of the Fermipotential, but are rather related to the variation of the surface chemical defect structure.

Literature

1. E. J. W. VERWEY & J. H. DE BOER: Rec. Trav. Chim. Pays-Bas, **55**, 531 (1936).
2. H. BAUMBACH & C. WAGNER: Z. Physik. Chem., **24**, 39 (1934).
3. E. J. W. VERWEY, P. W. HAAIJMAN & F. C. ROMEIJN: Chem. Weekblad, **44**, 705 (1948).
4. E. J. W. VERWEY: Colloque sur les réactions dans l'état solide, Paris (1948) – Bull. Soc. Chim. France, **D122** (1949).
5. E. J. W. VERWEY, P. W. HAAIJMAN, F. C. ROMEIJN & G. W. VAN OOSTERHOUT: Philips Res. Rep., **5**, 173 (1950).
6. S. P. MITOFF: J. Chem. Phys., **35**, 882 (1961).
7. V. P. ZHUZE & A. I. SHELYKH: Fiz. Tverd. Tela, **5**, 1756 (1963).
8. S. KOIDE: J. Phys. Soc. Japan, **20**, 123 (1965).
9. D. P. SNOWDEN & H. SALTSBURG: Phys. Rev. Letters, **14**, 497 (1965).
10. M. W. VERNON & M. C. LOVELL: J. Phys. Chem. Solids, **27**, 1125 (1966).
11. I. G. AUSTIN, A. J. SPRINGTHORPE, B. A. SMITH & C. E. TURNER: Proc. Phys. Soc., **90**, 157 (1967).
12. R. W. WRIGHT & J. P. ANDREWS: Proc. Phys. Soc., **62**, 446 (1949).
13. R. R. HEIKES & W. D. JOHNSTON: J. Chem. Phys., **26**, 582 (1957).
14. S. VAN HOUTEN: J. Phys. Chem. Solids, **17**, 7 (1960).
15. E. G. SCHLOSSER: Z. Elektrochem. Ber. Bunsen Ges., **65**, 453 (1961).
16. G. M. SCHWAB & H. SCHMID: J. Appl. Phys., **33 suppl.**, 426 (1962).
17. D. P. SNOWDEN, H. SALTSBURG & J. H. PEREUE: J. Phys. Chem. Solids **25**, 1099 (1964).
18. P. J. THISTLEWAITE, K. R. TURNBULL & P. J. FENSHAM: Proc. 1st Australian Conf. Elektrochemistry, Pergamon Press ed., **44** (1964).
19. M. NACHMAN, F. G. POPESCU & J. RUTTER: Phys. Stat. Sol., **10**, 519 (1965).
20. J. DEREN & J. ZIOLKOWSKI: Bull. Acad. Pol. Sci., **14**, 443 (1966).
21. A. J. BOSMAN & C. CREVECOEUR: Phys. Rev., **144**, 763 (1966).
22. F. J. MORIN: Phys. Rev., **93**, 1195 (1954) Bull. Syst. Tech. J., **37**, 1047 (1958).
23. G. PARRAVANO: J. Chem. Phys., **23**, 5 (1955).
24. G. PARRAVANO: J. Am. Chem. Soc., **75**, 1452 (1952).
25. G. M. SCHWAB & J. BLOCK: Z. Physik. Chem. (Frankfurt) (N.S.), **1**, 42 (1954).
26. K. HAUFFE: Advances in Catalysis, **7**, 213 (1955); **9**, 187 (1957).
27. N. P. KEIER, S. Z. ROGINKII & I. S. SAZONOVA: Izvest. Akad. Nauk S.S.S.R., Otdel. Fiz. Nauk, **21**, 183 (1957).
28. M. E. DRY & F. S. STONE: Discuss. Farad. Soc., **28**, 213 (1959).
29. D. MEHANDJIEV & G. BLIZNAKOV: Compt. Rend. Acad. Bulg. Sci., **19**, 45 (1966).
30. A. BIELANSKI, R. DZIEMBAJ & J. SLOCZYNSKI: Bull. Adac. Pol. Sci. Chim., **14**, 569 (1966).
31. W. HERZOG & E. G. SCHLOSSER: Ber. Bunsen Phys. Chem., **71**, 352 (1967).
32. F. S. STONE: Advances in Catalysis, **13**, 1 (1962).
33. N. P. KEIER & L. N. KUTSEVA: Izvest. Akad. Nauk S.S.S.R., Otdel. Khim. Nauk, **23**, 797 (1959).
34. E. R. S. WINTER: Discuss. Farad. Soc., **28**, 183 (1959).
35. E. R. S. WINTER: J. Catalysis, **6**, 35 (1966).
36. P. G. DICKENS & T. K. HALSTEAD: Trans. Farad. Soc., **62**, 1620 (1966).
37. WANG HUNG-LI, HUANG KWEI-CHANG & LOU PEI-PEI: Scientia Sinica, **14**, 319 (1965).
38. P. AIGRAIN, C. DUGAS: Z. Elektrochem., **56**, 363 (1952). K. HAUFFE & H. ENGELL: ibid, **56**, 366 (1952). P. B. WEISZ: J. Chem. Phys., **20**, 1483 (1952). **21**, 1531 (1953). – T. TAKAISHI: Z. Naturforsch., **11a**, 286 (1956). – J. H. KRUSEMEYER & D. G. THOMAS: Phys. and Chem. Solids, **4**, 78 (1958).
39. E. H. ENIKEEV, J. L. MARGOLIS & S. Z. ROGINSKII: Dokl. Akad. Nauk S.S.S.R., **130**, 807 (1960).
40. A. BIELANSKI, J. DEREN & M. VOLTER: Kinet. i Cat., **5**, 743 (1964).
41. A. BIELANSKI, K. DYREK, Z. KLUZ, J. SLOCZYNSKI & T. TOBIASZ: Bull. Acad. Pol. Sci., **12**, 657 (1964).
42. A. BIELANSKI, K. DYREX & Z. KLUZ: Bull. Acad. Pol. Sci., **13**, 285 (1965).
43. A. BIELANSKI, J. DEREN, J. HABER & J. SLOCZYNSKI: Trans. Farad. Soc., **58**, 160 (1962).
44. J. DEREN & J. NOWOTNY: Bull. Acad. Pol. Sci., **15**, 115 (1967).

45. A. Bielanski, J. Deren, J. Haber & J. Sloczynski: Zesz. Nauk. Akad. Gorn, Hutn., Krakov, Ceram 6, **100**, 81 (1965).
46. Y. Iida, S. Ozaki & K. Shimada: Bull. Chem. Soc., Japan, **33**, 656 (1960).
47. Th. Wolkenstein: «Théorie électronique de la Catalyse sur les semiconducteurs» Masson ed., Paris (1961).
48. H. P. Rooksby & M. W. Vernon: Brit. J. Appl. Phys., **17**, 1227 (1966).
49. A. Merlin & S. J. Teichner: C. R. Acad. Sci. Paris, **236**, 1892 (1953).
50. G. El Shobaky, P. C. Gravelle, S. J. Teichner, Y. Trambouze & P. Turlier: J. Chim. Phys., **64**, 324 (1967).
51. P. C. Gravelle, G. El Shobaky, P. Turlier & S. J. Teichner: Actes 91eme Congr. Nat. Soc. Savantes **91**, 75 (1966).
52. G. El Shobaky, P. C. Gravelle & S. J. Teichner: Bull. Soc. Chim., 3244, 3251 (1967).
53. G. Jander & K. Jahr: Masoanalyse, Berlin, **1**, 89 (1940).
54. D. A. Pantony & A. Siddiqi: Talanta, **9**, 811 (1962).
55. S. J. Teichner & J. A. Morrison: Trans. Farad. Soc., **51**, 961 (1955).
56. P. C. Gravelle, G. El Shobaky & H. Urbain: C. R. Acad. Sci., Paris, **262**, 549 (1966).
57. B. H. Arghiropoulos & S. J. Teichner: J. Catalysis, **3**, 477 (1964).
58. P. C. Gravelle: J. Chim. Phys., **61**, 455 (1964).
59. G. El Shobaky, P. C. Gravelle, S. J. Teichner: J. Catalysis **14**, **4** (1969).
60. G. El Shobaky, P. C. Gravelle & S. J. Teichner: Intern. Oxidation Symp., San Francisco (1967). Adv. in Chem. Series, **76**, 292 (1968).
61. G. Parravano & M. Boudart: Advances in Catalysis, **7**, **47**, (1955).
62. K. Hauffe: »Reaktionen in und an Festen Stoffen«, Berlin, 147 (1955).
63. P. C. Gravelle, S. J. Teichner: J. Chim. Phys., **61**, 1098 (1964).
64. K. Klier: Coll. Czech. Chem. Com., **28**, 2996 (1963).
65. P. C. Gravelle & S. J. Teichner: J. Chim. Phys., **61**, 533 (1964).
66. N.P. Keier: Kinet. i. Kat., **1**, 221 (1960).

11. The Use of Lithium as an Altervalent Additive in Oxide Catalyst Research

R. I. BICKLEY and F. S. STONE

Department of Physical Chemistry, University of Bristol, Bristol, England

With 4 Figures and 4 Tables

Zusammenfassung

In dem vorliegenden Bericht wird eine Übersicht über die in der Literatur vorliegenden Arbeiten über die CO-Oxydation und den N_2O-Zerfall an Lithium-dotierten Nickeloxid gegeben. Die bemerkenswerten Diskrepanzen, die für diese Reaktionen immer wieder beobachtet wurden, machten darauf aufmerksam, daß der chemisorbierte Sauerstoff als maßgeblicher Reaktionspartner in verschiedenen Formen auftreten und der Einbau von Lithium ins Nickeloxidgitter Änderungen in der ionischen Struktur hervorrufen muß. Es wird auf die Verwendung von NiO-MgO-Mischkristallen hingewiesen, die im Gegensatz zu NiO eine vernachlässigbar kleine Abweichung von der Stöchiometrie zeigen. Hierdurch sind die halbleitenden Eigenschaften soweit herabgesetzt, daß sie auf die Tieftemperatur-Prozesse keinen nennenswerten Einfluß mehr haben können.

Es wird ausführlich über die Herstellung von $Ni_xMg_{1-x}O$-Mischkristallen ohne und mit Zusätzen von Li_2O berichtet, das im Vakuum entgast war. Das Ausmaß der Chemisorption von Sauerstoff als Funktion der Temperatur wurde an Proben untersucht, die unter Vakuum bei verschiedenen Temperaturen wärmebehandelt waren. Zum Vergleich wurden auch Chemisorptionsmessungen an reinem Li_2O ausgeführt. Es konnte beobachtet werden, daß das Ausmaß der Chemisorption an diesen Oxid-Gemischen zwischen 200 und 300° C viel größer ist als das bei 0° C.

Ein neuer Verlauf der Temperaturabhängigkeit der Chemisorption wird jedoch erhalten, wenn man die Mischoxide bei 750° C vorbehandelt. Hier tritt eine Abnahme der Chemisorption von 0° bis 300° C auf, die mit steigender Temperatur, d. h. oberhalb von 300° C, wieder zunimmt.

Abschließend werden die verschiedenen Einbau-Mechanismen von Li_2O diskutiert. An Hand der vorliegenden Versuchsergebnisse wird die Annahme vertreten, daß der Einbau von Li_2O das Entstehen von Anionen-Leerstellen und Defektelektronen zur Folge hat. Gerade das Vorhandensein von Sauerstoffionen-Leerstellen ermöglicht die Chemisorption von Sauerstoff, die zwischen 20 und 200° C ausgeprägt auftritt. Im Bereich niedriger Temperaturen wird das Auftreten von F-Zentren ähnlichen Störstellen diskutiert, die Sauerstoffionen-Leerstellen mit einem eingefangenen Elektron darstellen.

Abstract

A summary is given of the catalytic studies on CO oxidation and N_2O decomposition in which lithium-doped nickel oxide has been used as catalyst. The anomalies which exist require that attention be focussed on the different forms of oxygen chemisorption and on the changes in ionic environment which occur when lithium is incorporated. Experiments are reported in which a solid solution $Ni_xMg_{1-x}O$ has been mixed with outgassed lithium oxide in situ under vacuum, and the capacity towards oxygen chemisorption has been examined at various stages of heat treatment in vacuo up to 750° C. It is shown that an additional capacity for oxygen chemisorption develops even on contact at 20° C, and this becomes progressively more pronounced as the pre-treatment temperature is raised to 500° C. On doping at 750° C, however, a new process occurs, and different chemisorption characteristics are developed. The possible mechanisms of lithium incorporation are reviewed. It is proposed that, for Li-doping in vacuo, the formation of anion vacancies, populated at high temperatures with trapped electrons, determines the oxygen chemisorption behaviour.

1. Introduction

The principle of using the lithium ion as a dopent in transition metal oxides to bring about a controlled valency change of the cation was first described by VERWEY and co-workers in 1948 [1]. Lithium is an ideal choice for two reasons. Its ionic radius (0.68 Å) is sufficiently close to those of the divalent ions of the First Long Period (for example Ni^{2+}, with a radius of 0.69 Å) for it to enter readily into substitutional solid solution. Secondly, its ionisation energy (75 eV) is much larger than that of the third ionisation of the transition metals ($M^{2+} \rightarrow M^{3+} + e$), which is of the order of magnitude of 30–40 eV, so that its univalent charge is preserved and the cations of the host oxide are preferentially oxidised. Our chief concern in this paper is with nickel oxide, and there is abundant confirmatory evidence from the studies of electrical conductivity, thermoelectric power and Hall effect that positive holes are produced when lithium is incorporated [2–4], and that these holes are indeed generated in the Ni^{2+} levels rather than in the oxygen band [5, 6]. In chemical terms, therefore, one may regard charge balance as being preserved in the bulk of lithium-doped nickel oxide by the production of Ni^{3+} ions rather than by O^- ions, although it should be remembered that this situation may not necessarily obtain at the surface. It may be noted in passing that, in contrast to the divalent transition metal ions, the ionisation energy for the change $Mg^{2+} \rightarrow Mg^{3+} + e$ is 80 eV, rather greater than for $Li^+ \rightarrow Li^{2+} + e$, so that if lithium ions are incorporated in MgO, it is correspondingly more likely that charge compensation may be achieved in this case by the production of O^- ions.

The concept of a link between semiconductivity and catalysis was being actively pursued in various laboratories at the time when VERWEY introduced the controlled valency principle, and WAGNER [7] was the first to make direct use of doping catalysts with altervalent ions from this standpoint. Experiments on the effect of lithium doping on the catalytic activity of nickel oxide were soon taken up, and much work has been reported on this topic during the last fifteen years. Tables 1 and 2 summarise results obtained in

Table 1

Catalytic studies of CO oxidation on lithium-doped nickel oxide

Authors	% lithium M = mole % A = atom %	Highest temp. (°C) and time used in preparation	Temperature range used in catalysis (°C)	With respect to undoped NiO: Change in E (kcal/mole)	Change in k_0	Change in k at median temp. of range
PARRAVANO (1953) [8]	0.01 M %	640° 3 h	230–280	increase 14→18	—	—
SCHWAB & BLOCK (1954) [9]	up to 5 M %	850° 3 h	300–400	decrease*) 15→13	decrease*)	increase*)
KEIER, ROGINSKII & SAZONOVA (1957) [10]	up to 8 A %	900° 2 h	20–350	increase 5→20	increase	decrease
CIMINO, MOLINARI & ROMEO (1958) [11]	1 A %	950° 3 h	210–260	increase 13→19	— —	— —
DRY & STONE (1959) [12]	up to 2.8 A %	1000° 3 h	300–400	decrease 14→12	decrease	increase
EL SHOBAKY, GRAVELLE & TEICHNER (1967) [13]	10 A %	250° in vacuo 24 h	24	—	—	decrease

*) SCHWAB & BLOCK [9] present no data for pure NiO; the change has been inferred from studies on chromium-doped NiO, and E for undoped NiO has been interpolated.

CO oxidation and N_2O decomposition respectively. In each study the catalytic activity of the Li-doped nickel oxide has been compared with that of the corresponding undoped NiO. Most workers have evaluated activation energies (E), but we have also included the variations in pre-exponential factors (k_0) and in actual activities (k), where these are indicated. The variations in the temperature of preparation and time of heating should be noted, and it must be acknowledged that some studies have been more detailed than others. However, major disagreements are obviously present. The matter was reviewed at an early stage by PARRAVANO and BOUDART [19], and more recently by one of us [20], and it is clear that the observed differences are not explicable on any simple electronic basis.

It is significant that discrepancies occur both in the studies of CO oxidation (Table 1) and in N_2O decomposition (Table 2). The common factor is oxygen adsorption. This supports the view that the discrepant results are primarily reflecting the versatile role of oxygen (in being able to exist at the surface in different forms) rather than differences in the concentration or mobility of the positive holes in doped and undoped NiO. It was important, therefore, that direct studies of oxygen chemisorption on Li-doped NiO should be carried out, and several valuable investigations have been made in recent years. These are summarised in Table 3. With one exception, there is uniform agreement that the introduction of lithium ions into nickel oxide increases the amount of oxygen which can be chemisorbed. A boundary-layer model of adsorption with charge transfer predicts the opposite. Thus it is necessary to consider the changes in the *ionic* environment which occur when lithium is incorporated.

Information on the ionic situation comes from lattice parameter studies, and several definitive investigations have been made [6, 28–31]. Beyond about 0.1 atom % Li there is an isotropic contraction of the cubic unit cell as lithium is incorporated [28–30]. Thus, except for low lithium concentrations, the lattice parameter measurement is a very good way to characterise a lithium-doped NiO specimen. The uniform decrease in lattice parameter a_0 confirms the view that the Li^+ ions and the charge-balancing Ni^{3+}

Table 2

Catalytic studies of N_2O decomposition on lithium-doped nickel oxide

Authors	% lithium M = mole % A = atom %	Highest temp. (°C) and time used in preparation	Temperature range used in catalysis (°C)	With respect to undoped NiO: Change in E (kcal/mole)	Change in k_0	Change in k at median temp. of range
HAUFFE, GLANG & ENGELL (1952) [14]	up to 1 M %	900° 5 h	400–700	decrease 32→25	—	increase
	3 M %		700–800	increase 32→62	—	decrease
DEWING & CVETANOVIC (1958) [15]	up to 1 M %	1000° 3 h	350–500	decrease 8→6	—	—
WINTER (1959) [16]	0.01 M %	1050° 24 h	200–550	increase 21→30	increase	decrease
	5 M %			no change	no change	no change
KUBOKAWA, MATSUURA & TOYAMA (1961) [17]	up to 1 M %	1000° 4 h	350–550	no change 17	no change	no change
SAMAHA & TEICHNER (1966) [18]	up to 1 M %	250° in vacuo	250–270	increase 25→46	increase	decrease

Table 3

Oxygen chemisorption on lithium-doped NiO

Authors	% Li M = mole % A = atom %	Highest T (° C) and time used in prepn.	Range of T studied in chemisorption (° C)	Amount of adsorption with respect to undoped NiO
KEIER & KUTSEVA (1959) [21]	up to 8 A %	900° 2.5 h	200–360	increase
KUBOKAWA, MATSUURA & TOYAMA (1961) [22]	1 M %	1000° 4 h	200–300	no change
BIELANSKI, DEREN, HABER & SLOCZYNSKI (1962) [23]	up to 2.5 A %	from 500 to 1100 ° 2 h	500–1100	increase
WANG, HUANG & LOU (1965) [24]	4 A %	1000° 8 h	260	increase
WINTER (1966) [25]	up to 1 M %	650°	—78 to 400	increase
DICKENS & HALSTEAD (1966) [26]	up to 10 A %	1000° 8 h	250–350	increase
EL SHOBAKY, GRAVELLE & TEICHNER (1967) [27]	up to 10 A %	250° in vacuo 24 h	30	increase

ions (which have an appreciably smaller radius than Ni^{2+} ions) are both occupying the sites normally occupied by Ni^{2+}; that is, there is true substitutional solid solution. Three of the X-ray studies [6, 28, 31], however, give the additional information that the initial amounts of lithium incorporated (up to 0.1 atom %) produce an increase in a_0 compared to undoped NiO. This could be due either to the filling of cation vacancies present in undoped NiO (if NiO is non-stoichiometric) [28] or to interstitial accommodation of the lithium at low concentrations (if NiO is stoichiometric) [31]. Other studies have also implied that the initial amount of lithium incorporated is involved in a different solid-state process from that at higher dopent concentrations. DRY and STONE [12] noted that for NiO and Li-doped NiO treated identically the surface area was greater for a 0.1 atom % Li-NiO than for the undoped NiO, whilst more heavily Li-doped specimens showed areas smaller than undoped NiO by a substantial amount. A similar effect has since been observed by other workers [36, 31, 32]. ALSO, EATON and WINTER [32] have shown that lightly-doped NiO (0.01 mole %) suffers smaller changes of surface area on repeated use in CO–O_2 catalysis than more heavily doped nickel oxide.

A novel way in which further study of lithium incorporation and its effect on oxygen chemisorption may be made is to investigate the process of doping in situ. For this purpose there are advantages in using a dilute solid solution of NiO in MgO instead of NiO itself. In contrast to NiO, the dilute homogeneous solid solution $Ni_xMg_{1-x}O$ may be expected to show negligible deviation from stoichiometry. Moreover, the semiconducting characteristics are suppressed to a point where they are unlikely to contribute to low-temperature processes. This makes possible an independent test of the phenomenon of 'low-temperature doping' [18, 27] and has enabled us to study at which treatment-temperature lithium ions begin to exert an effect at the surface of a well-crystallised oxide particle. For this work it has been necessary to know the oxygen chemisorption characteristics of lithium oxide itself. As these had not previously been studied, they formed the subject of a parallel investigation which is reported in detail elsewhere [33].

2. Experimental

A solid solution $Ni_xMg_{1-x}O$ containing 1 atom % nickel (designated MN 1) was prepared by impregnating MgO with nickel nitrate solution and heating in air to 600° C for 40 hours and to 1200° C for 5 hours. Lithium oxide (Li_2O) was prepared by vacuum decomposition of lithium peroxide [33]. The surface areas of the solids, outgassed at 700° C, were 3.1 m^2/g (MN 1) and 0.7 m^2/g (Li_2O). An H-shaped adsorption vessel was constructed of 1 cm diameter tubing with the two lower limbs made of silica and the remainder of pyrex-glass: the silica limbs were attached just below the cross-piece by graded seals. The left-hand silica limb was coated on the inside with a gold film deposited by evaporation from a filament. The vessel could be joined to a vacuum line and adsorption apparatus through a stopcock and a ground-glass joint attached to the upper half (Fig. 1).

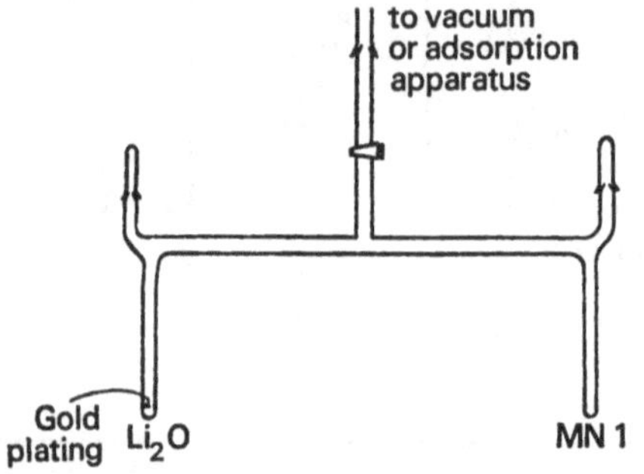

Fig. 1. Reaction vessel

The experimental procedure was to load the left-hand goldplated silica limb with 0.02 g Li_2O and the right-hand limb with 2.0 g MN 1. This was done in a dry box purged with nitrogen. After attachment of the vessel to the vacuum system, both limbs were simultaneously outgassed at 700° C for 2 hours. The purpose of the gold film was to protect the silica from attack by the lithium oxide during this treatment at high temperature. After cooling to 20° C and isolation, the evacuated vessel was detached from the vacuum system. The MN 1 specimen, which was a fine powder, was then transferred in vacuo to the left-hand limb by tilting the vessel. After shaking to obtain a preliminary mechanical mixing with the lithium oxide powder, the solid was transferred back to the right-hand limb and the mixture re-shaken. The vessel was then attached to the adsorption apparatus and oxygen adsorption was investigated over a range of temperature. This was carried out by admitting doses of oxygen at ca. 50 microns initial pressure and following the uptake with a Pirani gauge. The volume of the adsorption vessel was 350 ml. The gas was first admitted at 0°C; after 1 hour the temperature was rapidly raised to 100° C and left for a further hour to determine the extent of adsorption at the new temperature. The process was repeated at successive intervals of 100°. The adsorption rapidly reached a steady value at all temperatures.

The whole operation was repeated on fresh samples of MN 1 and Li_2O, using the same weights as before, but after mixing and before the adsorption measurements the mixture was in this case preheated in vacuo for 4 hours at 200° C. In later experiments with further fresh samples, the mixed solids were heated to yet higher temperatures before studying the adsorption (see below). The characteristics towards oxygen chemisorption of the pure MN 1 and the pure Li_2O were separately determined in prior experiments using a similar adsorption procedure to that described above. In this way it was possible to make a direct comparison of the change in activity produced by the mixing and temperature treatment.

Table 4
Sequence of heat treatments and oxygen chemisorptions on $Ni_xMg_{1-x}O$, Li_2O and their mixtures

Solid	Heat treatment in vacuo after mixing at 20° C but before the adsorptions	Range of temp. studied in the adsorption experiments
Pure MN 1	—	0° to 750° C
Pure Li_2O	—	0° to 700° C
Mixture 1	none	0° to 300° C
Mixture 2	(a) 200° C for 4 h	0° to 700° C*)
	(b) 750° C for 9 h	0° to 700° C
Mixture 3	500° C for 12 h (no gas evolved on heat treatment)	0° to 700° C
Mixture 4	750° C for 9 h (gas was evolved on heat treatment)	0° to 700° C

*) The mixture was taken above 700° C after completion of these adsorption experiments, and it was observed that gas was evolved from the solid at about 730° C. It was then outgassed at 750° for 9 h (Experiment b), and the surface area after this treatment fell to 2.2 m^2/g. Oxygen adsorption was then re-determined from 0° to 700° C.

The sequence of experiments is summarised in Table 4. The adsorption of oxygen on pure MN 1 (outgassed at 750° C) did not develop strongly until above 600° C. Adsorption on pure outgassed Li_2O, however, was very marked between 400° and 500° C. By simple addition, a curve was constructed defining the limit of oxygen chemisorption for the unmixed solids. This is shown as a broken line in Fig. 2. Fig. 2 also shows the results of the oxygen adsorption measurements after mixing at 20° C (Mixture 1). It is

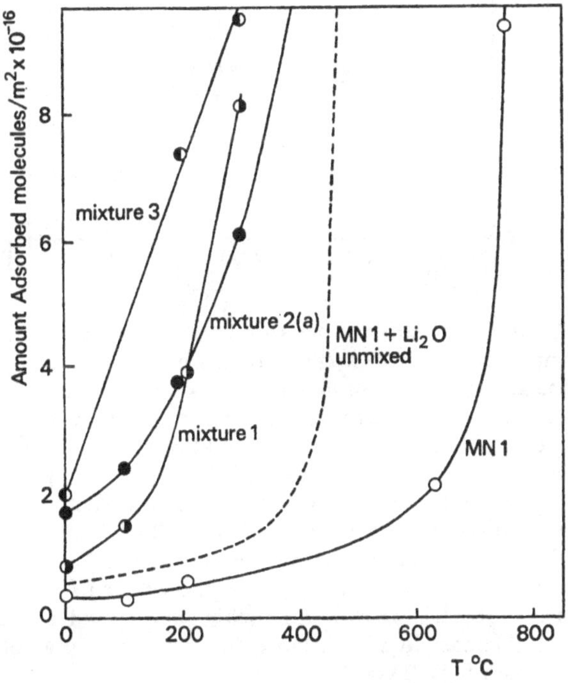

Fig. 2. Oxygen chemisorption as a function of temperature on $Ni_{0.01}Mg_{0.99}O$(MN1), unmixed MN 1 + Li_2O, and on Mixtures 1, 2(a) and 3

evident that there is an enhanced oxygen adsorption when the solids are placed in contact, even before they are heated. When the temperature is raised to 100° C, the synergistic effect is more pronounced. Thus, already at low temperatures, lithium activates the solid solution towards oxygen chemisorption. Fig. 2 also shows the results with Mixtures 2(a) and 3, which after mixing at 20° C had been pre-heated to 200° C and 500° C respectively. The chemisorption at 0° C is slightly greater for the cases where the mixture has been pre-heated. More striking is the magnitude of the synergistic effect in chemisorption at 200° and above. The chemisorption process evidently possesses an activation energy, since the amount of oxygen adsorbed on the 500° C pre-heated Mixture 3 is much greater at 200° and 300° than at 0° C. The result implies that a strong form of oxygen chemisorption becomes stable in this temperature range. It is not due to Li_2O itself, nor to MN 1, which adsorb poorly at these temperatures, but is a property of the mixture.

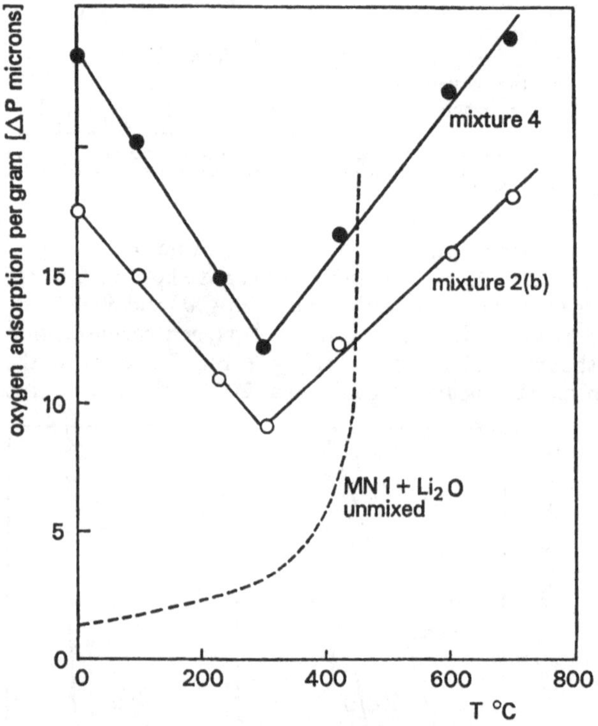

Fig. 3. Oxygen chemisorption as a function of temperature on Mixtures 2(b) and 4

A new feature arises when mixtures have been pre-heated to 750° C (Fig. 3). The results with mixtures 2 (b) and 4, which are in general agreement with one another, show that the adsorption of oxygen at 0° C is now greatly increased, and that there is a *decreasing* amount of adsorption as temperature is raised to 300° C. The falling trend is reversed above 300° C. Comparison with unmixed MN 1/Li_2O (broken line) is more qualitative in this case since the treatment of the mixture at 750° C reduced the surface area. The apparently lower oxygen adsorptions on Mixtures 2(b) and 4 at 600° and 750° C (in comparison with the unmixed MN 1/Li_2O) may not be a real effect. As indicated in Table 4, the vacuum treatment of the mixed solids at 500° C did not result in gas evolution. When, however, the mixtures were heated to 750° C, as in Experiments 2(b) and 4, gas was evolved. This was presumably oxygen, and it is logical to link this observation with the difference in adsorption characteristics below 300° C illustrated by the comparison between Figs. 2 and 3.

3. Discussion

Before discussing the results for the NiO–MgO solid solution, it is appropriate to summarise the most likely mechanisms for the incorporation of lithium ions into pure nickel oxide. These are best described with the help of diagrams (Fig. 4).

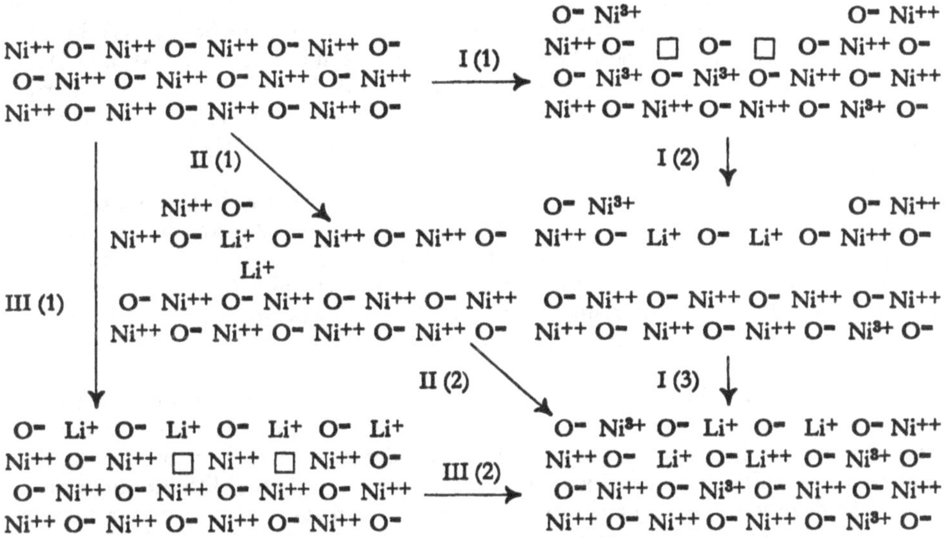

Fig. 4. Mechanisms for lithium incorporation

The first mechanism (Scheme I, Fig. 4) involves the stages:

I (1) – uptake of oxygen from the gas phase, creating two cation vacancies and four positive holes per molecule of oxygen incorporated (i.e. the rendering of NiO non-stoichiometric with excess oxygen). a_0, the lattice parameter, decreases.

I (2) – an *initial* uptake of lithium, during which the solid loses two cation vacancies, two positive holes and evolves $\frac{1}{2}O_2$ to the gas phase per molecule of Li_2O incorporated. a_0 increases as a result of this process.

I (3) – a *further* uptake of lithium, during which the solid gains two positive holes and absorbs $\frac{1}{2}O_2$ from the gas phase per molecule of Li_2O incorporated. There is a decrease in a_0.

Although not illustrated in Fig. 4, it should be recognised that the lithium ions are distributing themselves randomly in the bulk during these processes, if the temperature is high enough. Scheme I is essentially the sequence proposed by Brownlee and Mitchell [28] to account for the observed lattice parameter changes.

A second mechanism (Scheme II), advanced by Bielanski and co-workers [31], is as follows:

II (1) – an *initial* uptake of lithium, in which one interstitial Li^+ ion is created per molecule of Li_2O incorporated. a_0 increases.

II (2) – a *further* uptake of lithium, in which the solid absorbs one molecule of oxygen from the gas phase per molecule of Li_2O incorporated. The solid gains four positive holes. a_0 decreases.

A third mechanism [31] (Scheme III) may be advanced, in which the sequence is:

III (1) – uptake of two molecules of lithium oxide, creating two *anion* vacancies. a_0 would presumably decrease.

III (2) – uptake of one molecule of oxygen from the gas phase, together with the production in the solid of four positive holes. a_0 decreases.

The initial and final states are the same in Schemes I, II and III. The same schemes have recently been summarised by El Shobaky, Gravelle and Teichner [35], though in less detail. It should be noted that Schemes II and III do not invoke the capacity of nickel oxide to become non-stoichiometric, and in both of them the first stage does not require the participation of gaseous oxygen. In other words, these stages could take place in vacuo. Overlap between the schemes can occur, so the observed small increase of a_0 at low Li concentrations does not rule out a contribution from Scheme III. Indeed, as already pointed out elsewhere [12], the formation of anion vacancies, if only incipiently, may be instrumental in bringing about the marked sintering which occurs during heavy lithium doping. Sintering is a process in which both cations and anions must migrate, and the diffusion of the large oxygen ions ($r = 1.40$ Å) is likely to be the limiting step. Schemes I and II do not offer scope for anion diffusion.

The significance of the present work can now be seen more clearly. Our choice of experimental conditions represents an attempt to preclude Scheme 1 (a) by using a solid less susceptible to non-stoichiometry than NiO and (b) by doping in situ in vacuo. This opened up the possibility to examine in isolation the viability of the first stages of Schemes II and III, and by studying the effect of doping temperature we hoped to obtain results which would afford some discrimination to be made between Schemes II and III.

Let us now consider the results. We conclude from our experimental observation of a doping effect on mixing at low temperatures, where an unmistakeable capacity for strong, activated chemisorption of oxygen already develops (Fig. 2), that Scheme III is operating. It is difficult to imagine that interstitial incorporation of lithium (Scheme II) could occur in the range of temperature between 20° and 200° C. Thus in our view the strong chemisorption represents the uptake of oxygen into anion vacancies. In doped NiO this process would ordinarily be accompanied by the production of Ni^{3+} ions; in doped $Ni_xMg_{1-x}O$ this will occur rather less easily and at low temperatures may even be replaced by the abstraction of electrons from the lattice oxygen ions:

$$\tfrac{1}{2}\,O_2 + \square\,(\overset{=}{O}) + \overset{=}{O}_L \rightarrow 2\,\overset{-}{O}_L$$

In a recent paper, El Shobaky, Gravelle and Teichner [34] also propose that Scheme III (1) is operating in the case of the oxygen adsorption observed on their high-area NiO doped with lithium ions in vacuo at 250° C. In our work we have taken the temperature of Mixtures 2(a) and 3 progressively up to 700° C, and oxygen uptake continues. We suggest that this stage is represented by the gradual conversion according to Scheme III (2) to the final state illustrated in Fig. 4 (with, of course, appropriate replacement of 99% of the nickel ions by Mg^{2+} ions).

A new effect appears if the doping is carried out in vacuo at high temperatures (Fig. 3). At first thought this could be due to the intrusion of Scheme II. However, interstitial penetration of Li^+ ions in NiO or $Ni_xMg_{1-x}O$ (which have the same structure) demands that the small tetrahedral interstices of the rock-salt structure should be occupied by ions which, relatively speaking, are large for such positions. Moreover, Scheme II does not readily enable us to account for the evolution of oxygen which apparently occurs on incorporation at 750° C (Table 4). We offer the suggestion that Scheme III (1) again operates, followed at high temperatures (approaching the dissociation temperature of Li_2O) by the population of the anion vacancies with electrons from surface oxide ions:

$$2\,\overset{=}{O}_s + 2\,\square\,(\overset{=}{O}) \rightarrow 2\,\overset{-}{O}_s + 2\,\boxed{e}$$

$$2\,\overset{-}{O}_s + 2\,\square\,(\overset{=}{O}) \rightarrow 2\,O_s + 2\,\overline{e|}$$

$$O_s + O_s \rightarrow O_2\,(g)$$

The process creates uncharged oxygen atoms which combine as O_2 molecules and desorb from the surface. Thus the state of the solid solution after vacuum treatment at 750° C and removal of evolved oxygen can be represented as:

$O^{=}$ Mg^{++} $O^{=}$ Li^{+} Li^{+} $O^{=}$ Ni^{++}

Mg^{++} $O^{=}$ Mg^{++} $\boxed{e}$ Mg^{++} $O^{=}$ Mg^{++} $O^{=}$

$O^{=}$ Mg^{++} $O^{=}$ Li^{+} $O^{=}$ Ni^{++} $\boxed{e}$ Mg^{++}

Li^{+} $O^{=}$ $Mg^{++}O^{=}$ Mg^{++} $O^{=}$ Mg^{++} $O^{=}$

The new centres so produced will be analogous to F-centres. Such a solid will now presumably adsorb oxygen as O_2^- or O^- when cooled to 0° C and exposed to a fresh supply of the gas, as the anion vacancies near the surface will contribute the electrons. The number of molecules which adsorb is very much less than the number of possible F-centres. The experimental amount is accounted for if less than 1 in 10^3 of the Li^+ ions available generates vacancies by Scheme III (1). It is known from recent electron spin resonance studies that F-centres near the surface in MgO (the so-called S-centres) can yield electrons for low temperature oxygen adsorption [35]. As the temperature is raised, there is first a desorption of this weakly held gas (Fig. 3). When the temperature is high enough, however, the process of oxygen uptake into the anion vacancies dominates the behaviour, and the system again passes to the analogue of the final state illustrated in Fig. 4, where the oxygen lattice is complete and Li^+ on normal cation sites is charge-balanced by Ni^{3+} on normal cation sites. In this way it is possible to account for the minimum in Fig. 3.

The formation of anion vacancies which we have emphasised here will also have consequences for the doping experiment in air if the incorporation of lithium is more rapid than the incorporation of oxygen. With lithium-doped NiO this is quite likely, since the interdiffusion of the small cations (which distributes the lithium) is almost certainly an easier process than the diffusion of the large O^{2-} ions. It has already been mentioned that the well-known sintering effect of lithium could be a manifestation of the interplay of both cation and anion vacancies. Inasmuch as the steady-state anion vacancy concentration will be a function of temperature, oxygen pressure and time of heat treatment, we suggest that variations in this quantity may well be contributing to the anomalies found in the catalytic studies on CO oxidation and N_2O decomposition.

Data in Table 3 indicate that chemisorption of oxygen on an outgassed surface of lithium-doped oxide which has been previously equilibrated at a high temperature in air (the final state of Schemes I–III) is more extensive per unit surface than on NiO. CIMINO, SCHIAVELLO and STONE [36] have noted the same trend for the comparison between $Ni_xMg_{1-x}O$ and lithium-doped $Ni_xMg_{1-x}O$. This suggests that the effect may be due to the strong Coulombic attraction between adsorbed oxygen ions and Ni^{3+} ions. Moreover, bearing in mind that the Ni^{3+} ion, with a d^7 electronic configuration, is probably in a spin-paired state due to the high Dq of Ni^{3+}, the crystal field stabilisation energy in the octahedrally-co-ordinated state at the surface is at the very high strong-field value of —18 Dq. This should greatly favour oxygen adsorption on (110) planes or at steps on (100) planes [36, 37].

To sum up, our impression in reviewing previous studies of the effect of lithium additions in catalytic work is that until a few years ago too little attention had been paid to the ionic solid-state consequences of the lithium doping. There is the hope that this will soon be rectified. It is vitally important that these processes should be understood and brought under reproducible control if tests of the electronic theory of catalysis [38] using dopent effects are to be meaningful. It is equally important to acknowledge that this is not a simple task.

Acknowledgments

The authors are idebted to Professor A. Cimino for stimulating discussions. They also thank Mr. J. C. Vickerman for surface area measurements. The work was supported by an award under the N.A.T.O. Research Grants Programme.

Literature

1. E. J. W. Verwey, P. W. Haayman & F. C. Romeyn: Chem. Weekblad, **44**, 705 (1948).
2. E. J. W. Verwey, P. W. Haayman, F. C. Romeyn & G. W. van Oosterhout: Philips Res. Rep., **5**, 173 (1950).
3. G. Parravano & C. A. Domenicali: J. Chem. Phys. **26**, 359 (1957).
4. E. G. Schlosser: Ber. Bunsen Ges., **65**, 453 (1961).
5. S. van Houten: J. Phys. Chem. Solids, **17**, 7 (1960).
6. Ya. M. Ksendov, L. M. Anselm, L. L. Vasileva & V. M. Latysheva: Fiz. Tverd. Tela, **5**, 1537 (1963).
7. C. Wagner: J. Chem. Phys., **18**, 6 (1950).
8. G. Parravano: J. Amer. Chem. Soc., **75**, 1448, 1452 (1953).
9. G. M. Schwab & J. Block: Z. phys. Chem. (Frankfurt), **1**, 42 (1954).
10. N. P. Keier, S. Z. Roginskii & I. S. Sazonova: Izvest. Akad. Nauk (Otdel. Fiz. Nauk), **21**, 183 (1957).
11. A. Cimino, E. Molinari & G. Romeo: Z. phys. Chem. (NF), **16**, 101 (1958).
12. M. E. Dry & F. S. Stone: Disc. Faraday Soc., **28**, 192 (1959).
13. G. El Shobaky, P. C. Gravelle & S. J. Teichner: private communication, G. El Shobaky, Thesis, Lyon 1967.
14. K. Hauffe, R. Glang & H. J. Engell: Z. phys. Chem. **201**, 223 (1952).
15. J. Dewing & R. J. Cvetanovic: Canad. J. Chem., **36**, 678 (1958).
16. E. R. S. Winter: Discussions Faraday Soc., **28**, 183 (1959).
17. Y. Kubokawa, I. Matsuura & O. Toyama: Bull. Univ. Osaka Prefec., **9A**, 51 (1961).
18. E. Samaha & S. J. Teichner: Bull. Soc. Chim. France, 672 (1966).
19. G. Parravano & M. Boudart: Adv. Catalysis, **7**, 47 (1955).
20. F. S. Stone: Adv. Catalysis, **13**, 1 (1962).
21. N. P. Keier & L. N. Kutseva: Izv. Akad. Nauk (Otdel. Khim. Nauk), 797 (1955).
22. Y. Kubokawa. I. Matsuura & O. Toyama: Bull. Univ. Osaka Prefec., **9A**, 45 (1961).
23. A. Bielanski, J. Deren, J. Haber & J. Sloczynski: Trans. Faraday Soc., **58**, 166 (1962).
24. H. Wang, K. Huang & P. Lou: Scientia Sinica, **14**, 319 (1965).
25. E. R. S. Winter: J. Catalysis, **6**, 35 (1966).
26. P. G. Dickens & T. K. Halstead: Trans. Faraday Soc., **62**, 1620 (1966).
27. G. El Shobaky, P. C. Gravelle & S. J. Teichner: Bull. Soc. Chim. France, 3244 (1967).
28. L. D. Brownlee & E. W. J. Mitchell: Proc. Phys. Soc., **65B**, 710 (1952).
29. J. B. Goodenough, D. G. Wickham & W. J. Croft: J. Phys. Chem. Solids, **5**, 107 (1958).
30. Y. Iida, S. Ozaki & K. Shimada: Bull. Soc. Chim. Jap., **33**, 656 (1960).
31. A. Bielanski, K. Dyrek, Z. Kluz, J. Sloczynski & T. Tobiasz: Bull. Acad. Sci. Polon. (Ser. Chim.), **12**, 657 (1964).
32. L. D. Eaton & E. R. S. Winter: J. Catalysis, **4**, 552 (1956).
33. R. I. Bickley & F. S. Stone: Trans. Faraday Soc., **64**, 3393 (1968).
34. G. El Shobaky, P. C. Gravelle & S. J. Teichner: Bull. Soc. Chim. France, 3251 (1967).
35. R. L. Nelson, A. J. Tench & B. J. Harmsworth: Trans. Faraday Soc., **63**, 1427 (1967).
36. A. Cimino, M. Schiavello & F. S. Stone: Discussions Faraday Soc., **41**, 350 (1966).
37. J. Haber & F. S. Stone: Trans. Faraday Soc., **59**, 192 (1963).
38. Th. Wolkenstein: Advances in Catalysis, **12**, 189 (1960).

12. Relations between the Electronic and Catalytic Properties of the Semiconducting Oxide Catalysts

A. Bielański

Jagellonian University, Kraków, Poland

J. Dereń

School of Mining and Metallurgy, Kraków, Poland

With 10 Figures and 1 Table

Zusammenfassung

Im Referat werden die Ergebnisse einer längeren Untersuchungsserie dargestellt, die das Ziel verfolgte, die katalytischen und physikalisch-chemischen Eigenschaften verschiedener Li-dotierter Nickeloxidpräparate zu erforschen. Die Präparate wurden durch Erhitzen entsprechender Gemische von basischem Nickelkarbonat und von Li_2CO_3 auf 1000° C hergestellt. Die Herstellungsbedingungen gewährleisteten eine gute Homogenisierung der festen Lösung und verhinderten einen Überschuß an Li_2O an der Oberfläche der NiO-Körner. Der nach der Adsorption und Desorption (im Vakuum bei 400° C) in den Probekörpern vorhandene Gehalt an überschüssigem Sauerstoff wurde jodometrisch nach dem Bunsen-Rupp-Verfahren bestimmt. Weitere Bestimmungen umfaßten folgende Meßgrößen: die spezifische Oberfläche, die Gitterkonstante, die magnetische Suszeptibilität, die thermoelektrische Kraft und die Austrittsarbeit sowohl in einer Sauerstoffatmosphäre als auch im Vakuum. Es wurde auch die Kinetik der katalytischen Oxydation von CO zu CO_2 untersucht.

Probekörper mit einem Li-Gehalt über 0,1–0,2 At. % enthielten stets Sauerstoffatome, die ins Gitter nach der allgemeinen Gleichung

$$Li_2O + \tfrac{1}{2}\,O_2\,(gas) = 2\,Li\,|Ni|' + 2\,|e|^{\bullet} + 2\,NiO$$

eingebaut wurden.

Bei Einführung kleinerer Li-Mengen konnte auf analytischem Wege kein eingebauter überschüssiger Sauerstoff nachgewiesen werden. Es kamen hier zwei mögliche Mechanismen in Betracht, nach welchen das Lithium in das NiO-Gitter ohne gleichzeitigen Einbau von Sauerstoff aufgenommen wurde: Bildung einer festen Lösung, in welcher wenigstens die Hälfte der Li-Ionen Zwischengitterplätze einnimmt

$$Li_2O = Li\,|Ni|' + Li^{\bullet} + NiO$$

und zweitens Bildung einer festen Lösung, in welcher die Li-Ionen die Kationengitterplätze besetzen unter gleichzeitiger Erzeugung einer entsprechenden Anzahl von Leerstellen im Anionenteilgitter:

$$Li_2O = 2\,Li\,|Ni|' + |O|^{\bullet\bullet} + 2\,NiO$$

Die Tatsache, daß kleine Mengen des eingebauten Lithiums die Gitterkonstante vergrößern, scheint für die erste dieser beiden Möglichkeiten zu sprechen. Bei größeren Lithiummengen (über 0,1–0,2%) jedoch nimmt die Gitterkonstante ab, weil nunmehr im Gitter in größerer Anzahl Ni^{3+}-Ionen auftreten, die ja bedeutend kleiner sind als die Ni^{2+}-Ionen.

Auf Grund der Bestimmungen der Größe der thermoelektrischen Kraft konnte die Lage des Fermipotentials im Innern der NiO-Kristalle im Bezug auf das $3d^8$-Niveau berechnet werden. Mit zunehmender Li-Konzentration nimmt diese Größe monoton ab, was auf Bildung von Akzeptorenzentren im Kristallinnern hinweist. Die auf Grund der Bestimmungen der Austrittsarbeit berechnete Lage des Fermipotentials an der Oberfläche nimmt nur im Bereich kleiner Lithium-Konzentrationen ab. Oberhalb 0,2 At. % Li verschiebt sich das Fermipotential langsam nach oben, was darauf hinweist, daß in diesem Konzentrationsbereich in der direkt mit der Kristalloberfläche angrenzenden Schicht Donatoren-Zentren gebildet werden.

Die scheinbare, oberhalb 200° C ermittelte Aktivierungsenergie der katalytischen Oxydation von CO zu CO_2 ändert sich in Abhängigkeit von der Li-Konzentration den Änderungen der Lage des Fermipotentials parallel. Lineare Abhängigkeit der scheinbaren Aktivierungsenergie-Änderungen und der Änderungen der Lage des Fermipotentials an der Oberfläche weist darauf hin, daß im gegebenen Falle die Reaktion als eine Donatoren-Reaktion vom p-Typ nach der Klassifikation von Wolkenstein angesehen werden muß.
Auf Grund einer eingehenden Analyse der kinetischen Daten sowie auch der Daten, die die elektronischen Eigenschaften der untersuchten NiO-Probekörper illustrieren, kann geschlossen werden, daß für die katalytische Oxydation von CO in dem untersuchten Falle eine Oberflächenreaktion geschwindigkeitsbestimmend ist, die auf der Überführung der Elektronen von den adsorbierten Sauerstoffatomen zu dem Katalysator beruht:

$$CO\,(ads) + O^-\,(ads) + |e|^{\bullet} = CO_2\,(ads)$$

Abstract

The paper describes an extensive study of the physicochemical and catalytic properties of a series of lithium doped nickel oxide samples. The samples were prepared in a way ensuring homogeneity of the solid solution and excluding the presence of other solid phases. It has been shown that small amounts of lithium (up to 0,1–0,2 atom %) in the course of calcination at 1000° C are incorporated into the lattice mainly interstitially while larger ones substitutionally with simultaneous formation of Ni^{3+} ions. The measurements of thermoelectric power and work function have shown that the position of the Fermipotential in the bulk with respect to the energy bands decreases monotonically with increasing concentration of Li. On the other hand, the parallel shift of the surface Fermipotential is observed only under the influence of small additions of Li. More than 0,13 atom % Li shifts the Fermipotential in the opposite direction. The study of catalytic carbon monoxide oxidation showed a maximum in the activity and minimum in the energy of activation corresponding to the minimum in the position of the surface Fermipotential. The manner in which doping modifies the catalyst does not lead to a change of mechanism by monotonous variation of surface Fermipotential but results from the non-monotonous shift of Fermipotential without a change of mechanism of the catalytic reaction. The paper gives full discussion of the relations between catalytic activity and electronic properties of the catalysts.

1. Introduction

Doping semiconducting oxide catalysts with altervalent metal additives belongs to the methods most frequently used for verification of the predictions of the electronic theory of chemisorption and catalysis. By introducing the additives into the lattice, we change the position of the Fermipotential of the catalyst and in this way influence its adsorptive properties and catalytic activity. Assuming that the direction in which doping changes the position of Fermipotential is known and knowing the changes in catalytic activity we may, in principle, determine the nature of rate determining step.
An essential advantage of this method consists in the fact that in a given series of doped samples prepared in the same way the structure of the crystal lattice remains the same thus eliminating the influence of the structural and geometrical factors.
Such experiments were carried out and published by numerous authors. The results were however not always clear and in a many cases it was not possible to give them an unequivocal and straight-forward interpretation. Discrepancies between the results obtained in various laboratories were often striking.
Obviously, it does not mean that the principle of the method, consisting in studying the influence of doping on catalytic activity, is wrong. The difficulties must rather be attributed to the complexity of the systems studied. First, doping may influence not only the position of Fermipotential but also some other physico-chemical properties, such as magnetic properties, specific surface area, diffusion in the lattice of solid catalyst etc.

Each of these factors, independently of the position of Fermipotential, may influence the behaviour of the catalyst in the course of the catalytic reaction. In addition, the method according to which the catalyst is prepared must also be carefully studied in order to avoid serious mistakes. For example, in doping nickel oxide with lithium oxide under conditions described in most of the papers the diffusion of Li_2O into the NiO lattice was not complete and some lithium oxide remained at the surface of the catalyst thus giving a system composed of two phases.
It seems, therefore, that any catalytic experiments with a series of doped semiconducting oxide catalysts must be preceded by a thorough study of methodics of doping, by a study of general physico-chemical properties of the samples, and last but not least, by controlling experimentally the changes in the Fermipotential which may in reality differ from those expected on the basis of a simplified theoretical model.
In the investigations which will be described in the present paper, the team headed by the present authors aimed to meet such requirements by studying various aspects of physico-chemical, electronic and catalytic properties of lithium doped nickel oxide. This system was the object of classical papers of DE BOER and VERWEY, and the problem of its physico-chemical properties has been tackled since by many other authors. Numerous discrepancies in the litterature and the scarcity of catalytic investigations using samples whose properties were sufficiently well known justified a new study of this system.

2. Preparation of the Samples [1]

The samples of pure and doped nickel oxide were prepared by the calcination of pure basic nickel carbonate or of basic nickel carbonate impregnated previously with the appropriate amounts of Li_2CO_3 solution. The temperature of calcination, 1000° C, was chosen on the basis of our earlier investigations [2] [3] in which it was shown that this temperature is sufficiently high to ensure relatively fast diffusion and homogenisation in the crystallites but at the same time low enough to prevent appreciable evaporation of Li_2O, which might result in a decrease of Li-concentration in the surface layer of NiO grains in the course of prolonged heating. After calcination of the samples for 2 hours at 400° C and 4 hours at 1000° C they were washed with hot water and again heated for 1 hour at 1000°. The details concerning the method of preparing the samples were given in paper [1].
The homogenity of the distribution of lithium in NiO grains has been tested in the following way. A sample was treated with hydrochloric acid until about one third or half of the sample was dissolved, the residue was filtered off and then dissolved in a separate portion of acid. Almost the same Li/Ni ratio found in both solutions was proof that lithium was distributed evenly in the solid solution.
In the final preparations lithium content was determined using a flame photometric method. Their specific BET surface areas were calculated from the adsorption isotherms of krypton taken at 80° K. The excess oxygen was determined using the BUNSEN-RUPP iodometric method [4]. Excess oxygen may be either introduced into the lattice according to the equations:

$$\tfrac{1}{2} O_2 \rightarrow NiO + |Ni|'' + 2\,|e|^{\bullet} \tag{1}$$

$$\tfrac{1}{2} O_2 + Li_2O \rightarrow 2\,NiO + 2\,Li\,|Ni|' + 2\,|e|^{\bullet} \tag{2}$$

or chemisorbed at the surface in the form of O^-, O_2^- or (less probably) O^{2-} ions:

$$\tfrac{1}{2} O_2 \rightarrow O^- \text{(ads)} + |e|^{\bullet} \tag{3}$$

$$O_2 \text{(gas)} \rightarrow O_2^- \text{(ads)} + |e|^{\bullet} \tag{4}$$

$$\tfrac{1}{2} O_2 \text{(gas)} \rightarrow O^{2-} \text{(ads)} + 2\,|e|^{\bullet} \tag{5}$$

The BUNSEN-RUPP method is, in fact, a method of determining Ni^{3+} ions, which may be thought of as the positive hole $|e|^{\bullet}$ localized at a Ni^{2+} ion. The results were expressed as atom percentage of excess oxygen assuming that two Ni^{3+} ions corresponded to one atom of oxygen. The determinations were carried out both on samples prepared by calcination of basic nickel carbonate in air and having the surface covered with chemisorbed oxygen, and on samples from the surface of which chemisorbed oxygen had been previously desorbed in vacuo at 400° C (30 min). The device constructed by DEREN, HABER and SLOCZYNSKI [5] enabled to carry out further analysis in a current of nitrogen, without exposing the sample to the air.

X-ray powder diagrams of the samples were taken using K_{α} radiation of copper and the lattice constant calculated using the method proposed by NEDOMA [6]. Magnetic susceptibility was studied within the temperature range 90–680° K using GOUY's method.

3. The Mechanism of Incorporation of Lithium [1], [7]

The data concerning the total content of excess oxygen are given in column 4 of Table 1. It is seen that no excess oxygen was detected in pure NiO using BUNSEN-RUPP method,

Table 1

No. of the sample	Concentration of addition atom %	Specific surface area m^2/g	Concentration of excess oxygen atom %		Oxygen desorbed in vacuo at 400° atoms/m^2	Lattice parameter Å
			before desorption of oxygen	after desorption of oxygen		
1	2	3	4	5	6	7
1	pure NiO	0.422	not detected		—	4.169±0.001
			Lithium doped samples			
2	0.025	0.507	0.01	not. det.	1.6×10^{18}	4.175±0.001
3	0.07	0.528	0.03	not. det.	4.7×10^{18}	4.177±0.002
4	0.13	0.502	0.05	0.03	2.7×10^{18}	4.182±0.001
5	0.24	0.476	0.12	0.07	7.6×10^{18}	4.175±0.001
6	0.38	0.419	0.19	0.15	7.7×10^{18}	—
7	0.85	0.432	0.37	0.33	8.3×10^{18}	4.173±0.001
8	3.40	0.367	1.93	1.70	53.8×10^{18}	4.169±0.001

in agreement with paper [2]. One cannot conclude, however, that the excess oxygen was not present at all in this sample. The only information about the unknown value of nonstoichiometry of our NiO sample is that the concentration of excess oxygen cannot be higher than the limit of sensivity of the analytical method, which is 0,01 atom %. Lithium doped samples always contained iodometrically detectable excess oxygen, the total content of which was generally a little lower than that calculated from the lithium concentration on the basis of Equation (2). The only exception was sample No. 8 with 3,40 atom % of Li, i.e. containing more excess oxygen than expected from [2].

Column 6 of table 1 summarizes the data concerning the amount of excess oxygen desorbable in vacuo at 400° C. For the sake of simplicity it is expressed as the number of O^{2-}ions per square meter (each O^{2-} corresponds to two Ni^{3+} ions). The assumption that oxygen is chemisorbed as O^- or O_2^- ions would give twice or four times larger coverage, respectively. The concentration of chemisorbed oxygen calculated for samples No. 1–7 does not exceed monolayer coverage which is about 11×10^{18} atoms/m^2, whereas in the case of the sample No. 8 containing 3,40 atom % of Li the amount of desorbable oxygen is nearly five times larger than monolayer which proves that in this case not only chemisorbed oxygen but also lattice excess oxygen had been given off in vacuo. A similar result was obtained previously [2] with NiO samples containing 1,4 and 2,5 atom % of Li. It evidently shows that the mobility of lattice elements and the diffusion of defects is strongly increased by the presence of Li^+ ions in the solid solutions. It should be mentioned here that KEIER observed increased isotopic exchange of oxygen in the case of Li-rich samples [8] and postulated increased concentration of anionic vacancies in them.

The data showing the concentration of excess oxygen present after desorption (lattice excess oxygen) are collected in column 5 of table 1. It is seen that in all cases, with the exception of sample No. 8, the amount of lattice excess oxygen is lower than the amount which could be calculated from the Li content on the basis of Equation (2).

PARRAVANO and BOUDART [9] postulated that the dissolution of initial portions of Li_2O in nonstoichiometric NiO consists in filling up cationic vacancies with Li^+ ions. Such vacancies would be generated earlier by the reaction (1) and their filling up is accompanied by the disappearing of equivalent number of Ni^{3+} ions:

(6) $$Li_2O + 2\,|Ni|'' + 2\,|e|^{\bullet} = 2\,Li\,|Ni|' + \tfrac{1}{2}\,O_2$$

As already mentioned, pure nickel oxide could contain an amount of excess oxygen and hence of cationic vacancies, not exceeding 0,01 atom %. Incorporation of 0,025 or 0,07 % of Li (samples No. 2 and 3) into the lattice according to (6) would be possible only if, after the cationic vacancies present in pure NiO which is evidently the primary product of decomposition of nickel carbonate had filled up, new vacancies would be created according to (1). The sequence of processes (1) and (6) is however equivalent to reaction (2) and for each Li^+ ion incorporated in this way one Ni^{3+} ion would be generated. In the case of samples No. 2 and 3 we should, therefore, detect a certain concentration of Ni^{3+} with the BUNSEN-RUPP method. The fact that, after desorption of chemisorbed oxygen, no excess oxygen has been detected in either of the samples shows that besides mechanisms (6) and (2) some other mechanism of dissolving Li_2O in NiO, without simultaneous incorporation of excess oxygen, must exist. Two mechanisms may be proposed. According to one of them Li^+ ions would occupy interstitial positions:

(7) $$Li_2O \rightarrow Li\,|Ni|' + Li^{\bullet} + NiO$$

and thus contribute to the expansion of the lattice. The second possibility involves the formation of anionic vacancies:

(8) $$Li_2O \rightarrow 2\,Li\,|Ni|' + 2\,NiO + |O|$$

This process would contribute to shrinking of the lattice and decrease in the lattice parameter.

In the light of these results the shape of the curve in Figure 1b may be discussed. Similar maximum of lattice parameter at low lithium concentrations as it is seen in Figure 1b was observed by BROWNLEE and MITCHELL [10]. These authors attributed the increase in the lattice parameter, caused by the small amounts of dopent, to the filling up of the cationic vacancies existing in pure NiO in connection with its nonstoichiometry (Equation 1). They did not however realize that in preparations obtained by calcination of nickel carbonate at 900 or 1000° the nonstoichiometry is practically limited to the surface and the concentration of lattice vacancies in the bulk of crystallites is lower than 0,01 atom %. Such a small number of cationic vacancies would be filled up already in the sample No. 2 and there would be no satisfactory explanation for the further increase in lattice constant which is observed in samples No. 3 and 4. In the case of these samples,

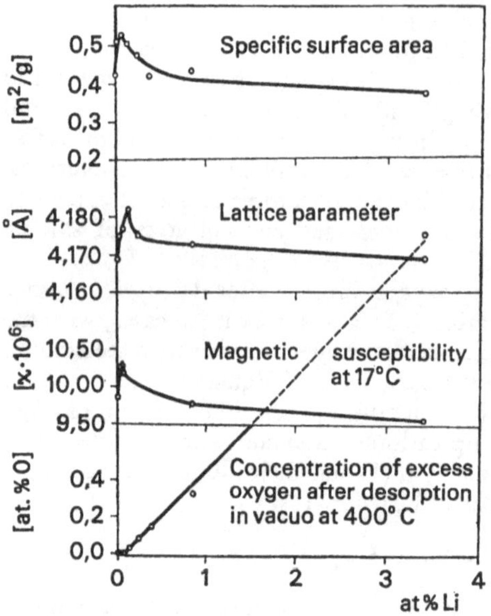

Fig. 1. a – specific surface area, b – lattice parameter, c – magnetic susceptibility and d – concentration of excess oxygen after desorption of chemisorbed oxygen; all these values as function of lithium concentration in the sample

lithium, as already stated, is incorporated without creation of Ni^{3+} ions which suggests that beside mechanism (6), mechanism (7) or (8) is also operating. From the mechanisms (7) and (8), only the former may cause an increase of lattice parameter and presents, therefore, a plausible explanation of the X-ray data. The descending portion of the curve 1b corresponds to the samples containing more than 0,13 atom % of Li. Here incorporation of lithium is accompanied by the creation of Ni^{3+} ions and we have to assume the mechanism described by Equation (2), according to which Li-atoms occupy cationic sites in the lattice. In this position they do not contribute to the change in the lattice parameter as the ionic radii of Li^+ and Ni^{2+} are very close ($r_{Li^+} = 0{,}68$ Å, $r_{Ni^{2+}} = 0{,}69$ Å according to Ahrens). Simultaneous appearance of smaller Ni^{3+} ions must, on the contrary, contribute to the shrinking of the lattice and diminishing of its parameter.
Similar maximum of lattice parameter corresponding however to the concentration of 0,9 atom % of Li has been recently found by MEHANDIJEV, TSOLOVSKI, PIPEROV and ANGHELOV [11] who prepared their samples in a very similar way to ours, except that the period of calcination at 1000° C was shorter. On the other hand no such maxima were discovered in the investigations of FENSHAM (12) nor in those of LIBOWITZ [13].
It may be thought that the appearence of maximum in the lattice parameter upon introduction of lithium atoms into the interstitial positions in NiO lattice (most probably tetrahedral sites in face centred cubic lattice of O^{2-} ions) represents a transition stage in the formation of Li_2O–NiO solid solution. In connection with this suggestion it should be remembered that in Li_2O (antifluorite structure) lithium ions occupy tetrahedral positions in oxygen sub-lattice [14]. It is therefore conceivable that when Li_2O is deposited on the surface of NiO crystallites complexes LiO_4 are incorporated into the hos lattice. Four-coordinated Li ion (interstitial in NiO lattice) would most probably recombine with migrating cationic vacancy, i.e. move to the octahedral position. Interstitial diffusion of Li ions also is very plausible.
Another maximum nearly at the same concentration of lithium appears on the curve 1a showing the changes of specific surface area of the samples. Similar results were obtained by DRY and STONE [15] for a series of samples calcined at the same temperature of 1000°. The differences in the specific surface area are evidently the result of differences in velocities of sintering caused by various additions of Li. The detailed mechanism of this

influence is not clear and its elucidation needs further investigation. It is striking, however, that the factors governing the velocity of sintering, lattice parameter and also magnetic properties are changing in analogous way within the same series of the samples.

4. Magnetic Properties of the Samples [7]

Magnetic properties in the system NiO–Li_2O were investigated earlier by PERAKIS, SERRES, PARRAVANO and WUCHER [16], GOODENOUGH, WICKHAM and CROFT [17]. These authors, however, were not interested in the influence of small additions of lithium corresponding to the concentrations at which maxima of the curves in Figure 1a, b and c appear.

For all samples susceptibility changed with temperature in a way typical of antiferromagnets. The susceptibility of Li-doped samples depended only very slightly on the field strength and no ferromagnetism, reported in papers [16], appeared. The behaviour of our samples was therefore similar to that of the samples investigated by JANUSZ, HEIKES and JOHNSTON [18].

As was already stated, the curve in Figure 1c, illustrating magnetic susceptibility, shows a similar maximum to the curves of specific surface area and of lattice parameter. It should be also noticed that the initial ascending portion of the curve corresponds to those samples which incorporated lithium without increasing the concentration of Ni^{3+} ions in the bulk of the crystals (Fig. 1d). On the contrary the descending branch of the curve lies in the region where, with increasing concentration of lithium, the concentration of Ni^{3+} ions increases in the interior of the crystals. Evidently, on introducing either of the ions Li^+ or Ni^{3+}, one influences the susceptibility of NiO in opposite directions. The effect responsible for the diamagnetic ion Li^+ increasing the susceptibility is that of magnetic dilution observed also in the case of Mg-doped nickel oxide by Perakis and others and is attributed to the local weakening of the antiferromagnetic coupling in the NiO lattice in the vicinity of Li^+ ions.

The most probable configuration of Ni^{3+} ion must have lower magnetic moment than an Ni^{2+} ion at the same position (configuration $[t_{2g}]^6\,[e_g]^2$ with two odd electrons on e_g level). Oxidation of Ni^{2+} to Ni^{3+} should therefore contribute to a decrease of susceptibility. Our results show that simultaneous introduction into the lattice of a Li^+–Ni^{3+} pair decreases the susceptibility. The effect of Ni^{3+} is therefore stronger than that of Li^+.

5. Electronic Properties of the Samples [19–23]

In order to describe the electronic properties of the series of preparations studied, the measurements of work function, thermoelectric power and electrical conductivity were carried out. All these parameters were measured in the temperature range 100–400° C, which made possible the determination of their temperature dependence. The measurements were performed in vacuo and at various oxygen pressures ranging from 10^{-6} to 150 torr.

The changes in the work function which is related directly to the electronic properties of the semiconductor surface, were estimated from the measurements of contact potential difference carried out with the modified dynamic condenser method using a platinum reference electrode [23]. The main experimental difficulty in this type of measurements is the selection and appropriate standardization of the reference electrode. In our case the heating of the platinum electrode under appropriate conditions in the atmosphere of oxygen ensured the accuracy of the results of $\pm$ 1 m V in vacuo and $\pm$ 5 m V in oxygen. Even in the course of prolonged experiments the electrode potential remained constant within the limits given above. In a series of samples the observed changes in contact potential difference refered to an unknown but constant energy level (potential of the reference electrode) give us the changes in the work function and, therefore, the changes in the position of Fermipotential with respect to the zero energy of electron.

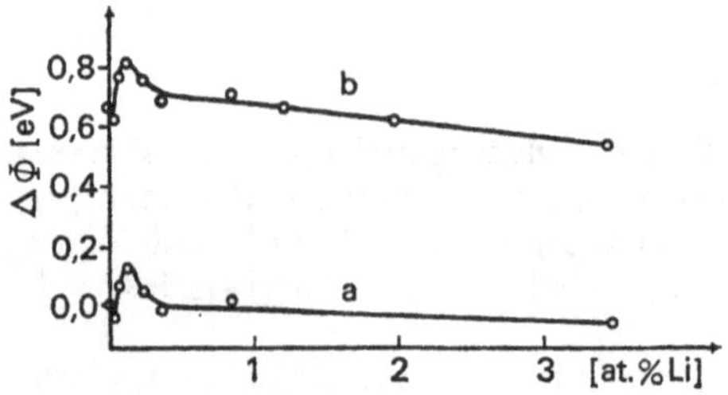

Fig. 2. Changes in $\Delta\Phi$ value as function of the lithium concentration. a – in vacuo, b – in oxygen (1 torr)

Fig. 2 shows the changes in work function, Φ with respect to the sample of pure NiO, in vacuo as a function of concentration of lithium. Curve a corresponds to the measurements carried out in vacuo, curve b to those carried out in oxygen of 1 torr.
The thermoelectric power measurements, in spite of their apparent simplicity, may often show many errors, both systematic and random. The construction of the apparatus used for the measurements described in this paper made possible the elimination of most of them. The accuracy of the results was about 3% [24] [25].
The thermoelectric power measurements allow in the case of nickel oxide to determine the position of the Fermipotential with the accuracy of kinetic component with respect to the 3 d^8 level in which the electrical conduction takes place. The equation employed in this derivation has the following form:

(9) $$\mu = STe$$

(S = thermoelectric power, T = absolute temperature, e = electron charge). In a monocrystal where the temperature gradient in the whole volume is uniform μ denotes the Fermipotential in the bulk of the crystal. In the case of polycrystalline samples, as was the case in our work, the "necks" of the intergranular contacts may show high resistance to heat conduction resulting in high temperature gradients in the necks and

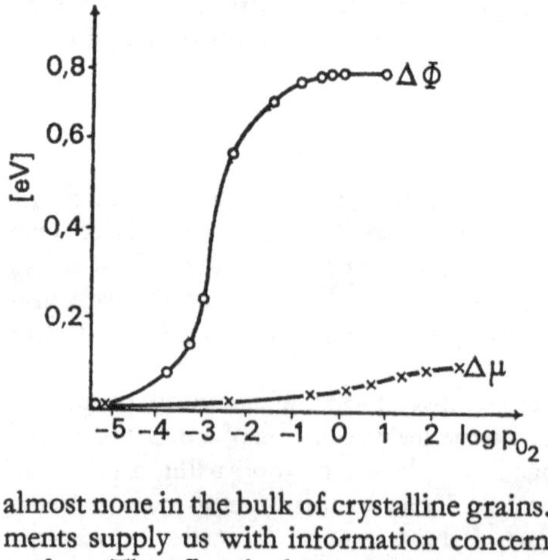

Fig. 3. $\Delta\Phi$ and $\Delta\mu$ as function of the oxygen pressure at 400° C

almost none in the bulk of crystalline grains. In such cases thermoelectric power measurements supply us with information concerning only the very thin layer adjacent to the surface. The effect is the strongest in vacuo and at low temperatures and becomes less important at higher temperatures and in an atmosphere of a gas. Both the latter factors facilitate the transport of heat between the grains by radiation and convection, thus diminishing temperature gradients at the contacts. The question concerning the contribution of surface and bulk components to the measured value of thermoelectric power of a polycrystalline material cannot be answered a priori. In our case a convincing reply is provided by comparison of the changes of the $\Delta\Phi$ and $\Delta\mu$ values at the temperature of 400° C as a function of the oxygen pressure (Fig. 3). The values obtained at the pressure of $5{,}10^{-6}$ torr were taken as the reference point. It appears that the chemisorption of oxygen which increases with the pressure, strongly influences the work function which is a surface property. On the other hand, its effect on the value of μ calculated from the thermoelectric power measurements is definitely poor. Such a result shows that in our case thermoelectric power measurements "pick up" the information from a layer which is much thicker than the "Randschicht" in which chemisorption may change the current carrier concentration. We can therefore assume that our μ value gives principally information about the position of bulk Fermipotential, the surface contribution to the thermoelectric power playing only a minor role. Similar experiments carried out with lithium doped samples showed even more pronounced difference between the effect of oxygen pressure on Φ and on μ.

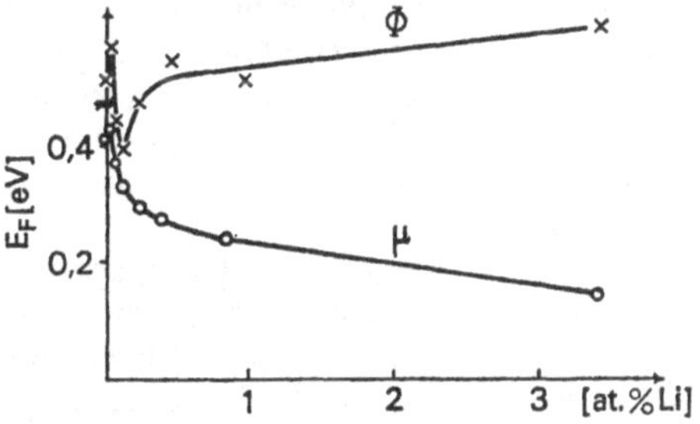

Fig. 4. The effect of doping on Φ and μ values

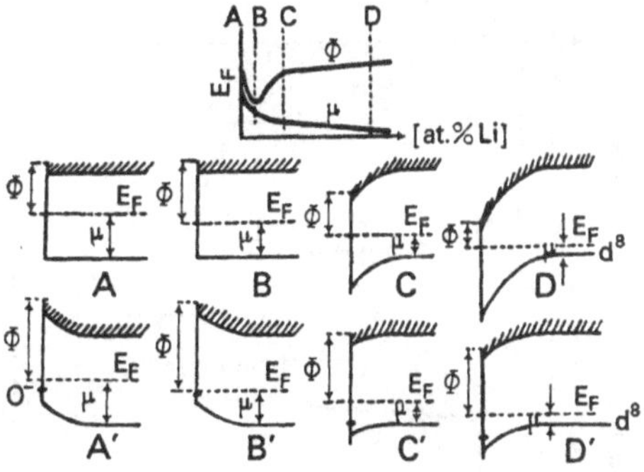

Fig. 5. Schematic energy diagrams of the samples containing various concentrations of lithium. A–D the samples in vacuo, A'–D' the samples in oxygen

Fig. 4 shows the dependence of the negative values of the work function Φ and of μ (both measured in vacuo) on the concentration of lithium. It is seen that the μ value, representing the position of Fermipotential with respect to 3 d^8 level in the bulk, decreases monotonically with increasing Li concentration (the only exception is the point corresponding to 0,025 at % Li). The curve of the negative value of the work function runs parallel to the μ-curve only in the region of the smallest concentrations of dopent not exceeding 0,13 atom %. Above this concentration it runs antiparallel. The changes of both values may be represented schematically with the help of energy diagrams shown in Fig. 5 A, B, C and D. The diagrams show that the position of the Fermipotential with respect to 3 d^8 level is characterized by parallel changes at the surface and in the bulk of the crystallites only under the influence of small amounts of lithium. The initial

shift of Fermipotential towards lower values confirms the formation of acceptor centres at the surface as well as in the bulk. Above 0,13 atom % of Li the Fermipotential at the surface gradually increases with respect to the energy zones while in the bulk it continues to decrease. Under these conditions, therefore, the introduction of lithium is accompanied by further creation of acceptor centres in the bulk (according to Equation (2)). In the surface layer, however, the formation of donor centres must be assumed. Their nature cannot be explained at the moment. It will be shown in the subsequent sections that the catalytic activity changes parallel to the position of surface Fermipotential.
Using energy diagrams we may also represent the changes of Φ observed when the measurements are carried out in oxygen which were shown in Fig. 2. In Fig. 5 A, B, C′ and D′ the position of O^- level is also schematically shown.

6. The Catalytic Oxidation of Carbon Monoxide

6.1. Experimental [27]

Carbon monoxide oxidation has been chosen as a catalytic test reaction. Catalytic measurements were carried out at temperatures above 190–300° C. The energy of activation of catalytic carbon monoxide oxidation under these conditions is several times higher than that of the low-temperature oxidation studied by TEICHNER at all on large surface area samples [26]. In the two temperature ranges the reaction obviously shows different mechanisms.
A constant-volume gas-circulating apparatus was used for catalytic investigations. The system included a liquid air trap where CO_2 was frozen out. The reaction was followed by measuring the change in pressure, which at the beginning of the reaction was about 34 torr in all runs. The details concerning the standardisation of the catalyst samples in oxygen and carrying out the catalytic measurements were given in paper [2].

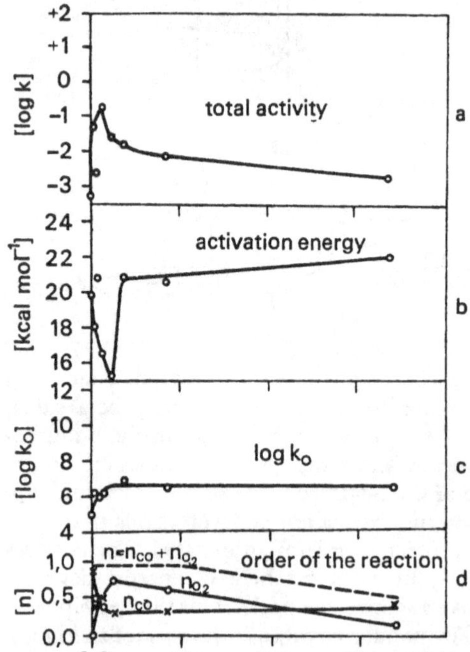

Fig. 6. Catalytic oxidation of carbon monoxide on nickel oxide catalysts containing various additions of lithium oxide. a – logarithm of the rate constant k corresponding to the temperature of 247° C, b – apparent energy of activation, c – logarithum of the preexponential factor k_0, d – kinetic order of the reaction with respect to oxygen (n_{O_2}) and with respect to carbon monoxide (n_{CO})

6.2. The energy of activation [28]

Figure 6a–d shows the results obtained when the mixture of reacting gases had a stoichiometric composition. It is seen that the activity of the catalyst (velocity of the reaction at standard conditions) passed through a maximum at 0,24 % of Li. The changes in the pre-exponential Arrhenius factor k_0 not being very pronounced, the shape of activity curve was determined by the change in the apparent energy of activation E_a which reaches its minimum for the most active sample.

As Figure 7 shows, the actual value of the apparent energy of activation depended strongly on the CO/O_2 ratio in the gas phase. In stoichiometric mixtures it varied between 15,3 and 22,0 kcal/mol, in those containing an excess of oxygen between 8,2 and 16,2 kcal/mol. In the case of carbon monoxide rich mixtures the energy of activation had the highest value of 25,4 ± 1,9 kcal/mol for the pure NiO catalyst, and with increasing Li-content decreased quickly to about 18,7 ± 1,1 kcal/mol and then remained practically constant [28].

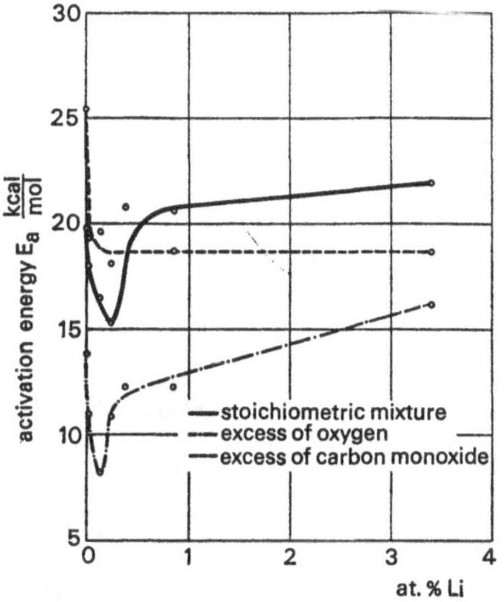

Fig. 7. The apparent energy of activation of carbon monoxide oxidation in the mixtures of various composition

The different shapes of the curves obtained for stoichiometric and oxygen rich mixtures in comparison with that for CO-rich mixtures suggested that in the latter case some changes in the catalyst itself may have occurred. That is why iodometric determinations of the excess oxygen content were carried out in the samples before and after catalytic reaction. It was found that in the case of oxygen rich and stoichiometric gas mixtures practically no change in the excess oxygen content took place. On the other hand, the concentration of excess oxygen in the catalyst decreased in the course of catalytic reaction carried out with CO rich gas mixtures. The sample containing 3,4 atom % Li and 1,92 atom % of excess oxygen before the reaction showed 1,46 atom % of excess oxygen after two hours of use as a catalyst at 250° C. The amount of excess oxygen given out was 5–6 times larger than the amount necessary to cover the surface of the catalyst with a monolayer of oxygen. It is believed that the decrease in the concentration of excess oxygen is not accompanied by a reduction of the catalyst to metallic nickel at its surface. Such cases may easily occur if, before the reaction, the sample is standardized in CO instead of O_2 and are manifested by a sudden increase in the activity of the catalyst as well as in the apparent energy of activation, which reaches the values of the order of 50 kcal/mol.

In the further discussion we shall deal only with the results pertaining the kinetic investigations carried out using gas mixtures either stoichiometric or containing excess of oxygen.

The shape of both curves showing the apparent energy of activation E_a in stoichiometric and oxygen reach gas mixtures (Fig. 7) is very similar to the shape of the curve showing the changes in the work function as dependent on Li-concentration shown in Fig. 4 (also as shown in Fig. 2). The parallelism of the changes in the energy of activation and in the negative value of work function may also be shown by plotting ΔE_a against $-\Delta\Phi$ [29] as it was done in Figure 8. ΔE_a is the difference between the energy of activation characteristic of a doped sample and that of pure NiO. Similarly $\Delta\Phi$ is the difference between the work function of a given sample and the sample of pure NiO. The plot which is approximately linear shows that with increasing work function (i.e. with decreasing Fermipotential at the surface) a decrease in the apparent energy of activation is observed. Formally, the reaction may be classified as a donor or p-type reaction according to the definition proposed by WOLKENSTEIN [30].

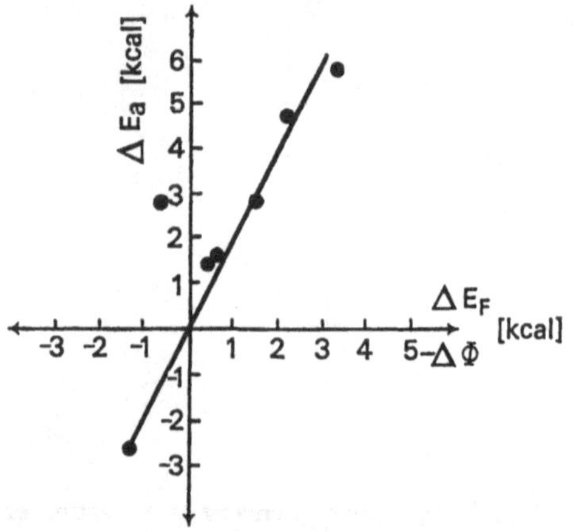

Fig. 8. Apparent energy of activation as the function of $\Delta\Phi$ value

6.3. Kinetic order of the carbon monoxide oxidation [31]

Figure 7 d shows the order of carbon monoxide oxidation with respect to oxygen n_{O_2} and with respect to carbon monoxide n_{CO} both determined in either stoichiometric or excess oxygen gas mixtures. The total order of the reaction, as given by the sum $n_{O_2} + n_{CO}$, was about 1 with the exception of the catalyst containing 3,4 at % Li where the total order was about 0,5.

In the case of pure nickel oxide the order of the reaction with respect to oxygen was found to be zero and one with respect to carbon monoxide, in agreement with many other authors. The velocity of the reaction could, therefore, be expressed as:

$$v = k_0 \, p_{O_2}^{0} \, p_{CO}^{1} \equiv k_0 \, p_{CO} \tag{10}$$

With a small increase in the concentration of dopent, the order of reaction with respect to oxygen increased and the order of reaction with respect to carbon monoxide decreased. For the sample containing 0,24 at % of L: they reached the values $n_{O_2} = 0{,}75$ and $n_{CO} = 0{,}25$. Then:

$$v = k_{0.24} \, p_{O_2}^{0,75} \cdot p_{CO}^{0,25} \tag{11}$$

Further increase in lithium content contributed to a decrease in the order of reaction with respect to oxygen to the value of 0,2 for the sample containing 3,4 atom % Li.

The order of reaction with respect to carbon monoxide was however nearly constant and for the same catalyst sample it showed the value 0,3. In this case therefore

(12) $$v = k_{3,4}\, p_{O_2}^{0,2} \cdot p_{CO}^{0,3}$$

Assuming a Langmuir-Hinshelwood mechanism, i.e. assuming the surface reaction between chemisorbed oxygen and chemisorbed carbon monoxide

(13) $$O\,(ads) + CO\,(ads) \rightarrow CO_2\,(ads)$$

as the rate determining step, we may write the velocity of the reaction as proportional to the surface concentrations of both reactants Θ_O and Θ_{CO}

(14) $$v = k\Theta_O \cdot \Theta_{CO}$$

The velocity constant k depends on the concentration of the lithium in the catalyst. Reaction (13) has been written here without taking into account any electronic processes which might accompany it and which will be discussed in the next section. Comparing formula [14] with the results of kinetic measurements expressed by (10), (11) and (12), we may write for the pure NiO: Θ_O = const and $\Theta_{CO} \sim p_{CO}$
for the 0,24 % Li sample $\Theta_O \sim p_{O_2}^{0,85}$ and $\Theta_{CO} \sim p_{CO}^{0,25}$
and
for the 3,4 % Li sample $\Theta_O \sim p_{O_2}^{0,2}$ and $\Theta_{CO} \sim p_{CO}^{0,3}$
In the case of pure NiO the coverage of the surface with oxygen appears, therefore, to be during catalytic reaction independent of pressure which indicates that the sites at which oxygen may be chemisorbed are almost completely occupied with O atoms. On the other hand, the linear isotherm of CO indicates that only a small fraction of the surface is covered with this gas.
In the case of the samples doped with small amounts of lithium (the 0,24 % Li sample is typical of this behaviour) the isotherms of both gases become FREUNDLICH isotherms which usually corresponds to intermediate coverages, thus showing that chemisorption of oxygen has decreased and chemisorption of carbon monoxide increased, in comparison with pure NiO catalyst.
Doping with higher amounts of lithium results in the opposite effect in the case of oxygen. The FREUNDLICH exponent decreases showing increased chemisorption of oxygen. The FREUNDLICH exponent for the CO isotherm remains almost constant thus indicating that there are no essential changes in the surface coverage by CO.

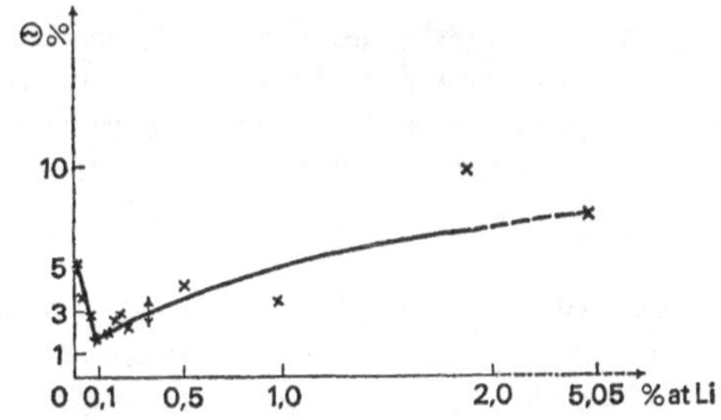

Fig. 9. Chemisorption of oxygen on lithium doped samples coverage after 100 min, p_{O_2} = 2.2–2.8.10^{-2} torr

Such an interpretation of kinetic data assumes, therefore, that with increasing concentration of lithium, chemisorption of oxygen decreases at first, passes over a minimum and again rises. Chemisorption of carbon monoxide would increase slightly and subsequently remain nearly constant. The further supposition is strongly supported by the results obtained by BARANSKI, BIELANSKI, DAL, DYRKOWA and NAJBAROWA [32] who investigated chemisorption of oxygen on a similar series of Li-doped nickel oxide samples prepared by the calcination of carbonates at 900° C. Their data, showing the amount of oxygen chemisorbed after 100 min. at 350° C, are plotted in Figure 9 as a function of lithium concentration. After such a period of time, sorption of oxygen was in all cases very slow and the amounts of chemisorbed oxygen could be taken as the measure of adsorptivity of the samples. The shape of the curve corresponds very well to our interpretation of kinetic results. It should be also noticed that the amount of chemisorbed oxygen which is an acceptor of electrons changes in agreement with the electronic theory parallel to the changes in the value of Fermipotential shown by Figure 4.

It is interesting that the changes in the oxygen coverage observed upon varying the concentration of the dopent are parallel to the changes in the rate constant k_Φ of work function (Fig. 10). The rate constant k_Φ is equal to the reciprocal of the time constant of the process of surface charging occurring in the course of chemisorption [33]. According to the assumptions of the electronic theory the lowering of the surface Fermipotential results in the decrease of this constant and the rise of the Fermipotential to its increase.

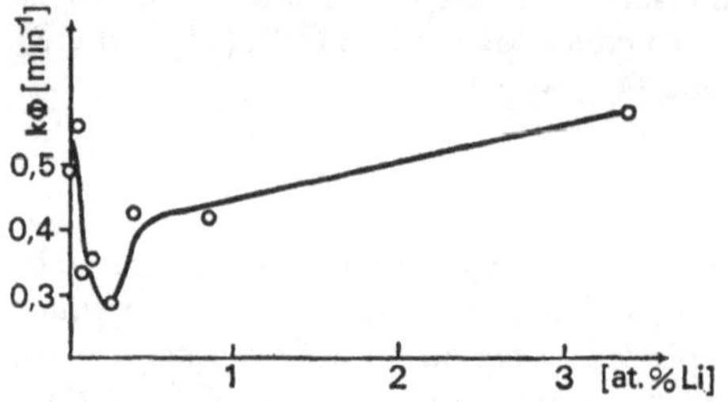

Fig. 10. The effect of doping on the rate constant k_Φ of work function

6.4. Discussion of the Results [31]

As recently pointed out by TEICHNER [34], the changes in the apparent activation energy E_a of a catalytic reaction with the degree of doping of the catalyst may be due either to the changes in the true energy of activation E or to the effects connected with the variation of coverage of the catalyst surface by the molecules of reactants. Assuming, namely, that under the conditions of our investigations, the desorption of reaction product CO_2 was practically instantaneous we may write

$$E_a = E - \alpha \frac{Q_{O2}}{2} - \beta Q_{CO}$$

Q_{O_2} and Q_{CO} are the heats of chemisorption of O_2 and CO, respectivelly. The factors α and β assume the value of unity when the given reactant covers only a small fraction of the surface (linear isotherm) and are equal zero if the coverage is independent of partial pressure (saturation of the surface with adsorbate). At intermediate coverages α and β assume values between 0 and 1. The factor $\frac{1}{2}$ in the term $\frac{Q_{O_2}}{2}$ appears because chemisorption of oxygen has been assumed to be a dissociative one.

In the case of catalytic carbon monoxide oxidation on pure NiO catalyst the values $\alpha \approx O$ and $\beta \approx 1$ must be assumed so that

$$E_a = E - \beta Q_{CO}$$

With increasing lithium content in the catalysts, α increases and β decreases up to the sample containing about 0,24 at. % of Li. With still higher concentrations of lithium α again decreases while β must remain constant.

The estimation of the effects due to variation of the coverage is difficult because the values of Q_{O_2} and Q_{CO} at temperature of catalytic reaction are not known. According to

STONE [35] the heat of chemisorption of oxygen on pure NiO was 43 kcal/mol at room temperature while the heat of chemisorption of CO on the same sample was 26 kcal/mol. In this case $\frac{Q_{O_2}}{2}$ was not very much different from Q_{CO}. If α and β change in opposite directions, as it had to be assumed in our low doped samples, the two effects may cancel one another completely or partially and the total effect may be weak.

On the other hand, a mechanism of the reaction may be assumed where the changes in the true energy of activation E determine the observed changes in the experimental energy of activation E_a. We must, namely, take into account the electronic processes accompanying the surface reaction (13). The form in which oxygen is usually assumed to be present at the surface is the O^- ion. According to KLIER [36], carbon monoxide is chemisorbed as a neutral molecule. Such a view is very strongly supported by the infrared spectroscopic investigations of CO molecules chemisorbed on NiO showing that an acceptor-donor bond is formed of the same kind as is present in nickel tetracarbonyl and also a covalent bond as in double iron carbonyl $Fe_2(CO)_9$ [37]. Both cases represent "weak" bonds in the sense of WOLKENSTEIN's theory and the chemisorbed molecules remain electrically neutral. Equation (13) may be therefore written in the form:

$$CO\,(ads) + O^-\,(ads) + |e|^{\bullet} \rightarrow CO_2\,(ads) \tag{15}$$

It is clear that reaction (15) may occur only if CO molecules and O^- ions occupy neighbouring adsorption sites. The mechanism which has been proposed for this reaction assumes that the formation of active complex consist in the electron transfer from O^- ion to the lattice of the catalyst. The enthalpy $\Delta H^{\neq}$ of such a process which, according to the absolute rate theory, is equal to the energy of activation of the reaction is given in this case by the difference between the energy of an electron localized at a chemisorbed O atom and the Fermi energy E_F. The distance $E_F - E_0$ – according to Figure 5 decreases when small amounts of lithium are introduced into a NiO catalyst, reaches a minimum for the sample containing about 0,1–0,2 atom % of Li, and then again increases. It shows, therefore, the same type of variance as E_a.

7. Final Remarks

1. Lithium doped nickel oxide represents a complicated physicochemical system. Many bulk and surface properties, namely lattice parameter, magnetic susceptibility, work function, catalytic activity, pass over a maximum corresponding to the concentration of about 0,1–0,2 atom % of Li. There is some evidence that the maxima corresponding to the surface and bulk properties are not identical.

2. Small amounts of the dopent change the position of the Fermipotential with respect to the conduction level in the same direction at the surface and in the bulk of the crystallites. In both cases the Fermipotential moves down with increasing concentration of lithium. With the amount of lithium higher than about 0.13 atom % the bulk Fermipotential continues to decrease, white the surface Fermipotential increases.

3. In spite of the complexity of the physicochemical behaviour of Li-doped NiO the parallelism between the position of surface Fermi level and the catalytic activity, especially the energy of activation of the catalytic reaction is quite striking. The analysis of experimental results shows that the observed non-monotonous changes in the catalytic activity and in the apparent activation energy (modification of the catalyst) are not due to a change in the mechanism of the catalytic reaction (occuring at the monotonous change of Fermipotential as it was discussed) as suggested by WOLKENSTEIN, but are due to the non-monotonous variation of the position of surface Fermi level.

4. The analogous parallelism between the changes of the surface Fermipotential and the apparent activation energy has been observed also in the case where the defect structure of NiO was altered not by introduction of an additive but by the change in the temperature of sintering which lead to a change in the intrinsic defect structure [38, 39].

5. A distinct correlation has been found between changes of the work function and the kinetics of these changes and the oxygen chemisorption properties. There is also a correlation between the latter properties and the catalytic ones in oxidation of carbon monoxide.

6. The change in the defect structures of the NiO catalyst affects not only its catalytic activity and the activation energy of the catalytic reaction, but also alters considerably the reaction order with respect to the reactants, i.e. CO and O_2, as well as the overall reaction order.

7. The results reported in the present work indicate clearly that even in the case of a simple catalytic reaction, taking place on the relatively well described catalyst, one has to consider the occurence of a number of complex phenomena involving both a catalyst and the reaction occuring on its surface.

Literature

1. A. Bielanski, K. Dyrek, Z. Kluz, J. Sloczynski & T. Tobiasz: Bull. Acad. Polon. Sci., Ser. sci. chim. **12**, 657 (1964).
2. A. Bielanski, J. Deren, J. Haber & J. Sloczynski: Trans. Faraday Soc. **58**, 166 (1962).
3. A. Bielanski, J. Deren & M. Wolter: Kinietika i kataliz **5**, 425 (1966).
4. K. Dyrek & Z. Kluz: Chemia Analit. **11**, 425 (1966).
5. J. Deren, J. Haber & J. Sloczynski: ibid, **6**, 659 (1961).
6. J. Nedoma: Habilitation thesis, Kraków 1966.
7. A. Bielanski, K. Dyrek & Z. Kluz: Bull. Acad. Polon. Sci., Ser. sci. chim., **13**, 285 (1965).
8. N. P. Keier: Kinetika i kataliz, **1**, 221 (1960).
9. G. Parravano & M. Boudart: Adv. Catalysis, **7**, 67 (1955).
10. L. D. Brownlee & E. W. Mitchell: Proc. Phys. Soc. B, **65**, 710 (1952).
11. D. Mehandijew, I. Tsolovsky, B. Piperov & B. Anghelov: Compt. rend. Bulg. Acad. Sci., **19**, 1167 (1966).
12. P. J. Fensham: J. Am. Chem. Soc., **76**, 969 (1954).
13. G. G. Libowitz & S. H. Bauer: J. Phys. Chem., **59**, 214 (1955).
14. J. Deren, J. Nowotny & J. Ziolkowski: Bull. Acad. Polon. Sci., Ser. sci. chim., (in print).
15. M. E. Dry & F. S. Stone: Discuss. Faraday Soc., **28**, 192 (1959).
16. N. Perakis, J. Wucher & G. Parravano: Compt. rend. **242**, (1956): ibid. **248**, 2306 (1959); N. Perakis, J. Wucher, A. Serres & G. Parravano: Colloque national de magnetisme commemoratif de l'oeuvre de Pierre Weiss, Strassbourg 1957.
17. J. B. Goodenough, D. G. Wickham & W. J. Croft: J. Phys. and Chem. Solids, **5**, 107 (1958).
18. T. P. Janusz, R. R. Heikes, W. D. Johnston: J. Chem. Phys., **26**, 973 (1957).
19. J. Deren & J. Ziolkowski: Bull. Acad. Polon. Sci., Ser. sci. chim. **14**, 443 (1966).
20. J. Deren, J. Nowotny & J. Ziolkowski: Bull. Acad. Polon. Sci., Ser. sci. chim., **15**, 109 (1967).
21. J. Deren & J. Nowotny: ibid., **15**, 115 (1967).
22. R. Chrusciel & J. Nowotny: Exp. Technik der Physik, **14**, 127 (1966).

23. R. Chrusciel, J. Deren & J. Nowotny- Bull. Acad. Polon. Sci., Ser. sci. chim., **14**, 265 (1966).
24. J. Ziolkowski: Roczniki Chem. **40**, 883 (1966).
25. J. Ziolkowski: Roczniki Chem. **40**, 1777 (1966).
26. S. J. Teichner & R. P. Marcellini: P. Rue, Adv. Catalysis, **9**, 458 (1957); R. P. Marcellini, R. E. Ranc & S. J. Teichner: Actes 2e Congr. Intern. Catalyse, Paris, 289 (1961); J. Coue, P. C. Gravelle, R. E. Ranc, P. Rue & S. J. Teichner: Proc. 3rd Intern. Congr. Catalysis, Amsterdam, 748 (1965).
27. A. Bielanski, R. Dziembaj & J. Sloczinski: Bull. Acad. Polon. Sci., Ser. sci. chim., **14**, 569 (1966).
28. A. Bielanski, R. Dziembaj & J. Sloczynski: ibid. (in print).
29. J. Nowotny: Thesis, Kraków 1967.
30. Th. Wolkenstein: Adv. Catalysis **12**, 189 (1960).
31. A. Bielanski & R. Dziembaj: unpublished results.
32. A. Bielanski, A. Baranski, T. Dal & M. Najbar: unpublished results.
33. J. Deren & J. Nowotny: Bull. Acad. Polon. Sci., Ser. sci. chim., **15**, 121 (1967).
34. S. J. Teichner: J. Catalysis **4**, 742 (1965).
35. F. S. Stone: Adv. Catalysis **13** (1962).
36. K. Klier: Thesis, Praha.
37. M. Courtois & S. J. Teichner: J. Chim. Phys., 272 (1962).
38. J. Deren, M. Kegel, J. Nowotny & J. Sloczynski: Bull. Acad. Polon, Sci., Ser. sci. chim., **15**, 361 (1967).
39. A. Bielanski, K. Dyrek & Z. Kluz: ibid **14**, 795 (1966).

V.
Photoeffects in Chemisorption and Catalysis

13. Processes of Photoadsorption on Semiconductors and their Relevance to the Electronic Theory of Chemisorption

E. Molinari

Istituto di Chimica Generale ed Inorganica dell'Università, Bari, Italy

With 15 Figures and 1 Table

Zusammenfassung

Es wird im vorliegenden Referat über die Ad- und Desorption von Gasen an metallischen, halbleitenden und isolierenden Oberflächen unter der Einwirkung von Licht, von γ-Strahlen und Elektronen berichtet. Die Photoadsorption ist ein häufig beobachtbares Phänomen, dessen Mechanismus in den verschiedenen Systemen aber recht verschieden sein kann. Für den Fall halbleitender Oberflächen hat Wolkenstein theoretische Zusammenhänge über die Photoadsorption entwickelt, mit denen man unter bestimmten Voraussetzungen definitive Voraussagen über das Vorzeichen und das Ausmaß dieser Erscheinung machen kann. Unter diesem Gesichtspunkt wurden einige Systeme, die experimentell besonders interessant sind, überprüft, inwieweit die theoretischen Voraussagen auch an komplizierten Systemen den wahren Sachverhalt richtig beschreiben.

Nach einer kurzen zusammenfassenden Darstellung der theoretischen Beziehungen wird ein kritischer Überblick über die verfügbaren experimentellen Daten an den folgenden Oxiden gegeben:

1. Zinkoxid: Hier wird die Photoad- und -desorption von Sauerstoff beschrieben und ihre Beeinflussung durch Druck, Temperatur, Art und Vorbehandlung, Dotierung, Fehlordnungskonzentration, Wellenlänge und Intensität des eingestrahlten Lichtes und organische Verunreinigungen untersucht. Ferner wird die zeitliche Änderung der Photoleitung an reinen und dotierten ZnO-Proben diskutiert und eine Beziehung zwischen Photoleitung und Photodesorption aufgezeigt. Es werden verschiedene Mechanismen der Lichteinwirkung behandelt. Auf die Bedeutung der Verteilung der Traps wird hingewiesen. Anschließend wird über Photoeffekte am System ZnO/H_2 diskutiert. Licht hat einen bremsenden Einfluß auf die Chemisorption von H_2 bei 300° C.
2. Titandioxid: Die Photoadsorption von Sauerstoff an Rutil-Oberflächen wird in Gegenwart von an TiO_2 gebundenem Wasser gefördert. Es wird auf die Bedeutung der Defektelektronen-Traps hingewiesen. Photoeffekte am System TiO_2/H_2 werden kurz erwähnt.
3. Nickeloxid: Die in der Literatur beschriebene Photodesorption von Sauerstoff wird an Hand neuerer Arbeiten nicht auf Quanten-Prozesse sondern auf thermische Prozesse zurückgeführt. Auf mögliche Kristall-Feldeffekte wird hingewiesen.

Ohne Zweifel beruhen die verschiedenen Systeme – mit Ausnahme des Systems NiO/O_2 – auf Quanteneffekte. In gewissen Systemen jedoch sollten die Effekte der Photoadsorption mehr unter dem Gesichtspunkt einer Photokatalyse betrachtet werden und nicht als Änderung des Adsorptions-Gleichgewichtes während der Einstrahlung. Das ZnO/O_2-System ist eines der besten Beispiele, um die Theorie von Wolkenstein zu prüfen.

Es wird gezeigt, daß Vorzeichen und Ausmaß der beobachteten Photoeffekte qualitativ a posteriori an Hand dieser Theorie qualitativ gedeutet werden können. Hierdurch werden ad hoc-Interpretationen vermieden. Ferner wurden die effektiven Grenzen in der Anwendung dieser Theorie gegeben. Ein überzeugender Test für die Gültigkeit dieser Theorie ist gegenwärtig nicht möglich. Häufig wurden Messungen an Systemen erhalten, die schlecht definiert waren und sich nicht im Gleichgewicht befanden, sondern in starkem Maße von der Vorgeschichte der Oxidprobe abhängig waren. Mit der Gegenwart von verschieden chemisorbierten Teilchen ist stets zu rechnen. Abschließend wurden von der Wolkensteinschen Theorie abweichende Mechanismen betrachtet.

Abstract

The results of photoadsorption and photoconductivity studies on ZnO, TiO_2 and NiO have been reviewed and an appreciation of their relevance to the electronic theory of chemisorption has been attempted.

1. Introduction

The adsorption or the desorption of gases under the influence of light, γ-rays and electrons has been observed on a variety of surfaces of metallic, semiconducting, and insulating nature. Table 1, taken from a recent paper by Basov, Solonitzin and Terenin [1], illustrates the results obtained by irradiating a number of oxides with light.

Table 1
Activity of Different Oxides with Respect to the Photoadsorption of Oxygen, Hydrogen, and Methane (Ref. 1)

Oxide	O_2	H_2	CH_4	Oxide	O_2	H_2	CH_4
Li_2O	+	+	+	TiO_2	+	+	+
Cu_2O	—	—		ZrO_2	+	+	+
BeO	+	+	+	ThO_2	+	+	+
MgO	+	+	+				
CaO	+	+	+	SiO_2	+	—	—
SrO	+	+	+	GeO_2	+	+	+
BaO	+	+	+	SnO_2	+	+	+
ZnO	+	+	+	PbO			
CdO	—	—	—		+	—	+
Sc_2O_3	+	+	+		+	—	—
Y_2O_3	+	+	+	V_2O_5	—	—	+
La_2O_3	+	+	+	Nb_2O_5	—	—	+
CeO_2	+	+	+	Bi_2O_3	+	—	—
Pr_6O_{11}	—	—	—	Cr_2O_3	—	—	—
Ho_2O_3	+	+	+	MoO_3	—	—	+
Er_2O_3	+	+	+	WO_3	—	—	—
Yb_2O_3	+	+	+	NiO	+		
Lu_2O_3	+	+	+				
γ-Al_2O_3	+	+	—				
Ga_2O_3	+	+	+				
In_2O_3	+	+	+				

Photoadsorption effects are undoubtedlly widespread. However, the mechanisms operating in the various systems can be substantially different.

In the case of semiconducting surfaces, Wolkenstein [2] has developed a theoretical treatment of photoadsorption which enables definite predictions to be made concerning the sign and the extent of the effect.

In the present paper some of the systems which have received the greatest attention from the experimental point of view will be examined. The results will be discussed with reference to the extent to which theoretical predictions can be verified in these complex systems.

2. An Outline of the Electronic Theory of Photoadsorption on Semiconductors

In the following, one shall refer to Figure 1 [2e] for the definition of the symbols. In this figure A is a local surface level for the chemisorbed species and E_F indicates the position of the Fermipotential in the dark.

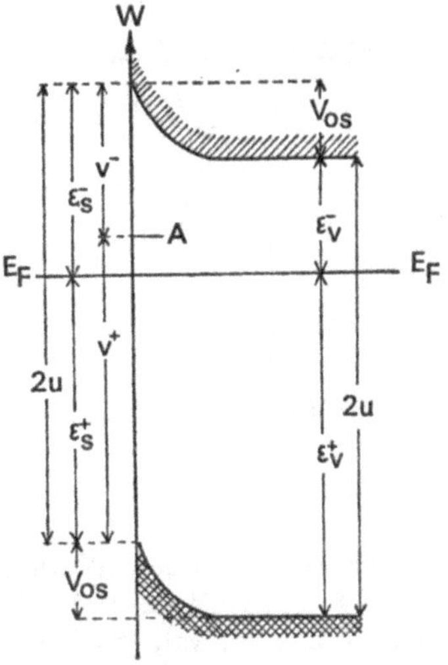

Fig. 1. Schematic diagram of the effect of a negativ surface charge on the energy bands (ref. 2e)

The photoadsorption effect is characterized by the quantity $\Phi = \frac{N - N_o}{N_o}$ i.e. by the relative change of the equilibrium concentration of the adsorbed species caused by illumination, the subscript o referring to the situation in the dark. The sign of Φ indicates whether the effect is positive (photoadsorption), or negative (photodesorption). It can be shown that:

(1) $$\Phi = \eta_0^{\mp} (\mu^{\pm 1} - 1)$$

where

(2) $$\eta_0^{\mp} = [1 + \exp(\varepsilon^{\pm} - v^{\pm})]^{-1}$$

is the relative dark concentration of the charged form of the chemisorbed species and:

(3) $$\mu = (1 + \alpha + \alpha \Delta p_s/p_{os})/(1 + \alpha + \Delta n_s/n_{os}) \qquad \text{with } \alpha = \exp(\varepsilon_s^{-} - v^{+})$$

Here n_{os} and p_{os} designate the dark concentrations of electrons and holes at the surface, while Δn_s and Δp_s are the changes of these concentrations under illumination. Energies are in kT units, and the upper or the lower sign refer to chemisorbed acceptor or donor particles respectively.

The determination of Δn_s and Δp_s has been discussed in reference [2d]. One obtains:

(4) $$\frac{\Delta n_s}{n_{0s}} = I \exp \varepsilon_v^{-} ; \frac{\Delta p_s}{p_{0s}} = I \exp \varepsilon_v^{+} \qquad \text{with } I = (\tau/_D)^{\frac{1}{2}} I_{0/C}$$

where I_o is the intensity of illumination (quanta/cm² sec), C the density of states in the bands, τ and D the minority carriers lifetime and diffusion coefficient, respectively.

It is thus possible to express Φ as a function of the parameters characterizing the nature of the adsorbent and the adsorbate (τ, D, C, $v^{\mp}$), the state of the system as a whole (V_{os}, $\varepsilon_V^{\mp}$) ($V_{os} \gtrless 0$ for adsorption of acceptor or donor particles respectively) and the experimental conditions (I_0, T).

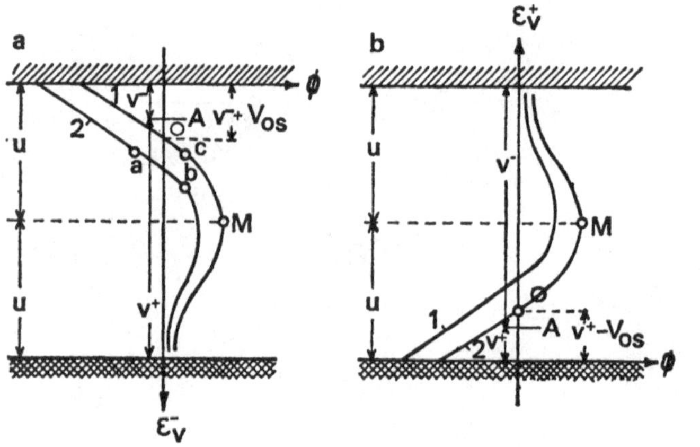

Fig. 2. Plots of Φ against ε_v for the adsorption of acceptor particles (a) and of donor particles (b) [2e]

The function Φ has been plotted in Figures 2a and 2b as a function of ε_V, i.e. of the position of the Fermi level in the bulk, in the dark. The two curves of Figures 2a and 2b refer to different values of V_{os}. The dependence of the sign of the photoeffect on ε_V and V_{os} can be clearly appreciated also from Figure 3 [2d] which shows the regions of permissible values of ε_V and V_{os} in which there is a Boltzmann distribution of free carriers throughout the volume of the crystal. The heavy lines AA and BB limit the regions corresponding to the positive and the negative effects. (V_{os}* gives the original curvature of the surface in the absence of chemisorbed species as determined by surface states of non adsorptive nature).

In Figure 4, the quantity φ [2d], the sign of which determines the sign of Φ has been plotted as a function of the concentration of interstitials (N_i), in the case of an n-type semiconductor. One notes that φ changes sign twice.

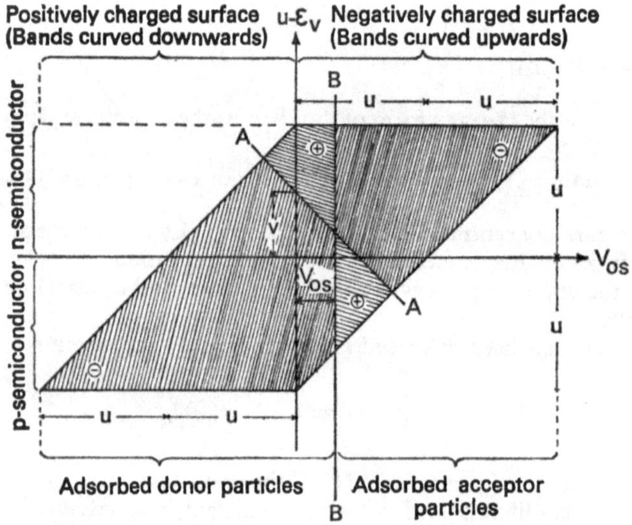

Fig. 3. Permissible values of u–ε_v and V_{os} and sign of the photoeffect [2d]

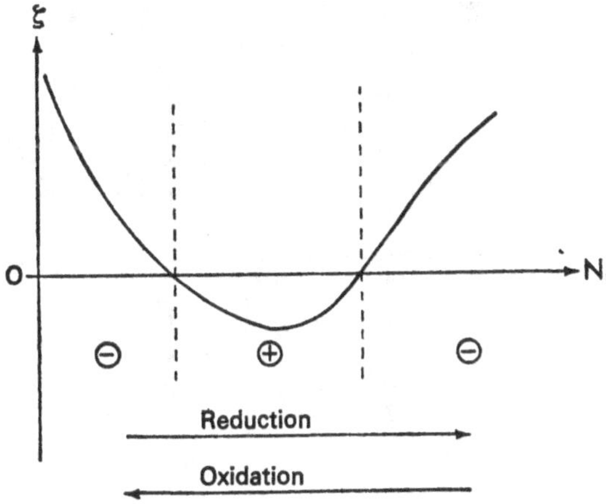

Fig. 4. A plot of φ as a function of N_i [2d]

The above results have been based on the assumption that light absorption causes the transfer of electrons from the valence band to the conduction band with the creation of free carriers in the semiconductor. An alternative mechanism could however be considered, i.e. that light absorption leads to the formation of excitons. The destruction of excitons can then take place, among other possibilities, by interaction with a chemisorbed species (either neutral or charged), therby changing its electric charge. This will produce a variation of the number of chemisorbed particles. This mechanism has been discussed in a recent paper by Wolkenstein and Karpenko [2f]. The conclusions are qualitatively similar to those reached for the electronic mechanism and can be illustrated by a diagram analogous to that of Figure 3.

A number of important predictions as to the sign and extent of the photoeffects can be derived by an examination of Figures 2 to 4. For a given semiconductor ε_V, V_{0S} and N_i can be varied in many ways and there is, in principle, the possibility of checking these predictions experimentally.

This point will, however, be examined in connection with the discussion of the experimental results.

3. Photoeffects at ZnO Surfaces

3.1. Photoeffects in the ZnO/O_2 system

This system has received by far the greatest attention and will therefore be examined in some detail.

3.1.1. Studies of photoadsorption and photodesorption

Figure 5 illustrates the results obtained by Romero-Rossi and Stone [3] at room temperature. Pure Zinc Oxide was pretreated at 400° C in oxygen at 50 torr and subsequently cooled to room temperature. One of two procedures have then been followed. Either the gas over the specimen has been gradually reduced in pressure to a value between 1 and 100 microns (desorption technique) or the gas has been evacuated at 10^{-6} torr for 2 hrs and fresh oxygen admitted to give a pressure between 1 and 100 microns (adsorption technique). The pressure in the isolated system has then been recorded in a dark + light sequence. One appreciates that dark adsorption is followed by desorption or adsorption, depending on the pressure. The photoeffect changes from photodesorption (—) to photoadsorption (+) on lowering the pressure. The two different techniques of attaining the initial conditions are clearly reflected in the different shapes of the pressure-

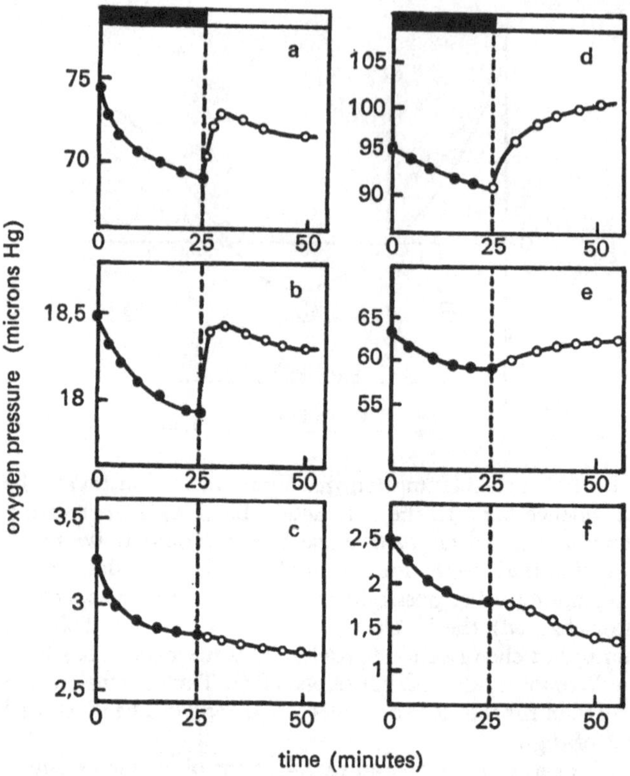

Fig. 5. Photoadsorption and photodesorption of O_2 on ZnO at 25° C. ● – Dark; ○ – Light. a, b, c, Adsorption technique; d, e, f, Desorption technique [3].

time curves under illumination. The maximum sensitivity of these effects is for light of wavelength between 400 and 450 mμ.

The photoeffect is enhanced by doping with lithium and depressed by doping with gallium. The pressure reversal of the effect is common to the pure and doped oxide.

Figure 6 taken from the work of Barry and Stone [4] illustrates the influence of the concentration of excess zinc on the sign of the photoeffect, during a desorption experiment. In this case photodesorption changes into photoadsorption by increasing the content of excess zinc (hydrogen treatment). This effect was also observed on samples differing in their mode of preparation.

An opposite trend, i. e. photoadsorption on the more oxidized samples, however, has been reported by others for both γ [5] and ultraviolet irradiation [6, 7, 8].

At 400° C the results of Romero-Rossi and Stone [3] show photodesorption of oxygen at 2 and 20 microns and photoadsorption at 100 microns. Here again, one observes a pressure reversal of the effect but in a direction which is opposite to that found at room temperature. The influence of the concentration of excess zinc on the photoeffect at 400° C is very nicely shown by the data of Figure 7 taken from the work of Haber and Kowalska [9a]. Reduction of the concentration of excess zinc (Zn exc.) from $1.3 \cdot 10^{-1}$ to $4.0 \cdot 10^{-3}$ atom % leads from photoadsorption to photodesorption through a photoinactive composition ($1.3 \cdot 10^{-2}$ atom %).

Further important contributions have come from the recent work of Solonitzin [10]. The kinetics of the process of photoadsorption at room temperature under irradiation with monochromatic light conforms to the equation [10e]:

$$Q = A \ln (bIt + 1) \tag{5}$$

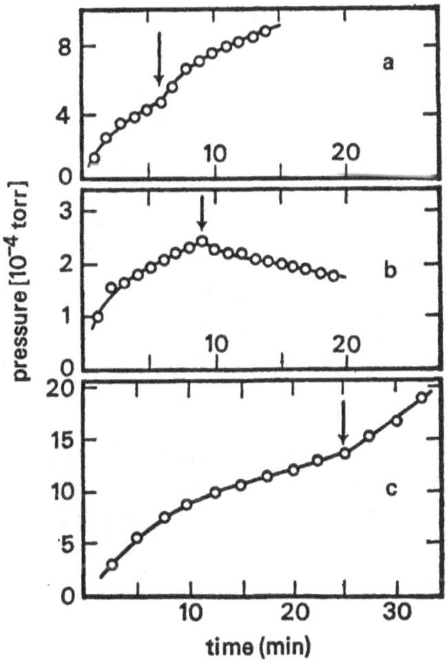

Fig. 6. Photoeffects during oxygen desorption on ZnO at 25° C a) before reduction; b) after hydrogen treatment at 520° C. c) after subsequent treatment in oxygen at 520° C. (↓ Irradiation begun here) [4]

where Q is the amount of gas photoadsorbed and I is the intensity of the light. The author has shown that this type of equation, which describes the kinetics on a thick layer where light intensity decreases from the surface inwards, should be replaced by Eq. 6

(6) $$q = n_0 \, kEt/(kEt + 1)$$

for a sample held under uniform illumination. (q is the amount photosorbed per unit volume and n_0 the number of available centers for photoadsorption). The kinetics has been found indenpendent of the oxygen pressure between 10^{-3} and 10^{-2} torr. The maximum spectral sensitivity of the effect is again found between 400 and 450 mμ. An interesting result of these investigations is illustrated in Figure 8 where adsorption has been followed by means of a leakage method [10a]. The figure clearly shows the influence of preliminary illumination on the dark adsorptive power (which is increased) and on the activity for photoadsorption which is decreased.

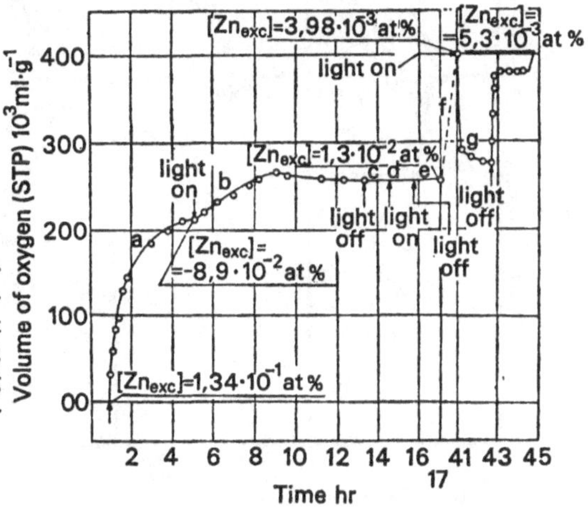

Fig. 7. Photoeffects on ZnO at 400° C. Section a) Dark adsorption at 40μ; b) Photoadsorption under illumination; c) dark period; d) light period; e) dark period; f) heating to 500° C, oxidation, and cooling to 400° C. g) Photodesorption under illumination [9a]

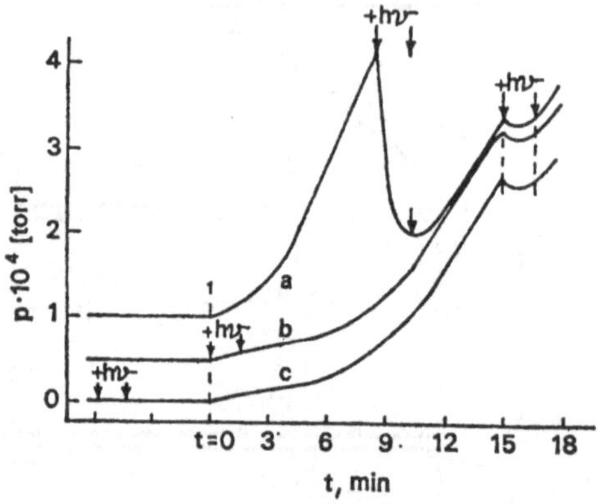

Fig. 8. Influence of preliminary irradiation on the adsorptive power of ZnO in the dark and under illumination (t = 0 start of the leakage of oxygen into the reaction vessel) [10a]

The importance of careful elimination of organic contaminants and of chemisorbed hydrogen has been stressed [10b]. The presence of these impurities would in fact increase the photoadsorption through a photocatalytic oxidation of the impurity.
The simultaneous presence of adsorption and desorption of oxygen under irradiation has been demonstrated by the use of labelled oxygen in a paper by TERENIN et al. [11].

3.1.2. Studies of the photoconductivity

Irradiation of zinc oxide surfaces causes a variation of the electrical conductivity of the oxide and, in favorable cases, it is possible to observe both a fast and a slow process [12]. While the fast process corresponds to purely electronic phenomena the slow process has been associated with a slow desorption or adsorption of oxygen under the action of radiation [12, 13]. The interpretation of the slow photoconductivity as an oxygen ad-

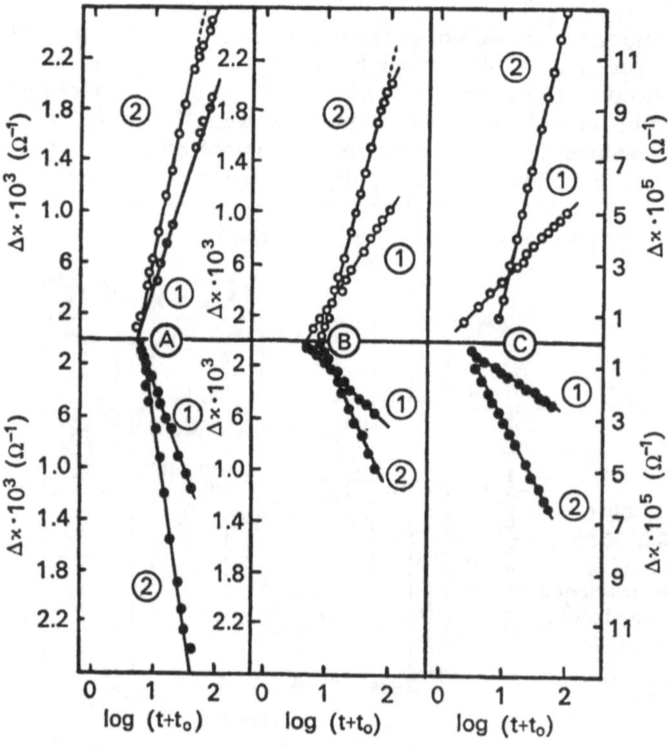

Fig. 9. Conductivity changes of $ZnO+In_2O_3$ sample, under irradiation, as a function of log $(t + t_0)$. Upper curves: conductivity rise; Lower curves: conductivity decay in the dark. Pretreatments: –A– in H_2 at 400°C: –B– in high vacuo at 450° C; –C– in O_2 at 400°C. Curves 1,2: P_{O_2} = 10^2, 10^{-6} torr [10b]

sorption process was supported by independent observations which showed that the conductivity increase under irradiation is accompanied by the desorption of oxygen [14] which was also detected manometrically [15].

This interpretation was successively questioned by various authors [16, 17, 18, 10c] on the basis of different experiments (see also [19]). The general conclusion was that the oxygen desorbed under irradiation in amounts sufficient to be detected manometrically could not have been responsible for the observed variation of the conductivity. A kinetic study of the slow photoconductivity of pure and doped ZnO was performed by the author and his collaborators [20] with the aim of clarifying this point further.

Pellets of pure ZnO or of ZnO containing additions of In^{+3} or Li^{+}, sintered at 900° C in air, where subjected to the following pretreatments: 1) 4 hrs at 450° C at 10^{-6} torr; 2) 30 min at 400° C in 100 torr of H_2, after treatment 1; 3) 60 min at 400° C in 100 torr of O_2, after treatment 1. The kinetics of the change of the conductivity under irradiation (UV lamp with or without selected light filters) as well as the kinetics in the subsequent dark period, have been studied at oxygen pressures between 10^{-6} and 150 torr and at temperatures between 25° and 450° C. The results of this investigation can be summarized as follows:

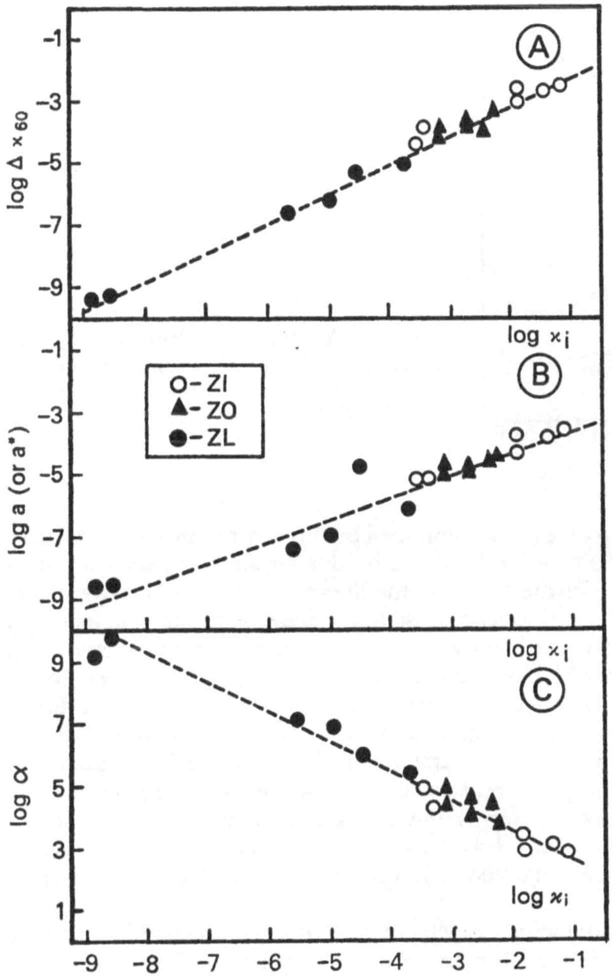

Fig. 10. Plots of: log $\Delta \varkappa_{60}$, (A); log a (B); log α (C) as a function of the logarithm of the initial conductivity in the dark ($\varkappa_i$) for ZnO + In_2O_3(ZI); pure ZnO (ZO) and ZnO + Li_2O (ZL), irradiated at 25°, at 10^2 and 10^{-6} torr after various pretreatments [20b]

The temperature interval investigated (25°–400° C) can be subdivided into three ranges:
First range: 25°–100° C.
In this range illumination always causes an increase of conductivity independently of the type of pretreatment, of the oxygen pressure, and of the type dof oping (In^{+3}, Li^{+}). The kinetics can be approximated by the equation:

$$\Delta\varkappa = \frac{2 \cdot 3}{\alpha} \log (t + t_0) + \frac{2 \cdot 3}{\alpha} \log a \tag{7}$$

for both the light and the dark period and for all three oxides studied. Figure 9 illustrates typical kinetic runs plotted according to Eq. 7. The kinetic parameters of this equation are found to be dependent on all the above mentioned experimental conditions (Fig. 10). In particular the final value of the conductivity under illumination decreases with increasing oxygen pressure between 10^{-6} and 10^{-3} torr and becomes practically pressure independent above 10^{-3} torr (Figure 11). Equation 7 lends itself to distinguish

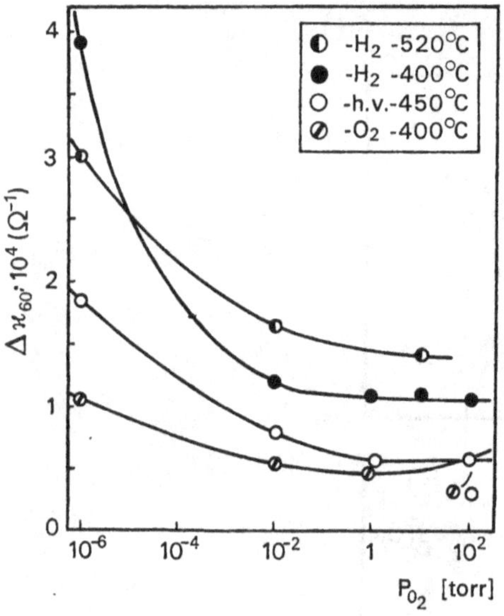

Fig. 11. A plot of the conductivity rise $\Delta\varkappa_{60}$ as a function of the oxygen pressure after different pretreatments. (Pure ZnO at 25° C). [20a]

between the case in which the process can be described by this kinetic law from time zero onwards and the case where the process described by this equation is preceeded by a process obeying a different law. In the first case the linear $\Delta\varkappa/\log (t + t_0)$ plots extrapolate at $\Delta\varkappa_0 = 0$ for $t = 0$ while in the second case at $t = 0$ $\Delta\varkappa_0 \neq 0$. The validity of eq. 7 from time zero onward and for sufficiently long times is restricted to pretreatment, pressure and doping conditions which give rise to highly conductiong surfaces. In the case of surfaces of low conductivity one observes values of $\Delta\varkappa_0/\Delta\varkappa_{60}$ ($\Delta\varkappa_{60}$ = value of $\Delta\varkappa$ after 60 min.), which in some cases reach about 0.5. Values of $\Delta\varkappa_0$ increase with increasing pressure, are smaller for In^{+3} doped samples and larger for the Li^{+} doped ones. On these surfaces at high oxygen pressure, saturation values of the photoconductivity are reached in times of the order of a few minutes, while for reduced samples at low pressure, saturation would require many days. Values of $\Delta\varkappa_0$, α, and a are comparable for both the rise and the decay curves and show, in both cases, a similar dependence on experimental conditions.
The spectral sensitivity of the conductivity is dependent on oxygen pressure for oxidized samples and independent of the pressure for reduced samples (Figure 12).

Second range: 100°–300° C. The behaviour of oxidized samples at high oxygen pressure is complex, the kinetics show the presence of maxima, and final values in the dark can be lower than the initial ones (Figure 13).

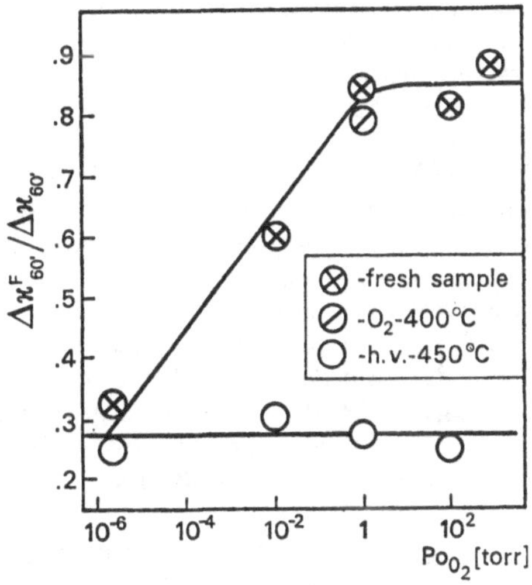

Fig. 12. A plot of the ratio between the conductivity rise Δx^F_{60}, measured in the presence of filter Kodak 2B and the corresponding Δx_{60}, measured with the unfiltered radiation, as a function of the oxygen pressure after different pretreatments (pure ZnO at 25° C) [20a]

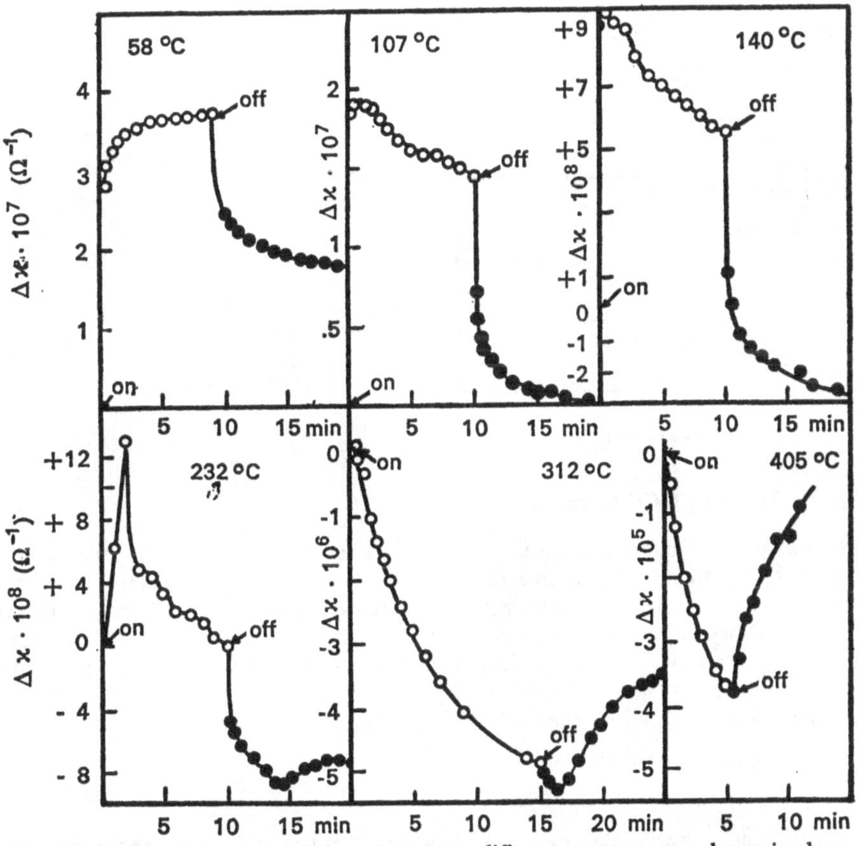

Fig. 13. Conductivity rise and decay curves at different temperatures determined on oxidized ZnO at 150 torr. ○ – Light; ● – Dark [20a]

Third range: 300°–400° C. Upon illumination, the conductivity of oxidized samples at high pressures decreases and, in the dark, reverts to the initial values at a faster or slower rate depending on the temperature (Figure 13).
The kinetics in both the light and the dark period can again be expressed by Eq. 7.
Reduced samples show an increase of the conductivity under illumination, in the whole temperature interval investigated. The final value of the conductivity under illumination decreases with increasing temperature.

3.2. Photoeffects in the ZnO/H_2 system

The investigation of the effect of UV irradiation on the kinetics of H_2 chemisorption at 300° C has been made by KESAVULU and TAYLOR [21] and the results are given in Figure 14. Light has a retarding effect on chemisorption at this temperature. Photoadsorption of H_2 at room temperature on ZnO containing oxygen chemisorbed at high temperature has been reported by other investigators [18, 10e]. Conductivity measurements during irradiation with γ-rays at 0° C of ZnO containing preadsorbed hydrogen [17] suggest that the low temperature form of H-chemisorption is converted by irradiation into the high temperature form which has a marked influence on the surface conductivity of the oxide [see also ref. 18].

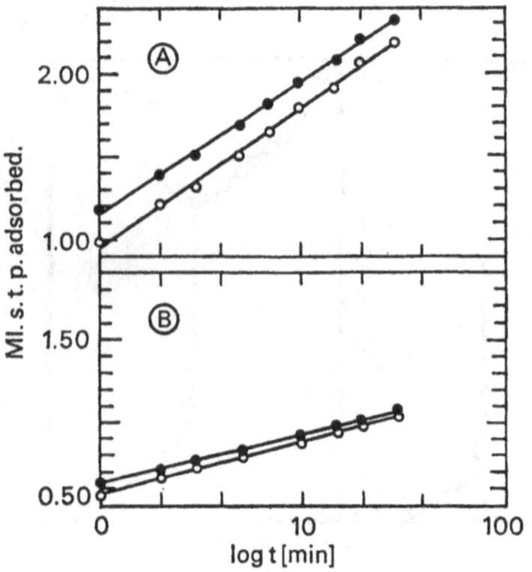

Fig. 14. Effect of light on Hydrogen demisorption on ZnO at 300° C. (A) P_{O_2} = 50 torr; (B) P_{O_2} = 9 torr.
○ – Light; ● – Dark [21]

4. Photoeffects at TiO_2 Surfaces

Photoadsorption of oxygen at rutile surfaces has recently been investigated by STONE et al. [22]. The results can be summarized as follows: a – Illumination in the fundamental adsorption band of TiO_2 is necessary for photoadsorption; b – photoadsorption is greatly diminished as bound water is removed by outgassing but can be partially restored by annealing in water vapour; c – photoadsorption follows a parabolic law; d – photoadsorption is irreversible.
The mechanism proposed by the authors is the following:

TiO_2 + hν → exciton → electron + hole

e.p. e′ + $|e|^{\bullet}$

OH^-(ads) + $|e|^{\bullet}$ → OH (ads); O_2 (gas) + e′ → O_2^- (ads); O_2^- (ads) + OH (ads) → HO_2 (ads) + O^- (ads)

The overall reaction is: O_2 (gas) + OH^-(ads) + hν → HO_2 (ads) + O^-(ads) a further sequence then becomes possible, namely:

TiO_2 + hν → e' + |e|•; HO_2 (ads) + e' → HO_2^-(ads); OH^-(ads) + |e|• → OH (ads);

O^-(ads) + OH (ads) → HO_2^- (ads). The overall reaction is therefore:

O_2 (gas) + 2 OH^-(ads) + 2hν → 2 HO_2^- (ads)

The rate of reaction is probably controlled by the diffusion of mobile adsorbed oxygen to trapped hole centers OH (ads). Photoadsorption of hydrogen on TiO_2 has been investigated by Rapoport [26] who was able to correlate the activity for photoadsorption with the amount of oxygen preadsorbed in the strong form ($O^=$).

5. Photoeffects at NiO Surfaces

Photodesorption of oxygen at NiO surfaces has recently been investigated by Haber and Stone [23], Schuit et. al. [24]; and by Kotelnikov [25].
The observation that oxygen desorption can take place by illumination at 700 mμ was seen by Haber and Stone signifying that the photoeffect is taking place as a consequence of light absorption in a crystal field band rather than in the fundamental (charge transfer) band at shorter wavelengths. Stabilization of a surface Ni^{+2} ion in the octahedral crystal field, achieved by chemisorption of oxygen, would partially be destroyed by light absorption in the crystal field band at 700 mμ thereby providing an activation energy for desorption.
Successive work by Schuit et al. and by Kotelnikov showed however that the spectral sensitivity of the effect is rather uniform in the visible [24] and can extend to the far infrared [25]. It therefore appeared conclusive that in the case of NiO the observed photodesorption was not a quantum process but a thermal one. The effect does however allow to discriminate between the weak type of chemisorption present at low temperature, which is photosensitive, and the stronger high temperature type, which is photoinactive.

6. Discussion

As mentioned in the introduction the presentation of the experimental results should be followed by a discussion of their relevance to the electronic theory of photoadsorption on semiconductors. With the exception of the NiO/O_2 system where the effect of irradiation seems to be of a purely thermal origin, the results obtained for the other systems are undoubtedly attributable to quantum effects.
However, in certain systems, photoadsorption effects should be considered more as examples of photocatalysis rather than changes of the adsorption equilibrium under irradiation.
This is the case of the TiO_2/O_2 system and of the TiO_2/H_2 systems, in the presence of organic impurities or of chemisorbed hydrogen and, very likely, also the case of the ZnO/H_2 system at low temperature in the presence of strongly chemisorbed oxygen. In the latter case irradiation also supplies the activation energy for the transformation of the weak form of hydrogen chemisorption into the stronger form.
The discussion will therefore be concerned mainly with the results obtained in the study of photoadsorption and photoconductivity in the ZnO/O_2 system.

6.1. Comparison of the results on photoadsorption and photoconductivity.

It has already been mentioned that the slow photoconductivity of ZnO was at first correlated with the photodesorption of detectable amounts of oxygen. If this correlation is correct one would have expected to observe besides the conductivity rise accompanied by photodesorption a conductivity decay (photoresistivity) accompanied by photoadsorption. At room temperature, in spite of the very large range of experimental conditions examined in [20], which range from conditions under which photoadsorption had been observed to conditions favourable to photodesorption, one always observes a rise of the conductivity under irradiation. The observation made in [18] that under appropriate conditions one can observe photoconductivity without appreciable gas desorption or the observation [10c] that a conductivity rise can be accompanied by both photoadsorption or photodesorption, give conclusive evidence that photoconductivity cannot be associated with changes of surface coverage of that particular form of chemisorbed oxygen, which can photoadsorb or photodesorb in detectable amounts at room temperature. On the other hand kinetic and saturation quantities of the photoconductivity process are functions of the ambient pressure and of surface conditions (Figures 10 and 11). Photoconductivity must therefore be associated with a more strongly chemisorbed species which can produce large variations of the electrical conductivity with only minor changes of surface coverage. This possibility actually exists and was discussed in [12] and [17].

The existence of different forms of chemisorbed oxygen (which have been identified with O_2^-, O^-, $O^=$, in order of increasing strength of their bonding to the surface) is by now a well established fact and it appears to be essential to the interpretation of the results on photoadsorption and photoconductivity.

The situation at temperatures above about 300° C should in principle be simpler in that above this temperature the weak form of chemisorption should be present in negligible amounts. At temperatures above 300° C, one observes reversible photoresistivity on oxidized samples at high oxygen pressures, and reversible photo-conductivity on reduced samples at low pressure [20].

These results agree with the observations of [3] at 400° C where photoadsorption was found to change into photodesorption on lowering the oxygen pressure. The results of Figure 7 do, however, show that photodesorption is observed at 400° C on samples with a lower content of excess zinc, in apparent contradiction with the data of [3] and [20]. There are two more points which have been brought out by photoconductivity measurements [20] and which should be mentioned:

1. To interpret the behavior of oxidized samples between 25° C and 400° C it was necessary to assume that two mechanisms were operating simultaneously: a first mechanism leading to adsorption or desorption according to conditions. This mechanism, which is responsible for the kinetics described by Eq. 7, was found to be more sensitive to wavelengths shorter than the adsorption edge of ZnO ($\simeq$ 385 mμ); a second mechanism leading always to desorption. This mechanism should be described by a different kinetic equation, it is faster than the first one at the beginning of irradiation, and is more sensitive to wavelengths longer than 385 mμ.
2. To interpret the results of Figure 10 it was necessary to assume the presence of a distribution of electron traps at the surface, in agreement with previous results [12].

6.2. Comparison of the theory with the experiments

Figures 2 to 4 give us, in principle, the possibility of rationalising the various experimental observations. Let us start with the data of Figure 5 which indicate the tendency of photodesorption to change over to photoadsorption on lowering the pressure. These experiments were carried out at room temperature and the change in pressure will reflect itself mainly in the increase of the upward curvature of the bands (V_{os}). Referrnig to Figure 2a this means a horizontal displacement from curve 1 to curve 2 (e.g. from point c to point a). In Figure 3 (upper right hand side) this corresponds to a shift from the positive region, defined by straight lines AA, BB and the V_{os} axis, to the negative region.

The data of Figure 14 indicate that the negative influence of irradiation upon H_2 chemisorption at 300° C is increased by an increase of the hydrogen pressure. According to Figure 3 (upper left hand side), this would mean a shift to the left from a point close to AA. This is attributable to an increased downward curvature of the bands as the pressure is increased. The conflicting results obtained in [4] (Figure 6), and in [5, 6, 7, 8, 10], on the influence of a change of the concentration of interstitial zinc on the sign of the effect can be explained on the basis of Figure 4. This figure shows that the sign of the effect can in fact change twice according to the value of N_i.
The same considerations can be applied to the conflicting results obtained at 400° C in [3, 20, 9a] (Figure 7). The observation that at room temperature the conductivity always increases under illumination, while photoadsorption can be either positive or negative, can also be justified by the theory. In fact the more strongly bound oxygen, which is responsible for the conductivity changes, is to be associated with higher value of v^- (Figure 1) and this would shift the system into a region of Figure 3 where only negative effects are observable.

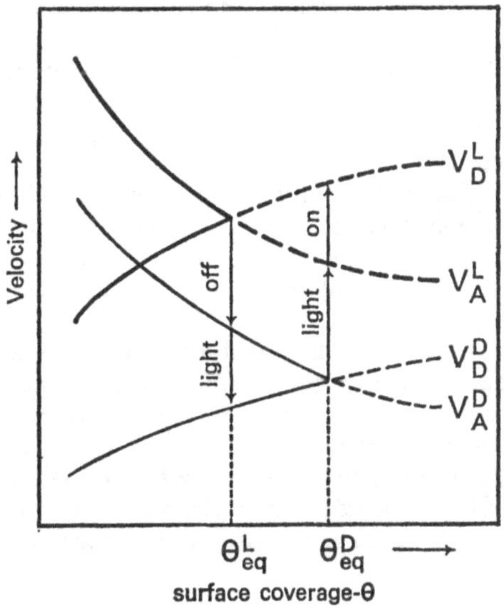

Fig. 15. Hypothetical plots of the velocities of adsorption and desorption in the dark (V_A^D, V_D^D) and under illumination (V_A^L, V_D^L) as a function of surface coverage. [20a]

In the mechanism of photoadsorption and photodesorption discussed by WOLKENSTEIN [2] it is assumed that upon irradiation a new electronic equilibrium is rapidly established and that the system relaxes to the new adsorption equilibrium. At any instant the observed rate of adsorption (or desorption) will be given by the total rate of adsorption minus the total rate of desorption until the two velocities become equal and a new adsorption equilibrium is eventually reached. When irradiation is discontinued the system will again readjust to the initial electronic conditions by the reverse processes (Figure 15). The data of ref. 11 confirm the simultaneous presence of photoadsorption and photodesorption. From this model it follows that the process of adjustment to the new electronic equilibrium is not essentially different from a process in the dark. It therefore becomes understandable that an equation of the type of Eq. 7, which is of a rather general validity for chemisorption processes and which has been found to be valid for oxygen chemisorption on ZnO both at low and at high temperatures [4, 9b], should also be valid in the case of photoprocesses (see also Figure 14). In the case of photoconductivity, one should assume that conductivity depends linearly on surface coverage; this is probably true for small changes of coverage [17].

7. Conclusions

In our opinion the discussion given above brings out the merit of the theory which undoubtedly allows one to rationalize a number of independent observations which would otherwise require more or less ad hoc interpretations. One should, however, be cautious in making predictions based on the theory in that a number of factors are actually limiting its applicability to real systems:

1. The theory refers to changes of the equilibrium concentration of adsorbed species under illumination. It is, however, a well known fact that thermodynamic equilibrium is rarely observed in the case of chemisorption on semiconductors. Situations like that illustrated in Figure 15 might then be completely reversed if equilibrium conditions do not prevail. An example of the changes that can be produced by the mode of attaining the initial conditions, in adsorbents pretreated in the same way at high temperature, is well illustrated by Figure 5. Similar results have been obtained for photoconductivity around 200° C [20].

The results obtained in [9b] on oxygen chemisorption on ZnO show quite clearly the profound influence of pretreatment conditions on both the weak and the strong type of chemisorption.

One should therefore be cautious in comparing results obtained by different authors in that the method of preparation, the type of pretreatment and the conditions of the experiments can modify ε_V, V_{OS}, N_i and v, in a manner which is very difficult to evaluate a priori.

2. The theory considers the surface equilibrium between neutral and charged particles of only one kind. Real systems show quite definitely the presence of more than one charged species and this obviously introduces a further complication in that equilibria or pseudo-equilibria among the different charged species should also be taken into account.

3. There exists the possibility that different mechanisms, beside the one discussed above, operate under given conditions, as discussed in [20]. The kinetics and the spectral sensitivity or the photoeffect might be profoundly altered by the concomitant action of two mechanisms.

In our opinion a convincing test of the theory might only come from more refined types of experiments in which the parameters determining the sign and the extent of the effect can be varied and measured under the conditions prevailing in the experiments.

Literature

1. L. L. Basov, Yu. P. Solonitzin & A. N. Terenin: Dokl. Akad. Nauk. SSSR **164**, 122 (1965).
2. a) Th. Wolkenstein: «Théorie Electronique de la Catalyse sur les semiconducteurs», Masson, Paris 1961.
   b) Disc. Faraday Soc., **31**, 209 (1961).
   c) Kinetika i kataliz. **2**, 481 (1961).
   d) & I. V. Karpenko: J. Appl. Phys. **33**, 460 (1962).
   e) & I. V. Karpenko: Dokl. Akad. Nauk SSSR **156**, 1101 (1965).
   f) & I. V. Karpenko: Fiz. Tverd. Tela **9**, 403 (1967).
3. a) E. Romero-Rossi & F. S. Stone: Actes Congr. Intern. Catalyse 2ᵉ, Paris 1960, **2**, 1481 (1961);
   b) F. S. Stone: «Coloquio Sobre Quimica Fisica de Processos en Superficies solidas», Libreria Cientifica Medinaceli, Madrid, 109 (1965).
4. T. I. Barry & F. S. Stone: Proc. Roy. Soc. (London), **A 225**, 124 (1960).
5. T. I. Barry: Actes Congr. Intern. Catalyse 2ᵉ Paris 1960, **2**, 1449 (1961).
6. Y. Fujita & T. Kwan: Bull. Chem. Soc. Japan, **31**, 379 (1958).

7. A. Terenin & Yu. P. Solonitzin: Disc. Faraday Soc., **28**, 28 (1959).
8. Yu. P. Solonitzin: Zh. Fiz. Khim., **32**, 2142 (1958); ibid., **36**, 836 (1962).
9. a) J. Haber & A. Kowalska: Bull. Acad. Polon. Sci. Ser. Sci. Chim., **13**, 463 (1965).
b) ibid., **13**, 419 (1965).
10. a) Yu. P. Solonitzin: Kinetica i Kataliz, **6**, 250 (1965).
b) & L. L. Basov: ibid. **6**, 752 (1965).,
c) ibid., **7**, 128 (1966);
d) ibid., **7**, 327 (1966).
e) ibid., **7**, 480 (1966).
11. A. A. Lisachenko, F. I. Vilesov & A. N. Terenin: Dokl. Akad. Nauk SSSR, **160**, 864 (1965).
12. a) H. Heiland, E. Mollwo & F. Stöckmann: Solid State Phys. **8**, 191 (1959).
b) H. Heiland: J. Phys. Chem. Solids, **22**, 227 (1961).
13. D. A. Melnick: J. Chem. Phys. **26**, 1136 (1957).
14. I. Myasnikov & S. Ya. Pshezhetskii: Dokl. Akad. Nauk SSSR **99**, 125 (1954).
15. a) D. B. Medved: J. Chem. Phys. **28**, 870 (1959);
b) J. Phys. Chem. Solids, **20**, 255 (1961).
16. A. Cimino, E. Molinari, F. Cramarossa & G. Ghersini: Atti Accad. Naz. Lincei. Classe Sci. Fis. Mat. Nat. **30**, 750 (1961).
17. T. I. Barry & K. Klier: Disc. Faraday Soc., **31**, 219 (1961).
18. V. L. Rapaport & L. L. Basov: Fiz. Tverd. Tela **7**, 1124 (1965).
19. R. J. Collins & D. G. Thomas: Phys. Rev. **112**, 388 (1958).
20. a) E. Molinari, F. Cramarossa & F. Paniccia: J. Catalysis **4**, 415 (1965).
b) Ric. Sci. **34** 623 (II–A), (1964).
21. V. Kesavulu & H. A. Taylor: J. Phys. Chem. **66**, 54 (1962).
22. a) F. S. Stone: Anal. Real. Soc. Espan. de Fis. y Quim. **51B**, 109 (1965).
b) Lecture delivered at the Ipatieff Centenary Conference Evanston Ill. Sept. 1967.
23. J. Haber & F. S. Stone: Trans. Farad. Soc., **59**, 192 (1963).
24. R. Jongepier, Th. P. M. Beelen & G. C. A. Schuit: J. Catalysis **3**, 464 (1964).
25. V. A. Kotelnikov: Kinetika i katalyz, **5**, 565 (1964).
26. V. L. Rapoport: Dokl. Akad. Nauk SSSR **153**, 871 (1963).

14. Photoadsorption and Photodesorption of Oxygen on Inorganic Semiconductors and Related Photocatalysis

TAKAO KWAN

University of Tokyo, Bunkyo-ku, Tokyo, Japan

With 8 Figures and 3 Tables

Zusammenfassung

Es wird über Elektron-Spinresonanzmessungen von adsorbiertem Sauerstoff und von paramagnetischen Teilchen an ZnO, TiO_2 und ZrO_2 während einer Lichteinwirkung berichtet. Infolge Adsorption einer kleinen Menge Sauerstoff bei Raum-Temperatur läßt sich an diesen Oxiden ein Triplett-Elektron-Spinresonanzsignal feststellen, das die folgenden g-Werte aufweist:

	g_1	g_2	g_3
ZnO	2,002	2,008	2,049
TiO_2	2,003	2,008	2,019
ZrO_2	2,003	2,009	2,027

Die Spindichte des Tripletts (bezeichnet als $I_{2,0}$) wächst mit zunehmender Menge an adsorbiertem Sauerstoff im Verhältnis von einem Spin pro adsorbiertem Sauerstoff-Molekül. Hierdurch wird nahegelegt, daß der Triplett von einem O_2^--Teilchen verursacht ist. Die durch Einstrahlung von Licht bewirkten Änderungen der Spindichte des Tripletts werden unter gleichzeitiger Beobachtung der Änderung der Sauerstoff-Adsorption quantitativ verfolgt.
Für ZnO wurde die Änderung der Spindichte des Signals $g = 1{,}96$ (bezeichnet als $I_{1,96}$), das durch die Elektronen im Halbleiter verursacht ist, ermittelt, um Informationen über den Elektronendurchtritt durch die Oberfläche zu erhalten. Gleichzeitig wurde auch die Änderung des Stromes durch den Kristall bestimmt. Beide Meßgrößen verhalten sich linear.
Die Tatsache, daß der durch Licht mit der Wellenlänge von 350–450 mμ im Vakuum erzeugte abrupt ansteigende Photostrom durch einen Zusatz von 20 Torr Sauerstoff erniedrigt wird, deutet auf ein Einfangen von Elektronen während der Adsorption von Sauerstoff hin. Bei Wiederholung der Bestrahlung von ZnO in Gegenwart von 20 Torr Sauerstoff konnte eine Zunahme des Triplett-Signals um den Faktor 1,5 beobachtet werden, was auf eine Photoadsorption schließen läßt. Die gleichzeitig durch die Einstrahlung entstehenden Defektelektronen müssen hier durch Einfangstellen im Kristall und an der Oberfläche weggefangen werden.
Behandelt man ZnO bei 500° C im Vakuum (~ 10^{-4} Torr), so tritt bei Belichtung eine Abnahme von $I_{2,0}$ und ein Ansteigen des Sauerstoffdruckes auf, was auf eine Photodesorption hinweist. Wenn man auf der anderen Seite in Sauerstoff behandelte ZnO-Proben betrachtet, wird eine Abnahme des Sauerstoffdruckes und eine kleine Änderung von $I_{2,0}$ beobachtet. Es muß jedoch erwähnt werden, daß $I_{2,0}$ und die ad- bzw. desorbierten Mengen Sauerstoff nicht gut in Einklang waren.
An TiO_2 ist die Photoadsorption noch ausgeprägter. Eine Photodesorption von Sauerstoff mit entsprechender Änderung von $I_{2,0}$ ist nur dann zu beobachten, wenn TiO_2 bei 500° C intensiv evakuiert wurde. Die nach einer 500° C Wärmebehandlung unter 1–10 Torr O_2 aufgetretene Zunahme des Triplett-Signals mit den g-Werten 1,984, 2,004 und 2,023 wird auf Gitterstörstellen im Kristall zurückgeführt. Da dieses Triplett nicht die zentrale Resonanzlinie des durch Sauerstoff-Adsorption verursachten Tripletts ($g = 2{,}009$) überlappt, kann das Photoverhalten der Störstellen neben dem der adsorbierten Sauerstoff-Teilchen studiert werden. Wenn TiO_2-Proben bei Raum-Temperatur unter 40 Torr Sauerstoff mit Licht der Wellenlänge von 300 bis 410 mμ bestrahlt wurden, nahm die Spin-Dichte der Störstellen (I_D) und die der adsorbierten Sauerstoff-Teilchen (I_O) zu. Dieses Ergebnis läßt vermuten, daß die Adsorption von Sauerstoff unter Mitwirkung von Störstellen erfolgt.
An ZrO_2 konnte nur eine Photoadsorption beobachtet werden. Selbst an bei 700° C entgasten Proben trat keine Photodesorption auf.

Abstract

Changes were investigated in ESR spectra or adsorbed oxygen species and of paramagnetic species in/on the semiconductor such as ZnO, TiO_2 and ZrO_2, when the solids were irradiated, and combined with simultaneous measurements of the quantity of oxygen adsorbed or desorbed. Experimental evidences are presented for the photoadsorption and photodesorption of oxygen, as affected by the pretreatment of the semiconductor sample, ambient oxygen pressure and wavelength of the light.

The result suggests that photoadsorption and photodesorption of oxygen are general phenomena at least for the semiconductors investigated and that the direction of photoresponse is controllable by the position of the Fermipotential of the sample and by the quantity of neutral oxygen molecule present on the surface. It is suggested also that both electrons and positive holes participate in the phenomena.

1. Introduction

Photoadsorptive, photocatalytic and photoconductive properties of inorganic semiconductors have been recognized for a number of years. Photoproduced electrons and holes in the semiconductors presumably interact with adsorbed species, modifying the rate of surface reaction while they may give rise to photocurrent. For example, it is well known that suspensions of ZnO in water produce hydrogen peroxide when irradiated with ultra violet lights [1]. Also, the anodic oxidation of n-type germanium under photo-irradiation is known to proceed much faster than for p-type [2]. The latter phenomenon is particularly interesting, because according to Brattain and Garrett [2] positive holes are considered to play an important role in the photooxidation of n-type germanium. Experimental evidence indicative of the role of adsorbed oxygen on the photocurrents in semiconductors has been given by Myasnikov and Pshezhetskii [3], Melnick [4] and Medved [5] with respect to ZnO; it was considered by these workers that negative or positive photocurrent is closely related with photoadsorption or photodesorption of oxygen. However, most of the results were quite qualitative in character.

During the recent years, a variety of inorganic semiconductors have been shown to give photoexcited adsorption or photoexcited desorption of adsorbed gases. Several examples are illustrated in Table 1.

Table 1

Photoeffect on various adsorbent-adsorbate systems

+ = photoadsorption — = photodesorption

$ZnO–O_2$ [6, 7, 8]	+, —	$ZnO–H_2$ [14]	+
$ZnO(Al)–O_2$ [9]	—	$TiO_2–O_2$ [10]	+
$ZnO(Li)–O_2$ [9]	+	$CdS–O_2$ [9]	+
$ZnS–O_2$ [13]	+	$CdSe–O_2$ [11]	+, —
ZnO–CO [7]	+	$NiO–O_2$ [12]	—

As shown in Table 1, photoadsorption of oxygen takes place on one semiconductor while it gives way to photodesorption on another semiconductor; why does this happen? In this connection, it is interesting to note that photoadsorption of oxygen on ZnO is reported to occur only when the sample is in an oxidized state while photodesorption occurs on a reduced sample [6]. We considered that the direction of the photoresponse is determined by the Fermipotential of the ZnO sample. Experiments were carried out by us on doped ZnO samples, and it was found that ZnO(Al) gives rise to photodesorption of oxygen whereas ZnO(Li) photoadsorption (Table 1). Such dual character of photoresponse on ZnO was confirmed later by Terenin and Solonitzin [7] as well as by Barry and Stone [8].

In the meantime, the work of WOLKENSTEIN [15–18] came to our notice. The problem of photoadsorption and photodesorption was analyzed by him on the basis of the general concepts of the electron theory of semiconductors. Two types of adsorbed state, weak and strong or neutral and charged were assumed, and the dual character of the photoeffect was shown to be affected by the position of the Fermipotential of the semiconductors. The theory thus appeared to be in harmony with the experiments.

Photoadsorption and photodesorption of gas have been determined so far by measuring the change of residual gas pressure due to photoirradiation. We have little knowledge about the kind and behavior of adsorbed gases. It seemed worthwhile, therefore, to investigate the photodynamical behavior of adsorbed gases on semiconductors, and it is needless to say that electron spin resonance (E S R) technique should provide important information.

In the present paper, the author will report some general aspects of photoadsorption and photodesorption of oxygen on ZnO, TiO_2 and ZrO_2 as investigated by E S R.

2. Experimental

The E S R measurement was carried out with a JEOL-P-10 (100 KC, X-band) spectrometer with semiconductor samples kept usually at room temperature. Absolute spin density calibrations were made with Mn^{2+} in MgO directly inserted in the sample tube and with DPPH in benzene. A quartz tube of 4 mm internal diameter, containing 0.1 to 0.4 g of a semiconductor sample, was connected to a high vacuum line and equipped with a PIRANI gauge near the tube. Special care was taken to protect the semiconductor sample from the vapour of stopcock grease with a trap of liquid nitrogen which also served as a bath for the PIRANI gauge.

A change of the electric conductivity of a semiconductor sample alters the cavity Q which in turn is indicated by a change in the bias current of the crystal detector of the microwave power. For example, ZnO of high conductivity may give rise to a large loss of microwave power, and adsorbed oxygen is known to reduce the conductivity of ZnO and results in a higher Q and a negative change in the crystal current [19]. We shall utilize the change of the crystal current to obtain information about electron transfer between the bulk of ZnO and adsorbed oxygen species in the absence and presence of ultra violet irradiation.

A 500 watt high pressure mercury lamp was used as a light source combined with various glass filters (Toshiba Co.) or with a saturated $CuSO_4$ solution.

ZnO: A powdered ZnO sample, supplied by New Jersey Zinc Co. (S. P. 500) was used. TiO_2: A TiO_2 sample was prepared by hydrolysing $TiCl_4$, manufactured by Koso Chemical Co., with ammonia and then by drying it at 130° C. The sample was then calcined at 500° C in a stream of oxygen to provide a white sample of anatase type. ZrO_2: A powdered sample, purchased from Merck Co., was used.

All semiconductor samples were outgassed, unless otherwise stated, at 500° C in high vacuum (10^{-5} torr) before the measurements.

3. Results and Discussion

3.1. Photoadsorption and Photodesorption of O_2 on ZnO

3.1.1. E S R Spectrum of ZnO–O_2

As already reported by many workers [20–29], the E S R spectrum of ZnO which has adsorbed oxygen (denoted as ZnO–O_2)consisted of a $g = 1.96$ signal due to conduction electrons and/or electrons in a donor level, and an anisotropic signal near $g = 2.0$ due to adsorbed oxygen species. The latter signal was characterized by three g-values:

$g = 2.002$, 2.008 and 2.049 [23, 26, 27] and assigned to the molecular oxygen ion, O_2^-, as will be discussed later. The spin density of these signals per g ZnO will be denoted as $I_{1.96}$ and $I_{2.0}$ respectively.

To obtain information concerning electron transfer between the bulk of ZnO and adsorbed oxygen species, we have investigated[19] the change of $I_{1.96}$ and $I_{2.0}$ together with that of the crystal current, Δ CC, against the degree of oxygen adsorption per g ZnO at room temperature. The result is shown in Figure 1.

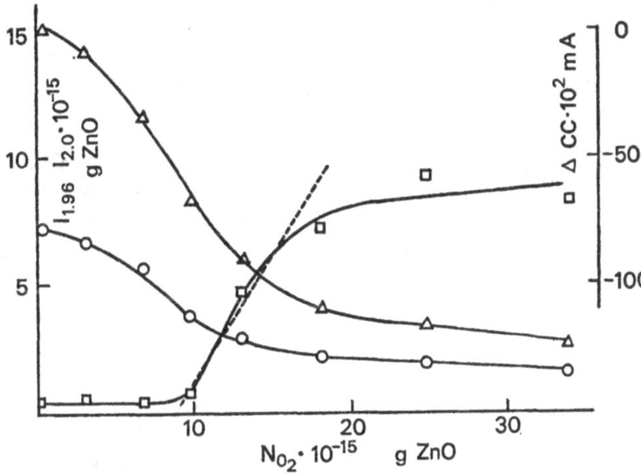

Fig. 1. Dependence of $I_{1.96}$ (O), $I_{2.0}$ (□) and Δ CC (Δ) on N_{O_2}

The decreasing curves for $I_{1.96}$ and Δ CC are in accordance with the known fact that adsorbed oxygen accepts electrons from the bulk of ZnO. As shown in Figure 1, $I_{2.0}$ appeared to increase only above the oxygen coverage of about 1×10^{16} molecule/g ZnO, suggesting that oxygen species of no observable resonance is formed on the surface at lower coverages. A similar result was reported also by Sancier [25]. At coverages exceeding about 2×10^{16}, the change of all the E S R parameters was less dependent on the oxygen coverage; neutral oxygen species seem to be adsorbed exclusively.

Let us consider the nature of the triplet signal near $g = 2.0$ which appears only within the limited range of coverage. In this range it should be particularly noted that $I_{2.0}$ increases with an increase of the adsorbed quantity of oxygen, N_{O_2}, in a ratio of one spin per one adsorbed oxygen molecule. The dotted line of Figure 1 shows such a slope.

Thus, except at lower and higher coverages, it seems very probable that one adsorbed oxygen molecule produces one paramagnetic species of the $g = 2.0$ triplet signal. Recently, such a correspondence was also suggested by Lundsford [30]. The result of a microwave power saturation experiment, in the range of 20–250 mW, indicated that the signal originated from a common species in accordance with the communication of Fujita and Turkevich [31].

Since experimental data, including those of Figure 1, indicated that $I_{1.96}$ and Δ CC are linearly correlated over the entire range of surface coverages investigated, for subsequent discussions we shall indicate the observed changes of $I_{1.96}$ and Δ CC per one adsorbed oxygen molecule or molecular ion. The values are listed in Table 2.

Table 2

Approximate values showing dependence of $I_{1.96}$ and ΔCC on oxygen coverage

	$N_{O_2} < 1 \times 10^{16}$	$1 \times 10^{16} < N_{O_2} < 2 \times 10^{16}$	$N_{O_2} > 2 \times 10^{16}$
$\Delta I_{1.96}/N_{O_2}$	~0.64	~0.26	very small
$\Delta CC/N_{O_2}$	13×10^{-17}	7×10^{-17}	very small

3.1.2. Photoadsorption under High Oxygen Pressure

Let us examine the effect of photoirradiation on the crystal current. In Figure 2 is shown the change of the crystal current, Δ CC, of ZnO when irradiation was carried out at wavelengths ranging from 350 to 450 mμ corresponding to the forbidden gap.

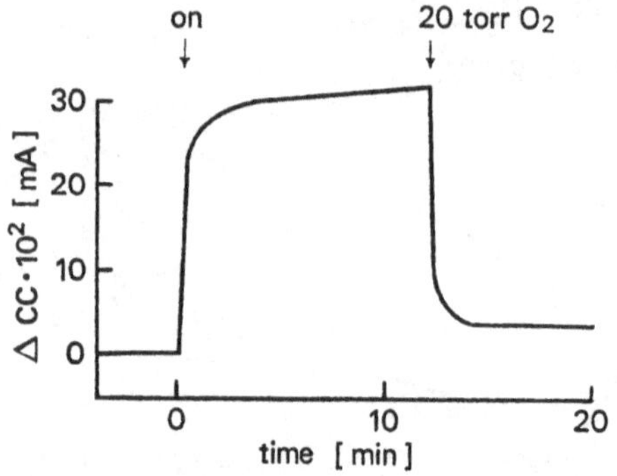

Fig. 2. Changes of CC due to photoirradiation and subsequent exposure to 20 torr O_2 (ZnO)

The abrupt increase of Δ CC is associated with production of conduction electrons. When the ZnO, originally at 10^{-5} torr O_2, was exposed to 20 torr oxygen pressure during irradiation, Δ CC decreased immediately but not to the original value. Subsequent evacuation of the system in the absence of irradiation slightly affected the crystal current. This result suggests that photoproduced electrons are irreversibly trapped by the added oxygen, that is, photoadsorption of oxygen occurred.

The phenomena were investigated in greater detail. Photoirradiation was made on ZnO under 20 torr oxygen, and changes of $I_{2.0}$ before and after the irradiation were observed while the crystal current was recorded. The measurement of $I_{2.0}$ was carried out after pumping off the residual gaseous oxygen at room temperature in a short period of time to avoid the pressure broadening effect. However, some neutral oxygen is believed to remain on the surface of the ZnO. The result is shown in Figure 3a and Table 3.

As shown in Figure 3a, both Δ CC and $I_{2.0}$ increased on irradiation; the g = 2.0 triplet signal became 1.5 times as large as the one obtained in the dark. This value is expected

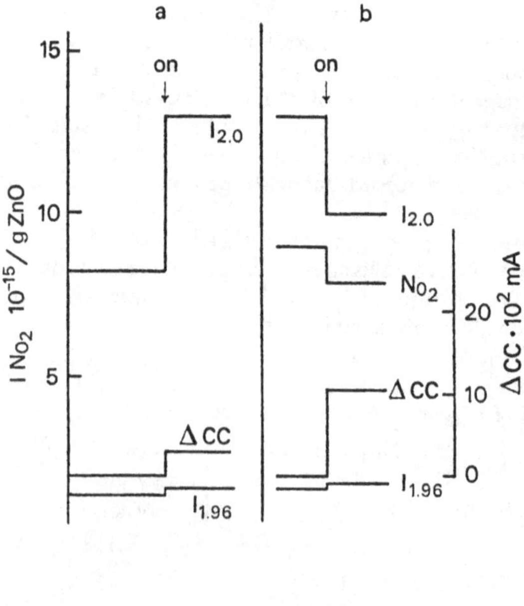

Fig. 3. a) Changes of $I_{1.96}$, $I_{2.0}$ and ΔCC due to photoirradiation under 20 torr O_2 (ZnO).
b) Changes of $I_{1.96}$, $I_{2.0}$, ΔCC and N_{O_2} due to photoirradiation under 10^{-4} torr O_2 (ZnO)

to correspond to the decrease of both the crystal current, 31×10^{-2} mA, and the g = 1.96 signal, that is 12×10^{14} spins/g according to the correlation of Table 2. On the other hand, the crystal current and the g = 1.96 signal appeared to increase only about 10% of the expected change. These results suggest that when the oxygen surface coverage is high enough, photoexcitation results in efficient capture of the photo-excited electrons, e′, from the conduction band to form O_2^- species according to the reaction scheme:

(1) O_2 (gas) $\rightleftharpoons$ O_2 (ads)

(2) $h\nu \rightarrow e' + |e|^{\bullet}$

(3) O_2 (ads) + e′ $\rightarrow$ O_2^- (ads)

The photoproduced holes, $|e|^{\bullet}$, are probably trapped at bulk or surface defects.

3.1.3. Photodesorption under Low Oxygen Pressure

The effect of photodesorption could be studied by evacuating the above ZnO to 10^{-5} torr at room temperature. Upon irradiation, a desorption of oxygen, a decrease of the g = 2.0 triplet signal, and an increase of the g = 1.96 signal and of the crystal current were observed. The results are shown in Figure 3b and Table 3, respectively.

Table 3

Photoeffect for ZnO–O_2 at room temperature
"reduced": pretreated in vacuo at 500° C
"oxidized": pretreated in O_2 at 200° C

pretreatment of ZnO	"reduced"	"reduced"	"oxidized"
photoeffect (g ZnO)			
pressure of O_2 (torr)	30	10^{-5}	10^{-4}
time of photoirr. (min)	30	20	15
ΔN_{O_2} (molecules)		-11×10^{14}	7×10^{14}
$\Delta I_{2.0}$ (spins)	47×10^{14}	-28×10^{14}	0
$\Delta I_{1.96}$ (spins)	1.6×10^{14}	2×10^{14}	1.5×10^{14}
Δ CC (mA)	3×10^{-2}	10×10^{-2}	

The oxygen desorbed was calculated from the pressure change to be 11×10^{14} molecules per g ZnO and appeared to be considerably smaller than the decrease of the g = 2.0 signal due to O_2^- ($-\Delta I_{2.0} = 28 \times 10^{14}$ spins) as shown in Table 3. The latter decrease is expected to correspond, according to the correlation of Table 2, to an increase of the crystal current of 20×10^{-2} mA. However, the observed change of the crystal current was only 10×10^{-2} mA. Such a tendency was also obtained in other experimental series, especially remarkable when the system was well evacuated at room temperature. This unbalance may be explained partly by the formation of neutral oxygen species, which remain adsorbed after the reaction of O_2^- species with photoproduced holes:

(4) O_2^- (ads) + $|e|^{\bullet}$ $\rightarrow$ O_2 (ads)

(1) O_2 (ads) $\rightleftharpoons$ O_2 (gas)

and also by a simultaneous reaction leading to a transformation of oxygen species such as

(5) O_2^- (ads) + e′ $\rightarrow$ 2 O^- (ads)

The reaction (5) indicates that photoproduced electrons do interact with negatively charged oxygen species during the photodesorption of oxygen. Indeed, photoirradiation under a slightly higher oxygen pressure caused the pressure of oxygen to decrease to some extent.

These results indicate that the amount of neutral oxygen molecules on the surface of ZnO controls the direction of the photoresponse. We shall consider the possibility of reaction (5) in the next section.

3.1.4. Photoadsorption on Oxidized ZnO

Photoadsorption of oxygen was found to occur for an oxidized ZnO sample in accordance with the previous finding of FUJITA and KWAN [6]. A ZnO sample was heated at 200° C for 30 minutes under 20 torr oxygen and evacuated to 2.5×10^{-4} torr at room temperature. Irreversible photoadsorption was observed, as indicated by the last column of Table 3, when such a treated ZnO was irradiated at room temperature. The amount of oxygen adsorbed was 7×10^{14} molecules/g ZnO but the spin density of the signal around $g = 2.0$ did not change appreciably. Since the number of O_2^- species, i.e. the $g = 2.0$ signal was almost constant even though oxygen molecules were adsorbed on ZnO, it seems likely that reactions (3) and (5) occurred in a way to maintain the concentration of the O_2^- species constant and also to increase the total surface concentration of charged oxygen species.

In another series of experiments, the ZnO prepared just as above was photoirradiated under 20 torr oxygen for 30 minutes. We found that the $g = 2.0$ signal increased and this fact is in accordance with the above speculation; that is reaction (3) now dominates over (5).

3.2. Photoadsorption and Photodesorption of O_2 on TiO_2

Only photoadsorption of oxygen has been reported on TiO_2 [10]. In that study the sample was prepared by drying suspensions of TiO_2 in acetone or water at room temperature. We have found [32] that irradiation of wavelenths of 300 to 410 mμ caused photodesorption of oxygen to take place on a TiO_2 sample, if the sample was outgassed in vacuo at 500° C, just as the case of ZnO. This result was obtained by measuring simultaneously the change of both E S R signals due to adsorbed oxygen species and of residual oxygen pressure.

Because of the similarity of the data to those obtained on ZnO, we shall not describe the results here. Instead, we shall report some significant photobehavior of a defect in the bulk of TiO_2.

To begin with, let us review shortly the E S R spectrum of the TiO_2–O_2 system. When a white TiO_2 sample was outgassed in vacuo (less than 10^{-5} torr) at 500° C for one hour, its color was bluish gray, and two E S R signals were observed. One was a narrow singlet signal ($g = 2.002$, $\Delta H = 4.6$ G) and the other a broad and asymmetric signal (near $g = 1.95$, $\Delta H = 110$ G) observable only at lower temperatures (—195° C). These two signals were tentatively assigned to O^- species and Ti^{3+}, respectively [32]. Similar signals have been obtained by KASANSKII [33], SCHUIT [34] and TURKEVICH [35].

We obtained a triplet E S R spectrum of $g = 1.984$, 2.004 and 2.023, as shown in Figure 4, when the TiO_2 sample was pretreated in an O_2 atmosphere at 500° C. This signal showed no pressure broadening effect, suggesting that it originated from the bulk of TiO_2.

The intensity of this signal was greatest when the oxygen pressure during the pretreatment was in the range from 0.1 to 10 torr. The signal disappeared upon outgassing at 500° C in vacuo, but it reappeared upon subsequent exposure to O_2, SO_2 or NO_2.

Since the triplet signal reappears by adding such electron acceptor gases, it seems very likely that the signal is characterized by a lattice defect deficient in electron. We shall

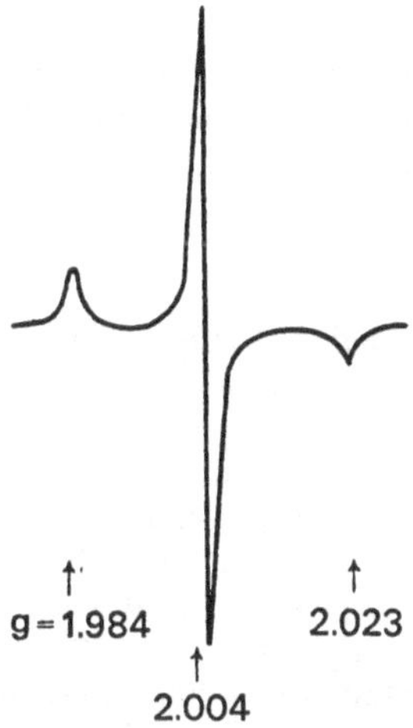

Fig. 4. "Signal-D" originated from the bulk of TiO_2

call this signal "signal-D" and investigate its photobehavior under low and high oxygen pressures. The "signal-D" may correspond to what Turkevich et al. [35] assigned to "O_2^+".

3.2.1. Photoadsorption under High Oxygen Pressure

After outgassing the TiO_2 sample at 500° C for one hour, the sample was pretreated with 8 torr oxygen at the same temperature for 15 minutes to produce signal-D. The sample was then exposed to 40 torr oxygen at room temperature and irradiated at wavelengths in the range of 300–410 mμ.

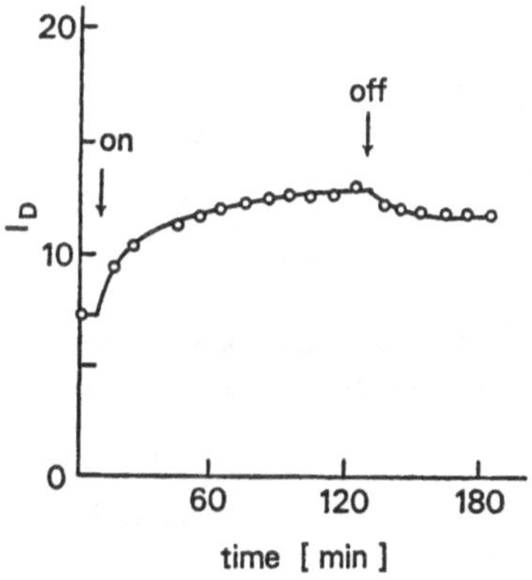

Fig. 5. Changes of I_D due to photoirradiation under 40 torr O_2 (TiO_2)

As shown in Figure 5, the intensity of signal-D, denoted as I_D, increased upon irradiation and it decreased gradually upon turning off the light. The phenomena may be explained by assuming the following reactions which involve photoadsorption of oxygen:

(2) $h\nu \rightarrow |e|^{\bullet} + e'$

(3) $O_2\,(ads) + e' \rightarrow O_2^-\,(ads)$

(6) $\boxed{\uparrow\downarrow} + |e|^{\bullet} \rightarrow \boxed{\uparrow}$

where $\boxed{\uparrow}$ indicates signal-D.

The decay of signal-D, when the light was switched off, would probably be explained by reaction (7) in which excess photoproduced electrons in the conduction band combine with the unoccupied lattice defects:

(7) $\boxed{\uparrow} + e' \rightarrow \boxed{\uparrow\downarrow}$

3.2.2. Photodesorption under Low Oxygen Pressure

When the TiO_2 sample was irradiated under residual oxygen pressure as low as 10^{-4} torr, an increase of oxygen pressure and a decrease of the $g = 2.009$ signal due to adsorbed oxygen species [32] were observed, both of which suggest that photodesorption of oxygen took place. As the $g = 2.009$ signal did not overlap with the central line ($g = 2.004$) of the signal-D, it was possible to determine the change of the $g = 2.009$ signal due to photoirradiation.

On the other hand, the I_D was found to decrease, as shown in Figure 6, contrary to the high pressure case. The starting ordinate was not the same with that of Figure 5 since some preliminary measurements were made between runs concerning the effect of wavelengths on I_D as will be described in the next section.

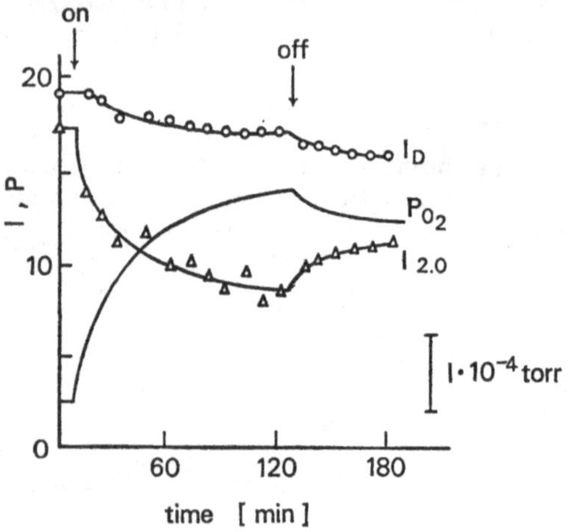

Fig. 6. Changes of I_D, $I_{2.0}$ and P_{O_2} due to photoirradiation under 10^{-4} torr O_2 (TiO_2)

The photodesorption of oxygen obtained under low oxygen pressure may be interpreted by the following reactions:

(2) $h\nu \rightarrow |e|^{\bullet} + e'$

(4) $O_2^-\,(ads) + |e|^{\bullet} \rightarrow O_2\,(ads)$

(1) $O_2\,(ads) \rightleftharpoons O_2\,(gas)$

(7) $\boxed{\uparrow} + e' \rightarrow \boxed{\uparrow\downarrow}$

3.2.3. Dependence on Wavelengths

So far we have employed excitation wavelengths ranging from 300 to 410 mμ, i.e. wavelengths near the band gap of TiO_2 (3.0 eV). It was considered that if signal-D was associated with a defect level in the band gap it could be excited at longer wavelengths, and the idea was tested experimentally. The results are shown in Figure 7. Here, the measurements were carried out at 50 torr oxygen pressure although the effect of wavelengths was essentially independent on the pressure.

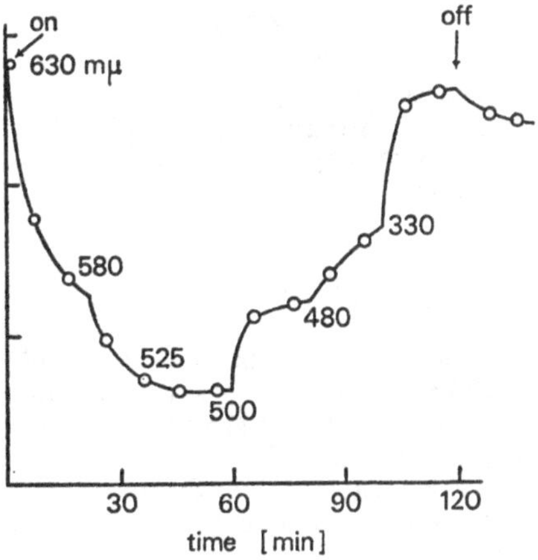

Fig. 7. Effect of wavelengths on I_D (TiO_2). $P_{O_2} = 50$ torr

A marked decrease of I_D was observed when wavelengths longer than 500 mμ were employed whereas irradiation at less than 500 mμ caused I_D to increase remarkably. The decreasing portion of the curve is porbably associated with the excitation of electrons from the valence band to the defect level while the increasing portion is associated with excitation from the defect level to the conduction band. If so, the energy level of the signal-D is estimated to be about 2.4 eV from the bottom of the conduction band.

3.3 Photoadsorption of O_2 on ZrO_2

We have found that ZrO_2 at room temperature photoadsorbs oxygen under low and high pressure when irradiated in the wavelength range of 250–380 mμ. The E S R spectrum for oxygen adsorbed on ZrO_2 was essentially the same with those for ZnO and TiO_2; a triplet signal at g = 2.003, 2.008 and 2.027 developed gradually when a small quantity of oxygen was introduced to a ZrO_2 sample at room temperature. The growth of the triplet signal was rather slow in the dark, but developed very fast when the solid was irradiated, suggesting that photoadsorption of oxygen takes place. The process is shown in Figure 8 for a low oxygen pressure.

It was thought that photodesorption of oxygen would occur on a highly outgassed sample just as the case of ZnO and TiO_2. However, we were unable to demonstrate this

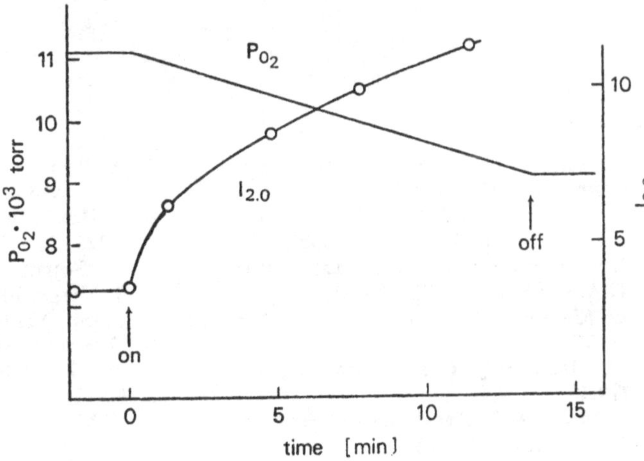

Fig. 8. Changes of $I_{2.0}$ and P_{O_2} due to photoirradiation (ZrO_2)

experimentally for a ZrO_2 sample outgassed at 700° C; the sample, presorbed by oxygen at room temperature with residual pressure ranging from 10^{-2} to 10^{-5} torr, gave rise to only photoadsorption.

The heat of formation of ZrO_2 is 258.1 kcal/mole and much greater than that of ZnO (83.3) or TiO_2 (218.7). The absence of photodesorption of oxygen on ZrO_2 is probably due to difficulty in reaching a reduced state.

4. Conclusions

1. If a semiconductor sample such as ZnO is in a reduced state, photodesorption of oxygen takes place whereas it gives way to photoadsorption for a sample in an oxidized state. The result agrees qualitatively with the electron theory of Wolkenstein; for acceptors like oxygen, photoadsorption takes place for a lower Fermipotential while it turns out to be photodesorption for a higher Fermipotential. The discovery of photodesorption of oxygen on TiO_2 and the lack of success to detect photodesorption of oxygen on ZrO_2 may be interpreted from such a viewpoint.
2. If the interaction of oxygen with a semisonductor such as ZnO is reversible, as has been assumed in the theory, photoadsorption observed under high oxygen pressures is a natural consequence of the theory. However, the interaction is only irreversible. If the Fermipotential of a semiconductor sample is determined by the pretreatment and independent on residual oxygen pressures, excess neutral oxygen molecules on the surface play a dominant role for the photoadsorption.
3. In photodesorption of oxygen the predominant interaction is between positive holes and negatively charged oxygen species on the surface; in photoadsorption the predominant interaction is between adsorbed oxygen species and photoproduced electrons. Electrons and positive holes are involved in both photoadsorption and photodesorption phenomena.
4. Defects in the bulk of semiconductors such as TiO_2 participate in the photoadsorption and photodesorption of oxygen, and indeed the photoresponse is observed to be dependent on the wavelengths of irradiation.

Acknowledgements

The present work has been carried out under the active cooperation of KENNETH M. SANCIER, YUZABURO FUJITA, MORIO SETAKA, HARUHIKO YAMAMOTO, SOGO FUKUZAWA and YUTAKA KIRINO to whom the author wishes to express his deep appreciation.

Literature

1. E. BAUER & C. NEUWEILER: Helv. Chim. Acta, **10**, 901 (1927).
2. W. H. BRATTAIN & C. G. B. GARRETT: Bell Syst. Tech. J., **34**, 129 (1955).
3. I. A. MYASNIKOV & S. Y. PSHEZHETSKII: D.A.N. SSSR, **99**, 125 (1954).
4. D. MELNICK: J. Chem. Phys., **26**, 1136 (1957).
5. D. MEDVED: J. Chem. Phys., **28**, 870 (1958).
6. Y. FUJITA & T. KWAN: Bull. Chem. Soc. Japan, **31**, 830 (1958).
7. A. TERENIN & Y. SOLONITZIN: Disc. Faraday Soc., **28**, 28 (1959).
8. T. BARRY & F. STONE: Proc. Roy. Soc., **A225**, 124 (1960).
9. Y. FUJITA: Shokubai, **3**, 235 (1961); T. KWAN: Photochemistry and its Application, Nankodo, Tokyo, 101 (1965).
10. D. KENNEDY, M. RITCHIE & J. MACKENZIE: Trans. Faraday Soc., **54**, 119 (1958).
11. R. H. BUBE: J. Chem. Phys., **27**, 496 (1957).

12. J. Haber & F. Stone: Trans. Faraday Soc., **58**, 192 (1962).
13. A. Kobayashi & S. Kawaji: J. Phys. Soc. Japan, **10**, 270 (1955).
14. A. Kesavulu & H. A. Taylor: J. Phys. Chem., **66**, 54 (1962).
15. Th. Wolkenstein & S. M. Kogan: J. Chim. Physique, **55**, 483 (1958).
16. Th. Wolkenstein: Advances in Catalysis, **12**, 189 (1960).
17. Th. Wolkenstein: Disc. Faraday Soc., **31**, 209 (1961).
18. Th. Wolkenstein: The Electronic Theory of Catalysis on Semiconductors, Pergamon Press, Oxford 1963.
19. M. Setaka, K. M. Sancier & T. Kwan: J. Catalysis, in press.
20. E. V. Baranov, V. E. Kholmorgorov & A. Terenin: D.A.N. SSSR, **146**, 127 (1962).
21. R. J. Kokes: J. Phys. Chem., **66**, 99 (1962).
22. Y. Fujita & T. Kwan: Shokubai, **5**, 206 (1963).
23. M. Setaka & T. Kwan: Bull. Chem. Soc. Japan, **38**, 1414 (1965).
24. K. M. Sancier & T. Freund: J. Catalysis, **5**, 293 (1965).
25. K. M. Sancier: J. Catalysis, **6**, 313 (1966).
26. M. Setaka & T. Kwan: Shokubai, **7**, 335 (1965).
27. M. Setaka, S. Fukuzawa, Y. Kirino, Y. Fujita & T. Kwan: Shokubai, **9**, 45 (1967).
28. H. Horiguchi, M. Setaka, K. M. Sancier & T. Kwan: The IV International Congress on Catalysis, Moscow 1968 (Preprint).
29. M. Setaka, S. Fukuzawa, Y. Kirino & T. Kwan: Chem. Pharm. Bull., **16**, 1240 (1968).
30. J. H. Lundsford & J. P. Jayne: J. Chem. Phys., **44**, 1487 (1966).
31. Y. Fujita & J. Turkevich: Disc. Faraday Soc., **41**, 409 (1966).
32. S. Fukuzawa: Master Thesis, University of Tokyo 1967; S. Fukuzawa, K. M. Sancier & T. Kwan: presented before the Japan Chemical Society Meeting, Tokyo, April 1967. J. Catalysis, **11**, 364 (1968).
33. V. B. Kasanskii, O. V. Nikitina, G. B. Pariskhi & V. F. Kieselev: D.A.N. SSSR, **151**, 396 (1963).
34. P. F. Cornaz, J. H. C. van Hooff, F. J. Pluijm & G. C. A. Schuit: Disc. Faraday Soc., **41**, 290 (1966).
35. R. D. Iyengar, M. Codell, J. S. Karra & J. Turkevich: J. Am. Chem. Soc., **88**, 5055 (1066).

15. Photocatalytic Effect of Semiconductors

F. Steinbach

Physikalisch-Chemisches Institut der Universität München, München, Deutschland

With 10 Figures and 1 Table

Zusammenfassung

Jede Untersuchung mit dem Ziel, eine Beziehung zwischen der Aktivität eines Katalysators und der Elektronenverteilung und Elektronenkonzentration im Katalysator herzustellen, erfordert eine systematische Veränderung der Elektronenverteilung. Die Wirkung dieser Veränderung auf die katalytische Aktivität kann nur dann richtig erfaßt werden, wenn alle übrigen Parameter des Katalysators konstant bleiben. Die Belichtung der Katalysatoroberfläche stellt ein bequemes Verfahren dar, die Ladungsträgerkonzentration an der Katalysatoroberfläche zu beeinflussen. Die Photokatalyse an Halbleitern hat sich deshalb als ein nützliches Werkzeug erwiesen bei den Versuchen, die Rolle der Ladungsträger des Katalysators im Elementarakt einer katalytischen Reaktion verstehen zu lernen.

Aus einem kurzen, zusammenfassenden Überblick der Untersuchungen der Photosorption und Photokatalyse lassen sich zwei Hauptergebnisse entnehmen: Das Auftreten des O_2^- an belichteten Oxidoberflächen und der Einfluß der Stärke der Halbleiterbindungen in der Oberfläche auf die katalytische Reaktion.

Die Rolle der Bindungsstärke in der Halbleiteroberfläche wurde untersucht in Experimenten mit dünnen Oxidschichten auf Trägern aus transparenten Metallschichten. Die Verwendung dünner Schichten halbleitender Oxidkatalysatoren auf Trägern aus aufgedampften transparenten Metallfilmen stellt ein bequemes und erfolgreiches Verfahren dar, um die Elektronenkonzentration an oder nahe der Katalysatoroberfläche zu ändern. Wenn 1000 Å dicke Oxidkörnchen auf einem Metallfilm fein verteilt werden, dann baut sich, ausgehend von den Kontaktpunkten zwischen den Oxidkörnern und dem Trägermetallfilm, eine elektrische Raumladungsrandschicht (Schottky-Randschicht) in den Halbleiterkörnern auf. Da der Korndurchmesser geringer ist als die Dicke einer Raumladungsrandschicht, durchdringt die Raumladung das gesamte Korn und bewirkt eine Änderung der Elektronenkonzentration sogar an der gegenüberliegenden Kornoberfläche. Belichtung des Metall-Halbleiterkontaktes mit UV-Licht führt zu einer weiteren Möglichkeit, die Elektronenkonzentration an der Oxidoberfläche zu verändern. Das Kontaktpotential im Dunkeln und die Photo-EMK im Licht liefern zwei abschätzbare Werte für die Elektronenverteilung im Oxid. Im Verein mit den beiden Werten (Licht und Dunkel) für das Oxid ohne Träger ergibt sich ein Satz von 4 theoretisch abschätzbaren Werten der Elektronenkonzentration in der Oxidoberfläche. Die katalytische Aktivität der Oberfläche wird gekennzeichnet durch die Aktivierungsenergie und den Häufigkeitsfaktor der Testreaktion $2\,CO + O_2 \rightarrow 2\,CO_2$.

Experimente nach diesen Prinzipien wurden mit NiO, ZnO und Co_3O_4 auf Ag-Trägern durchgeführt. Sie zeigten die Abhängigkeit der Aktivierungsenergie von der Lage des Fermipotentials in der Oxidoberfläche. Bei der CO_2-Bildung entsteht eine neue Bindung zwischen Kohlenstoff und Sauerstoff, gleichzeitig wird eine Metall-Sauerstoff-Bindung in der Halbleiteroberfläche zerstört. Während dieser Bindungszerstörung bewegt sich ein Sauerstoffatom aus dem Energietal der Metall- Sauerstoff-Bindung über einen Sattelpunkt in das Energietal der neuen Sauerstoff-CO-Bindung. In die Sprache des Bändermodells übersetzt, bedeutet die Zerstörung einer Metall-Sauerstoffbindung, daß Elektronen in das Leitband oder Defektelektronen in das Valenzband promoviert werden. Deshalb übt in n-Halbleitern der Abstand des Fermipotentials von der Leitbandunterkante, in p-Halbleitern der Abstand des Fermipotentials von der Valenzbandoberkante einen beherrschenden Einfluß auf die Aktivierungsenergie der Reaktion aus. Experimente mit p- und n-Halbleitern mit Elektronenaustrittsarbeiten, die kleiner und größer sind als die des Silbers, zeigen die Gültigkeit dieser Überlegungen für Verarmungs- und Anreicherungsrandschichten von Elektronen und Defektelektronen. Tiefe und Gestalt der Energietäler werden von den Parametern der Morse-Funktion bestimmt. Da alle Parameter durch die Lage des Fermipotentials beeinflußt werden, hängt die Aktivierungsenergie von der Lage des Fermipotentials ab mit einem Proportionalitätsfaktor, der größer als 1 ist. Zwei empirische Funktionen können aufgestellt werden, $q = a_n (E_C - E_F)$ für n-Halbleiter, und $q = a_p (E_F - E_V)$ für p-Halbleiter. Ein Vergleich der Aktivierungsenergien der Leitfähigkeit des NiO mit den Aktivierungsenergien der CO-Oxydation an NiO liefert eine starke Stütze der abgeleiteten Proportionalität der Aktivierungsenergie von der Lage des Fermipotentials.

Abstract

In any investigation of the relation between catalytic activity and electron distribution in a catalyst a systematic change of the electron distribution is necessary. The effect of that change on catalysis has to be investigated while all other parameters remain constant. Illumination of the surface of the catalyst provides a convenient method of influencing the charge carrier concentration at the catalyst surface. Photocatalysis on semiconductors therefore has proved to be an useful instrument in the search for an understanding of the role of charge carriers in the elementary steps of catalytic reactions.

From a short review of the investigations on photosorption and photocatalysis two main results may be summarized: The role of O_2^- on oxide surfaces and the influence of the bond strength in the semiconductor surface on the catalytic reaction.

The role of the bond strength in the semiconductor surface has been examined in experiments with thin oxide layers supported by transparent metal layers. The use of thin layers of semiconducting oxide catalysts supported on evaporated transparent metal films provides a convenient and successful method of altering the electron concentration at or near the surface of the catalyst. When 1000 Å thick oxide grains are finely distributed on a metal film, the points of contact between the oxide grains and the supporting metal film build up an electric space charge layer (Schottky layer) into the semiconducting grains. Because the diameter of the oxide grains is smaller than the thickness of a space charge layer, the layer penetrates throughout the grains and produces an alteration of electron concentration even at the surface of the oxide grains. Illumination of the metal-semiconductor junction with ultraviolet irradiation provides a further way of influencing the electron concentration at the oxide surface. Contact potential in the dark and photovoltaic effect in the light provide two estimates for the electron distribution in the oxide. Together with the two estimates (light and dark) for oxide without support, there is a set of four estimates of electron concentration in the surface of the oxide. The catalytic activity of the surface is characterized by the activation energy and the pre-exponential factor of the test reaction $2\ CO + O_2 \rightarrow 2\ CO_2$.

Experiments based on these principles have been done with NiO, ZnO and Co_3O_4 on Ag supports and have shown the dependence of the activation energy on the position of the Fermipotential in the oxide surface. During CO_2 formation a new bond is formed between C and O, while a metal-oxygen bond in the semiconductor surface is destroyed, simultaneously. During the bond breaking an oxygen atom moves out of the energy valley of the metal-oxygen bond across a saddle point into the energy valley of the new oxygen-CO bond. Translated into the language of the band model, the bond breaking means that electrons are promoted into the conduction band or holes into the valence band. Therefore, the distance between Fermipotential and conduction band in n-type semiconductors, or Fermipotential and valence band in p-type semiconductors exerts a dominant influence on the activation energy of the reaction. This has been found true for depletion and accumulation layers of both electrons and holes, using p-type and n-type semiconducting oxides with electron work functions smaller and higher than that of Ag. Depth and shape of the energy valleys depend on the parameters of the Morse function. Since all parameters are influenced by the position of the Fermipotential, the activation energy depends on the position of the Fermipotential with a factor greater than unity. Two empirical functions may be expressed, $q = a_p (E_F - E_V)$ for n-type semiconductors, and $q = a_p (E_F - E_V)$ for p-type semiconductors. A comparison of the activation energies of the conductivity of NiO with the activation energies of the CO oxidation on NiO strongly supports the derived proportionality of the activation energy and the position of the Fermipotential.

1. Introduction

To enlighten the relation between catalytic activity and electron distribution of a catalyst a systematic change in the latter property is necessary. The effect of this change on catalysis has to be investigated while all other parameters remain constant. Schwab was the first who applied this principle in studying the catalytic activity of metal alloys [1, 2]. Later on, for the same purpose numerous doping experiments with oxide catalysts have been carried out, especially with semiconductors [3–5]. Thus, the relation between the electronic structure of the catalyst and its catalytic activity was recognized more clearly. The interpretation of the experimental results led to the electronic theory of catalysis [5–7].

However, many doping experiments do not provide a basis for the electronic interpretation of catalysis. The reason is that doping is done in the bulk, whereas catalytic activity is produced by the surface. Quite often, other parameters, e.g. lattice structure, porosity, catalyst surface, are exposed to uncontrolled changes. Hence, unknown influences may falsify the observed change in catalytic activity. In particular, an increased incorporation of foreign atoms into the surface layer of the catalyst [8] and changes in grain size and porosity may mask the effect to the aimed change of the electron concentration [9–11].

Therefore, in recent experiments another method was used to introduce the necessary variation of electron distribution: Illumination of the catalyst in the visible or ultraviolet region during the reaction. For the first time this method was used systematically by Schwab [12]. The method allows the possibility of changing uniquely and reversibly the electron distribution in the catalyst. Reversibility is demonstrated by the return of the catalytic properties as they were before irradiation, when dark runs are performed after previous light runs.

By illumination changes in activity and also in selectivity are produced. Quite often, in the light kinetics and reaction products are different from those in the dark. Changes in activity and in selectivity of the catalyst may be interpreted by assuming an excitation and thereby a loosening of the bonds in the surface layer of the semiconductor due to light absorption. According to Pauling's principle of essential electrical neutrality [13, 14] a covalent lattice is attributed to the semiconductor [15, 19].

Preliminary to photocatalytic experiments are the numerous investigations of photosorption. In this paper they will be considered only to the extent as they contribute to the understanding of photocatalysis. Radiation experiments will be considered under the same aspect.

Already in 1957 Schwab has given a review on photocatalytic investigations [12]. Another short summary has been given by Wolkenstein in his paper on the electronic theory of catalysis [6]. Stone also gave a short review in 1962 [4].

2. Experimental Studies

Most experimental work was done on ZnO. In addition, some investigations were done on TiO_2. We studied also NiO and Co_3O_4 and also oxides on metal support.

2.1. Zinc oxide

2.1.1. Oxygen sorption and CO oxidation

Barry and Stone [20] investigated the influence of light on oxygen sorption on ZnO. Usually, photodesorption is observed. However, materials with a very high excess zinc concentration, i.e. oxygen deficiency, exhibit photoadsorption. At room temperature

ROMERO-ROSSI and STONE [21] observed an inversion from photodesorption to photo-adsorption even in the course of the same run. This observation has been made also by FUJITA and KWAN [22] as well as TERENIN [23]. FUJITA and KWAN interpreted the results by assuming at least two sorts of chemisorbed oxygen. One form is stable in the light, the other in the dark. During continuous irradiation, at first, the dark form is desorbed, this desorption being followed by a new adsorption of the form stable in the light. The light form is presumably O_2^-.

At temperatures from room temperature up to 400° C ROMERO-ROSSI and STONE [21] observed a remarkable increase of the reaction rate of the CO oxidation when the ZnO catalyst is irradiated with ultraviolet light. They observed first order with respect to CO and zero order with respect to O_2. Our investigations [15, 25] confirm this kinetics. In addition, in the dark a strong inhibition by CO_2 shows up. The activation energies are found to be considerably lower in the light (5.0; 0; 16.6 kcal/mol with increase in temperature) than in the dark (24.0 kcal/mol). The decrease of the activation energy under illumination is due to the loosening of the oxygen zinc bonds in the ZnO surface during light absorption. This interpretation is supported by the kinetics. It shows that CO coming from the gas phase is striking against preadsorbed oxygen, the reaction to CO_2 occuring during the impact of both atoms. When CO_2 is returning into the gas phase an oxygen-zinc bond in the ZnO surface is destroyed. This interpretation is in accordance with the generally observed photodesorption of oxygen together with a simultaneously appearing photoconductivity in the ZnO [25–28]. Also, the CO_2-inhibition does not occur in the light because of the loosening of the oxygen-zinc bonds. The simultaneously observed decrease of the pre-exponential factor in the light is obvious: By oxygen desorption in the light the number of successful collisions between CO and surface oxygen is decreased. These results are again confirmed by investigations of the CO oxidation on ZnO on Ag support [17, 29, 30].

A variable influence of ultraviolet irradiation according to the pretreatment of ZnO is found by DÖRFFLER and HAUFFE [31]. On catalysts pretreated with oxygen they observed the kinetics just described. After long evacuation of the ZnO or pretreatment with CO the order is determined by oxygen. On the basis of these experiments, only a small and at temperatures above 250° C even no light influence was detected. Obviously, the surface of the catalyst contains so few oxygen atoms that light absorption can no longer produce a bond loosening and a decrease of activation energy. Results of experiments on radiation catalysis [32–34] strongly support this interpretation. COPPER and nickel catalysts have been irradiated with X-rays before they were used in ethylene hydrogenation. Likewise, Al_2O_3 catalysts of the parahydrogen conversion have been treated with neutrons. In all three cases the activity is considerably decreased by the radiation pretreatment. In all three cases the very same decrease in activity may be achieved by a rather long pretreatment of the catalysts either in high vacuo or in argon. Moreover, the original activity is restored by treatment with hydrogen, regardless whether the decrease was produced by irradiation, evacuation or argon treatment. The interpretation is that irradiation, evacuation or argon flushing reduces number and activity of the active sites in the surface. They are believed to consist of hydrogen atoms bound to the surface, the bonds of which are damaged by pretreatment. Similarly, in DÖRFFLER and HAUFFE's experiments oxygen treatment restores the original activity and the originally observed light influence on activity.

NAGARJUNAN and CALVERT [36] investigated the photooxidation of CO on ZnO at 0° C with respect to the possible use of the reaction in preventing air pollution. A marked light influence on oxygen adsorption is observed. Three types of adsorbed oxygen with opposite photosorption behaviour can be distinguished. The kinetic investigations lead to the assumption that the reaction takes place during the impact of CO from the gas phase and of adsorbed oxygen.

2.1.2. Other photocatalytic reactions on ZnO

The oxidation of gaseous methanol on ZnO is always accompanied by heterolytic decomposition of methanol to CO and H_2 [16, 24]. The activation energy of the methanol decomposition is decreased significantly by ultraviolet illumination. This may be understood by the assumption that formation of hydrogen bridges during the transition state of the decomposition on the surface is favoured during illumination. With increasing age of the ZnO catalyst a decrease in activity and a grey colouring are observed. The colouring is certainly due to a continuous reduction of the ZnO by the substrates. Formation of metallic zinc, however, is not strong enough to form a zinc lattice as has been shown by X-ray investigation of the used catalyst powders [37]. Also selectivity changes are to be observed in methanol oxidation besides activity changes due to light adsorption of the catalyst. At temperatures above 200° C CO_2, H_2O and CO (the latter from the accompanying decomposition) are the products of light and dark reaction as well. At temperatures below 160° C, however, only methylformate is the product in the light reaction. Each reaction path has its specific activation energy. This shows that different rate controlling steps are involved. The low temperature oxidation forming methylformate is considered to involve the reaction of the methanol molecule with the hyperoxide ion O_2^-.
Another argument for the presence of O_2^- is found in the oxidation of isopropanol forming acetone on aqueous suspensions of ZnO at temperatures around 25° C [38]. Besides acetone in various yields depending on experimental conditions, a low and constant concentration of H_2O_2 is always found. The same concentration is established by decomposition when H_2O_2 is added previously to the reaction mixture. Hence, both reactions must be independent. Without the presence of oxygen, no reaction of isopropanol is detectable either in the dark or in the light. It is assumed that the reaction gets started by the O_2^- ion, followed by radical reactions possibly occuring in the solution without interference of the ZnO. The reaction is quite interesting, because acetone free from organic contamination is formed. However, because of the simultaneously occurring homolytic reactions not much is gained in the understanding of heterogeneous photocatalysis.
The H_2–D_2-exchange on ZnO can be significantly influenced by an ultraviolet illumination [39]. Reaction temperatures have been − 196, 80 and 110 °C. The reversibility of the photoeffects is emphasized. It is assumed that O_2^-, O_2^{2-} or O^- are the active sites formed under illumination. In the dark they return to the low energy term O_2 or O^{2-}.
In propylene hydrogenation high purity zinc oxide exhibits essentially very little catalytic activity in light and dark [40]. Both are significantly increased by the incorporation of minor concentrations of Cu or Ag. Then, even in the dark total hydrogenation of propylene is observed. Catalytic activity of all catalysts increases with pre-reduction but is greatly reduced by reoxidation. Furthermore, the activity is increased during the reaction by continuous photostimulated reduction of the ZnO while the contact turns to a grey colouring. Photoactivation energy is markedly smaller than the activation energy in the dark. However, the maximum conversion is, with one exception, significantly reduced below the conversion obtained with the same catalyst in the dark. Also in this reaction a decrease of activation energy is matched by a decrease of the pre-exponential factor. It is assumed that the foreign atoms are functioning as deep-lying acceptor levels. Under illumination electrons are promoted to these levels producing holes in the valence band. Thus, photoreduction of the catalyst is promoted similar to photodesorption of oxygen. This interpretation is analogous to the interpretation of our results accounting for the decrease of the pre-exponential factor. Furthermore, the authors comment on the significance of pretreatment.
The NH_3-oxidation on illuminated aqueous suspensions of ZnO at room temperature [41] is not very valuable for a theoretical understanding of photocatalysis because of the accompanying homolytic NH_3 decomposition.

An interesting variation of the problem of photooxidation on ZnO is the use of ZnO or CdS as electrodes in photoelectric cells [42]. During illumination of the ZnO or CdS electrodes in oxygen free solutions a constant photovoltage of 1.8 volt is generated against an electron accepting dark elektrode. The photoelectrode is gradually destroyed by photolysis. The decomposition of the photoelectrode is irreversible. Oxygen presence in the electrolytic solution gives rise to considerable voltage decrease. When organic compounds, e.g. alcohols or formamide, are added to the solution photolysis of the electrodes is decreased while the organic additive is oxidized. Incorporation of Ag or Cu into the ZnO increases the effect. The oxidation is photocatalysed by ZnO while the oxidation energy may be gained immediately as electric energy.

2.2. Titanium dioxide

For the photoenhancement of ethylene and propylene oxidations on TiO_2 catalysts also O_2^- is the responsible surface state [43]. Reducing pretreatment with ethylene produces a photosorption of oxygen, oxidizing pretreatment a photosorption of ethylene. The photoconductivity of TiO_2 is decreasing considerably in an oxygen atmosphere. However, only a small amount of oxygen is adsorbed. This discrepancy between the amount of adsorbed oxygen and its effect on conductivity will again be delt with later on. Methylformate is reported to be the product of methanol oxidation on TiO_2 [44]. Isopropanol yields acetone. The interpretation of the mechanism is similar to ours: Stimulation of the oxygen bonds in the TiO_2 surface by light absorption is followed by nucleophilic attack of the alcohol. The oxygen vacancy created in the surface is refilled by oxygen adsorption from the gas phase.

2.3. Organic semiconductors

Inoue, Hayashi and Imoto [45] investigated the liquid phase oxidation of isopropanol forming acetone at 45° C photosensitized by organic semiconductors. P-type semiconductors are found to be good catalysts, n-type semiconductors are poor catalysts. Classification of organic semiconductors into p- and n-conductors is in fact a property of the solid crystals [46]. However, also the structure of the isolated molecules must have some influence because only single molecules of the catalyst are present in the reaction mixture, yet this distinction can be made.

3. Theoretical Treatments

Besides the theoretical treatment of the catalytic effects of space charge layers given by Hauffe [7] especially Wolkenstein and his co-workers have undertaken the evaluation of a comprehensive theoretical treatment of adsorption and catalysis on semiconductors [6, 35, 47–49]. The electronic theory of Wolkenstein attempts to interprete adsorption and catalysis by the characteristic properties of semiconductors as band structure, position of the Fermipotential, curving of the bands in the space charge layer and position of the impurity levels. In qualitative interpretations the theory has shown remarkable results, for quantitative interpretation the experimental data are not yet sufficient.
In his improved theoretical treatment of photosorption [35, 48, 49] Wolkenstein considers a space charge layer near the surface of the semiconductor and the formation of an impurity term at the surface by the adsorbed particle (Figure 1). The extent V_{0s} of band curving, the distance ε of the Fermipotential from the centre of the forbidden gap and the distance v of the impurity levels from the curved bands are considered to be the essential parameters for magnitude and sign of the effect of photosorption.

(1a) $$\gamma = \exp\left(-\frac{\varphi}{kT}\right) - 1$$

(1b) with $$\varphi = \varepsilon + V_{0s} - v$$

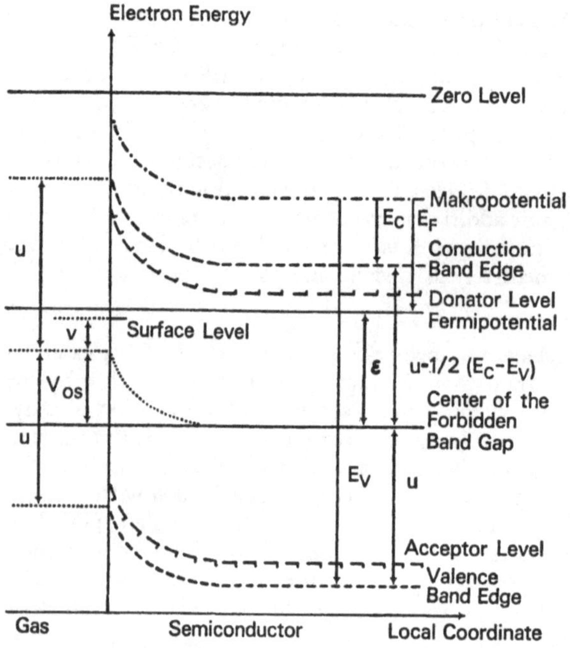

Fig. 1. Schematic diagram of the effect of a negative surface charge on the energy bands and Fermipotential near the surface

The amount of v is given by the combination of adsorbent and adsorbate, the position of the Fermipotential is determined by doping or illumination, V_{os} is given by the surface coverage of the semiconductor by adsorbed particles. Combination of these parameters results in the sign of the effect as depicted in Figure 2. The lines AA and BB

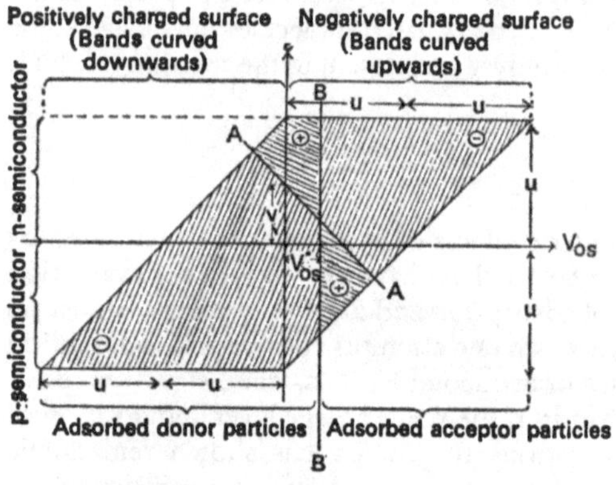

Fig. 2. Permissible values of ε and V_0 (after Wolkenstein)

subdivide the region into two halfs corresponding to adsorption (+) and desorption (—). The position of these lines is given by v and V_{os}. Quite remarkable is the success of the theory in interpreting the experimental results of oxygen sorption on ZnO of different authors, reported above, which seem to contradict each other. Figure 3 shows that photosorption is subject to a double inversion of the sign when the dependance of φ from excess concentration N_i of Zn^+ — ions is plotted according to eq. (2)

$$\varphi = (u - v) + kT \ln \frac{N_i}{C_n} + \frac{2\pi e^2}{\chi} \frac{\sigma^2}{N_i} \tag{2}$$

σ is the surface charge.

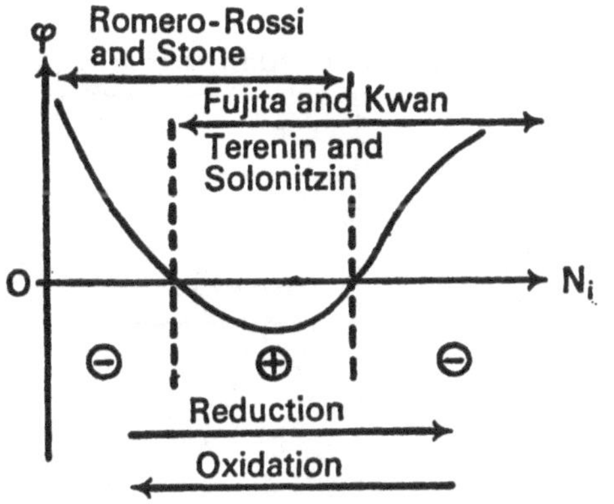

Fig. 3. Dependence of the function φ on Ni (after Wolkenstein)

In application to catalytic effects differences in activity between light and dark reaction can be interpreted correctly. An interpretation of the different selectivity in light and dark has proved inadequate, because the evaluation of the theory is based – as already visible in the notation – on the formation of differences between light and dark reaction without change of the reaction path. Adsorption processes with differently adsorbed species of one gas can be understood as soon as the differently adsorbed particles are described by differently situated impurity terms. Measurements of oxygen adsorption on ZnO together with conductivity measurements show, however, that the predictions of the theory are correct only at temperatures above 300° C. In contradiction to the theory at room temperature no correlation between photoconductivity and oxygen desorption is found [50]. Very small changes of adsorption call for large changes in conductivity. A second adsorption mechanism on centres formed by excess zinc is postulated. The oxygen adsorbed there is said to have due to electrostatic forces a stronger influence on the charge carrier concentration than stoichiometry predicts. In the medium temperature range both types of adsorption are occuring simultaneously.

4. Oxides Supported on Metals

From the investigations reported in chapter 2 we may gain two main features of photocatalysis on semiconductors: The presence of O_2^- and the importance of the bond strength in the semiconductor surface.

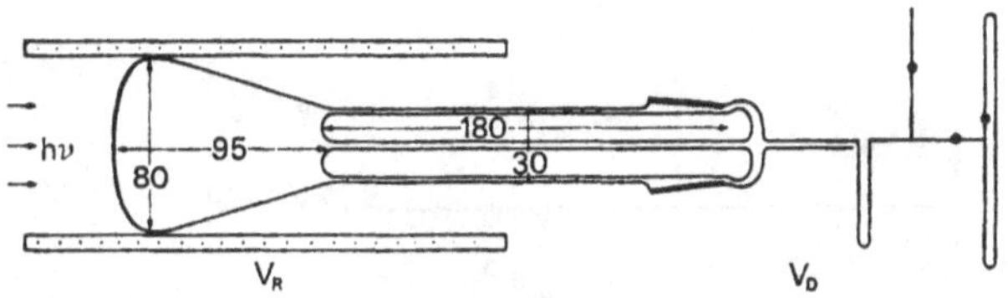

Fig. 4. Quartz reaction vessel

The role of the bond strength in the semiconductor surface has been examined recently in our experiments with thin oxide layers supported by transparent metal layers. Contact potential in the dark and photovoltaic effect in the light are responsible for the change of electron distribution in the semiconductor [17–19, 29, 30]. A transparent silver layer is evaporeted on quartz. A semiconducting oxide in acetone suspension is painted into the silver layer. The thickness of the oxide layer is less than that of a space charge layer. The transparent double layer catalyst is illuminated with ultraviolet light from the silver side, the oxide is in contact with the reaction mixture (Fig. 4). Kinetics and activation energy of the CO oxidation in dark and light are determined. The results are summarized in Tab. 1. First order with respect to CO and zero order with respect to O_2 is observed on all catalysts in light and dark. In two cases a CO_2 inhibition occurs.

Table 1
Activation Energies and Kinetics of the Carbon Monoxide Oxidation

Temp. (° C) of the Catalyst		Oxides			Oxides Supported on Silver		
		Activation Energy (kcal/mol)		Kinetics $-dp_{CO}/dt$	Activation Energy (kcal/mol)		Kinetics $-dp_{CO}/dt$
		dark	light		dark	light	
Co_3O_4	120–350	18.8	8.8	$kp_{CO}p_{O_2}^{1/2}$	7.0	3.0	kp_{CO}
NiO	150–250	40.0			80.0		
		0	10.0	kp_{CO}	0	15.5	$k\,p_{CO}/p_{CO_2}$
	300–400	21.0			11.4		
ZnO	400–550	41.0	16.6	kp_{CO}/p_{CO_2}*)	18.0	41.0	kp_{CO}
Ag	300–550	14.6	6.25	kp_{CO}			

*) In the light $k\,p_{CO}$

A set of four values of electron concentration is established for each oxide: With and without support in dark and light. The corresponding activation energies are surveyed on top of Figure 5, the simultaneously occuring changes of the pre-exponential factor are shown below.

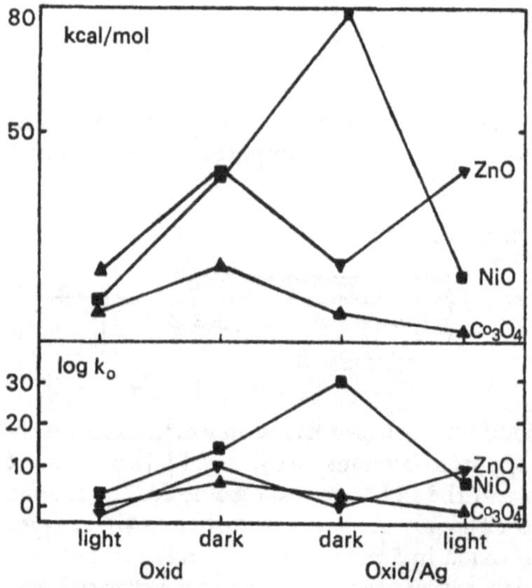

Fig. 5. Activation energies (top) and pre-exponential factor (bottom) in dependence of illumination and influence of silver support

All measured variations of the activation energies caused by illumination and silver support can be connected to changes of the distance between Fermipotential and valence band in p-type semiconductors and Fermipotential and conduction band in n-type semiconductors. The parameter that is in fact responsible for the activation energy is the strength of the metal oxygen bonds in the surface layer of the catalyst lattice.

During CO_2 formation a new bond is formed between C and O. The bonding electron pair is furnished by CO. The effect of the catalyst is to favour the electron transition from CO to O. Conduction band or valence band of the semiconductor catalyst provide a transition level for the electrons of the substrate. This can be expressed by the following eqs.:

$$(3) \qquad M-\overline{\underline{O}}| + |C\equiv O| \rightarrow M-\overline{\underline{O}}|\ |C\equiv O| \rightarrow M|\ \underline{|\overset{\ominus}{O}}-\overset{\oplus}{C}\equiv O| \rightarrow M| + \langle O=C=O\rangle$$

$$(4) \qquad M| + |O \div O| \rightarrow M|\ \overline{\underline{O}}-\overline{\underline{O}}| \rightarrow M-\overline{\underline{O}}-\overline{\underline{O}}| \xrightarrow{+\,M|} M-\overline{\underline{O}}| + M-\overline{\underline{O}}|$$

M stands for the metal Ni, Co or Zn in the surface of the corresponding oxide. In reaction (3) metal oxygen bonds are destroyed, whereas new bonds are formed during reaction (4). Simultaneously with the bond breaking in reaction (3) a transition of oxygen from a metal oxygen bond to an oxygen CO bond is performed. This is considered to be the rate controlling step of CO_2 formation. In Figure 6 the oxygen transition is shown according to transition state theory. The oxygen atom moves out of the energy valley of the metal oxygen bond across a saddle point into the valley of the new formed oxygen CO bond.

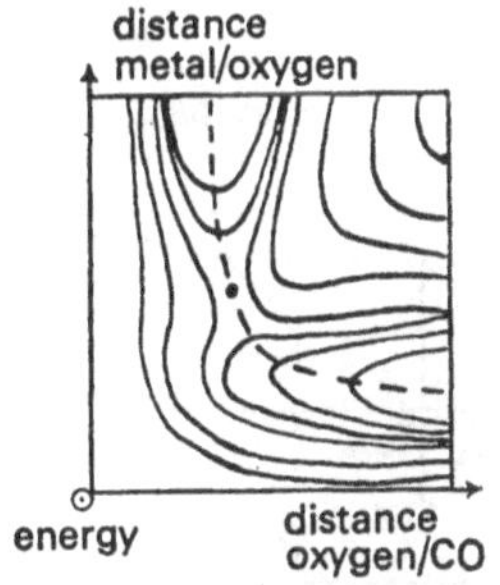

Fig. 6. Transition state of the reaction $M-O+CO \rightarrow M| + O-CO$. M is the metal of the semiconductor

Translated into the language of the band model, the bond breaking means that electrons are promoted into the conduction band or holes into the valence band. Therefore, the distance between the Fermipotential and the conduction band in n-type semiconductors, or Fermipotential and valence band in p-type semiconductors exerts a dominant influence on the activation energy of the surface reaction.

Depth and shape of the energy valley of the semiconductor bonds depend on the parameters of the Morse function. Since all parameters are influenced by the position of the Fermipotential the activation energy of the catalytic reaction involving these bonds at the surface depends with a factor greater than unity on the position of the Fermipotential. Two empirical functions may be expressed,

$$(5) \qquad q = a_n (E_C - E_F)$$

for n-type semiconductors, and

$$(6) \qquad q = a_p (E_F - E_V)$$

for p-type semiconductors.

The constants a_n and a_p certainly are dependant from the catalyst and the type of reaction. There may also be an additive constant in both functions. However, for the studied catalyst systems and reaction it is very small as will be seen later on.

In Eqs. (5) and (6) an empirical function is expressed between a bulk property of the semiconductor and a surface property. We must bare in mind, however, that in the thin oxide layers used, consisting of grains of about 1000 Å diameter, differences between bulk and space charge layer are very small if any. Information about the nature of these functions can be gained considering the bond properties of the semiconductor.

In general, from the PAULING principle of essential electrical neutrality [13, 14] it follows that oxides have a covalent lattice. More or less ionic character of the covalent bonds is established to that amount that the effective charge of the covalently bound atoms is as small as possible. The covalent lattice may be described in terms of the resonance of numerous resonance forms.

$$|\underline{\overline{O}}|^{2-}\ M^{2+} \longleftrightarrow |\underline{\overline{O}}^{-} - M^{+} \longleftrightarrow |O\ |M \tag{7}$$

Eq. (7) should in fact be written three dimensional with the number of bonds and of next neighbours given by the lattice structure of the semiconductor. According to PAULING [13] the strength of the bonds in the lattice may be computed by integration over the number of possible resonance forms and the number of occupied forms.
At the surface, free orbitals not used by bonds interact with the gas molecules during the reaction. These so-called dangling orbitals are symbolized in Eqs. (3) and (4) by lone electron pairs. The filling by electrons of the dangling surface orbitals of course depends on the resonance symbolized in Eq. (7) and on the resulting bond strength. The resonance may be changed by light stimulation or by variation of electron concentration due to metal support. This is also affecting the filling of the surface orbitals.

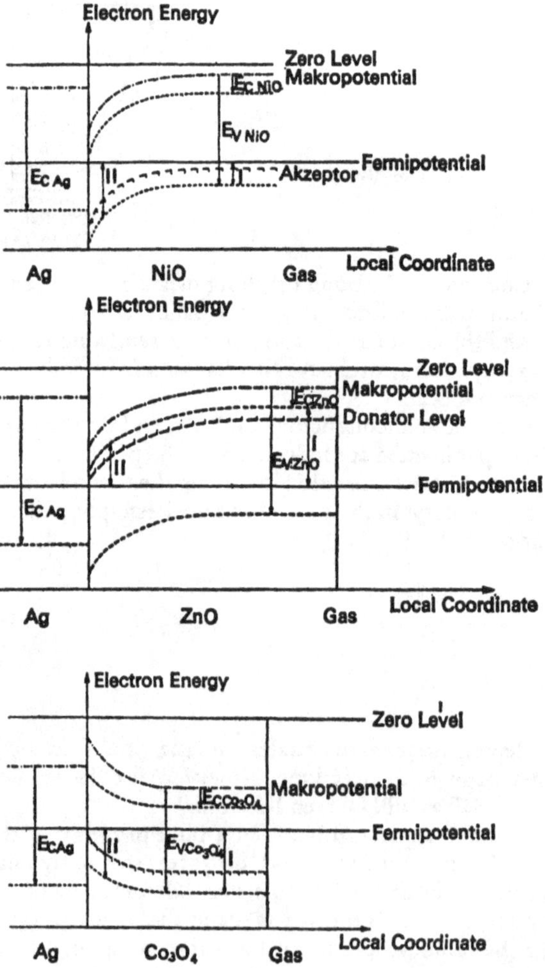

Fig. 7. Curving of the bands in the space charge layer produced by the silver-semiconductor contact

Since there is a relation between bond strength and filling of the dangling orbitals and a relation between bond strength and electron concentration, i.e., the position of the Fermipotential, there is also a relation between the position of the Fermipotential and the filling of the surface orbitals.

Let us now apply the developed dependence. We look at the change of activation energy caused by Ag support in the dark. The electron work function of Ag is smaller than that of NiO [18] and ZnO [17]. Consequently, in the dark electrons move from the Ag support into these oxides. A space charge layer is generated. Since the thickness of the oxide layer is smaller than that of a space charge layer, the space charge layer is penetrating throughout the entire oxide layer (Figure 7). There is, of course, also an influence of the gas phase. However, we may assume, that it does not depend on the fact, whether or not the oxide is supported on Ag. Therefore, in a first approximation, this constant parameter can be eliminated from the consideration.

According to an increase of $(E_F - E_V)$ in the depletion layer in the p-conducting NiO, the activation energy is raised by the influence of Ag support. The activation energy on n-conducting ZnO on Ag support is decreased according to the decrease of $(E_C - E_F)$ in the accumulation layer in ZnO. Co_3O_4 has a smaller electron work function than Ag [19]. Accordingly, even in the dark electrons flow into the Ag. $(E_F - E_V)$ is decreased and, correspondingly, the activation energy (Figures 7 and 8).

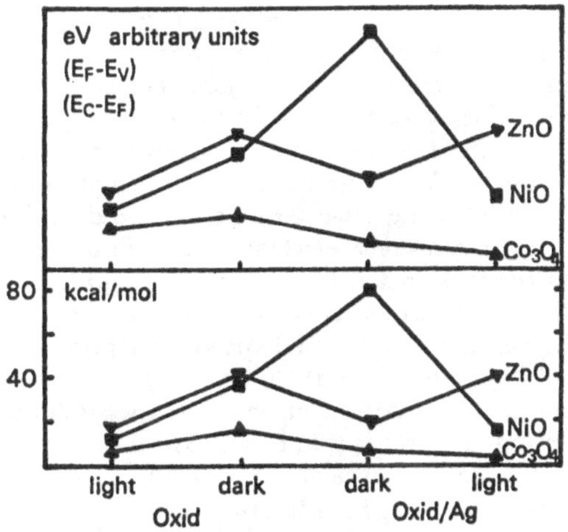

Fig. 8. Comparison of the measured activation energies (bottom) with the bond strength in the semiconductor surface expressed as the distance between Fermipotential and band edges (top)

During permanent illumination of the oxides without Ag support a steady state is formed characterized by the appearance of the quasi-Fermipotentials of electrons and holes shifted closer to the band edges than the Fermipotential in thermal equilibrium. According to the proportionality given in Eqs. (5) and (6) the photo activation energies of the reaction on all three oxides are smaller than the dark activation energies (Figure 8). The ratio of the width of the forbidden gap of NiO and ZnO to the photo activation energy on these oxides is the same in both cases. That means: For the same photo reaction the value of the proportionality factor is apparently independent of the kind of the oxide. However, more oxides and reactions have to be studied in order to prove the general validity of this assumption.

The light effect on catalytic activity – just interpreted in terms of the band model – can be described as follows considering the bond properties of the catalyst: Among the resonance forms shown in Eq. (7) due to light absorption the number of nonbonding forms is increased at the expense of the number of bonding forms. The bonds are stimulated and loosened. Therefore, the electron shift of reaction (3) is favoured. Accordingly, photodesorption of oxygen occurs [25–28]. Furthermore, a CO_2 inhibition eventually present in the dark disappears.

An experimental proof of the proposed electronic mechanism is given by CHON and PRATER [52]. Using Hall-effect measurements they are able to detect the electron concentration in the conduction band of ZnO during CO oxidation in the dark. Per chemisorbed oxygen atom one electron is removed from the conduction band. During the following chemisorption of CO on the pre-adsorbed oxygen atoms – which is in fact the reaction forming CO_2 – one electron per CO molecule is returned into the conduction band. This result is corresponding exactly with the formulation of the reaction given in Eqs. (3) and (4). Promotion of electrons from the valence band into the conduction band is equivalent to a shift of electrons from orbitals of the metal oxygen bond into nonbonding orbitals of the metal. When not bound to oxygen the zinc orbital on the average is occupied by one electron more than when bound.

Electron hole pairs produced in the oxide under illumination are separated by the electrostatic field of the electric double layer on the metal semiconductor junction. Therefore, the photovoltaic effect generates a net flow of electrons from ZnO and NiO back into Ag and from Ag back into Co_3O_4. The alteration of the band curving in the space charge layer is expressed by an alteration of the activation energies. This may be described also considering the bond properties. The number of electrons in the lattice of NiO and ZnO is increased by Ag support. This increases the number of resonance forms. In p-type NiO fewer electrons are present in the ground state than are required to occupy all possible bonding resonance forms. Increase of the number of electrons means a tightening of the nickel oxygen bonds. The activation energy of a reaction involving dissociation of these bonds must be increased. In the presence of light, electrons move into the silver. The number of bonding resonance forms is decreased. Furthermore, the remaining resonance forms are excited due to light absorption. Thus, the nickel oxygen bond is loosened, bond dissociation is favoured, and the activation energy of reaction (3) is decreased. However, electron concentration in the illuminated NiO on Ag is higher than in the illuminated NiO without support. In the former case the bond is more stable than in the latter. That explains easily, why the photo activation energy on NiO/Ag is higher than that on NiO without support.

In the ground state, the n-type ZnO has more electrons than bonding resonance forms. Increasing electron concentration means an increase of the number of nonbonding and antibonding resonance forms. The zinc oxygen bond is loosened, the activation energy decreased. Decrease of the electron excess by photovoltaic effect tightens the bonds, the activation energy is increased.

Co_3O_4 emits electrons into the Ag. The number of bonding resonance forms and the value of the activation energy are decreased. The photovoltaic effect causes an increase of electron concentration in Co_3O_4. Nevertheless, the number of bonding resonance forms is still smaller than in the undisturbed Co_3O_4 lattice. In addition, light stimulation favours the nonbonding resonance forms at the expence of the bonding forms. Both effects produce an impressive loosening of the cobalt oxygen bond which is matched by the very small value of the photo activation energy on Co_3O_4/Ag.

In Figure 8 the dependence of the activation energies on the bond strength is demonstrated.

The simultaneously occuring changes of the pre-exponential factor are due to the establishment of equilibrium between oxygen and the surface according to the bond strength. Loosening of the bonds produces oxygen desorption. Reaction (3) occurs more easily but not as often. The opposite is true for a tightening of the bonds.

The exact proportionality of the activation energy from $(E_F - E_V)$ is demonstrated for the first time by conductivity measurements on NiO [18]. In Figure 9 the conductivity of NiO is plotted. It exhibits four different activation energies for four temperature ranges.

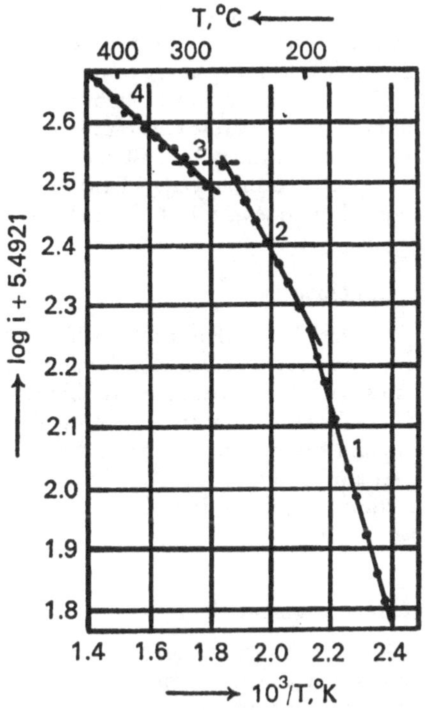

Fig. 9. Conductivity of NiO as a function of temperature

The ratio of the activation energies is given by the ratio 4:2:0:1. The same ratio 80:40:0:21 is exhibited by the activation energies of the CO oxidation. By impurity level analysis the general dependence of the activation energy of the conductivity on $(E_F - E_V)$ is reduced to a dependence of the activation energy on the excitation energies $(E_A - E_V)$ of impurity levels E_A. In Figure 10 the conductivity of NiO and the measured

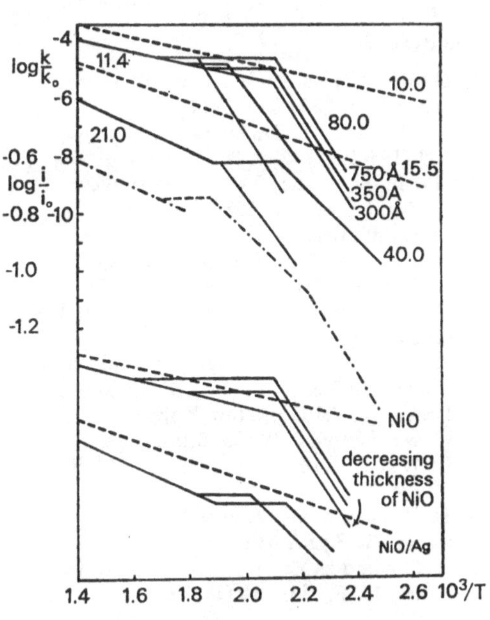

Fig. 10. Reduced Arrhenius plots (k/k_0 against $1/T$) of NiO and NiO/Ag.
Top: Measured activation energies of the CO oxidation.
Centre: Conductivity of NiO. Bottom: Theoretical values.
Solid lines, dark; dotted lines, light; stroked-dotted lines, conductivity

activation energies of CO oxidation are compared to the activation energies attained by impurity level analysis. Computed and measured lines are in good agreement. The relation between thickness of the NiO layer and magnitude of the exhaustion region is the same in experiment and theory. The agreement of the two ratios of activation energies shows that an additive constant in eq. (6) must be very small.
Experiments with gold, palladium and platinum as supporting metals of NiO confirm the reported results [53]. The work functions of these metals are larger than that of silver. Consequently, less electrons are emitted into the NiO.

5. Conclusion

It has been shown that it is possible to derive an empirical function between activity and band structure of a semiconducting catalyst at least for thin layers consisting of small grains with a thickness comparable to the thickness of space charge layers. The theory of chemical bonding provides an understanding of the nature of the function. Since the dangling orbitals interact with the orbitals of the substrate and since the bonds of the outer atoms to their next neighbours in the lattice are destroyed temporarily during the reaction step, the filling of the orbitals of these bonds with electrons is responsible for the reactivity.

Acknowledgment

I thank the Deutsche Forschungsgemeinschaft, the Fonds der Chemischen Industrie and the Laboratory for Research on the Structure of Matter, University of Pennsylvania, for sponsoring the investigations.

Literature

1. G.-M. Schwab & G. Holz: Z. anorg. allg. Chem. **252**, 205 (1944).
2. G.-M. Schwab: Trans. Farad. Soc., **42**, 689 (1946).
3. G.-M. Schwab: Festkörperprobleme (F. Sauter, ed.), I, 188 (1962), Vieweg und Sohn, Braunschweig.
4. F. S. Stone: Adv. Cat. **13**, 1 (1962).
5. K. Hauffe: Adv. Cat., **9**, 187 (1957).
6. Th. Wolkenstein: Adv. Cat., **12**, 187 (1960).
7. K. Hauffe: Reaktionen in und an festen Stoffen, 304, (1966), Springer, Berlin, Heidelberg, New York.
8. G.-M. Schwab, B. C. Dadlhuber & E. Wall: Z. phys. Chem. N. F., **37**, 99 (1963).
9. H. Noller & G.-M. Schwab: Z. phys. Chem. N. F., **37**, 63 (1963).
10. P. E. Gruber & H. Noller: Z. phys. Chem. N. F., **38**, 184 (1963).
11. P. E. Gruber & H. Noller: Z. phys. Chem. N. F. **41**, 353 (1964).
12. G.-M. Schwab: Adv. Cat. **9**, 229 (1957).
13. L. Pauling: Die Natur der chemischen Bindung, Verlag Chemie, Weinheim, 1962.
14. L. Pauling: J. Chem. Soc. (London) 1948, 1461.
15. G. M. Schwab, F. Steinbach, H. Noller & M. Venugopalan: Z. Naturforsch. 19a, 45 (1964).
16. G.-M. Schwab, F. Steinbach, H. Noller, M. Venugopalan: Z. Naturforsch., **19a**, 445 (1964).
17. F. Steinbach: Z. phys. Chem. N. F., **60**, 126 (1968).
18. F. Steinbach & K. A. Krieger: Z. phys. Chem. N. F., **58**, 290 (1968).
19. F. Steinbach: Z. phys. Chem. N. F., **61** 235 (1968).

20. T. I. Barry & F. S. Stone: Proc. Royal Soc. **A 255**, 124 (1960).
21. F. Romero-Rossi & F. S. Stone: Actes II-ième Congrès International de Catalyse, Paris, 1960, part II, 1481.
22. Y. Fujita & T. Kwan: Bull. Chem. Soc. Japan, **31**, 379 (1958).
23. A. Terenin & Yu. Solonitzin: Disc. Farad. Soc. **28**, 28 (1959).
24. G.-M. Schwab, F. Steinbach, H. Noller & M. Venugopalan: Nature, **193**, 774 (1962).
25. H. H. v. Baumbach & C. Wagner: Z. phys. Chem. Abt. **B 22**, 199 (1933).
26. G. Heiland: Z. Physik, **142**, 415 (1955).
27. G. Heiland: Disc. Farad. Soc. **28**, 168 (1959).
28. D. A. Melnik: J. Chem. Phys. **26**, 1136 (1957).
29. F. Steinbach: Nature **215**, 152 (1967).
30. F. Steinbach: Angew. Chem. **79**, 1019 (1967).
31. W. Dörffler & K. Hauffe: J. Cat., **3**, 171 (1964).
32. G.-M. Schwab, R. Sizmann & N. Todo: Z. Naturforsch., **16a**, 985 (1961).
33. J. Ritz, G.-M. Schwab & R. Sizmann: Z. phys. Chem. N. F., **39**, 45 (1963).
34. G.-M. Schwab & A. Konrad: J. Cat., **3**, 274 (1964).
35. Th. Wolkenstein & I. V. Karpenko: J. Appl. Phys. **33**, 460 (1962).
36. T. S. Nagarjunan & J. G. Calvert: J. Phys. Chem., **68**, 17 (1964).
37. F. Steinbach: Ph. D. - Thesis, München, 1963.
38. J. C. Kuriacose & M. C. Markham: J. Cat., **1**, 498 (1962).
39. Th. Freund: J. Cat., **3**, 289 (1964).
40. T. J. Gray & D. O. Carpenter: Proc. IIIrd Intern. Congr. Catalysis, Amsterdam, 1964, part I, 23, North-Holland Publ. Co., 1965.
41. I. E. Den Besten & M. Quasim: J. Cat., **3**, 387 (1964).
42. M. C. Markham & M. C. Upreti: J. Cat., **4**, 229 (1965).
43. I. S. Mc Lintock & M. Ritchie: Trans. Farad. Soc. **61**, 1007 (1965).
44. V. N. Filimonov: Kin. i Kat., **7**, 512 (1966).
45. H. Inoue, Sh. Hayashi & E. Imoto: Bull. Chem. Soc. Japan, **37**, 326 (1964).
46. A. Terenin: Proc. Chem. Soc., 321 (1961).
47. Th. Wolkenstein & S. M. Kogan: J. Chim. Phys., **55**, 483 (1958).
48. Th. Wolkenstein & I. V. Karpenko: Dokl. Akad. Nauk. SSSR, **165**, 1101 (1965).
49. Th. Wolkenstein & I. V. Karpenko: Fisika Tverd. Tela, **9**, 403 (1967).
50. E. Molinari, F. Cramarossa & F. Paniccia: J. Cat., **4**, 415 (1965).
51. W. Schottky: Halbleiterprobleme (W. Schottky, ed.), I, 139 Vieweg und Sohn, Braunschweig, 1954.
52. H. Chon & Ch. D. Prater: Disc. Farad. Soc. **41**, 380 (1966).
53. F. Steinbach: Nature **221**, 657 (1969).

16. Adsorboluminescence on Solids

S. Z. Roginsky

Institute of Chemical Physics, Acedemy of Sciences of the USSR, Moscow

With 7 Figures

Zusammenfassung

Es wurde eine neue Erscheinung entdeckt und studiert, die auf einer Lumineszenz beruht, die durch einen Kontakt von chemisch aktiven Gasen (O_2, H_2 u. a.) bei niedrigen Drucken mit festen Oxiden hervorgerufen wird. Dieser Effekt wurde von uns als »Adsorbolumineszenz« bezeichnet. Am Beispiel der O_2-Adsorption an MgO wurde nachgewiesen, daß die Intensität dieser Lumineszenz der Chemisorptionsgeschwindigkeit des Sauerstoffs proportional ist, und es wurde die Größe der Quantenausbeute abgeschätzt. Qualitativ wurde gezeigt, daß der Ablauf einer katalytischen Reaktion an der Oberfläche des Oxids die Adsorbolumineszenz beeinflußt.

Unter analogen Verhältnissen rufen Edelgase (He, Ar, Xe) keine nennenswerte Lumineszenz hervor. Eine Lumineszenz wurde aber beobachtet wenn Edelgase bei viel höherem Druck schroff in den das feste Oxid enthaltenden Reaktor eingelassen wurden. In diesem Fall kann jedoch die auftretende Lumineszenz nicht durch eine Adsorption verursacht sein. Viel wahrscheinlicher wird es sich um eine Tribolumineszenz handeln, die durch die Elektrisierung des festen Körpers infolge des vorbeiströmenden Gases verursacht wird.

Until quite recent times there were no data in the scientific literature about luminescence occurring during adsorption or heterogeneous catalysis. The energy relations of many catalytic and adsorption processes do not exclude the possibility of an electron excitation of solids and reacting molecules. There exists, therefore, a certain probability that luminescence may occur. During physical (molecular) adsorption (proceeding with small changes of enthalpy ΔH) there are no reasons to expect that luminescence may occur as the result of an elementary process. For chemisorption, on the contrary, ΔH is often high enough and therefore the excitation of adsorbed molecules or solids on account of ΔH or ($H + E = \Delta H^*$) is not excluded*) and the appearance of such a luminescence seems to be quite probable.

As the chemisorbed molecules are bonded only by superficial atoms and ions of the solids the intensity of this luminescence should be much smaller (with all other conditions equal) than that in the bulk of solids and gases. The energy of dissipation in the solid must also be taken into account. In order to detect such luminescence it was therefore necessary to use highly sensitive designs. As a result of research started in our laboratory, a luminescence accompanying adsorption of some gases and vapours on solids was detected in 1966. We named it – *adsorboluminescence.*

For a systematic study of adsorboluminescence we used a unit (worked out in the Institute of Chemical Physics) [1], including a reactor, an electron photomultiplier with a feeding block, an electrometer amplifier and a recorder. In our work we used a photomultiplier operating in the region of 3500–8000 Å. Just in front of the multiplier a vacuum cell was placed, containing the specimens and connected to a vacuum system through a metal valve and a U-shaped trap, cooled by liquid nitrogen. Specimens studied had been deposited by sedimentation from air suspensions or from solutions on flat plates of glass, nickel or sodium chloride. After the sedimentation the specimens were tightly covered with a second plate made of transparent material.

---

*) ΔH^* enthalpy of the transition state.

1. Qualitative Observations

In a preliminary study we observed luminescence, arising during the admission of O_2 on NiO, ZnO, F_2O_3, TiO_2, MgO, and in some cases also for a series of other vapours and gases (CO, SO_2, acetone etc.) [2]. At room temperature as regards all the oxides mentioned (except MgO) luminescence consisted of a short flash. On MgO the adsorption of O_2 leads to a long luminescence, with a continuous spectrum having a small maximum in the visible region*). During oxygen adsorption at NiO the intensity maximum moved towards the region of longer wave lengths.

2. Kinetic Studies of Luminescence During Adsorption of Oxygen on MgO

In order to elucidate the relation between luminescence and adsorption at various temperatures we compared the kinetics of adsorption with that of the accompanying luminescence. At the temperature of liquid nitrogen the kinetics of adsorption of oxygen follows the ROGINSKY-ZELDOWITSCH equation. At higher temperatures only the initial parts of the curves were straight lines on plotting Γ versus log $(t+t_0)$:

(1) $$\Gamma = a \log (t + t_0)$$

(Γ – quantity adsorbed, t – time). As adsorption proceeds further, the kinetics ceases to be linear (in the mentioned system of coordinates). This is probably due to the decrease of pressure during adsorption. In Fig. 1, it can be seen that the kinetic curves of lumines-

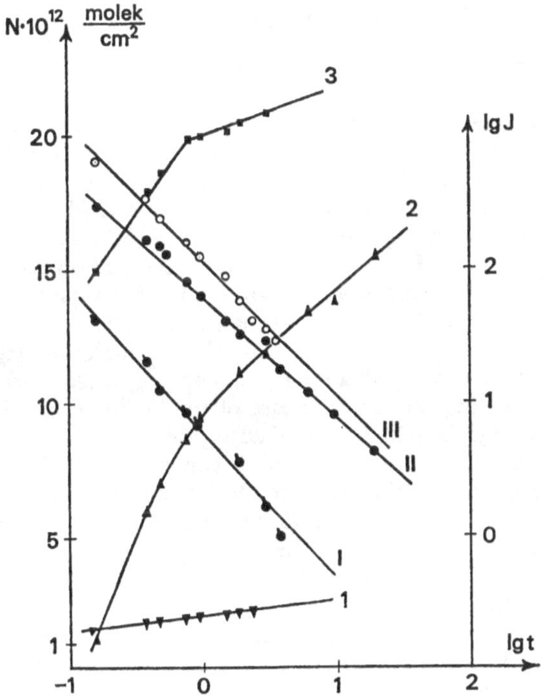

Fig. 1. Kinetics of oxygen adsorption on MgO and of luminescence decay on adsorption.
O_2 adsorption at $P_{O_2} = 2.10^{-2}$ torr: 1) at —196° C; 2) at 20° C; 3) at 200° C

*) This maximum is observed by the intensity of electric signals. But the form of the intensity curve is substantially modified by decreased sensitivity of the photomultipliers to the photons in the long wave region. The true maximum is probably situated in the infrared region.

cence intensity I during adsorption become linear in the coordinate system log I versus log t, and that the tangent of the slope is near to —1. Thus the intensity of luminescence I decreases with time following a hyperbolic law:

$$J \sim t^{-1} \tag{2}$$

Experiments show that luminescence takes place only in the presence of oxygen. When the oxygen is evacuated, the intensity of glow decreases in proportion to the rate of evacuation, but even at pressures down to 10^{-6} torr it does not disappear completely. Taking into consideration all that has been stated above, we think that the observed luminescence is caused by oxygen adsorption and that at the beginning its intensity I is proportional to the rate of adsorption

$$W = \frac{d\Gamma}{dt} = \frac{a}{t + t_0} \sim t^{-1} \tag{3}$$

(In all cases the calculations were done for the initial parts of the curves.) In order to evaluate the magnitude of the quantum yield η of the luminescence per adsorbed molecule the approximate formula

$$\eta = \frac{4 \pi \Delta V}{R k e \alpha \Theta . \Delta N} \tag{4}$$

was used
ΔV – is the output voltage
R – the input resistance of the amplifier in ohms
k – the amplifikation of the photomultiplier
e – the electron charge
α – the efficiency of the photomultiplier
Θ – the solid angle of the source
ΔN – the number of adsorbed molecules

The exactness of the calculations considerably depends upon the measurement of light absorbed by the porous specimen*). These corrections are rather difficult to calculate. The observed underestimated quantum yield at 20° C was $10^{-5} - 10^{-7}$ phot./ads.molecule. At – 196° and 200° C the true quantum yield on MgO must be considerably higher. For the system O_2 – NiO the quantum yield was not calculated by means of the above-mentioned formula, because no exact data on the kinetics of adsorption were available. Still the lower order of magnitude of the quantum yield during adsorption of oxygen at NiO can be roughly estimated; its value is $10^{-10} - 10^{-13}$ phot./ads.molecule. When the temperature rises up to 140° C the kinetics of oxygen luminescence on NiO changes; after a short flash a long luminescence occurs with the intensity slowly decreasing with time (Fig. 2). The decrease of the luminescence intensity obeys a hyperbolic law only during the initial stage of adsorption.

The results obtained can be summarised as follows: The luminescence spectrum of MgO during O_2 adsorption turned up to be analogous to the well known photoluminescence spectrum of MgO, whereas the luminescence spectra of MgO and NiO during oxygen adsorption are different. Therefore, we believe that the solid and not the adsorbed molecule is the source of luminescence, the adsorption heat being partly spent for the excitation of luminescence centres.

It is known that the surplus energy of the transition complex during chemisorption is E + Q (with Q – heat of adsorption, E – activation energy of adsorption). This energy can be spent for the ionization of a foreign luminescence centre, or for the excitation of a complex, consisting of an active centre and an adsorbed molecule.

*) The losses of quanta by absorption in the powdered samples and by limited spectral sensitivity of the electron multiplier were not taken into account in this equation.

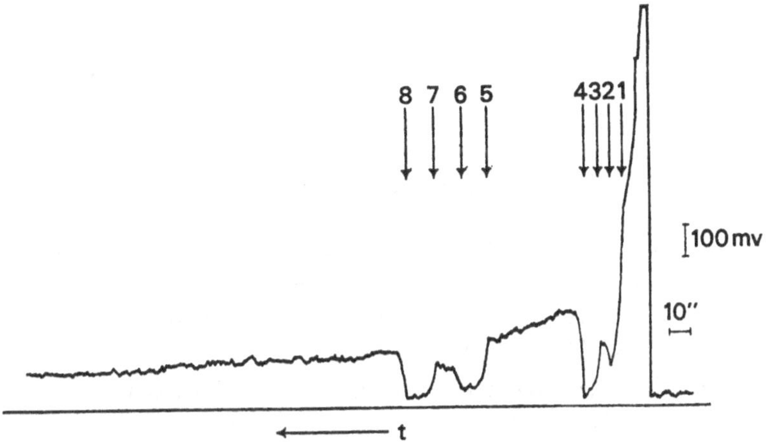

Fig. 2. Kinetics of the luminescence decay on admission of O_2 on NiO at 140° C; P_{O_2} – 3 torr; 1 – with filter No. 2; 2 – with filter No. 3; 3 – with filter No. 4; 4 – without filter; 5 – with filter No. 2; 6 – with filter No. 3; 7 – with filter No. 4; 8 – without filter

The theory of solids shows the possibility of the formation of impurity levels of oxygen in the forbidden band. These levels trap electrons from the conduction band with the emission of quanta (Fig. 3). This mechanism of luminescence for oxygen adsorbed by MgO seems to be possible since MgO possesses levels which are near to the bottom of the conduction band and are partly or completely ionized at room temperature as can be concluded from experiments [5]. If in the forbidden band the levels of adsorbed oxygen have different depths, a quasi-continuous spectrum of adsorboluminescence may arise.
It is possible to propose an alternative mechanism for the origin of luminescence. The excited adsorbed molecule may transfer its surplus energy to the solid, thus exciting the oscillation of the lattice. If the energy is sufficient for the transfer of the ions of the

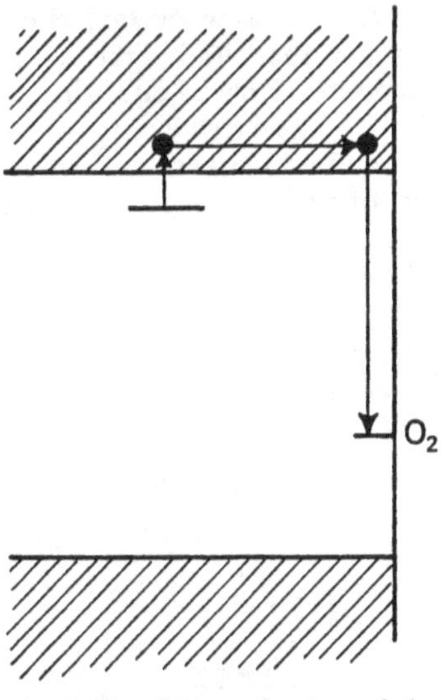

Fig. 3

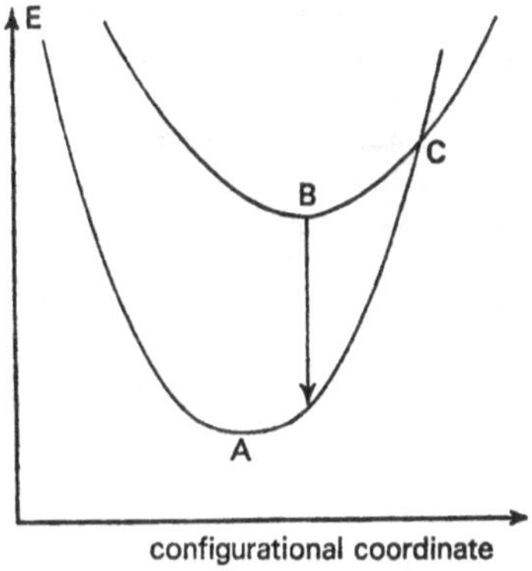

Fig. 4

Fig. 3. Possible mechanism of the appearance of luminescence on adsorption (Arrows indicate the direction of the electron transfer)

Fig. 4. Possible mechanism of initiation of luminescence on adsorption

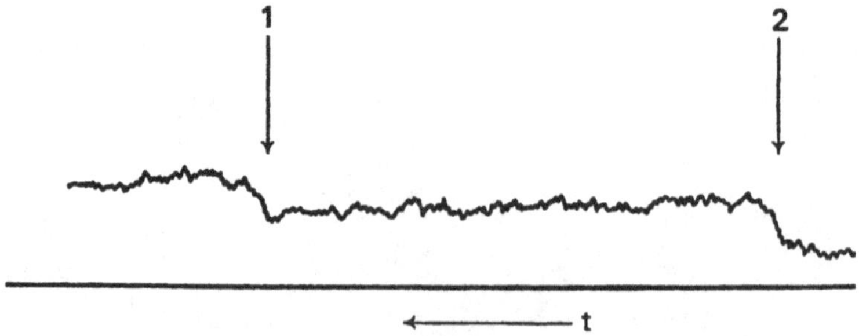

Fig. 5. Luminescence on admission of H_2 on NiO at 140° C; 2 – admission of hydrogen, P = 1.5 torr; 1 – hydrogen pressure increased up to 7 torr

solid into an excitated electronic state, a transfer into the basic state, accompanied by further emission of a quantum is possible (Fig. 4).

3. Adsorption of Gaseous Mixtures and of Hydrogen on Nickel Suboxide

During hydrogen adsorption on NiO at 140° C and pressures of approximately 2 torr, the luminescence spectrum practically coincides with the spectrum of luminescence arising from oxygen adsorption on NiO (Fig. 5).

In this case the luminescence intensity I slowly reaches its maximum and thereafter suffers only little change with time. This experiment shows that the observed luminescence does not develop as a result of oxidation of some foreign admixtures.

At room temperature the admission of hydrogen on NiO does not provoke luminescence. In Figure 6, a plot of the luminescence intensity versus time is presented after the admission of a $2H_2 + O_2$ mixture on nickel suboxide at 140° C at an initial pressure of approximately 2 torr. After the admission of the mixture, the luminescence intensity is higher than the additive sum of that of hydrogen and oxygen measured separately. In addition, there are some differences in the luminescence kinetics. These differences seem to be connected with a catalytic reaction, removing oxygen and hydrogen as water molecules from the surface of NiO. (After the end of the experiment, water was found in the liquid nitrogen cold trap). When a mixture of $2CO + O_2$ is admitted on nickel suboxide at 140° C the nature of the luminescence changes sharply (Fig. 7). The sharp fading of the luminescence and its small intensity, apparently, can be connected with the extinction of the luminescence in the presence of carbon dioxide gas or with the expenditure of excited adsorbed molecules for the catalytic reaction.

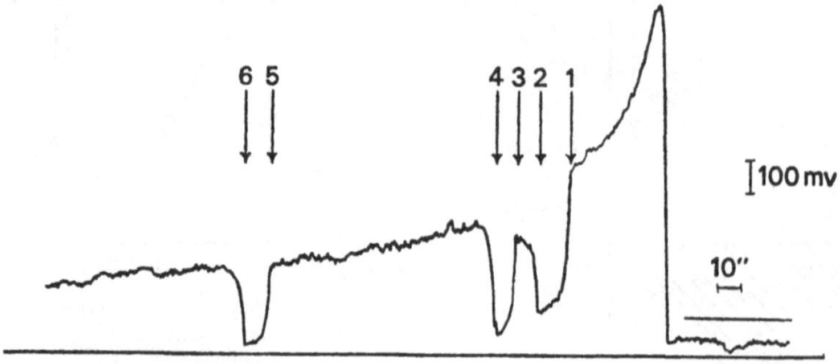

Fig. 6. Luminescence on admission of the mixture 2 $H_2 + O_2$ on NiO at 140 °C; 1 – with filter No. 2; 2 – with filter No. 3; 3 – with filter No. 4; 4 – without filter; 5 – the blank test for checking; 6 – specimen

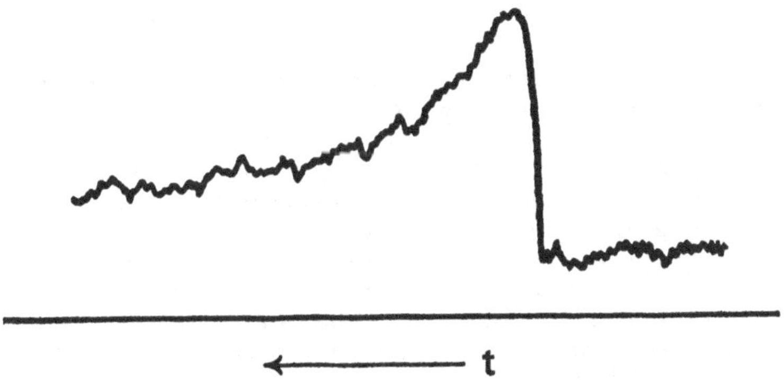

Fig. 7. Luminescence on admission of the mixture $2CO + O_2$ on NiO; 140° C and $P_0 = 3$ torr

4. Adsorption of noble gases

A series of experiments with MgO were performed with Ar and He as adsorbates. It was found that when these gases are admitted at room temperature and at a pressure of 1 torr on samples of MgO–previously heated in vacuum at 400° C–luminescence occurs, the kinetics and intensity of which differ from those of the luminescence occurring on admission of O_2 or H_2. The introduction of the above-mentioned noble gases resulted in a flash which lasted only a few seconds. When evacuation was started, the luminescence appeared again with a maximum at a pressure of 0.1–0.3 torr. Further on, the luminescence intensity decreased with time approximately following a hyperbolic law. When the temperature was raised the luminescence intensity on admission of He on MgO decreased. The same process occurred when the admission of a noble gas was repeated after evacuation. When oxygen was admitted after the adsorption of noble gases, a luminescence was observed; when noble gases were admitted after adsorption of oxygen no luminescence occurred*). The admission of a mixture of He (2 torr) with oxygen (10^{-3} torr) provoked the same luminescence as the admission of oxygen alone at the same pressure. The maximum luminescence intensity of helium is approximately one tenth of the luminescence intensity on the admission of oxygen on MgO and, furthermore, the luminescence in He begins at very considerably higher pressure.

Although in our experiments we used gases of spectral purity, we cannot rule out that this luminescence was provoked by traces of residual oxygen in the apparatus. But the above-mentioned experiments performed with mixtures of helium and oxygen as well as with the single gases resulting in a different luminescence kinetics indicate that this supposition is not valid. The observed luminescence is very much like that occurring in topochemical reactions [5] and is also similar to triboluminescence [6].

Taking into account that on the evacuation of the noble gases, the particles of the dielectric may acquire an electric charge [7], we can assume the following mechanism for this phenomenon: on a fast admission of the gas, a triboluminescence may occur which is caused by friction of the gas against the surface of the solid. This kind of triboluminescence ceases quickly. Bearing in mind the porosity of MgO we can suppose that during the evacuation of the noble gas, charged cavities analogous to microcondensers are formed. According to Paschen's law in such condensers at certain gas pressures, a discharge break-down may take place.

The final solution of the question about the nature of the helium and argon luminescence depends largely upon a thorough measurement of the spectral composition of the luminescence in atmospheres of different gases and its comparison with the discharge spectra in the same gases.

*) Apparently, the formation of O_2^- (ads) makes emission of electrons in noble gases impossible.

5. Conclusion

The results obtained indicate the existence of two mechanisms of the appearance of luminescence during the admission of gases onto solid oxides.

The first one is connected with chemical processes on the surface (chemisorption and catalysis). This applies to the luminescence during adsorption of O_2, H_2 and mixtures of oxygen with hydrogen and of oxygen with carbon monoxide by NiO and also to the luminescence during adsorption of O_2 by MgO. The mechanism of luminescence in previously investigated systems [2] is apparently mostly of this type.

We must attribute to the second type the mechanism of the occurrence of luminescence during admission of noble gases on solids. In this case the essential role is apparently played by purely physical and mechanical factors scarcely connected with the chemical superficial reactions of the gas.

The results obtained also indicate the possibility of the influence of catalytic reactions on the initiation and intensity of the adsorboluminescence.

We hope, that new data, concerning the mechanismen of the elementary acts of chemisorption and catalysis may be received in the course of these investigations.

This paper is based on experimental results received in our laboratory by A. Kadooshin, J. Roofov and I. Parboosina.

Literature

1. Chemiluminiscentnye Metody Issledovanija medlennych chimitscheskich Prozessov. Verlag Nauka, Moskau 1966.
2. Yu. N. Rufov, A. A. Kaduschin & S. Z. Roginsky: DAN SSSR, 171, 4, 905 (1966); A. A. Kaduschin & Yu. N. Rufov: Isvestija Akad. Nauk SSSR, Chimia 12 (1966).
3. F. F. Volkenstein, A. N. Gorban & V. A. Sokolov: Proceedings International Conference on Luminescence, 1433 (1966), Verlag d. Ungarischen Akademie d. Wissenschaften.
4. Exoelektronnaja Emissija, Verlag Inostrannaja Literatura, Moskau 1962.
5. M. Mambetov: DAN SSSR **171**, 143 (1966).
6. P. A. Tiessen: Z. für Chemie, H. **5**, 162 (1965).
7. A. Montefinale, G. Petriconi & H. Paper: Nature, **205**, 996 (1965).

VI.
Action of Ionizing Radiation on Catalytic and Electronic Properties on Semiconductors and Insulators

17. Connexion between Electronic Characteristics and Catalytic Properties of Semiconductors under Irradiation

V. I. Spitsyn and I. E. Mikhailenko

Institute of Physical Chemistry, Academy of the USSR, Moscow

With 14 Figures and 2 Tables

Zusammenfassung

In der vorliegenden Arbeit wird ein Zusammenhang zwischen den elektrischen und katalytischen Eigenschaften von radioaktiv-strahlenden Halbleitern gesucht. Als Katalysatoren wurden zwei verschieden zusammengesetzte Wolframdisulfide gewählt, wovon das eine mit der Zusammensetzung $WS_{1,99}$ ein n-Typ-Halbleiter und das andere mit der Zusammensetzung $WS_{2,3}$ ein p-Typ-Halbleiter war, was an Hand von Thermokraftmessungen nachgewiesen werden konnte. Als Testreaktion diente die Dehydratisierung von n-Decylalkohol. Durch Einbringen der Halbleiter in einen Reaktor mit einem Neutronenfluß von 10^{18} Neutronen/cm^2-sec wurde die gewünschte Radioaktivität des Katalysators erhalten.

Zur Charakterisierung der elektrischen Eigenschaften von unbestrahlten und bestrahlten Proben wurden die elektrische Leitfähigkeit und die thermoelektrische Spannung bei einem Hochvakuum von 10^{-5} Torr gemessen. Die Messungen wurden an zu Pastillen gepreßtem Sulfidpulver zwischen 20 und 350° C ausgeführt. Als Elektroden dienten Platinkontakte. Während bis zu 160° C die Aktivierungsenergie der elektrischen Leitfähigkeit beider Proben, ob bestrahlt oder unbestrahlt, gleich war, wurde bei höheren Temperaturen eine deutliche Abnahme der Aktivierungsenergie mit steigender Radioaktivität beobachtet.

Die Dehydratisierung von Decylalkohol lief am p-Typ-Sulfid schneller ab als am n-Typ-Sulfid. Hieraus wird geschlossen, daß die Reaktion zur Gruppe der Donator-Typ-Reaktionen gehört. Die katalytische Aktivität eines nicht-radioaktiven n-Typ-Sulfids war beachtlicht höher als die des p-Typ-$WS_{2,3}$. Direkte Messungen der Austrittsarbeit an nicht-radioaktiven Proben ergaben einen um 0,2 ev höheren Wert, wenn der Katalysator aktiviert wurde, was auf eine um 0,2 eV tiefere Lage des Fermipotentials schließen läßt.

Radioaktive Wolframsulfid-Katalysatoren zeigen einen Kompensationseffekt sowohl für die Leitfähigkeit als auch für den katalytischen Prozess der Dehydratisierung. Anschließend wird über die Dehydratisierung von aliphatischen Alkoholen und Cyclohexanol an $MgSO_4$ als Katalysator mit radioaktivem Schwefel (^{35}S) berichtet. Auch hier hat die Strahlung einen erheblichen Einfluß auf den Ablauf der Reaktion. Eine Bestrahlung mit langsamen Neutronen vergrößerte die katalytische Wirksamkeit des Sulfats. Abschließend wird ein möglicher Mechanismus vorgeschlagen.

Abstract

The application of ionizing radiation in the heterogeneous catalysis is of importance for the elucidation of the reaction mechanism on the basis of the electron theory of catalysis. Excess charge carriers and defects generated by irradiation, change the electrical properties of semiconductors

and dielectrics and, consequently, change also their catalytic properties. However, no simultaneous investigation of the catalytical and electrical behavior of irradiated catalysts is available in the literature. The discovery of correlations between the catalytic and electrical properties of irradiated solids, used as catalysts in the dehydration of alcohols, is dealt with. Also catalysts have been employed in which radioactive isotopes were incorporated.
Investigations of the dehydration of aliphatic alcohols on WS_2 which do not contain mobile hydrogen atoms, have shown an opportunity of using them as catalysts. The dehydration occurs according to the carbonium-ion mechanism and belongs to the donor-type reaction. The dehydration of decyl alcohol on WS_2, made radioactive in a nuclear reactor, has been studied. Under these conditions, an increase in the catalytic activity of WS_2 was detected. Irradiated WS_2 samples, however, exhibited a decrease of the conductivity in comparison with non-radioactive samples. Such a contrary dependence between catalytic activity and conductivity of n-type catalysts for the donortype reaction of the alcohol dehydration is in agreement with the electron theory of WOLKENSTEIN.
The dehydration of aliphatic alcohols and cyclohexanol on $MgSO_4$ with ^{35}S has been also investigated. It was found that the catalytic activity depends on the content of ^{35}S. Such a change in catalytic activity depending on radiation intensity is connected with stationary charging of the sample and its ionization. This was discussed by BARU and WOLKENSTEIN. If the specific radioactivity is small then the charging of the sample is the determining factor. If it is large, the ionization begins to become more important.

The properties of radioactive catalysts are being studied in our country since 1957 [1] with the main results published in reviews [2–5]. These studies were followed by those of scientists in other countries, such as USA [6–8], France [9] and Belgium [10]. The use of radioactive isotopes that form part of the main substance or are uniformly distributed within the catalyst makes it possible to carry out the catalytic process under continuous action of ionizing radiation. Again, using various radioactive isotopes it becomes possible to change the kind and magnitude of the radiation energy. Introduction of radioactive additions into the catalyst markedly affects the rate and magnitude of the apparent activation energy of the process. Radioactive isotopes were helpful in elucidating the reaction mechanism of olefine isomerisation. For the first time, a catalytic process of olefine isomerisation over a radioactive magnesium sulphate catalyst which failed over a non-radioactive sample, was shown to take place [11]. Of great importance in the practical application of radioactive catalysts is a considerable decrease in optimum conditions for the catalytic process as well as the effect on the catalyst selectivity [12].
The change in adsorbing and catalytic properties of semiconductors and dielectrics has been demonstrated by using ionizing radiation in heterogeneous catalytic processes [13–16]. The theoretical interpretation of these phenomena is given in terms of the electronic theory of chemisorption and catalysis [17–19, 28]. In many investigations dealing with the effect of the ionizing radiation on the catalytic properties of semiconductors and dielectrics, changes in catalytic properties are accounted for by changing the electronic characteristics of the catalysts. As yet, however, no parallel study of the catalytic activity and electrical properties of irradiated catalysts has been carried out.
The aim of our study was to find a connexion between the catalytic and the electrical properties of a radioactive catalyst (a semiconductor). The samples chosen were two tungsten disulphides of somewhat different stoichiometric compositions – one with the formula $WS_{1,99}$ and the other $WS_{2,3}$. The former is a semiconductor of the n-type and the latter of the p-type.
The catalytic process was provided by dehydration of alcohols previously mentioned in experiments with ethyl alcohol [20, 21] and in our case with decyl alcohol [22].
The tungsten disulphide was made radioactive by irradiating it in a nuclear reactor with a slow electron flux: $1{,}2.10^3$ n/cm².sec and with γ-rays of 10^4 roentgen/sec. intensity. The amount of intermediate neutrons amounted to 3–4 %, that of fast neutrons to 1 %. The integral neutron flux was 10^{18} n/cm². The identification of the resulting radioactive

isotopes formed in tungsten disulphide was carried out on the 256 channel amplitude analyser. The γ- and β-spectra of the irradiated preparations revealed two tungsten isotopes:

$$^{187}W\ [E(\gamma)_{max} = 0{,}78\ \text{Mev};\ E(\beta)_{max} = 1{,}33\ \text{Mev};\ T_{1/2} = 24{,}1\ \text{hrs}]\ \text{and}$$
$$^{185}W\ [E(\beta)_{max} = 0{,}43\ \text{Mev};\ T_{1/2} = 73{,}2\ \text{days}]$$

The sulphur in WS_2 was also activated. The β-spectrum taken after the disintegration of ^{187}W was found to consist of the sum of the radiation of $^{185}W + {}^{35}S$, with the activity of

$$^{35}S\ [E(\beta)_{max} = 0{,}167\ \text{Mev};\ T_{1/2} = 87{,}1\ \text{days}]$$

comprising 6% of the activity of ^{185}W (Fig. 1).

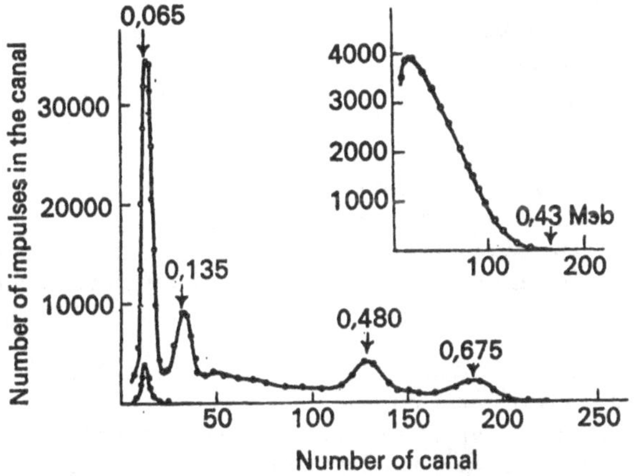

Fig. 1. γ and β-spectra of tungsten disulphide after irradiation in a nuclear reactor.
1 = γ-spectrum
2 = β-spectrum

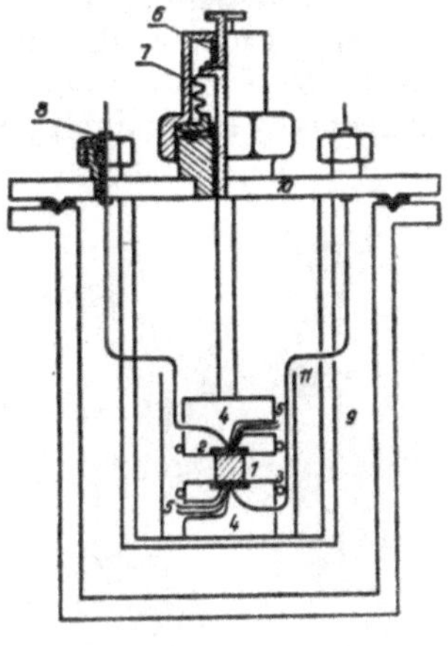

Fig. 2. The thermostat with a cell for measurement of electrical conductivity and thermoelectric voltage of tungsten disulphide.
1 = specimen
2 = platinum contacts
3 = nichrome spirals
4 = the cell
5 = thermo-couple
6 = the hold-down spring
7 = bellows
8 = vacuum-tight insolator from Teflon
9 = the cell holder
10 = the removable cover
11 = the quartz cylinder

To compare the electrophysical properties of the starting non-radioactive samples of tungsten disulphide with those of irradiated ones, we have studied their electrical conductivity and thermoelectric voltage in a special thermostated cell [23], represented schematically in Figure 2. The circuit diagram of the apparatus is shown in Figure 3. The limits of the measurements were from 10^{-3} to 10^{12} ohms at 25–550° C. The experiments were carried out in vacuo of about 10^{-5} torr. The tungsten disulphide samples involving a stoichiometric shortage of sulphur were produced from metal tungsten and elementary sulphur [22]. Those with excess sulphur were commercial catalyst pellets. The tungsten disulphide samples were all analysed by reduction under hydrogen sweep.

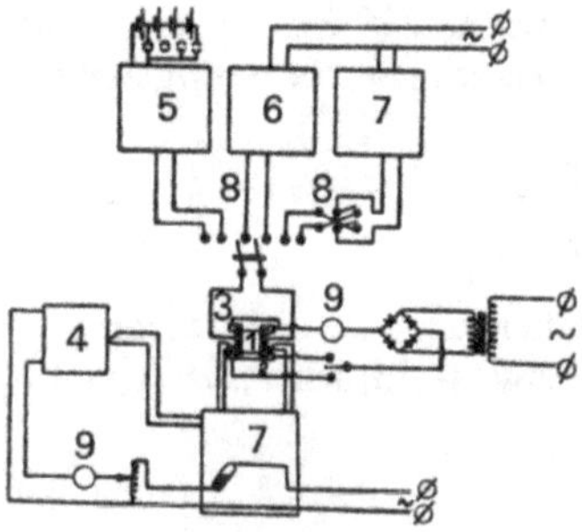

Fig. 3. The measuring and controlling block for the determination of the electrical conductivity and thermoelectric voltage.
1 = sample
2 = platinum contacts
3 = nichrome spirals
4 = thermostat
5 = measuring bridge (10^{-5}–10^{-6} Ω)
6 = megohmeter (10^{8}–10 Ω)
7 = electronic potentiometer of direct current
8 = switch
9 = ammeter

This led to a quantitative conversion of sulphur to hydrogen sulphide that was adsorbed by zinc sulphate; the resulting sulphide was determined iodometrically and the tungsten as metal. In order to measure the electrical characteristics the powder-like samples of $WS_{1,99}$ were pressed under constant pressure (300 kg/cm²) and formed pellets 0,94 cm in diameter and 0.25 cm thick. The $WS_{2,3}$ pellets were 1 cm in diameter and 1,05 cm thick. The pellets under investigation were assembled into a cell between two platinum contacts. The electrical conductivity was measured over a temperature range from 20 to 350° C. To remove the static charge from the radioactive samples, the two platinum contacts were connected to two identical resistors and their ends were grounded – the specific electrical conductivity changed with temperature according to the relation

$$\sigma = \sigma_0 \exp(-\Delta E/2\,kT)$$

To measure the thermoelectric voltage the potential difference between the two platinum contacts of the semiconductor was measured as well as the difference in temperature between the upper and the lower parts of the pellet. The temperature in the thermostat with the cell in it was kept constant at 100° C. The difference in temperature at the ends of the pellets was 50, 100, and 130° C with that at the hot end being $\geqslant$ 150° C.
The investigation of the catalytic process of dehydration of n-decyl alcohol over WS_2 was carried out in the vapour phase at atmospheric pressure in a flow-type system [24], schematically shown in Figure 4.

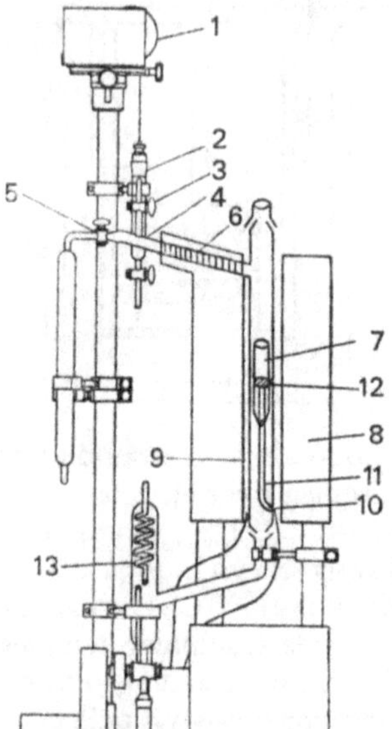

Fig. 4. Scheme of a flow type catalytic system.
1–4 = fluid batcher
5 = a stop-clock for the outlet of inert gas
6 = evaporator
7 = reactor
8 = furnace
9–19 = thermo-couple lead-ins
11 = thermocouple pocket
12 = catalytic tube
13 = refrigerator

The rate of flow was 0,68 l cm^3 $min.^{-1}$. The size of the catalyst grains was 1 to 2 mm. The experiments were carried out under similar conditions [25, 26] as evidenced by kinetic isotherms. The amount of the resulting decene was estimated in the catalyst by bromometric titration. Table 1 gives the data on the electric properties of radioactive tungsten sulphide catalysts in the temperature range between 20 and 350° C. The transition temperature of the electrical conductivity values, from the region with low activation energy E_1 at low temperatures to that with high activation energy E_2 at high temperatures, was 200° C for $WS_{1,99}$ and 160° C for $WS_{2,3}$.

Table 1

Characteristics of electrical properties of radioactive tungsten sulphide catalysts

Composition of the catalyst	Preparation No.	Specific radioactivity mCu/g		Storage of preparations after irradation (days)	Activation energy of electric conductivity, ev.			Thermo electromotive force 100° c/mv	10^{-3} ohm^{-1} cm^{-1}
		initial	on the day of the exp.		E_1		E_2		
$WS_{1,99}$	1	0	0	0		0,48		8,2	290 (330°)
	2	320	24	4	0,65		0,90		9,6 (330°)
	3	320	9,0	6	0,65		0,79	7,3	1,3 (330°)
	4	320	3,0	21	0,62		0,69	8,4	0,4 (330°)
	5	320	2,4	46	0,46		0,67		6,6 (330°)
	6	320	1,6	87	0,51		0,51		5,4 (330°)
$WS_{2,3}$	1	–	–	–	0,58		1,15	12,8	$5,5.10^{-2}$ (300°)
	2	1350	338	2	0,54		0,84		$8,5.10^{-2}$ (300°)
	3	1350	84,6	4				19,7	
	4	1350	21,2	6				15,9	
	5	1350	6,2	13	0,58		1,00		$1,5.10^{-1}$ (300°)

In Figures 5 and 6, there is shown the dependence of the logarithm of specific electrical conductivity in the 20–350° C temperature range upon the inverse of the absolute temperature. It will be seem from the figures that ionizing radiation gave rise to radiation defects of the acceptor type. The electrical conductivity of the semiconductor of the n-type decreased whereas that of the p-type (Figure 6) increased [27]. In the case of the latter type irradiation exerted a weaker effect than with $WS_{1,99}$.

Thus the plots for the samples of the p-type all revealed a curvature at ~ 160° C, showing that at higher temperatures a deeper admixture level was involved. Up to 160° C the activation energy of the electrical conductivity was practically similar both for non-irradiated and irradiated samples of $WS_{2,3}$. The electrical conductivity of the latter one, however, increased. At high temperatures, increasing radioactivity of the specimens resulted in lower activation energy. Thus, in the conductivity region characterized by E_1, irradiation resulted in more current carriers without affecting the activation energy of the electrical conductivity, whereas in that characterized by E_2, decreasing activation energy of the irradiated samples seems to be due to a considerable self-irradiation of the preparation because of the presence of ^{187}W and defects in the lattice. Rising temperature led to higher electrical conductivity in all specimens. The conductivity of an irradiated sample of $WS_{2,3}$ with disintegrated isotope ^{187}W, held for 72 days was practically the same as that of a non-irradiated preparation over the whole range of measured temperatures. Hence, the appearing defects and admixed atoms Re (10^{-10} atomic %) were less important than radioactive radiation as far as the measurement of the value of the resistance was concerned.

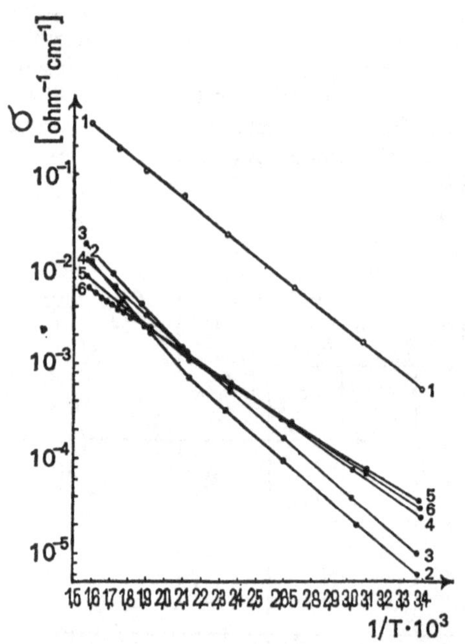

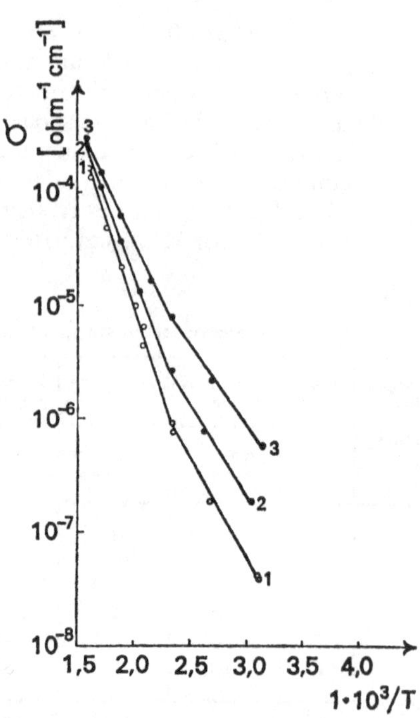

Fig. 5 (left). Dependence of the logarithm of specific electrical conductivity σ of the catalyst having the composition of $WS_{1,99}$ upon the inverse of the absolute temperature. Notation of curves – see Table 1

Fig. 6 (right). Dependence of the logarithm of specific electrical conductivity of the catalyst having the composition of $WS_{2,3}$ upon the inverse of the absolute temperature. Notation of curves – see Tabe 1

The behavior of n-type samples (Figure 5) on irradiation was different from that of $WS_{2,3}$. Thus, samples 2–5 which differed in the time of storage after irradiation in the reactor, had a deeper admixture level in the high temperature range (inflexion point at 200°) that disapperaed in 87 days of storage. The sample did not revert to the original state. Thus, supplying additional evidence for the absence of the influence of admixed atoms Re of the donor type, the activation energy of the electrical conductivity thereby becoming similar to that of the non-radioactive sample. The values of the thermoelectric voltage obtained showed that hole conductivity was retained for specimens of $WS_{2,3}$ and electron conductivity for samples of $WS_{1,99}$ over the whole temperature range. In the case of the radioactive samples, the thermoelectric voltage, calculated for 100° C (Table 1) changed thereby with changing electrical conductivity of irradiated specimens.
The catalytic properties of tungsten sulphide catalysts were investigated for the dehydration reaction of n-decyl alcohol. The reaction proceeded at a significant rate both on the nonradioactive and radioactive catalyst. Figure 7 shows the dependence of the amount of conversion of decyl alcohol upon temperature exemplified by various preparations of tungsten sulphide specimens. It can be seem from the figure that the catalytic activity displayed by p-type samples is higher than that exhibited by n-type samples. The dehydration reaction of alcohol on tungsten sulphide catalyst may thus be considered as belonging to reactions of the donor type. According to the electronic theory of catalysis [28], a donor reaction is that which is being accelerated by lowering of the Fermi-potential. This means, the reaction is faster the greater the concentration of holes and

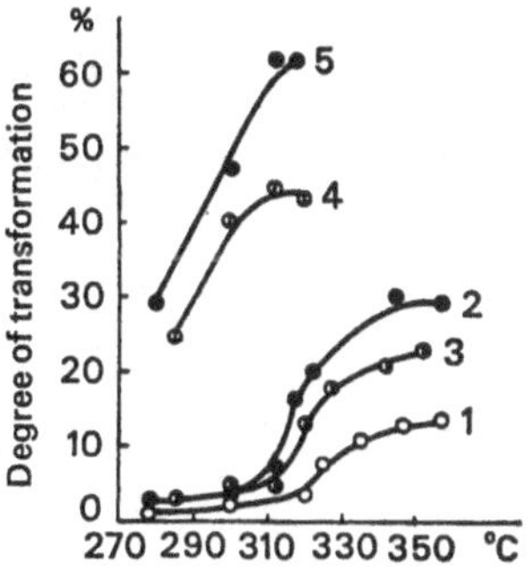

Fig. 7. Dependence of the amount of conversion of decyl alcohol upon temperature. Notation of curves – see Table 2

the lower the concentration of electrons. Thus, for the non-radioactive sample of the n-type, the catalytic activity was considerably higher than that for $WS_{2,3}$.
Direct measurements of the work function in nonradioactive specimens showed it to be 0,2 ev higher in a catalytically more active preparation than in a less active one. This demonstrated that the Fermipotential in p-type samples is lower by 0,2 ev.*)
The catalytic properties of radioactive and non-radioactive tungsten disulphide samples of n-type and p-type are listed in Table 2 and Figures 8 and 9.
The data obtained can be understood in terms of the electronic theory of catalysis due to Th. Wolkenstein [28, 31, 32] according to which, molecules of alcohol are chemisorbed and dissociated on the surface of the semiconductor catalyst to form a carbonium

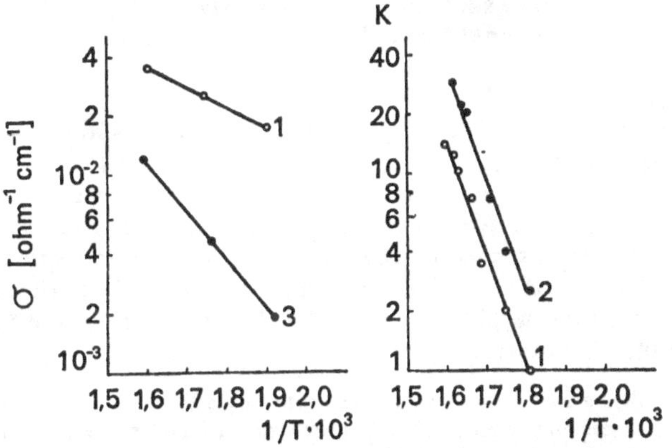

Fig. 8. Dependence of the logarithm of electrical conductivity (left) and the logarithm of the rate constant (right) upon the inverse of the absolute temperature for the n-type sample of $WS_{1,99}$. Notation of curves – see Tables 1 and 2

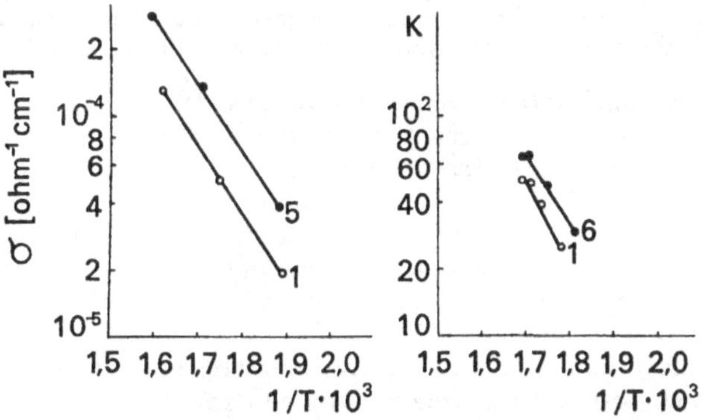

Fig. 9. Dependence of the logarithm of electrical conductivity (left) and the logarithm of the rate constant (right) upon the inverse of the absolute temperature for the p-type sample of $WS_{2,3}$

*) We are indebted to E. I. Figurovskaya of the Physic Departement of the Moscow State University for carrying out these measurements.

Table 2
Characteristics of the catalytic properties of radioactive tungsten sulphide catalysts

Composition of the catalyst	Preparation	Specific radio activity mCu/g		Storage of preparations after irradiation (days)	Activation energy of the catalytic reaction (kcal/mole)
		initial	on the day of the experiment		
$WS_{1,99}$	1	0	0	0	23,6
	2	320	43,5	3	25,0
	4	320	3,0	21	26,0
$WS_{2,3}$	1	0	0	0	17,7
	6	320	9,0	7	14,8

ion ($C_{10}H_{21}^+$) ads. The rate determining step of the process is thereby represented by the donor step, namely the chemical reaction on the surface of the catalyst. DOWDEN [33] suggests that the activity of semiconductor catalysts depends upon the presence of cation centres on the surface. HAUFFE [34] is of the opinion that the rate determining step of the process is represented by the acceptor step, it being either the adsorption of alcohol with the capture of the electron or the desorption of propylene [35]. TOPCHIEVA, et al. [36] have shown that on the catalyst Y_2O_3 (that is an n-type semiconductor) dehydration proceeds at a higher rate when a specimen with lower electrical conductivity is used.

Thus, it is possible to state that the dehydration of alcohol on semiconductors proceeds with the rate determining step represented either by the donor or acceptor step, depending on the structure of the catalyst and the experimental conditions.

Our investigation of WS_2 deals with the donor-type reaction and, therefore, we observed an antibatic relation between the change in electrical conductivity and catalytic activity with n-type semiconductor $WS_{1,99}$ (Figure 8) and symbatic relation with p-type semiconductor $WS_{2,3}$ (Figure 9), which is in complete accord with the electronic theory of WOLKENSTEIN [28]. Electrical conductivity can be affected by irradiation owing to the following causes:

1. direct ionisation giving rise to non-equilibrium carriers;
2. increasing "randomness" in the lattice (due to the appearance of radiation defects) leading to the shift of electron equilibrium;
3. appearance of a chemically foreign admixture (from nuclear reations in the solid);
4. the charging of the whole sample (as a result of self-radiation).

The appearance in the preparation of a static positive charge from self-β-radiation leads to the shift of the Fermipotential together with the retention of electron equilibrium and hence, to the decrease in electron conductivity and increase in hole conductivity. This points to the fact that the first cause is not the essential one, for ionization can lead to increased conductivity. The second cause (radiation defects) also exists. The third cause (nuclear reaction) appears to be absent because after some time the electrical conductivity of the p-type semiconductor, approaches its initial value whereas that of the n-type semiconductor does not reach it.

It is of interest that radioactive tungsten sulphide catalysts reveal a compensation effect both for electrical conductivity and for the catalytic process of the dehydration of alcohol. Figure 10 shows the relation between the logarithm of the preexponential factor and the activation energy for $WS_{1,99}$.

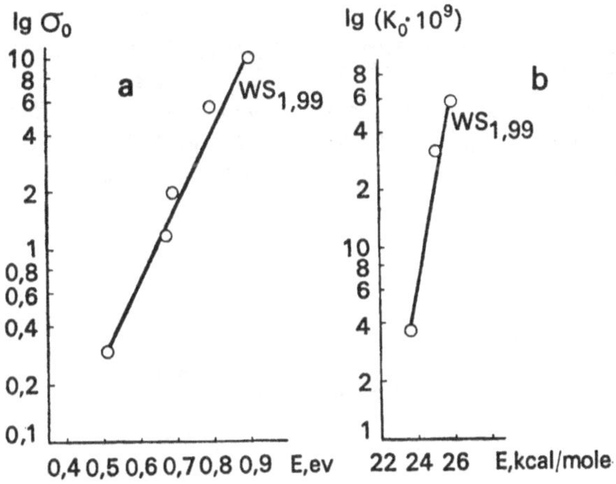

Fig. 10. Relation between activation energies and the logarithm of the preexponential factor for a) electrical conductivity; b) dehydration of n-decyl alcohol. (Preparation of $WS_{1,99}$)

We have undertaken a detailed study of the effect of β-radiation on the catalytic dehydration of aliphatic alcohols and cyclohexanol over magnesium sulphate [37] radioactive on sulphur-35 of the composition $MgSO_4 \cdot 0{,}06H_2O$ and specific radioactivity from 15 to 160 mCu/g. Magnesium sulphate is a dielectric and its electrical conductivity being less than 10^{-13} ohm^{-1} cm^{-1}. The catalytic experiment was carried out in a flow system under stationary conditions, the rate of flow being 0,12 for n-amyl alcohol, 0,14 for n-hexyl, n-decyl, and n-dodecyl alcohols, and 1.0m^{-1} for cyclohexanol. Figure 11 demon-

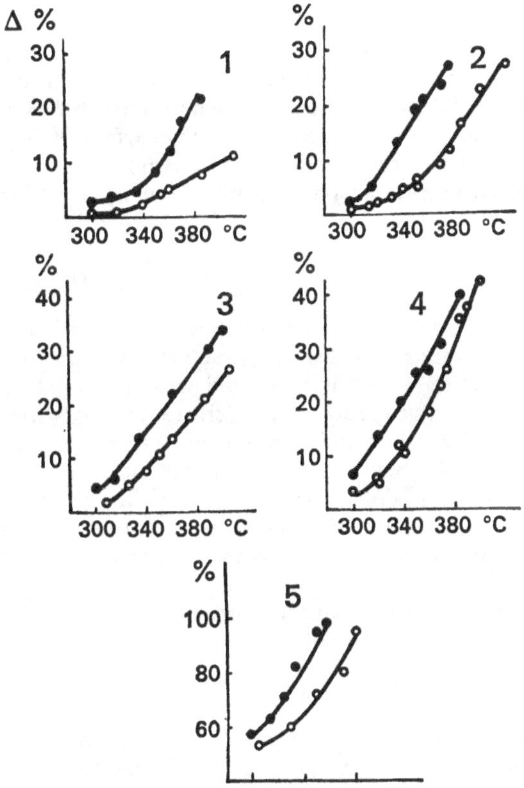

Fig. 11. Dependence of the amount of conversion Δ upon the temperature with radioactive and non-radioactive $MgSO_4$:
1 = n-amyl alcohol
2 = n-hexyl alcohol
3 = n-decyl alcohol
5 = cyclohexanol
○ = non radioactive $MgSO_4$
● = radioactive $MgSO_4$, activity – 103–105 mCu/g

strates the dependence of the yield of olefine, the product of the dehydration of alcohol upon the temperature on tungsten sulphate catalyst containing the radioactive isotope ^{35}S [E (β) $_{max.}$ = 0,167 Mev.]. The activity of the catalyst in question was ~ 100 mCu/g. The increase in conversion at 350° C was 200 % for n-amyl alcohol, 121 % for n-hexyl alcohol, 43 % for n-decyl alcohol, and 26 % for n-dodecyl alcohol. Complete conversion of cyclohexanol took place when the temperature was lowered by 40° C.

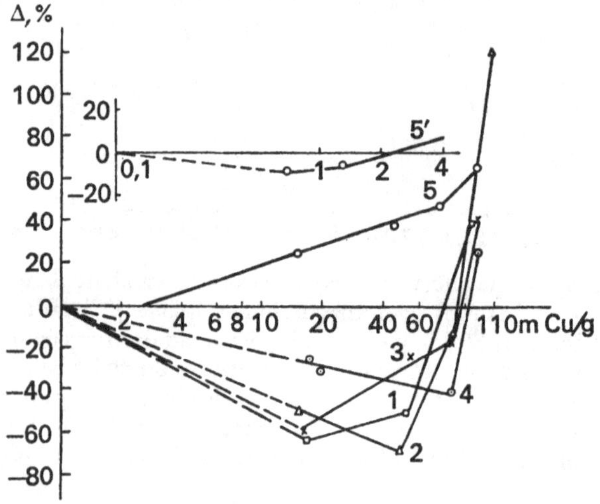

Fig. 12: Dependence of the change of the amount of conversion Δ upon the specific radioactivity of $MgSO_4$.
1 = n-amyl alcohol
2 = n-hexyl alcohol
3 = n-decyl alcohol
4 = n-dodecyl alcohol
5 = cyclohexanol

Figure 12 shows the dependence of the change in the amount of the conversion of alcohol at 375° upon the logarithm of the specific radioactivity of the catalyst. The minimum on these curves may be accounted for by the change of the rate determining step of the process proceeding on the surface of the radioactive catalyst. As with tungsten disulphide, the reaction mechanism is accounted for by the carbonium ion mechanism according to which carbonium ion is formed through the conjugated acid-oxonium-ion:

$$C_nH_{2n+1}OH \xrightarrow{+H^+} C_nH_{2n+1}\overset{+}{O}H_2 \xrightarrow{-H_2O} \overset{+}{C_nH_{2n+1}} \xrightarrow{-H^+} C_nH_{2n}$$

It has been found from various experiments that an important role is to be ascribed to the composition of the catalyst, namely to the extent of its hydration. In our experiments, however, we were concerned with a catalyst of uniform composition and possessing acidic surface properties which are seemingly the same. It is therefore possible to suggest that the non-equilibrium current carriers appearing in radioactive preparations due to irradiation may seriously affect the rate of the chemical process.

Baru and Wolkenstein [38] have studied the change in the catalytic activity of the radioactive semiconductor on monotonously increasing its specific radioactivity. The authors concluded that with β-radioactive crystal (surface charge $\sigma \geqslant 0$) on any semiconductor of the n-type system, the adsorbed particle is connected with the conduction band (the case of an acceptor reaction). The change in the reaction velocity

$$\frac{\Delta G}{\Delta G_0} = -a\sqrt{R} + bR$$

with $a\sqrt{R}$ being due to charging and bR to catalyst ionisation (Figure 13).

Such a treatment of experimental data can be applied to those cases in which the rate determining step in the dehydration is represented by the alcohol adsorption to form a

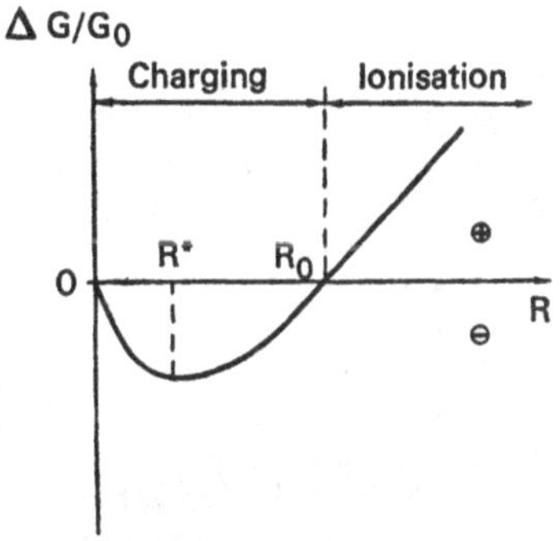

Fig. 13. Dependence of the change in reaction rate upon the specific radioactivity of the catalyst in terms of the WOLKENSTEIN-BARU theory

stable link between the alcohol oxygen atom and the localised hole on the hydrated crystal surface of magnesium sulphate. This is in general the case with dielectric catalysts. KRYLOV [39] has shown that such an interaction does not always lead to dehydration. A number of other instances (Figure 14) have also revealed the presence of a minimum at a certain concentration of the radioactive isotope. It is to be noted that irradiation of magnesium sulphate catalysts with slow neutrons leads to increasing catalytic activity in the dehydration of alcohol, thus pointing to the appearance of defects of acceptor nature while its composition remains unaffected.

The results of the present study have led to the conclusion that the experimental evidence on the effect of ionizing radiation on the catalysts WS_2 and $MgSO_4$ is in accord with the electronic theory of catalysts.

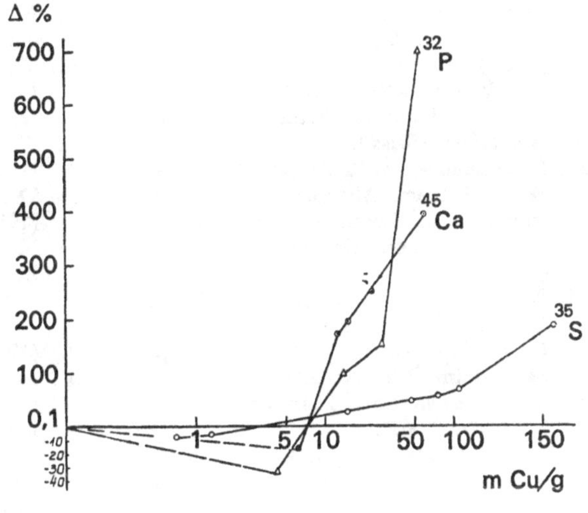

Fig. 14. Change of the amount of conversion of cyclohexanol and isopropyl alcohol on radioactive catalysts.
○ = $MgSO_4$
Δ = $Ca_3(PO_4)_2 \cdot H_2O$
⊙ = $Ca_3(PO_4)_2 \cdot H_2O$

Literature

1. A. A. BALANDIN et al.: Dokl. Akad. Nauk SSSR, **121**, 495 (1958); **137**, 628 (1961); **86**, 299 (1964) (Russ.).
2. V. G. BARU: Uspekhy khimii, **32**, 1340 (1963) (Russ.).
3. V. SPITSYNE: Z. phys. Chem., **226**, 360 (1964).
4. D. WAGHEROWA: Chem. listy, **58**, 133 (1964).
5. P. L. GRUZIN: Report No 298 presented by USSR at the 3rd International Conference on Peaceful Application of Atomic Energy, Geneve 1964.
6. Nucl. Sci. Abstr., **24A**, 3296 (1960).
7. N. KROHN & H. SMITH: J. Phys. Chem., **65**, 1919 (1961).
8. N. KROHN & H. SMITH: J. Phys. Chem., **67**, 1497 (1963).
9. P. FRAYNARD & L. ORSINI: Compt. rend. **252**, 873 (1961).
10. R. COEKELBERGS, A. CRUCQ, A. FRENNET & J. DECOT: J. Chem. Phys., **60**, 89 (1963).
11. I. E. MIKHAILENKO & O. M. PETROVA: Isotopenpraxis, **3**, 361, (1967).
12. V. I. SPITSYN, N. I. SHUIKIN, I. E. MIKHAILENKO & O. M. PETROVA: Dokl. Akad. Nauk SSSR, **171**, 907 (1966) (Russ.).
13. V. I. VLADIMIROVA & G. M. ZHABROVA et. al.: Dokl. Akad. Nauk SSSR, **148**, 101, (1963) (Russ.).
14. R. COEKELBERGS, R. KOLEN, A. CRUCQ & G. DECAT: Abstracts of the XX International Conference of Applied and Theoretical Chemistry, Moscow (1965).
15. W. FULKERSOU, C. L. HEARN & T. W. LELAND: J. Catalysis, **4**, b. 2 194 (1965).
16. G. M. SCHWAB: Ann. Real. Soc., esp. fis. y. quim, B 61, No 2, 303 (1965).
17. TH. WOLKENSTEIN: Disc. Farad. Soc., N 31, 209 (1961).
18. TH. WOLKENSTEIN & I. V. KARPENKO: J. Appl. Physics, supl. vol. **33**, 460 (1962).
19. TH. WOLKENSTEIN & I. V. KARPENKO: Fizika tverdogo tela, **9**, 403 (1967) (Russ.).
20. A. A. TOLSTOPYATOVA & A. A. BALANDIN, et al.: Izvestia Akad. Nauk SSSR, Otd. hkim. nauk, No. **4**, 583 (1961) (Russ.).
21. S. LANDA, O. WEISSER & J. MOSTECKY: Chem. listy, **57**/82, 60 (1958).
22. V. I. SPITSYN, V. I. PIKAEVA & I. E. MIKHAILENKO: Dokl. Akad. Nauk SSSR, **159**, 1102 (1964).
23. V. I. SPITSYN, V. B. VEROFEEV, K. S. KOZHENOV & I. E. MIKHAILENKO: Kinetika i Kataliz (in the press) (Russ.).
24. A. A. BALANDIN & V. I. SPITSYN, et al.: Kinetika i kataliz, **2**, 626 (1961) (Russ.).
25. A. A. BALANDIN: Vestnik M.G.U., No **4**, 137 (1957) (Russ.).
26. G. M. PANCHENKOV & V. P. LEBEDEV. "Chemical Kinetics and Catalysis", Edit. M.G.U. (1961) (Russ.).
27. V. I. SPITSYN, V. I. PIKAYEVA & I. E. MIKHAILENKO: Dokl. Akad. Nauk SSSR, 177, 390 (1967).
28. TH. WOLKENSTEIN: "Elektronentheorie der Katalyse an Halleitern". DVM, Berlin, 1964.
29. F. C. WHITMORE: J. Am. Chem. Soc., **54**, 3274 (1932).
30. R. S. EISCHENS & W. A. PLISKIN: Advances in Catalysis, **10**, 2 (1958).
31. TH. WOLKENSTEIN: Actes du deuxième Congrès internat. de Catalyse, 1585 (1961), Paris.
32. TH. WOLKENSTEIN: Industrie chimique Belge, **31**, 655, 755 (1966).
33. D. A. DOWDEN: J. Chem. Soc., **242**, 105 (1950).
34. K. HAUFFE: Advances in Catalysis, **7**, 213 (1955).
35. I. S. SAZONOVA, T. P. KHOKHLOVA & N. P. KEIER: Kinetika i kataliz, **3**, 751 (1962) (Russ.).
36. M. K. KRASILNIKOVA, I. F. MOSKOVSKAYA & V. K. TOPCHIEVA: Problemy kinetiki i kataliza, 12, 69 (1968) (Russ.).
37. V. I. SPITSYN & I. E. MIKHAILENKO: Atomnaya Energia, **21**, 277 (1966) (Russ.).
38. V. G. BARU & TH. WOLKENSTEIN: Z. phys. Chem. **218**, 193 (1965).
39. O. V. KRYLOV: Zhur. Fiz. khim., **39**, No 11, 2656 (1965) (Russ.).

18. Electronic Mechanisms of Catalytic and Chemisorption Processes Induced by Ionizing Radiation

G. M. ZHABROVA, V. I. VLADIMIROVA, A. A. GESALOV AND B. M. KADENATSI

Institute of Chemical Physics, Academy of Sciences of the USSR, Moscow

With 11 Figures and 3 Tables

Zusammenfassung

In der vorliegenden Arbeit wurde der Mechanismus der Chemisorption einiger Gase und der Katalyse der Cyclohexan-Umwandlung und des Methanolzerfalls unter der Einwirkung ionisierender Strahlen (γ-Strahlen) untersucht. Neben Metallen, wie Pt und Pd, wurden Halbleiter mit verschieden großen verbotenen Bandbreiten (Abstand zwischen Valenz- und Leitungsbandkante), wie z. B. SiO_2, Al_2O_3, CaO, MgO, ZnO, NiO, ZrO_2, Al-Silikat und Graphit, verwandt. Zunächst wurde die Chemisorption von Sauerstoff und Wasserstoff an ZnO und Al_2O_3 unter gleichzeitiger Beobachtung des zeitlichen Verlaufs der Gasaufnahme und der elektrischen Leitfähigkeit studiert. Der Abfall der elektrischen Leitfähigkeit von ZnO bei O_2-Einlaß war bei γ-Einstrahlung deutlich kleiner als bei Abwesenheit einer Strahlung. Während bei strahlungsloser Einwirkung von Wasserstoff auf ZnO nur eine schwache Zunahme der elektrischen Leitfähigkeit eintritt, ist bei γ-Strahlung ein beachtlicher Leitfähigkeitsanstieg zu beobachten. Da aber ohne Strahlung eine merkliche Aufnahme von Wasserstoff auftritt, kann geschlossen werden, daß bei Zimmertemperatur der überwiegende Teil des adsorbierten Wasserstoffs physisorbiert – also in neutraler Form – vorliegen muß. Ein möglicher Mechanismus wird vorgeschlagen. Im Gegensatz hierzu erfolgt die Adsorption des Sauerstoffs in beiden Fällen als Ionosorption, wobei O_2^- bevorzugt vorzuliegen scheint, wie ESR-Messungen ergaben.

Weder Sauerstoff noch Wasserstoff werden ohne γ-Einstrahlung von Al_2O_3 adsorbiert. Die bei Einstrahlung beobachtete Chemisorption zeigte keine Sättigung. Auch hier liegt der chemisorbierte Sauerstoff überwiegend als O_2^- vor. Das Ausmaß der Chemisorption von Wasserstoff war deutlich geringer als das der Chemisorption von Sauerstoff. Infolge einer merklichen Zahl von Defektelektronen-Fangstellen im Al_2O_3 werden die bei der Strahlung im Al_2O_3 entstehenden Defektelektronen in Konkurrenz von den chemisorbierenden Wasserstoff-Teilchen und diesen Fangstellen (= Traps) eingefangen.

Anschließend wurde der Zerfall von adsorbiertem Methanol an γ-bestrahlten Halbleiteroberflächen studiert. Als Hauptprodukte wurden Wasserstoff, Formaldehyd und Äthylenglycol festgestellt. Maximale Ausbeuten wurden an Halbleitern mit großen Bandkanten-Abständen (SiO_2-Gel, Al_2O_3, SiO_2–Al_2O_3, KF) beobachtet.

Während typische Halbleiter, wie z. B. ZnO, nur mäßige katalytische Eigenschaften zeigten, waren Metalle und Graphit katalytisch inaktiv. Mittels der ESR-Meßtechnik konnten Radikale, wie CH_2OH, CHO und CH_3, nachgewiesen werden. Das Auftreten der CH_2OH-Radikale scheint für die Bildung von Äthylenglycol verantwortlich zu sein. Die experimentellen Ergebnisse deuten darauf hin, daß praktisch alle durch γ-Strahlen erzeugten Ladungsträger durch katalysierten Reaktionsablauf verbraucht werden.

Ähnliche Ergebnisse wurden für die Umwandlung von Cyclohexan erhalten, worüber bereits früher von uns ausführlich berichtet wurde.

Abstract

A contribution of electrons in heterogeneous catalytic and chemisorption processes may be established by means of ionizing radiation. Catalysts with a different width of the forbidden zone were investigated at low temperatures under irradiation. The employed catalysts were insulators (SiO_2, Al_2O_3, silica-alumina, diamonds, MgO, CaO and KF), semiconductors (ZrO_2, ZnO, NiO and CdO) and metals (Pt, Pd, Ni) and, furthermore, graphite. On these solids, the decomposition of cyclohexane and methanol in the adsorbed layer and the chemisorption of hydrogen and oxygen were investigated.

Catalytic conversions of molecules adsorbed on insulators and certain semiconductors were induced solely by the radiation energy adsorbed by the bulk of the solid and transferred to its surface. The contribution from post-effect phenomena was negligible compared to the small fraction of processes induced directly by radiation. An increased chemisorption of hydrogen and oxygen by irradiation was observed for ZnO. Only radiation-induced chemisorption of the two gases was observed for Al_2O_3. A correlation was found between the electronic properties of the oxides and their chemisorption ability for hydrogen and oxygen under irradiation. Chemisorption of hydrogen significantly increases and that of oxygen decreases the conductivity of the semiconductor. The effects observed at room temperature were irreversible. Radiation induced chemisorption of oxygen on Al_2O_3 was accompanied by a formation of O_2^- radicals.
In particular, the forbidden zone width is of decisive influence on the activity of the solids under irradiation. The insulators with a large forbidden band gap are the most active radiation-catalysts for the reactions mentioned above. Semiconductors with a narrow forbidden band gap, such as NiO and CdO, furthermore, dispersed metals (Pt, Pd, Ni) and graphite that exhibits metallic conductivity, do not show catalytic activity under irradiation. The catalytic activity under irradiation increases with the increasing width of the forbidden zone of the solid.
It was found by ESR studies that the defects caused by radiation, i.e. paramagnetic centers and radicals (CH_2OH, CH_3CHO, C_6H_7), could be detected on active radiation catalysts. It could be demonstrated that the CH_2OH radical formed in the catalytic decomposition of methanol under irradiation is an active intermediate in this process. The change in selectivity of radiation-catalytic processes was found to be a function of surface coverage. A scheme implying formation of adsorbate-hole complexes on the surface and their recombination with excess electrons available in the conduction band, was proposed. Recombination was accompanied by formation of radicals. The importance of free charge carriers generated during irradiation for the chemisorption of oxygen and hydrogen is discussed.

1. Introduction

A combination of ionizing radiation and heterogeneous catalysis is a new field of action of electronic factors that permits establishing the part played by free and localized charge carriers in the elementary steps of catalytic and chemisorption processes.
Creation of excess charge carriers in semiconductors and insulators may result in the appearance of various adsorbed, charged and radical forms that are of great importance in chemisorption and catalysis.
Moreover, the application of ionizing radiation opens up quite new possibilities as an approach to establishing the capacity of adsorbed molecules to trap electrons and holes and compete with other traps such as structural defects or impurities at the solid surfaces.
The mechanisms of chemisorption and catalysis under the action of ionizing radiation are closely connected with the transfer of energy taken up by the solid to molecules adsorbed at its surface.
These problems have been investigated in the account which follows. In the research, use was made of solids which display different widths of the forbidden band; of insulators such as SiO_2, Al_2O_3 silica-alumina, diamonds, CaO, MgO, KF, of semiconductors: ZrO_2, ZnO, NiO, CdO, and of metals, Pt, Pd, Ni, as well as of graphite with its characteristic metal conductivity.
Cyclohexane and methanol decomposition in the adsorption layer between 20 and —196° C, and chemisorption of hydrogen and oxygen at 20° C were investigated. The experiments were conducted under γ-irradiation [1].

2. Chemisorption of Oxygen and Hydrogen on Zinc and Aluminium Oxides

Conductivity measurements were carried out as well as the chemisorption rate, by SOLONITSYN's method [2], using constant current and identical powder samples. The rate of chemisorption was measured over a wide range of times and, consequently, of absorbed energy doses. The pressure was kept approximately constant by manual inlet of gas.

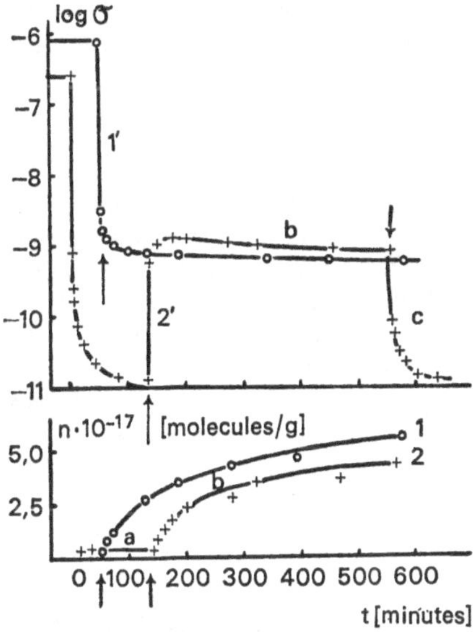

Fig. 1. The thermal chemisorption of oxygen and the conductivity as a function of time during irradiation, σ (in ohm^{-1}).
Curve 1 is the kinetic curve and curve 2 that for variations in ZnO conductivity in the course of irradiation.
Curve 2 is the kinetic curve and curve 2′ of section "a" that for variations in ZnO conductivity in the absence of irradiation.
Curves 2 and 2′ of section "b" – same during irradiation.
Curve 2′ section "c" change in electroconductivity after irradiation in oxygen is stopped.
Onset and stopping of irradiation are shown by arrows. P = 0.95 torr, I = 5.25×10^{17} eV/g. min

Figure 1 shows the kinetic curves of chemisorption of oxygen (curve 1) and of variations in ZnO conductivity caused by chemisorption during irradiation (curve 2). The chemisorption of oxygen during irradiation induces at first a marked drop in the conductivity of ZnO. In 50 minutes the conductivity drop becomes less marked. In the absence of irradiation, the conductivity drop is stronger than during irradiation, though no large amount of oxygen is chemisorbed on ZnO in the former case. The onset of irradiation results in a marked increase in conductivity. It attains a value corresponding to that for chemisorption during irradiation (curve 2′, region "b"). The rate of oxygen chemisorption increases simultaneously (curve 2, region "b"). A characteristic decrease in ZnO conductivity with discontinued irradiation was observed for an oxygen medium (curve 2; region "c"). When a ZnO sample was irradiated in vacuum, its conductivity considerably increased (Figure 2, curve 2′).

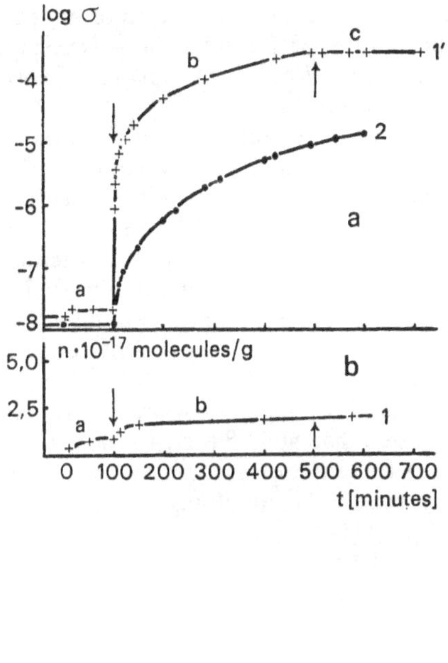

Fig. 2. a) Variation in ZnO conductivity on irradiation in vacuum with time. The dependence of chemisorption of H_2 on time during irradiation and in its absence at 20° C.
Curve 1 and 1′ in section "a" are the chemisorption of H_2 and the conductivity, respectively and their change in the absence of irradiation.
Curves 1 and 1′ in section "b" same during irradiation, section "c" change in σ after stopping of irradiation in H_2.
Curve 2 variations in σ in vacuum during irradiation. Onset and stopping of irradiation are shown by arrows

Thermal chemisorption of hydrogen is accompanied by a slight increase in conductivity at the initial stage. Later, it remained constant, though the chemisorption of hydrogen continued (curve 1', region "a").

Discontinuity of irradiation in a hydrogen medium induced no change in conductivity.

Let us attempt to explain the results obtained. Though hydrogen chemisorption on ZnO is rather strong in the absence of irradiation, the ZnO conductivity does not change considerably and rapidly attains a constant value (Figure 2). This is evidence that hydrogen is absorbed mostly in the form of uncharged hydrogen molecules.

When hydrogen is chemisorbed on ZnO under irradiation, there is a considerable increase in conductivity compared to that observed for irradiation in vacuum (Figure 2).

Competing reactions such as formation of excess charge carriers, of electrons and holes, recombination of excess carriers and their capture by traps occur in the bulk of the ZnO under γ-irradiation in vacuum. At room temperature, and at the same dose rate and identical experimental conditions, the rate of formation of excess charge carriers is higher than those of their recombination and capture, and this caused an appreciable increase in conductivity. After a certain time interval the rates of these processes became equal and the conductivity attained a constant value. It may be suggested that by capturing the hole, the chemisorbed hydrogen molecule obtains a positive charge and recombines with an electron coming from the conductivity band according to the following scheme:

1) $ZnO \rightsquigarrow ZnO + |e|^{\bullet}, e'$

2) $H_2\,(gas) \rightarrow H_2\,(ads)$

3) $H_2\,(ads) + |e|^{\bullet} \rightarrow H_2^{+}\,(ads)$

4) $H_2^{+}\,(ads) + e' \rightarrow 2\,H\,(ads)$

5) $H\,(ads) \rightarrow H^{+}\,(ads) + e'$

and this results in a higher conductivity.

The above data on changes in conductivity and in the rate of chemisorption (Figure 1) seem to show that oxygen is chemisorbed in a charged form both in thermal and in radiation chemisorption.

Our experiments have shown that the formation of O_2^- exhibiting characteristic anisotropic signals with g = 2.008, 2.049, 2.002 is observed for the chemisorption of oxygen on ZnO both on and without irradiation which is consistent with the data in [5] and [6].

However, this does not seem to be the sole charged form of chemisorbed oxygen, since the amount of O_2^- ion radicals is considerably less than that of chemisorbed oxygen on irradiation. Apparently oxygen is also adsorbed on the zinc oxide surface as O^- and O^{--} species.

The increase in ZnO conductivity under irradiation is probably caused by an increase in the concentration of free charge carriers. The rate of their formation is evidently higher than that of their capture by radiation-chemisorbed oxygen. Consequently, their concentration increases with the time of irradiation.

The conductivity variations in vacuum (Figure 2, curve 2') seem to suggest that the lifetime of excess charge carriers are long and, consequently, that they may also contribute to the increase in ZnO conductivity in oxygen.

The data on variations in ZnO conductivity and the amount of oxygen chemisorbed under γ-irradiation are additional evidence for increase in excess charge carriers in the course of irradiation (Figure 3). At 0.14 torr (curve 2') the change in ZnO conductivity was less than at 0.98 torr. In the first case, the conductivity started increasing 5 minutes after the onset of irradiation, whereas at 0.98 torr it kept decreasing, though at a lower rate than at the initial stage. At 0.14 torr, chemisorption is always less than at 0.98 torr.

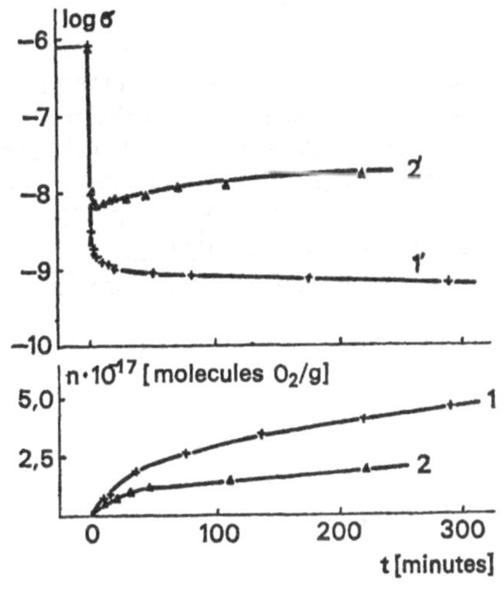

Fig. 3. The dependence of conductivity (σ) of ZnO on time in the course of radiation chemisorption of O_2 at different oxygen pressures.
Curves 1 and 1′ are the kinetic curves for the chemisorption of O_2 and change of σ at $P_{O_2} = 0.98$ torr during irradiation.
Curves 2 and 2′ same for $P_{O_2} = 0.14$ torr, $I = 5.25 \times 10^{17}$ eV/g. min; T = 20° C

Neither the chemisorption of hydrogen nor of oxygen was observed for aluminium oxide at room temperature in the absence of irradiation.
Figure 4 shows the curves for the chemisorption of oxygen and hydrogen on Al_2O_3 samples with different specific surface in the course of γ-irradiation over a prolonged period of time. No limit for chemisorption both of oxygen and of hydrogen was observed for all samples investigated.

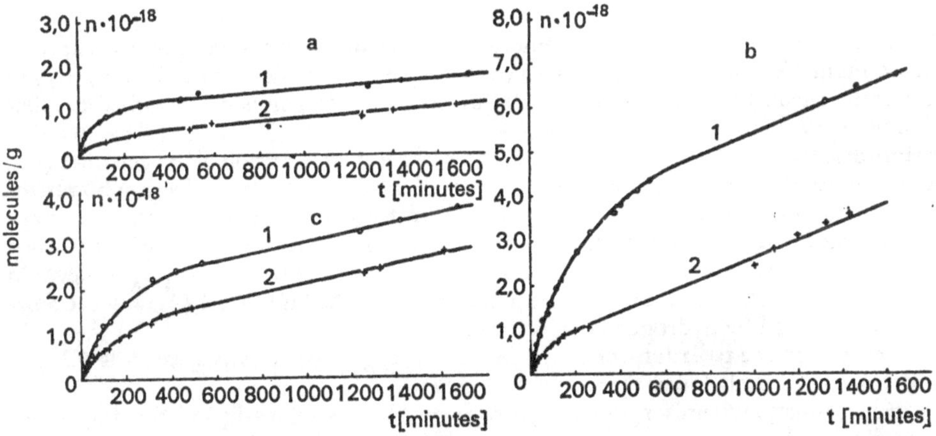

Fig. 4. Chemisorption of O_2 and H_2 at 20° C on Al_2O_3 with different specific surfaces during irradiation.
a) S = 13 m²/g; b) S = 150 m²/g; c) S = 300 m²/g. min.
Curve 1 = radiation chemisorption of O_2
Curve 2 = radiation chemisorption of H_2

One characteristic feature of the kinetics of radiation chemisorption will be noted. Under identical experimental conditions, the chemisorption rate of oxygen for 1 g oxide is higher than that for hydrogen. This is observed for all aluminium oxide samples.
The average yield of chemisorbed oxygen calculated from initial sections of the kinetic curves for four aluminium oxide samples is approximately 3.5 molecules of O_2 per 100 eV.

Approximate evaluation of excess charge carrier pairs in aluminium oxide gave a value of 4 to 4.5.

Comparison of these values seems to show that at the initial stage of the process, practically all electrons formed in the bulk of the aluminium oxide are captured by oxygen molecules. Evidently, every chemisorbed molecule captures one electron, since oxygen is chemisorbed as O_2^- ion radicals. This conclusion made from the kinetic data was confirmed by ESR study [7]. Al_2O_3 irradiated in oxygen exhibits an anisotropic signal (Fig. 4b) with $g_{\parallel} = 2.034$ and $g_{\perp} = 2.008$. Its intensity as a function of the dose is represented by curve 2 in Figure 5a.

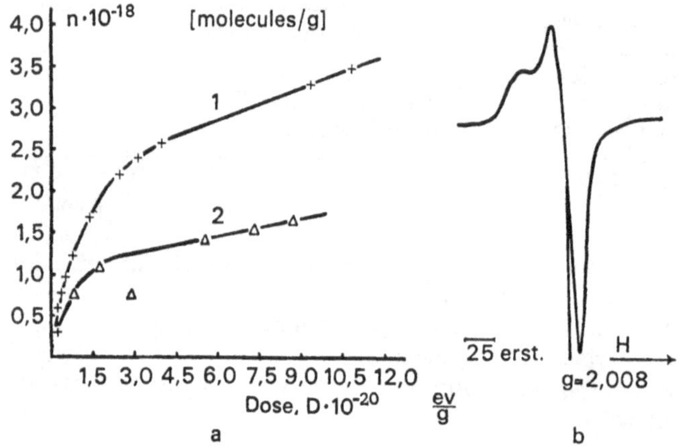

Fig. 5.a) Kinetic curves for chemisorption of oxygen (1) and the formation of ion radicals O_2^- (2) on Al_2O_3 under the action of γ-irradiation. T = 25° C, doserate 0.5×10^{17} eV/g. min.
b) ESR spectrum of O_2 adsorbed on γ-Al_2O_3

Comparison of the amount of O_2^- radicals with that of chemisorbed oxygen (curves 1 and 2, Figure 5a) shows that at the start of the process at low doses of radiation, oxygen is actually chemisorbed mainly as O_2^-. At higher doses, oxygen is chemisorbed as other charged forms, probably as O^-, O^{--}.

Before discussing the possible mechanism of radiation chemisorption of oxygen on Al_2O_3, it will be noted that according to measurements of the conductivity of electron bombarded thin aluminium oxide films, Al_2O_3 contains a large amount of efficient hole traps accounting for the absence of appreciable hole conductivity [8]. Evidently, adsorbed hydrogen molecules and hole traps at the surface and in the bulk of Al_2O_3 compete in capturing holes. As a result, not all the holes formed in the bulk of Al_2O_3 under irradiation is consumed by hydrogen chemisorption.

For this reason the radiation-chemical yield of hydrogen for all Al_2O_3 samples (G_{H2} = 1.4) was considerably lower than that of oxygen.

Probably, radiation chemisorption of hydrogen on Al_2O_3 involves dissociation into atoms according to the scheme in page 234. It may be suggested that in contrast to radiation chemisorption of hydrogen on ZnO, the last step involves a capture of the hole (H (ads) + $|e|^{\bullet} \rightarrow H^+$(ads)). If the capture of only one hole is sufficient for radiation chemisorption of hydrogen, this might be one of the reasons which accounts for the relative decrease in the yield of hydrogen compared to that of oxygen. Dissociative chemisorption of hydrogen was suggested by other authors as well on the basis of kinetic data on adsorption and desorption [9].

It is interesting to note that chemisorption of oxygen and hydrogen on Al_2O_3 in the course of intermittent irradiation gave no after-effect [10]. Curves 1 in Figures 6a and b correspond to chemisorption of hydrogen and oxygen in the course of irradiation on Al_2O_3 that was not pre-irradiated. Curves 2 refer to pre-irradiated Al_2O_3. The chemisorption of both gases after γ-preirradiation of Al_2O_3 at a dose of 2.1×10^{21} eV/g for

Table 1

Initial rates of oxygen and hydrogen chemisorption (W_0 mole/g.min) on four samples of Al_2O_3 unter γ-radiation (I = 7.5 × 10 eV/g. min. P = 0.9 to 1.0 torr)

Gas	S = 13 m²/g	S − 67 m²/g	S = 150 m²/g	S = 300 m²/g
	D = 1400 Å	D = 250 Å	D = 114 Å	D = 54 Å
O_2	2.6×10^{16}	2.0×10^{16}	2.2×10^{16}	2.7×10^{16}
H_2	0.64×10^{16}	0.76×10^{16}	1.0×10^{16}	0.89×10^{16}

oxygen and 9.4×10^{20} eV/g for hydrogen is not strong. The rates of chemisorption under irradiation were the same whether the samples were pre-irradiated or not. Curves 1 and 2 coincide, if counting is started from onset of irradiation in the gas atmosphere. Radiation chemisorption stops, when irradiation is discontinued. The same rate of chemisorption is observed under repeated irradiation. It will be noted that the amounts of oxygen and hydrogen chemisorbed on pre-irradiated Al_2O_3 at the same dose rate represented about 10 per cent of these gases chemisorbed in the course of irradiation.

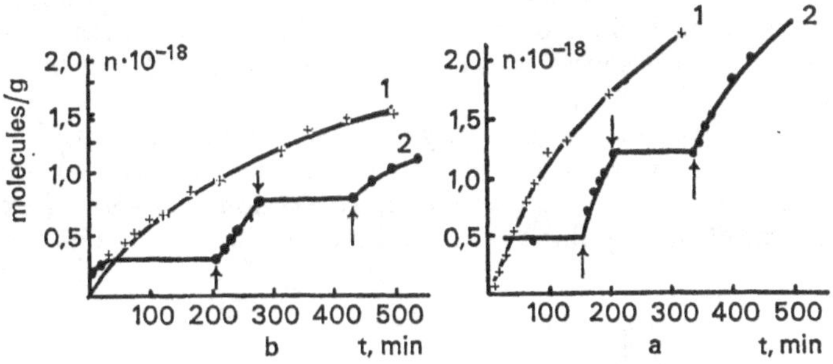

Fig. 6. Radiation chemisorption of O_2 and H_2 on a non-irradiated and pre-irradiated sample. Al_2O_3 sample with a specific surface of 150 m²/g. a) radiation chemisorption of O_2: 1-non-irradiated sample; 2-sample pre-irradiated with a dose of 2.1×10^{21} eV/g.
b) radiation chemisorption of H_2: 1-nonirradiated sample; 2-sample pre-irradiated with a dose of 9.4×10^{20} eV/g.
p = 0.9 to 1.1 torr. I = 7.5×10^{17} eV/g. min

These results are in favour of the conclusion that short-lived radiation-induced defects, i.e. free electrons and holes, or electrons and holes in shallow traps, rather than "biographic" defects capturing the electrons and holes, play a decisive role in radiation chemisorption of hydrogen and oxygen.

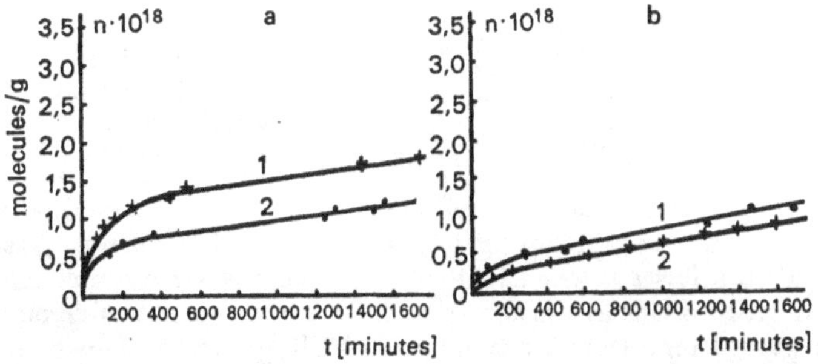

Fig. 7. Comparison of the radiation chemisorption of O_2 and H_2 on Al_2O_3 and on ZnO; a) O_2 on Al_2O_3 (curve 1) and ZnO (curve 2); b) H_2 on Al_2O_3 (curve 1) and ZnO (curve 2).
S = 13m²/g and 14m²/g, respectively

Comparison of the kinetic curves for oxygen chemisorption on aluminium and zinc oxides having the same specific surface (Figure 7) shows that under the same experimental conditions chemisorption on insulators prevailed over that on semiconductors: for Al_2O_3 the Go_2 value was 3.5 and for ZnO 1. This may be evidence for idle recombinations on ZnO and for the presence of electron traps in the semiconductor that may compete with the chemisorbed oxygen molecules.

3. Catalytic Conversion of Cyclohexane and Methanol in the Adsorbed Layer of Insulators and Semiconductors

The characteristics of the catalytic activity of solids on irradiation (showing a different width of the forbidden band, such as insulators, semiconductors and metals) with respect to conversion of cyclohexane in the adsorbed layer under similar experimental conditions were first, obtained by ZHABROVA et al [11, 12]. Insulators such as silicagel, silica-alumina, and aluminium oxide were found to be the most active catalysts. Semiconductors with a narrow forbidden band, such as zinc oxide, nickel oxide, activated charcoal, and also metals showed no activity under irradiation.

The catalytic decomposition of methanol adsorbed on irradiated solids with a different width of the forbidden band has been investigated in greater detail. The activities of all main products of methanol conversions: hydrogen, formaldehyde, and ethyleneglycol, were estimated. Maximum yields G_{ads} were observed for solids with a large forbidden band: silicagel, aluminium oxide, silica-alumina, potassium fluoride. Oxides with semiconducting properties showed lower activity. Metals, activated charcoal and graphite displayed no activity.

The conclusion about the catalytic activity of irradiated insulators, i.e. their capacity of transferring energy taken up by the solid to molecules adsorbed on the surface, and about the absence of such activity in semiconductors with a narrow forbidden band was confirmed later by RABE, RABE and ALLEN [13] for a asoethane decomposition.

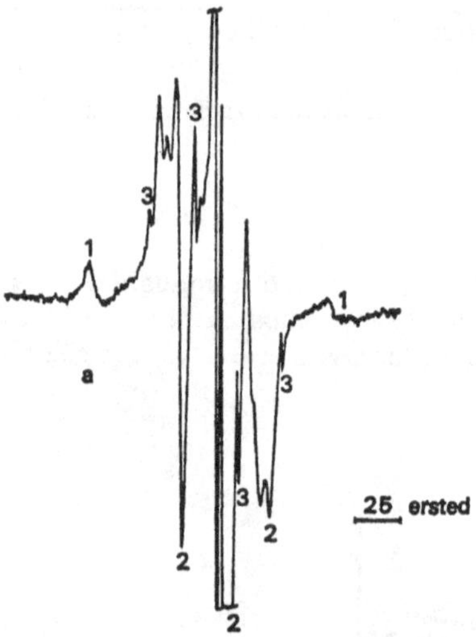

Fig. 8. ESR spectrum of methanol adsorbed on silicagel irradiated at —196° C. Absorbed dose 10 mrad.
1 = CHO radical
2 = CH_2OH radical
3 = CH_3 radical

The ESR technique was used along with the kinetic method in order to elucidate the mechanism of radiationcatalytic conversion of methanol. Adsorbed CH_2OH radicals, and to a lesser extent CHO and CH_3 radicals were found on irradiation of methanol adsorbed on insulators and semiconductors of considerable radiation activity [14, 15]. Figure 8 represents a characteristic ESR spectrum of methanol adsorbed on silicagel

[14, 15]. Figure 9 shows the number of ethyleneglycol molecules (upper curve) and of CH_2OH radicals (lower curve) as a function of the dose. In the region of high doses, the curves diverge which seems to be due to recombination of radicals as their concentration increases with the dose. But in the region of low doses, the curves are close. This may be considered as evidence that CH_2OH radicals seem to be intermediates in the formation of ethyleneglycol molecules.

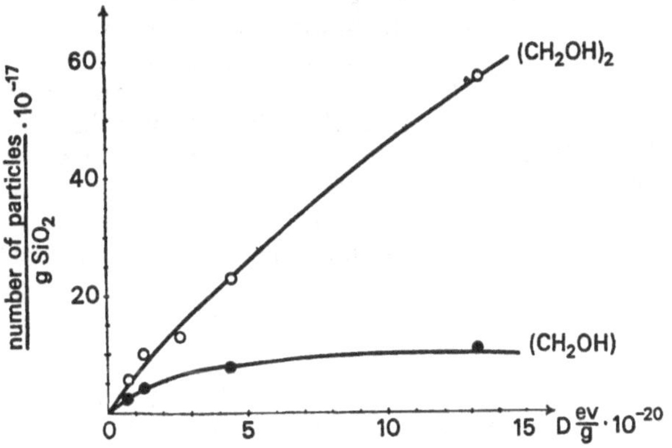

Fig. 9. The amount of CH_2OH radicals and ethyleneglycol molecules in terms of CH_2OH particles as a function of the absorbed energy dose. Silicagel surface coverage 30 per cent. T = —196° C

The relation between the catalytic activity of irradiated solids in methanol conversion and their electron properties, namely the forbidden band width [15, 16], as well as correlation between the appearance of adsorbed radicals and the catalytic activity of solids seem to suggest that heterogeneous radiolysis of methanol occurs via electron and radical steps. The following scheme for radiation-catalytic conversion of methanol adsorbed on a solid was proposed:

$$\text{solid} \rightarrow \text{solid}, |e|^{\bullet}, e'$$

$$CH_3OH\ (\text{ads}) + |e|^{\bullet} \rightarrow CH_3OH^{+}\ (\text{ads})$$

$$CH_3OH^{+}\ (\text{ads}) + e' \rightarrow CH_2OH + H$$

$$CH_2OH + CH_2OH \rightarrow (CH_2OH)_2$$

$$CH_2OH \rightarrow CH_2O + H$$

$$H + H \rightarrow H_2$$

Excess non-equilibrium charge carriers (electrons and holes) are formed in a solid under the action of irradiation. The methanol molecules adsorbed on the surface react with these carriers. Since alcohols are of a donor nature, it may be suggested that methanol molecules adsorb on holes and destroy them by recombination. Similarly as in the case of cyclohexane, an adsorbed positively charged methanol molecule represents a site for recombination of an excess electron coming from the forbidden band. An energy approximately equal to the forbidden band width is released by recombination of a pair of charge carriers. When this energy is sufficiently high, a hydrogen atom will be abstracted from the methanol molecule at the C-H bond to form a CH_2OH radical. Recombination of CH_2OH radicals yields an ethyleneglycol molecule, and radical decomposition results in the formation of a formaldehyde molecule. A hydrogen molecule is formed by the recombination of two hydrogen atoms.

The question would naturally arise as to what extent the excess charge carriers formed in the bulk of the solid by a catalytic reaction occurring at its irradiated surface are used. An answer may be provided by the radiation conversions of adsorbed molecules that permit following the physically non-equilibrium processes occuring in the bulk of the solid under the action of irradiation.

It was of interest in this connection to use different volume to surface ratios for the two most active catalysts of methanol decomposition: silicagel and aluminium oxide.

Table 2 shows the results obtained by the hydrothermal technique for SiO_2 samples of the same chemical content, but of a different specific surface and different sizes of SiO_2 spherical particles [17, 18]. The same amount of 0.15 to 0.17 mM/g of methanol was adsorbed on all samples, but the surface coverages were different. The yields obtained were approximately the same. Since methanol conversion on silicagel, as well as on aluminium oxide was accounted for only by the energy imparted by the solid, the same amount of energy was transferred from the bulk of the samples to their surface at any dose. Independence of the transferred energy on the sizes of spherical silicagel particles and on the surface coverage seems to be evidence that diffusion of charge carriers from (he bulk to the surface does not control the overall-reaction. Furthermore, this indicates that there is considerable affinity between adsorbed alcohol molecules and charge carriers tholes).

Table 2

Data on radiation-catalytic decomposition of methanol on silicagel samples with different specific surface and globule sizes. T = 20° C. Dose rate of γ-radiation 1.3×10^{16} eV/g. sec.

Specific surface $S \frac{m^2}{g}$	Glubole diameter D, Å	Amout of CH_3OH mM/g	Surface coverage Θ %	Amouts of products formed mM/g × 10^3		G_{ads} mol/100 eV		Molar percentage of conversion	
				CH_2O	$(CH_2OH)_2$	CH_2O	$(CH_2OH)_2$	CH_2O	$(CH_2OH)_2$
20	1400	0.14	100	0.22	0.12	220	120	1.5	0.8
50	550	0.17	51	0.19	0.14	190	140	1.1	0.8
100	270	0.17	25,5	0.14	0.10	140	100	0.8	0.6
150	180	0.17	17	0.14	0.12	140	120	0.8	0.7
190	140	0.17	11	0.16	0.12	160	120	0.9	0.7
350	80	0.17	7,2	0.16	0.14	160	140	0.9	0.8
360	75	0.17	7,1	0.21	0.12	210	120	1.2	0.7
390	70	0.17	6,4	0.21	0.16	210	160	1.2	0.9
540	50	0.17	4,7	0.18	0.17	180	170	1.7	1.0
620	40	0.17	4,1	0.18	0.18	180	180	1.1	1.0
640	40	0.17	4	0.16	0.17	160	170	0.9	1.0
800	30	0.17	3,2	0.24	0.18	240	180	1.4	1.0

This essential conclusion was confirmed by the second and third runs made with equivalent silicagel samples. Figure 10 shows curves for $G_{(CH_2O)}$ and $G_{(CH_2OH)_2}$, i.e. the rate of conversion of methanol as a function of the amount chemisorbed. The latter may be varied either by using SiO_2 samples with the same (50 per cent, run 2) or with a different extent of coverage (run 3). The mean values of $G_{(CH_2O)}$ and $G_{(CH_2OH)_2}$ of table 2 fall on the same curves.

The maximum G_{ads} values for the same dose were observed for samples with minimum amount of adsorbed methanol. The yields of both products decreased with increase of adsorbed methanol. Thus, conversion of adsorbed methanol in a radiation-catalytic process seems to depend only on the ratio of the given species content to the number of excess charge carriers formed in the bulk of the solid (SiO_2, Al_2O_3). The specific surface, the sizes of pores and spheres have no effect on the process.

It follows from the experimental data that practically all excess charge carriers formed in the bulk of the solid are consumed in a radiation-catalytic process. The experimental $G_{overall}$ and G_{ads} values with respect to oxygen-containing products were determined

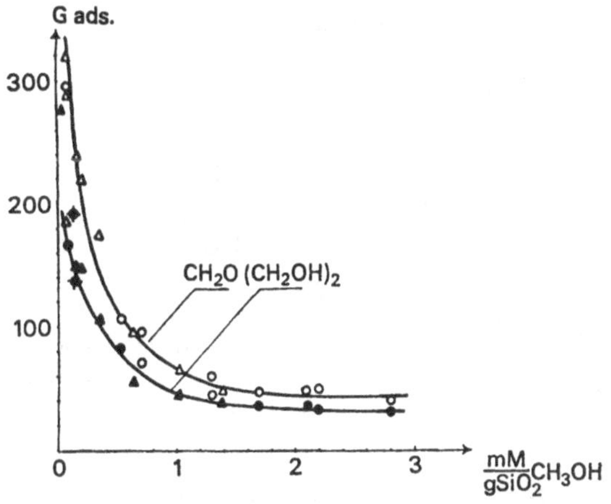

Fig. 10. Radiation-chemical yields of oxygen-containing products as a function of the amount of methanol adsorbed on the silicagel surface

from the initial part of the kinetic curves [17]. The yield of charge carrier pairs is given for comparison.

The mean $G_{overall}$ value for silicagel was found to be 4.4 (Table 3). The mean energy for the formation of a charge carrier pair in certain insulators is known to be 20 eV. It is usually considered to be equal to the triple width of the forbidden band. Thus, it may be assumed for dielectrics of the SiO_2 type that the yield of charge carrier pairs per 100 eV of absorbed energy in 4 to 5. The two values are in good agreement and this is another argument in favour of the suggestion that practically all excess charge carriers formed in the bulk of a dielectric take part in the radiation-chemical process occurring on its surface.

Table 3

The G_{ads} and $G_{overall}$ values for radiation-catalytic conversion of methanol on silicagel at different surface coverage SiO_2. The yield of charge carrier pairs is given for comparison

Surface coverage	$G^{*)}_{ads}$	$G^{**)}_{overall}$	$G_{overall}$ mean value	G value for carrier pairs
3.8	1970	4.8		
17.5	370	4.2		
53	120	4.2	4.4	4 to 5
100	70	4.4		

*) Only with respect to energy taken up by methanol.
**) With respect to energy taken up by the bulk of the solid.

Finally, let us examine what the possibility of prognosticating catalysts that will be active under irradiation is.

As stated before, the main factor responsible for the radiation-catalytic activity, i.e. the capacity of catalysts for energy transfer, is the width of the forbidden band. Figure 11 shows radiation catalytic activities of certain solids as a function of the forbidden zone. They were determined for the catalysts at the same absorbed dose. Semiconductors and insulators start being active radiation catalysts at a width of the forbidden band of about 4 eV (Figure 11). It will be noted that acidic and basic properties of solids do not seem to play an essential part in radiation-catalytic processes. Acidic solids with a great width of the forbidden band such as SiO_2, Al_2O_3, show tha same activity as those displaying basic properties such as MgO, CaO.

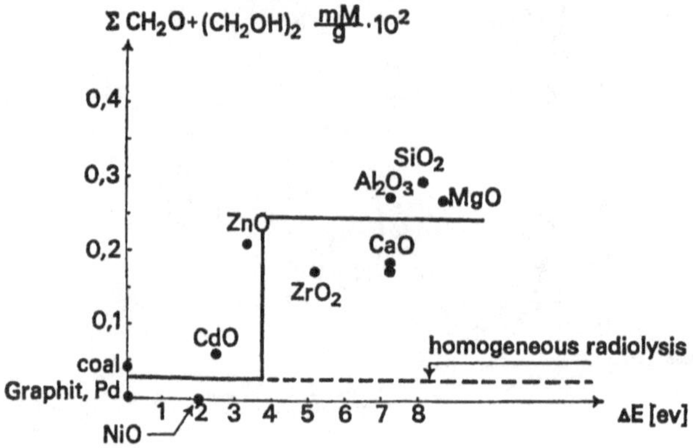

Fig. 11. The radiation-catalytic activity of solids as a function of the forbidden band width

A marked difference in the activity of two carbon modifications will be noted. Graphite exhibiting metal conductivity is completely inactive; diamonds showing a forbidden zone of 6 eV are active catalysts.

Thus, it is evident that dependence of the radiation-catalytic activity on the forbidden band width, as established for two reactions, is a characteristic feature of catalytic processes occuring under irradiation. It will be noted that COECKELBERGS, CRUCQ and FRENNET [20, 21] came to the theoretical conclusion that considerable quantitative and qualitative effects may be obtained for insulators even at low radiation doses, whereas only a poor qualitative effect may be obtained with "good" semiconductors even at high doses.

In most cases, particularly when the adsorbed molecules display donor properties, the increase in activity of radiation catalysts with a forbidden band width is accounted for by the recombination mechanism and by interaction between the charged adsorbate-hole complex and electrons coming from the forbidden band. Of particular interest in this connection seems to be the determination of minimum forbidden band width for a radiation-active solid and comparison of this width with the energy of one or another bond of the reacting molecules.

Such comparison would give an approach to certain principles for selection of radiation-active catalysts.

Literature

1. A. A. GEZALOV & G. M. ZHABROVA: Kinetika i Kataliz, **7**, 465 (1967) (Russ.),
2. YU. P. SOLONITSYN: Kinetika i Kataliz, **6**. 433 (1965) (Russ.).
3. F. STONE: Advances in Catalysis, **XIII**, 1 (1962).
4. I. A. MYASNIKOV: Zhur. Fiz. Khim. **32**, 851 (1958) (Russ.).
5. MORIO SEDEKA & TAKAO KWAN: Bull. Chem. Soc. Japan, **38**, 1414 (1965).
6. I. D. MIKHEIKIN, A. I. MASHCHENKO & V. B. KAZANSKII: Kinetika i Kataliz, **8**, 1363 (1967) (Russ.).
7. A. A. GEZALOV, G. M. ZHABROVA, V. V. NIKISHA, G. B. PARIISKII & K. N. SPIRIDONOV: Kinetika i Kataliz. **8**, 465 (1968) (Russ.).
8. N. L. YASNOPOL'SKII, L. N. SERGEICHEVA & V. I. INDRISHENOK: "Problems of Film Electronics", 407 (1966), Sovetskoye Radio, Moscow (Russ.).

9. Yu. A. Kolbanovskii: Theses Dr. Sci., Moscow (1968) (Russ.).
10. A. A. Gezalov, G. M. Zhabrova, K. N. Spiridonov: Khimiya vysokikh energii, **2**, No. 1 (1968) (Russ.).
11. V. I. Vladimirova, G. M. Zhabrova, B. M. Kadenatsi, V. B. Kazanskii & G. B. Pariiskii: Dokl. Akad. Nauk SSSR, **143**, 101 (1963) (Russ.).
12. G. M. Zhabrova, V. B. Kazanskii, V. I. Vladimirova, B. M. Kadenatsi & G. B. Pariiskii: Neftekhimiya, **4**, 753 (1964) (Russ.).
13. J. G. Rabe, B. Rabe, A. O. Allen: J. Phys. Chem., **70**, 1098 (1966).
14. V. I. Vladimirova, G. M. Zhabrova, B. M. Kadenatsi, V. B. Kazanskii & G. B. Pariiskii: Dokl. Akad. Nauk SSSR, **164**, 361 (1965) (Russ.).
15. G. M. Zhabrova, V. I. Vladimirova, B. M. Kadenatsi, V. B. Kazanskii & G. B. Pariiskii: Zhur. Fiz. Khim., **61**, 1898 (1967) (Russ.).
16. V. I. Vladimirova, G. M. Zhabrova, B. M. Kadenatsi, P. G. Krivenkova, I. E. Neimark, V. M. Chertov & R. Yu. Sheinfein: Dokl. Akad. Nauk SSSR, **172**, 629 (1967) (Russ.).
17. V. I. Vladimirova, G. M. Zhabrova, B. M. Kadenatsi, P. G. Krivenkova & I. B. Neimark: Khimiya vysokikh energii, **1**, 576 (1967) (Russ.).
18. V. I. Vladimirova, G. M. Zhabrova, B. M. Kadenatsi, P. G. Krivenkova, I. E. Neimark, V. M. Chertov & R. Yu. Sheinfein: Dokl. Akad. Nauk SSSR, **172**, 629 (1967) (Russ.).
19. E. A. Rogo & R. R. Hentz: J. Phys. Chem., **70**, 2919 (1960).
20. R. Coekelbergs, A. Crucq & A. Frennet: Advances in Catalysis, **13**, p. 55 (1962).
21. R. Coekelbergs, A. Crucq, G. Decot, L. Degols, A. Frennet, G. Lienard & L. Timmerman: Industrial Uses Large Radiat. Sources, **2**, Vienna, 1963, 3–21.

19. Adsorption et catalyse sous irradiation

R. Coekelbergs et A. Crucq
Ecole Royale Militaire
Institut Interuniversitaire des Sciences Nucléaires, Bruxelles/Belgique

Avec 4 Figures

Zusammenfassung

In der vorliegenden Arbeit werden die theoretischen und experimentellen Ergebnisse bezüglich des Einflusses einer Strahlung auf Adsorption und Katalyse einer kritischen Betrachtung unterzogen. Hierbei werden nur solche Strahlungen berücksichtigt, die keine oder nur wenige Störstellen erzeugen, also Strahlungen, die unterhalb 1 meV liegen, wie z. B. UV-, Röntgen- und γ-Strahlung.

Im ersten Teil werden die theoretischen Ergebnisse zusammengefaßt, die interessante Schlußfolgerungen erlauben:

1. Unabhängigkeit der Adsorption und der Katalyse von den eingestrahlten Energiequanten.
2. Richtungsabhängigkeit des Photoeffektes – Adsorption oder Desorption – von der Struktur der Energieniveaus des Halbleiters.
3. Unabhängigkeit der Zahl der chemisorbierten Molekeln bei Einstrahlung sowohl von der Temperatur als auch vom Fermipotential im Falle von Halbleitern mit breiten Bandkantenabständen.
4. In bestimmten Fällen kann für die photokatalytischen Prozesse eine verschwindend kleine Aktivierungsenergie vorausgesehen werden.
5. Die Strahlung übt einen beträchtlichen Einfluß aus auf Substanzen mit großen Abständen der Bandkanten oder auf solche mit ausgeprägtem Störleitungscharakter.

Im zweiten Teil dieser Arbeit werden die experimentellen Ergebnisse diskutiert, die an den folgenden Systemen erhalten wurden:

1. Photoadsorption von CO, O_2, CO_2 und H_2 an Al_2O_3.
2. Photoadsorption von O_2 an ZnO.
3. Photokatalytische Oxydation von CO an verschiedenen Halbleitern.

Zu der unter den Punkten 1 und 2 genannten Photoadsorption kann folgendes festgestellt werden:

1. Die Photoadsorption ist stets irreversibel.
2. Es besteht auf der Oberfläche eine begrenzte Zahl thermisch inaktiver Plätze, die durch Strahlung aktivierbar sind und die daher bei Strahlung zur Adsorption beitragen.
3. Auch nach der Einstrahlung werden Adsorptions-Phänomene beobachtet, die durch Freigabe von Überschuß-Ladungsträgern aus Traps verursacht sind.
4. Es werden bestimmte, sogenannte „direkte" Desorptions-Phänomene beobachtet, wenn der Besetzungsgrad der Oberfläche groß ist. Dieses nach der Theorie nicht erwartete Phänomen rührt wahrscheinlich von einer direkten Einwirkung der eindringenden Energiequanten auf das Adsorbat her. Diese direkte Desorption kann sich ebensogut auf den Fall chemisorbierter Molekeln beziehen.
5. Der direkte Desorptions-Mechanismus erklärt am leichtesten den beobachteten Widerspruch zwischen der Photoadsorption und der Photodesorption von Sauerstoff an ZnO (Photoadsorption an „anoxydierten" und Photodesorption an „anreduzierten" ZnO-Proben, oder umgekehrt).

Die von verschiedenen Forschern erhaltenen Resultate über die photokatalytische CO-Oxydation an verschiedenen Halbleitern ergeben die nachstehend aufgeführten Folgerungen:

1. Es sollte auch bei drastischer Temperatur-Erniedrigung eine katalytische Reaktion beobachtet werden. Der Einfluß einer Strahlung auf die katalytischen Eigenschaften des Katalysators wird allerdings nur dann beträchtlich, wenn dieser wenig aktiv ist.

2. Die photokatalytische Reaktion ist selbst bei größeren Temperaturschwankungen unabhängig von der Temperatur. Dieser Sachverhalt läßt sich aus den theoretischen Betrachtungen erwarten.
3. Eine Änderung der Partialdrucke der verschiedenen an der Reaktion beteiligten Partner kann eine Änderung der Reaktionsordnung bewirken. Diese Änderung läßt sich ebenfalls nach der Theorie erwarten.
Schließlich wird gezeigt, auf welche Weise die Photokatalyse für die Ermittlung des geschwindigkeitsbestimmenden Teilschrittes für den Reaktionsablauf ohne Strahlung und damit auch für die Deutung des Mechanismus von Nutzen ist.

Résumé

Sont résumés et discutés dans le présent travail les résultats concernant l'influence de l'irradiation, par des photons (UV, RX et γ), sur:
- la sorption par l'alumine de CO, O_2, CO_2 et H_2,
- la sorption de l'O_2 par le ZnO et la conductivité du ZnO,
- la catalyse de l'oxydation du CO par divers semiconducteurs.

Ces résultats sont interprétés dans le cadre de la théorie électronique de la catalyse. On insiste sur certains faits qui ne sont pas explicables dans le cadre actuel de la théorie, en particulier:
- le phénomène de désorption directe qui semble être assez général,
- le fait que la photoadsorption semble se produire sur certain sites particuliers, inactifs thermiquement, mais photoactivables.

1. Introduction

Le présent travail résume et discute certains résultats concernant l'influence de l'irradiation sur les propriétés adsorptives et catalytiques des solides non métalliques. Ce domaine de recherches, exploré depuis plus de dix ans, est fort vaste. On relève des différences essentielles dans la manière de procéder portant sur:

1. la nature des rayonnements utilisés – photons ou particules (de masse variable, chargée ou non) – et sur l'énergie de ces rayonnements;
2. la localisation dans le temps de l'irradiation, soit préalablement à l'étude de la réaction chimique, soit au cours même de celle-ci;
3. le mode d'irradiation: à l'aide d'une source extérieure, ou sous forme d'une source incorporée au solide lui-même, p. e. sous la forme d'isotope radioactif.

Bien que dans tous les cas l'explication des phénomènes fasse appel à la théorie électronique de la catalyse, les conditions de travail qui viennent d'être mentionnées mettent en évidence l'influence, sur les propriétés adsorptives et catalytiques, de deux grands types d'effets produits par les rayonnements:

- des défauts structurels du type «biographique» à caractère quasi-permanent, créés en proportion importante par les seuls rayonnements particulaires,
- des excitations électroniques – paires de porteurs de charge libres ou piégés, excitons, etc. – généralement à faible durée de vie, que tous les rayonnements, à l'exclusion des neutrons dans certains conditiones, produisent en proportion importante.

Cette étude est consacrée principalement aux effets catalytiques résultant des excitations électroniques induites par des radiations. Nous envisageons uniquement les cas où l'irradiation est appliquée au cours de la réaction chimique et exclusivement à l'aide de photons de basse et haute énergie.
La première partie résume les conclusions de la théorie électronique de la catalyse concernant l'influence des rayonnements sur l'activité catalytique des solides non-métalliques.
La deuxième partie est consacrée à une revue non exhaustive de résultats expérimentaux dans le domaine de la sorption sous radiation. Le phénomène de sorption, préalable in-

dispensable au phénomène de catalyse, permet par sa simplicité de pousser assez loin l'interprétation théorique.

Dans une troisième partie, on étudie un certain nombre de résultats expérimentaux obtenus dans le domaine de la catalyse sous rayonnement; les conclusions théoriques que l'on peut en retirer sont limitées par la complexité inhérente à toute réaction catalytique.

Enfin, une brève conclusion est consacrée à une critique constructive des apports de la théorie électronique de la catalyse dans le domaine de la catalyse sous rayonnement, en indiquant certaines directions possibles de développement de la théorie.

2. Etat actuel de la théorie électronique de la catalyse dans le domaine de la sorption et de la catalyse sous rayonnement

Rappelons brièvement quelques points essentiels.

L'absorptions des photons d'énergie supérieure à la valeur de la bande interdite du solide, a pour effet principal de modifier la concentration stationnaire de porteurs de charge libres. On observe également la formation d'excitons. Pour le problème qui nous occupe, ceux-ci sont assimilés à des porteurs libres dont ils peuvent être considérés comme les précurseurs.

La modification de concentration stationnaire de porteurs libres provoque une modification de la proportion des formes chargées de chimisorption qui sont généralement les formes actives en catalyse.

L'influence du rayonnement sur la sorption peut donc être directement interprétée. Par contre, l'influence du rayonnement sur les processus catalytiques ne peut s'expliquer de manière directe, puisqu'il faut tenir compte du mécanisme parfois complexe de la réaction envisagée. Celle-ci fait en effet intervenir plusieurs espèces chimiques adsorbées compétitivement sur la surface du solide.

Une première conclusion peut se dégager de l'examen des processus considérés. A intensité d'irradiation égale, il ne peut y avoir de différences importantes, du point de vue des effets sur la sorption et la catalyse, entre des photons de basse énergie (de l'ordre de l'électron-volt) mais correspondant au moins à la largeur de la bande interdite du solide, et des rayonnements de haute énergie, pouvant atteindre le Mev. L'étude de la dégradation des rayonnements de haute énergie dans le solide a montré que pour une dose donnée d'énergie absorbée par unité de temps le rendement en paires de porteurs libres dépend relativement peu de l'énergie des photons [1]. Cette conclusion n'est cependant valable que si le pouvoir de pénétration des photons permet une irradiation sensiblement homogène de tout l'échantillon.

La détermination des conditions donnant naissance, soit à une adsorption, soit à une désorption sous rayonnement, constitue un problème qui a été abordé par plusieurs auteurs [2–4].

Rappelons que l'on peut catactériser l'effet de l'irradiation par un facteur M défini comme suit:

Si le rapport entre les concentrations superficielles des espèces chimisorbées sous forme forte (chargée) et faible (neutre) est donné approximativement, en l'absence de rayonnement, par:

$$\overset{\mp}{N}/\overset{o}{N} \cong \exp - (\overset{\mp}{E_s} - \overset{\mp}{v}) \tag{1}$$

On a sous irradiation:

$$\overset{\mp}{N_x}/\overset{o}{N_x} = \overset{\mp}{N_x}/\overset{o}{N} = M\overset{\mp}{N}/\overset{o}{N} \tag{2}$$

où M est exprimé par

(3) $$M = \frac{\alpha + n_{xs}/n_s}{1 + \alpha\, p_{xs}/p_s} \quad \text{avec } \alpha = \exp\left(v^{\mp} + E_s^{\mp} - u\right)$$

Dans les expressions précédentes, la signification des symboles $v^{\mp}$, $E_s^{\mp}$, u exprimés en unités kT est évidente d'après la figure 1, et n_s, p_s, n_{xs} et p_{xs} représentent les concentrations superficielles respectivement d'électrons et de trous libres, en l'absence et en présence du rayonnement. Il faut remarquer en (2) l'égalité de principe $N_x^\circ = N^\circ$ exprimant que la concentration des espèces chimisorbées sous forme neutre n'est pas altérée par l'irradiation. En pratique, des dérogations à ce principe sont possibles si le taux de recouvrement de la surface est proche du maximum, ou si, comme on le verra d'ailleurs plus loin, des mécanismes non électroniques jouent un rôle dans le processus de photosorption.

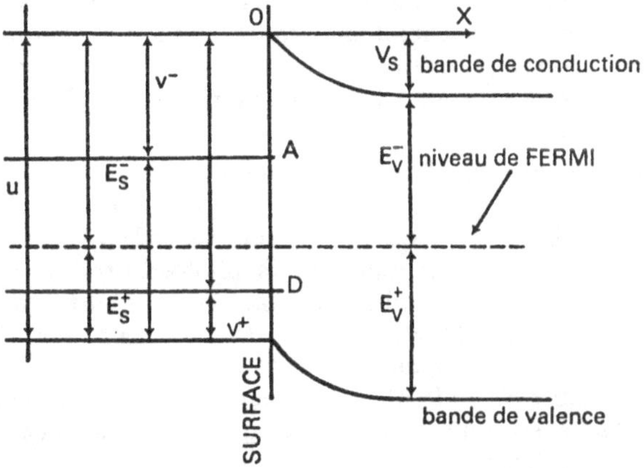

Fig. 1. Diagramme des niveaux d'énergie d'un solide

Le calcul de M par diverses méthodes et dans différentes conditions d'irradiation, est décrit par les auteurs précités.

Dans le cas de rayonnements peu pénétrants (coefficient d'absorption $K \cong 10^6$) dissipant leur énergie dans une mince pellicule de solide de profondeur voisine de celle de la barrière de surface, Volkenstein et Karpenko [2c] ont montré que l'on observe la photoadsorption ($M > 1$) ou la photodésorption ($M < 1$) suivant le signe positif ou négatif du coefficient F défini par

$$F = F^- = E_v^- - V_{0s} - v^- = E_s^- - 2\,V_{0s} - v^-$$

dans le cas d'adsorbats accepteurs, et par

$$F = F^+ = v^+ + E_v^+ - V_{0s} = v^+ + E_s^+ - 2\,V_{0s}$$

dans le cas d'adsorbats donneurs.

Le cas d'une irradiation par des photons de pouvoir de pénétration élevé permettant la création d'une concentration de porteurs libres excédentaires sensiblement homogène dans tout le solide, a été traité par Levine [4]. Cet auteur, par un raisonnement purement cinétique, établit que le signe positif ou négatif de l'effet photosorptif est donné, dans le cas d'adsorbats accepteurs, par le signe > ou < de l'inégalité

$$\frac{V_{0s}}{V^*} \gtrless 1$$

où V^* est une grandeur caractéristique dont l'expression algébrique, fort compliquée, tient compte de la structure énergétique du solide. Dans le cas de solides à large bande dont le caractère extrinsèque est suffisamment marqué, on peut montrer que

$$V^* = v^- - E_v^-$$

Le signe positif ou négatif de l'effet photosorptif peut donc être donné par les signe d'un paramètre

$$F^- = E_v^- + V_{0s} - v^-$$

Les travaux [2, 4] qui viennent d'être cités tiennent compte, préalablement à l'adsorption, de l'existence d'un potentiel de surface, mais n'envisagent pas sa variation du fait de l'adsorption elle-même.

Dans un travail récent de notre laboratoire [3], les valeurs de M sont évaluées en tenant compte de l'existence d'un potentiel de surface qui aurait pour origine les seuls molécules adsorbées, ainsi que des variations possibles de ce potentiel au cours de l'irradiation par suite de la variation du nombre de molécules adsorbées. Les résultats de ce calcul indiquent que:

- Le coefficient M peut prendre des valeurs considérablement supérieures à 1 (pouvant atteindre exp u), et donc d'autant plus importantes que la bande interdite du solide est plus large, alors que le domaine des valeurs de M inférieures à 1 est beaucoup plus restreint. Ceci indique que la photoadsorption, lorsqu'elle est observée, peut être beaucoup plus considérable que la photodésorption.
- Pour les solides à large bande le coefficient M est donné approximativement par exp $(E_s^\pm - v^\pm)$ pour autant que $v^\pm < E_v^\pm$. Ainsi donc, lorsque en l'absence d'irradiation le nombre de molécules adsorbées fortement (donné par $N^\pm/N^\circ \cong \exp. v^\pm - E_s^\pm$) est faible, ce nombre prend, sous irradiation, des valeurs beaucoup plus importantes, indépendantes et de la température et de la position du niveau de Fermi dans un large domaine de variation de ces derniers. En effet:

$$N_x^\pm/N^0 = M\,N^\pm/N^0 = \exp(v^\pm - E_s^\pm)\exp(E^\pm - v^\pm) \cong \text{constante}$$

- Pour les solides à large bande, le signe de l'effet photosorptif est donné par le signe de l'expression $F^\pm = E_v^\pm - v^\pm$

Au terme V_{0s} près, les différents travaux concordent donc sur le critère déterminant le signe de l'effet photosorptif qui est toujours donné par $F^\pm = E^\pm - v^\pm$. Les différences portant sur le terme V_{0s} sont liées à des hypothèses différentes concernant le potentiel de la surface avant adsorption et les variations de ce potentiel pendant l'irradiation, ainsi qu'à des différences de pouvoir de pénétration des rayonnements.

Il est évidemment impossible de prévoir théoriquement tous les cas possibles, chaque solide, chaque mode de préparation de celui-ci, conduit à un état particulier de sa surface, donc à une valeur particulière du potentiel du surface. Si les conclusions ne sont donc pas absolument générales, les méthodes de travail, les principes directeurs sont clairement établis et donnent des résultats concordants.

Il résulte cependant des théories précitées une hypothèse intéressante: une différence de signe de l'effet photosorptif pourrait être observée, toutes conditions égales par ailleurs, pour deux rayonnements de pouvoirs de pénétration fort différents (rayonnement UV et γ par exemple). A notre connaissance, aucune vérification expérimentale de cette conclusion n'existe actuellement.

Les considérations précédentes concernent uniquement l'aspect «équilibre» de l'adsorption sous irradiation. En ce qui concerne l'aspect cinétique de sorption, il est malheureusement très difficile de faire une étude théorique du problème qui puisse être considérée comme suffisamment générale. On admet toujours en effet comme postulat de base que l'équilibre électronique est réalisé au sein du solide. En pratique, cette hypothèse est loin d'être réalisée. L'exploitation théorique des données de cinétique de chimisorption doit tenir compte de facteurs particuliers, tels que l'existence de pièges, qui dépendent de conditions particulières de préparation du solide, c'est-à-dire finalement de son contenu en impuretés, de sa non-stoechiométrie et de la structure des niveaux d'énergie superficiels.

Concernant le problème des réactions catalytiques effectuées en présence de solides soumis à l'irradiation, deux conclusions théoriques importantes peuvent dès à présent être présentées:

1. En règle générale, la vitesse d'une réaction catalytique s'exprime en théorie électronique par une relation du type

$$R_0 = k\, P_i^{\alpha} P_j^{\beta} \ldots (N_i^{\pm}/N_i^{o})^{\pm 1} \quad (N_j^{\pm}/N_j^{o})^{\pm 1} \ldots$$

dans laquelle la constante de vitesse k, qui est généralement le rapport des produits de plusieurs constantes de vitesse d'actes élémentaires, peut dépendre de la température, et dans laquelles les termes N_i^{+}/N_i° sont donnés par exp $(E_s^{\pm} - v_i^{\pm})$. Cependant, pour un grand nombre de réactions, les étapes de chimisorption forte des réactifs et les étapes inverses de désorption des produits sont considérées par les auteurs comme déterminantes de la vitesse de réaction globale. La contribution des termes électroniques $N_i^{\pm}/N_i^{\circ}$ à l'énergie d'activation de l'adsorption ou de la désorption est généralement très importante. C'est porquoi l'énergie E_A d'activation de la réaction globale peut souvent s'écrire: $E_A = \Sigma_i \pm (E_s^{\pm} - v_i^{\pm})$. Or, on a vu que dans le cas de solides à large bande soumis au rayonnement, le rapport $N_x^{\pm}/N^{\circ} = M\,(N^{\pm}/N^{\circ})$ est une constante dans un large domaine de variation de $E_s^{\pm}$. La contribution du terme électronique à l'énergie d'activation globale est donc nulle, et par conséquent cette énergie d'activation est souvent faible et peut même être nulle.

2. Comme on l'a déjà souligné dans des travaux précédents, l'application du rayonnement peut modifier considérablement la cinétique de la réaction catalytique et en particulier l'ordre de la réaction par rapport aux différents réactifs. Il est par exemple fréquent que pour une même réaction deux mécanismes réactionnels soient possibles, notamment dans le cas de réactions complexes. En l'absence d'irradiation et compte tenu de la structure électronique du solide, un premier mécanisme peut être favorisé. Sous irradiation un mécanisme différent peut prendre le pas sur le premier. Si la réaction complexe peut conduire à différents produits, la proportion de ces produits risque d'être modifiée. Dans le cas également classique d'une réaction procédant par mécanisme unique qui, suivant la position du niveau de Fermi, présente un stade donneur et un stade accepteur, le passage de la réaction d'un stade à l'autre peut s'opérer sous irradiation.

Sur un plan plus qualitatif, on peut faire les remarques suivantes:

- Pour une intensité de rayonnement donnée, les effets de l'irradiation seront d'autant plus marqués que la bande interdite du solide utilisé est plus large, puisque dans ce cas il y a très peu de porteurs de charge.
- Ces mêmes effets seront également d'autant plus marqués que le caractère extrinsèque du solide est plus prononcé, puisque dans ce cas les porteurs minoritaires sont en concentration faible. En effet, pour qu'il y ait catalyse [5], des porteurs de charge des deux

signes doivent être disponibles en grand nombre. Ceci facilite généralement à la fois les étapes d'adsorption et celles de désorption. L'irradiation du catalyseur, en donnant naissance à une concentration élevée de porteurs minoritaires, est donc susceptibles de rendre catalytiquement actif un solide inactif.

En conclusion de cette brève étude théorique, il faut souligner, et regretter, le caractère qualitatif de certaines des remarques et règles précédentes. Nous allons cependant essayer de montrer, par une revue de quelques résultats expérimentaux, l'accord obtenu avec l'expérience et les conclusions intéressantes qui peuvent en être tirées du point de vue de la connaissance de l'acte catalytique.

3. Résultats expérimentaux dans le domaine de la photosorption, et de la photoconductivité

Ce chapitre est consacré à une revue non exhaustive de résultats obtenus dans le domaine de la photosorption et de la photoconductivité. La présente revue est limitée à quelques systèmes gaz-solides pour lesquels des résultats suffisamment nombreux permettent de dégager des conclusions importantes.

3.1. Sorption sous irradiation X et γ de O_2, CO_2, CO et H_2 sur Al_2O_3

Parmi les solides dont l'interaction avec une phase gazeuse en présence de rayonnements a fait l'objet d'études poussées, figurent bon nombre d'isolants tels la silice, l'alumine et les aluminosilicates. En présence de ces solides, de nombreux auteurs ont observé des effets post-radiatifs importants, relatifs à la sorption de divers gaz [6], ainsi qu'à la catalyse de diverses réactions, d'échange principalement. D'autres auteurs ont suggéré, sinon démontré, l'existence de phénomènes de transfert d'énergie entre ces solides et divers gaz adsorbés à leur surface, lorsqu'ils sont soumis à l'irradiation [7]. Il est donc normal de s'attendre, en présence d'alumine en particulier, à des effets photosorptifs et photocatalytiques importants.

Les résultats de l'étude, en notre laboratoire, de la photosorption de CO et O_2 [8] sur une alumine traitée à une température de 1000° C, donc soumise à une déshydration poussée, peuvent se résumer comme suit:

- L'irradiation, appliquée lorsque le solide se trouve en équilibre d'adsorption – au moins apparent – avec la phase gazeuse, donne toujours lieu à une adsorption complémentaire irréversible, toujours beaucoup plus considérable que celle précédant l'irradiation;
- Une irradiation prolongée conduit à un état de «pseudo-équilibre» d'adsorption sous irradiation;
- L'arrêt de l'irradiation avant que ce pseudo-équilibret ne soit atteint, n'entraîne pas l'arrê de l'adsorption. On observe au contraire une sorption post-radiative importante à température ordinaire, mais qui diminue fortement avec l'élévation de la température;
- L'évolution du nombre de molécules adsorbées au cours de l'irradiation peut être caractérisée par une période d'induction, une région linéaire dont la pente est proportionelle à la pression du gaz et à l'intensité du rayonnement, suivie d'une région où le nombre de molécules adsorbées évolue lentement vers la valeur caractérisant l'équilibre de sorption sous irradiation. Les vitesses maximales d'adsorption observées correspondent à un rendement énergétique de 20 molécules adsorbées par 100 eV d'énergie dissipés dans le solide;
- Le taux de recouvrement à l'équilibre, sous rayonnement, est indépendant de l'intensité du rayonnement qui n'affecte dons que la cinétique du processus d'adsorption.
- Lors d'irradiations succesives entrecoupées d'arrêts permettant l'étude des effets post-radiatifs, les périodes d'induction s'allongent à mesure que le nombre de molécules

adsorbées au cours des irradiations précédentes croît; à taux de recouvrement élevé, on peut même observer une faible désorption intitiale induite par le rayonnement, qui fait place, après la période d'induction, au phénomène habituel d'adsorption.

En l'absence de données précises concernant la position du niveau de Fermi et des niveaux d'énergie correspondant aux molécules adsorbées, il est difficile d'appliquer les critères théoriques de la photoadsorption et de la photodésorption dont il a été question précédemment, L'interprétation dans le cadre de la théorie électronique repose sur les principes suivants:

- Tout se passe comme si le rayonnement ne crée qu'un seul type de porteurs libres excédentaires qui, piégés par les molécules gazeuses, donnent naissance à l'adsorption. Ces porteurs libres, vu l'électroaffinité de l'oxygène, ne peuvent être que les électrons. Ceci implique l'existence dans l'alumine de pièges nombreux et efficaces pour les trous libres excédentaires.
- Il existe également des pièges pour les électrons libres; le relachement des électrons libres piégés donne naissance à la sorption post-radiative.

Des problèmes sont cependant posés par l'interprétation de certain faits mentionnés plus haut, notamment:

1. L'indépendance du taux de recouvrement de la surface à l'équilibre d'adsorption sous irradiation vis-à-vis de l'intensité du rayonnement. Ceci implique que l'adsorption sous irradiation ne peut se produire que sur une fraction limitée de la surface, sur certains «sites» potentiellement actifs, mais qui ne le deviennent réellement que sous irradiation. Comme les molécules adsorbées sous rayonnement le sont nécessairement sous forme chargée, on doit en conclure que sur ces «sites» la forme faible, non chargée, de chimisorption ne peut exister, ou, très instable, n'a qu'une existence très brève. Ceci met d'une certaine manière en doute l'existence de la forme faible de chimisorption en tant que préalable nécessaire de la chimisorption forte.

2. Le phénomène de désorption initiale induit par le rayonnement à taux de recouvrement élevé. En théorie électronique, la désorption résulte soit du relachement du porteur libre capture par l'adsorbat dans la bande correspondante, soit de la capture d'un porteur libre de signe contraire par l'adsorbat. Si la désorption observée procède des mécanismes cités, une certaine désorption devrait aussi être observée lors de l'arrêt de l'irradiation: ceci est infirmé par l'expérience. La désorption observée sous irradiation résulte donc soit d'une interaction directe entre la molécule adsorbée et le photon, soit, indirectement, d'une interaction entre la molécule adsorbée et certains effets résultant de l'absorption des photons dans le solide mais étrangers à la production des porteurs de charge. Les excitons pourraient par exemple jouer un role dans ce processus de désorption «directe». Mais, à notre connaissance, l'intervention des excitons dans les phénomènes de sorption n'a pas encore été envisagé théoriquement.

Nous reviendrons sur ces points dans la suite, mais soulignons immédiatement le fait que le comportement de l'alumine irradiée vis-à-vis d'autres gaz confirme et précise les faits et les conclusions qui viennent d'être cités.
Les travaux de Kolbanovskii et Pepelayev [9] sur l'adsorption d'hydrogène sur l'alumine soumise à l'irradiation γ, permettent d'établir les faits suivants:

- la vitesse d'adsorption de l'hydrogène est proportionelle à la racine carrée de la pression du gaz et à l'intensité d'irradiation;
- l'adsorption, non mesurable en l'absence de rayonnement, se fait à concurrence d'un certain nombre de «sites» disponibles, représentant environ une fraction de pourcent du nombre total d'atomes de surface;
- le nombre de ces «sites» disponibles pour la chimisorption sous irradiation est fonction

des conditions de dégazage du solide, préalablement à l'adsorption. Les sites apparaissent donc comme des défauts de structure de réseau superficiel de l'alumine;
- l'adsorption observée est irreversible;
- une adsorption post-radiative est observée à basse température.

Bien que ces résultats aient été obtenus sur une alumine différente de celle utilisée dans nos travaux, ils confirment nos propres résultats et en particulier le fait que l'adsorption sous irradiation se produit sur une fraction de la surface constituée de sites «potentiellement actifs». En outre, la similitude de comportement entre les deux alumines, d'état d'hydratation très différent, semble indiquer que l'existence des «sites» en question n'est pas conditionnée par un état particulier d'hydratation ou de déshydratation de la surface.

L'étude de la sorption radiative de CO_2 [10] sur l'alumine, effectuée dans notre laboratoire, a permis de vérifier les critères de photosorption définis au § 2 et en même temps de confirmer l'existence du problème théorique déjà évoqué lors de la photosorption de CO et O_2, concernant la désorption radiative.
L'influence du rayonnement sur la sorption du CO_2 par l'alumine préalablement saturée en CO_2, à basse pression (0,5 Torr), dépend fortement de la température:

- aux températures comprises entre 20 et 150° C, l'irradiation induit une désorption importante et réversible,
- à 310° C et plus, l'irradiation donne également lieu à une désorption réversible,
- entre 150 et 310° C, on observe au contraire une adsorption irréversibles sous irradiation.

L'interprétation des mesures d'isothermes et d'isobares d'adsorption indique en outre que le CO_2 se trouve lié faiblement à la surface aux températures inférieures à $\cong$ 220° C, tandis qu'aux températures supérieures à cette valeur, il se forme un lien de chimisorption forte. Ceci résulte de l'évolution de la position du niveau de Fermi de surface en fonction de la température, évolution mise en évidence par des mesures de conductivité. Or, il est bien connu que la proportion relative de formes fortes de chimisorption passe d'une valeur proche de zéro à une valeur voisine de 1 lorsque les positions du niveau de Fermi et du niveau d'adsorption sont voisines ($E_S^- \cong v^-$). Cette condition qui expérimentalement se trouve réalisée à 220° C, détermine également le changement de signe de l'effet photosorptif, pour autant que les concentrations superficielles de porteurs de charge excédentaires des deux signes soient identiques.
Il est ainsi possible d'expliquer le phénomène de photodésorption à haute température. L'écart entre la température expérimentale de 310° C et la température théorique de 220° C s'explique aisément par une valeur du rapport des concentrations de porteurs excédentaires ($\Delta n/\Delta p$) largement supérieure à 1, comme l'étude de l'adsorption de CO et O_2 l'a indiqué. En fait, un calcul basé sur l'écart de température relevé, fournit pour la rapport $\Delta n/\Delta p$ une valeur proche de 10^2.
Par contre, dans l'état actuel de la théorie électronique il n'est pas possible d'expliquer la photodésorption observée à basse température ($T < 150$ ° C) puisque à ces températures il n'y a pas de molécules chimisorbées sous forme chargée. Le phénomène observé se situe même en dehors du cadre de la théorie électronique puisqu'il ne fait intervenir ni formes chargées de l'adsorption ni porteurs de charge. Cette désorption «directe» n'est pas non plus le résultat d'un processus purement thermique, puisque aux intensités utilisées, l'élévation de température du solide ne dépasse pas 1° C, et ne peut donc expliquer le vitesse de désorption observée.
Il faut cependant remarquer que la désorption de la forme faible de chimisorption du CO_2 n'est pas directement comparable à la désorption observée à taux de recouvrement élevé dans le cas de CO et O_2. En effet, la désorption de ces derniers gaz intéresse des molécules dont l'adsorption est induite par le rayonnement et qui se trouvent donc sous une forme chargée de chimisorption.

Il résulte que si la théorie électronique constitue une base solide pour la compréhension des phénomènes, certains difficultés subsistent qui concernent:

- la non-réversibilité de l'adsorption photoinduite,
- certains phénomènes de désorption «directe»,
- l'existence d'un nombre limité de sites thermiquement inactifs mais photoactivables, et dont le rôle est prépondérant en photoadsorption.

3.2. Photoconductivité de l'oxyde de zinc et pouvoir photosorptif vis-à-vis de l'oxygène

Le problème de la photoconductivité de l'oxyde de zinc et de la photosorption de l'oxygène a fait l'objet d'assez nombreux travaux [11–20]. Leurs résultats font apparaître certains désaccords, peut-être plus apparents que réels. Si la théorie électronique de l'adsorption permet d'expliquer qualitativement certains divergences, aucune justification quantitative des phénomènes n'a pu être proposée. En effet, toutes les mesures décrites sont effectuées sur des échantillons polycristallins préparés par décomposition d'un sel de zinc. Or, d'un expérimentateur à l'autre, de nombreux facteurs varient dans le larges proportions et de manière passablement anarchique. Citons la nature du sel de zinc, la température de décomposition, la nature et la pression de la phase gazeuse en contact avec le solide au cours de la décomposition, les traitements thermiques ultérieurs accompagnés éventuellement d'une oxydation ou d'une réduction partielle, les conditions d'un éventuel frittage, les quantités de dopes et la manière dont ils sont incorporés. Les oxydes de zinc utilisés présentent donc d'importantes différences, relatives à:

- L'aire spécifique.
- La teneur en impuretés. Le contenu en impuretés cationiques déterminé par analyse, est généralement connu. Il n'en est pas de même pour le résidu anionique provenant du sel de départ. Lorsque celui-ci est organique, il peut subsister dans le ZnO un résidu susceptible de réagir avec l'oxygène, compliquant de ce fait les phénomènes de sorption.
- La stoechiométrie du solide: le ZnO obtenu n'est généralement pas stoechiométrique. La teneur de Zn en excès qui détermine la position du niveau de Fermi dans la masse et influence la hauteur de la barrière de surface n'est, à une exception près [15], jamais donnée, alors qu'il s'agit d'une grandeur importante pour la détermination du signe de l'effet photosorptif.
- La charge de surface. Celle-ci détermine la hauteur de la barrière de surface. Elle n'apparaît jamais dans les données expérimentales.

Outre les différences portant sur les échantillons d'oxyde de zinc utilisés, il faut également souligner des divergences dans les méthodes de travail. On peut à ce sujet faire deux remarques importantes:

- Les mesures de conductivité sont généralement effectuées dans des conditions de fréquence fort différentes. A une exception près [13], les auteurs ne semblent généralement pas se soucier de la dépendance de la conductivité d'échantillons polycristallins vis-à-vis de la fréquence. Il a cependant été montré que les mesures à basse fréquence correspondent à la conductivité de la région de surface, alors que, en haute fréquence, les résultats reflètent les propriétés de la masse du solide.
- La plupart des expérimentateurs utilisent soit des mesures de conductivité, soit des mesures directes de quantités adsorbées, mais rarement les deux types de mesures conjointement. Comte tenu de la remarque précédente concernant l'influence de la fréquence, on peut certainement suspecter certaines interprétations de la variation de la photoconductivité en fonction d'une adsorption ou d'une désorption.

Le problème se complique encore du fait de l'existence de plusieurs formes de chimisorption, atomiques ou moléculaires, avec différentes valeurs possibles de la charge. Enfin, une dernière difficulté résulte, à température élevée, de la possibilité de migration d'atomes de zinc interstitiels entre la masse du solide et la surface, entraînant des modifications de la charge de surface (et donc de la barrière de surface).

Pour conclure ce long préambule critique du problème, il semble opportun de citer

VOLKENSTEIN [21]: «Les résultats confirmant ou infirmant la théorie électronique de la catalyse souvent ne confirment ou n'infirment rien, parce qu'ils sont les fruits d'une expérience insuffisamment critique.»
Indépendamment des critiques précédentes, l'nesemble des données expérimentales permet de se faire une idée qualitative du problème.
Soulignons immédiatement que l'énergie des photons utilisés ne semble pas avoir une influence déterminante sur la photoadsorption de l'oxygène, pour autant que cette énergie soit supérieure à la hauteur de la bande interdite (3,2 eV) du ZnO [12]. Cependant, l'absorption des photons d'une énergie inférieure à 3,2 eV, dans certaines conditions sur lesquelles nous reviendrons par la suite, semble donner lieu à des effets particuliers.
Les auteurs distinguent généralement deux espèces d'oxyde de zinc présentant de propriétés photosorptives opposées:

- un ZnO dit «reduit» obtenu généralement sous vide ou sous hydrogène à température élevée,
- un ZnO «oxydé» obtenu à température élevée en atmosphère d'oxygène.

La forme réduite contient une proportion importante d'atomes de Zn en position interstitielle et le niveau de Fermi est très voisin de la bande de conduction; dans l'espèce oxydée, cette concentration est beaucoup plus faible et le niveau de Fermi s'éloigne de la bande de conduction. La position du niveau de Fermi dans la masse est exprimée par la relation classique:

$$E_v^- = k\,T \ln \frac{Cn}{Ni}$$

où Ni et Cn représentent respectivement le nombre d'atomes de Zn interstitiels et le nombre de niveaux disponibles dans la bande de conduction. La distinction de deux espèces de signe s'est imposée naturellement puisque les auteurs rapportent généralement que le signe de l'effet photosorptif diffère pour les deux espèces. Le désaccord entre les auteurs ne concerne que le signe lui-même. Certains – tels BARRY et STONE, HABER [11–15] et KOWALSKA –, observent la photoadsorption de O_2 en présence de ZnO «réduit» et la photodésorption enprésence de ZnO «oxydé». D'autres, tels KWAN et SOLONITSIN [16, 17] concluent au contraire à la photoadsorption sur échantillons oxydés et à la photodésorption sur échantillons «réduits». Les observations de MOLINARI et al. [18] sont en accord avec celles de KWAN à haute température, mais à température ordinaire ces auteurs concluent à la photodésorption pour les 2 espèces d'oxyde de zinc. Remarquons enfin que la photoadsorption, lorsqu'elle est observée, est toujours irréversible.
Pour expliquer les divergences, VOLKENSTEIN et KARPENKO remarquent que la grandeur exprimant le signe de l'effet photoadsorptif, peut se mettre sous la forme:

$$F^- = E_v^- - V_{0s} - v^- = k\,T \ln \frac{Cn}{Ni} - \lambda\sigma^2/Ni - v^-$$

Dans cette expression, σ est la charge de surface, λ la constante de proportionnalité intervenant dans l'expression de la barrière de SCHOTTKY, les autres symboles ayant leur signification habituelle. VOLKENSTEIN et KARPENKO [2c], font remarquer que, à σ et T constants, la courbe de F^- en fonction de N_i (nombre de zinc interstitiels) change deux fois de signe et présente l'allure décrite par la figure 2; ceci expliquerait donc les désaccords cités.
En pratique, une justification quantitative sur la base de cette hypothèse est impossible: les valeurs de barrière de surface ne sont pas connues et parmi les expérimentateurs cités, seuls HABER et KOWALSKA [15] ont dosé l'excès de Zn métallique contenu dans l'oxyde de zinc. Ces auteurs ont d'ailleurs vérifié qu'il existe une valeur de la concentra-

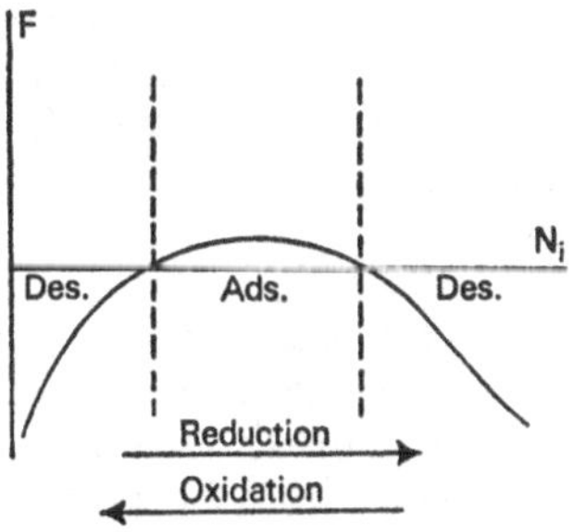

Fig. 2. Dépendance du signe de l'effet photosorptif vis-à-vis du contenu en impuretés du semiconducteur (d'après Volkenstein et Karpenko)

tion de zinc en excès pour laquelle le photoeffet est nul et de part et d'autre de laquelle on observe soit la photoadsorption soit la photodésorption.

En outre, la suggestion de Volkenstein et Karpenko ne semble pas très réaliste. Tout d'abord, l'hypothèse de la constance de la charge de la surface n'est supportée par aucun fait. La concentration de zinc métallique, en excès, même pour le ZnO les plus «oxydés» n'est vraisemblablement jamais très inférieure à la valeur citée par Haber et Kowalska [15], soit ≅ 40 ppm. Dans ces conditions, à température ordinaire, $E_{\bar{V}}$ est toujours inférieur à 0,1 eV. Les valeurs citées par Morrison [22] pour v^- varient entre 0,5 à 0,8 eV, suivant la charge portée par l'ion oxygène adsorbé. Dès lors, à moins d'admette que V_{os} puisse présenter une valeur négative, F^- devrait dans tous les cas être négatif, et seule la photodésorption serait observable. Or, la photoadsorption est observable tant sur les échantillons réduits que sur les échantillons oxydés. L'hypothèse d'une barrière négative, correspondant à une accentuation du caractère n en surface, est parfaitement plausible et implique vraisemblablement que la concentration de zinc est plus importante à la surface que dans la masse. Cet excès de zinc à la surface peut d'ailleurs résulter d'une migration de la masse vers la surface, par suite du champ créé par les ions oxygènes adsorbés.

Si l'on admet que la barrière de surface est négative, on justifie facilement par la théorie électronique que le passage de la photodésorption à la photoadsorption s'observe lors de l'augmentation de la concentration en zinc métallique, correspondant à une réduction plus poussée du ZnO.

En effet, le signe de l'effet photosorptif est alors donné par:

$$F^- = kT \ln \frac{Cn}{Ni} + \frac{\lambda\sigma^2}{Ni} - v^-$$

où σ est la densité de charge positive à la surface.

L'oxydation du ZnO se traduit par une accumulation de charges négatives en surface, c'est-à-dire par une diminution de σ et une diminution concommittante de Ni. Si l'on néglige l'influence (logarithmique) de Ni sur le premier terme de l'expression de F^-, on voit que $\lambda\sigma^2/N_i$ varie à peu près comme σ. L'oxydation conduit donc à une diminution de F^- qui peut de ce fait devenir négatif.

Il est plus malaisé de justifier les résultats inverses [16–18]. Une première explication possible consiste à admettre que les valeurs de la barrière de surface, dépendant de conditions toujours particulières de préparation et influencées par le taux de recouvrement de la surface en oxygène, sont toujours telles que les conditions imposées par la théorie électronique pour l'observation de la photoadsorption ou de la photodésorption soient remplies. Ceci est possible, mais cette explication «ad hoc» n'est confirmée, ni d'ailleurs infirmée, par aucune valeur chiffrée, et finalement est peu satisfaisante pour un esprit critique. Une seconde explication possible fait appel a différentes formes d'oxygène chimisorbées, telles que O_2^-, O^- et O^{2-} ; chacune de ces formes est caractérisée par une valeur propre de v^- [21]. Des auteurs [12, 13] admettent d'ailleurs, à la température ordinaire où la plupart des mesures de photosorption sont effectuées, la coexistence

de deux formes d'oxygène chimisorbé, tantôt O_2^- et O^-, tantôt O^- et O^{2-}. Il est donc assez normal que différentes valeurs de v^- puissent donner lieu à d'apparantes fluctuations du signe de l'effet photosorptif. Sans vouloir discuter dans le détail chaque travail cité précédemment, remarquons que cette hypothèse est plausible, peut certainement s'appliquer dans certains cas, mais ne semble pas susceptible d'offrir une explication générale.
Une hypothèse, susceptible d'application très générale dans les phénomènes de photodésorption, a été présenté par MOLINARI et coll. [18] pour expliquer, par des mécanismes d'adsorption-désorption, les variations de signes de la photoconductivité du ZnO. C'est l'hypothesè de la désorption directe. Dans la formulation de leur auteur, elle est assez semblable à l'hypothèse de désorption directe que nous avons nous-mêmes formulée dans le cas de la désorption induite par le rayonnement X de CO, CO_2 et O_2 adsorbés sur l'alumine. Elle s'appuie principalement sur le fait que les échantillons de ZnO réduits, et contenant donc une quantité importante de Zn métallique interstitiel, absorbent les photons dont l'énergie est inférieure à la hauteur interdite du ZnO. Les auteurs cités admettent que cette énergie est susceptible d'être transférée aux ions oxygène adsorbés à une distance du centre absorbant, inférieure à une certaine valeur critique, par un mécanisme qui pourrait être assez semblable à celui proposé pour le transfert entre sensibiliateur et activateur dans les substances luminescentes. Rappelons ici que dans l'hypothèse de désorption directe que nous avons formulée et qui ne pouvait, vu la haute énergie des photons utilisés, tenir compte de centres d'absorption sélective, la désorption devait résulter d'une interaction directe entre les espèces adsorbées et les photons incidents ou ses produits de dégradation: photons de plus faible énergie, phonons, ou excitons. Les deux modèles de désorption directe concordent sur les points suivants: la vitesse de désorption est proportionnelle à l'intensité du rayonnement et au taux de recouvrement de la surface: la contribution de ce mécanisme est importante à taux de revouvrement élevé: dans le cas favorables, le mécanisme de désorption directe peut masquer le mécanisme électronique de photoadsorption. L'hypothèse de MOLINARI et al. permet d'expliquer leurs observations concernant la dépendance de la photoconductivité vis-à-vis de la fréquence de la lumière utilisée et les différences entre les cinétiques de croissance de la photoconductivité et de retour à l'équilibre dans l'obscurité. Mais elle fournit aussi une explication extrêmement plausible des résultats de FUJITA et KWAN [16] qui ont observé la photoadsorption sur ZnO «réduit» et la photodésorption sur ZnO «oxydés». Dans cette hypothèse la photoadsorption par un mécanisme électronique aurait du être observée par KWAN sur tous les échantillons, tant oxydés que réduits, photoadsorption masquée par la photodésorption directe dans le cas des échantillons présentant la capacité d'adsorption la plus importante vis-à-vis de l'oxygène, c'est à dire, comme ces auteurs l'ont constaté, les échantillons «oxydés». On peut trouver une confirmation supplémentaire de cette hypothèse dans le fait que la photodésorption observée par KWAN sur les échantillons oxydés, est partiellement irréversible. Il est tentant d'établir une correspondance entre cette partie irréversible et une quantité d'oxygène photoadsorbée par un mécanisme électronique qui inhiberait la réadsorption lors de l'arrêt de l'irradiation.

Cette revue des problèmes posés par l'interprétation des phénomènes de photoadsorption et de photodésorption a permis de mettre en lumière les points suivants qui devront être abordés dans la discussion générale:

- le fait que la photoadsorption soit en général irréversible,
- l'existence, du moins hautement probable, de processus de désorption dite «directe» procédant par un mécanisme non électronique.

En outre, la complexité des phénomènes est telle, qu'un grand nombre de mesures complémentaire telles que la mesure des écarts à la stoechiométrie, des taux d'impuretés, des spectres d'adsorption, etc., sont nécessaires pour interpréter valablement les résultats dans le cadre de la théorie électronique. C'est le progrès majeur à réaliser dans les travaux futurs.

4. Influence de l'irradiation ou de l'illumination sur l'oxydation catalytique du CO

L'étude des réactions catalytiques sous rayonnement est limitée ici à l'oxydation du CO. Cette réaction est une des plus étudiées dans le domaine de la catalyse fondamentale et peut être considérée comme une réaction test. Elle a déjà fait l'objet de plusieurs études radio- et photocatalytiques sur divers catalyseurs: Al_2O_3 [24], Cu_2O [28] et surout ZnO [14, 26–29].

La première conclusion à tirer de l'examen des travaux précités, concerne le caractère relativement spectaculaire de l'influence de l'irradiation UV ou X sur l'activité catalytique. En effet, l'irradiation confère au solide une activité catalytique importante, généralement indépendante ou peu dépendante de la température et fonction seulement de l'intensité du rayonnement, dans un domaine de température où ce solide, non irradié, n'induit aucune transformation mesurable du mélange réactionnel. A température élevée par contre, l'activité photocatalytique ne diffère pas de l'activité catalytique normale. Ceci peut être illustré par le graphique d'ARRHENIUS de la figure 3 où la courbe en trait plein concerne la catalyse par Al_2O_3 irradié et la courbe pointillée la réaction sur Al_2O_3 non irradié. Des graphiques d'ARRHENIUS de ce type ont été obtenus par tous les expérimentateurs ayant étudié la dépendance de l'activité photocatalytique vis-à-vis de la température [24, 26, 27, 28].

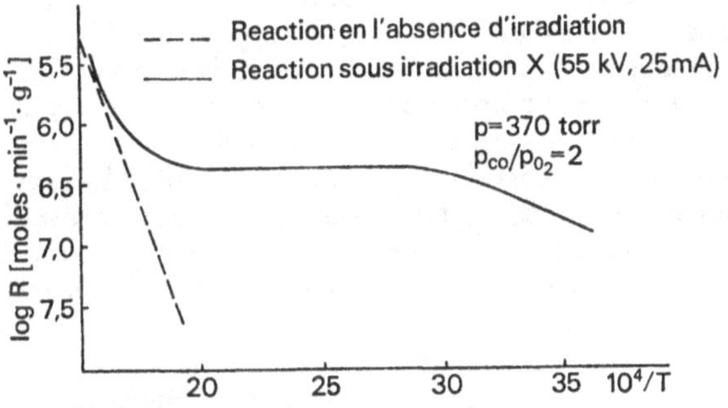

Fig. 3. Dépendance de l'activité catalytique et photocatalytique vis-à-vis de la température (réaction $CO + O_2$ en presence d'Al_2O_3 [24])

Il est donc permis de considérer que le rayonnement induit une activité photocatalytique propre qui s'ajoute à l'activité catalytique normale et, suivant le domaine de température, masque complètement celle-ci ou est masquée par elle. Le fait se comprend aisément si l'on admet que l'activité catalytique dépend des concentrations de porteurs libres, donc de la température, et qu'un effet marqué de l'irradiation ne peut être obtenu que si celle-ci modifie notablement la concentration d'au moins une des deux espèces de porteurs. Pour une intensité donnée, ceci n'est évidemment possible qu'à une température suffisamment basse. Cependant, lorsque la vitesse de réaction est déterminée avant tout par la concentration des porteurs minoritaires – cas par exemple d'une réaction donneur sur semiconducteur n –, un effet marqué de l'irradiation peut être obtenu pour des intensités relativement basses. Ceci a été observé lors de l'irradiation de l'alumine et de l'oxyde de zinc et peut être illustré par la dépendance de la vitesse de réaction photocatalytique vis-à-vis de l'intensité du rayonnement représentée à la figure 4 [24, 26]. On y remarque que, à une température où la réaction en l'absence de rayonnement est non mesurable, une variation d'un facteur 25 de l'intensité n'induit qu'une variation d'un

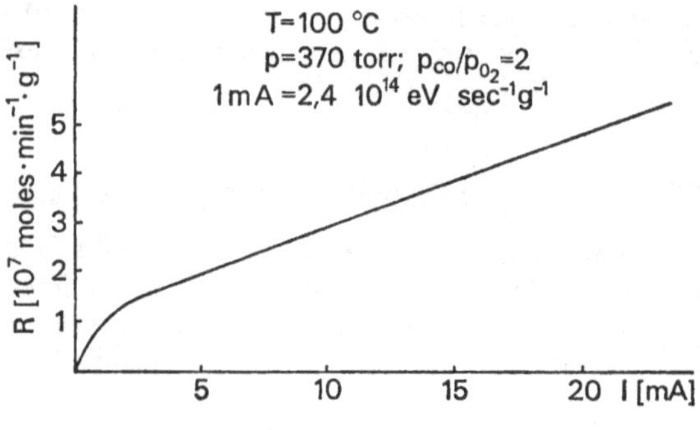

Fig. 4. Dépendance de l'activité photocatalytique vis-à-vis de l'intensité de l'irradiation (réaction $CO + O_2$ en presence d'Al_2O_3 [24])

facteur 5 sur la vitesse. Une dépendance marqué vis-à-vis de l'intensité doit donc exister, mais pour des intensités très faibles.

Les deux conséquences principales de l'application du rayonnement au catalyseur sont donc:

- L'abaissement notable de la température où la réaction catalytique peut procéder effectivement, abaissement qui dépend de l'intensité du rayonnement suivant une loi complexe;
- L'indépendance, ou en tous cas la très faible dépendance, de la vitesse de réaction photocatalytique vis-à-vis de la température.

Ce dernier point s'interprête facilement si l'on admet que l'étape déterminante de la vitesse est le plus souvent une étape de chimisorption forte. Dans le cas de solides à large bande soumis à l'irradiation, le rapport $N^{\mp}/N^{\circ}$ des concentrations de formes fortes et faible peut, en effet, ne pas dépendre de la température (cfr § 2).

Divers autres points intéressants peuvent encore être soulignés. Le premier concerne la cinétique de la réaction. Dans la plupart des cas considérés ici, l'ordre de la réaction par rapport aux pressions partielles des réactifs n'est pas modifié par l'irradiation. Le mécanisme de la réaction photocatalytique est donc vraisemblablement identique au mécanisme de la réaction «thermique». Ceci permet de conclure que l'irradiation du catalyseur constitue une technique valable pour l'étude du mécanisme des réactions catalytiques. Ainsi par exemple, la vitesse de la réaction photocatalytique d'oxydation du CO sur alumine est indépendante de la température dans un large domaine de variation de celle-ci, alors que dans ce même domaine l'irradiation du catalyseur en atmosphère de CO_2 donne lieu, tantot à une adsorption, tantot à une désorption importante; la désorption du CO_2 n'est donc pas l'étape déterminante de la réaction catalytique.

Une modification de l'ordre de la réaction d'oxydation du CO par rapport à la pression d'oxygène est cependant signalée [14] dans le cas de l'oxyde de zinc, l'ordre en l'absence de rayonnement étant 1, tandis que sous rayonnement l'augmentation de la pression d'oxygène se traduit par une inhibition de la réaction. Ce résultat est interprêté par un empoisonnement du catalyseur résultant de la migration des atomes de zinc interstitiels de la masse vers la surface du solide, migration provoquée par le champ créé par les ions oxygène photoadsorbés. Cette interprétation est probablement correcte. Elle n'est cependant pas la seule possible. Nous avons montré dans un travail antérieur [3] qu'une modification du mécanisme réactionnel donnant presque nécessairement lieu à un changement de l'ordre de la réaction, peut résulter de l'irradiation. Ce sera notamment le cas si l'espèce chimisorbée jouant le rôle d'intermédiaire actif dans la réaction, est constituée, sous rayonnement, par l'un des réactifs et en l'absence de rayonnement par l'autre réactif.

De semblables modifications de mécanisme sont relativement peu probables dans le cas d'une réaction aussi simple que l'oxydation du CO, mais peuvent se manifester dans le cas d'un réaction plus complexe pouvant conduire par deux mécanismes différents à deux espèces de produits de la réaction. C'est le cas par exemple de la décomposition de l'acide formique où nous avons pu montrer que l'irradiation du catalyseur (Al_2O_2) n'avait pratiquement pas d'influence sur le taux de décomposition, mais modifiait les contributions relatives des mécanismes de déhydratation et de déshydrogénation.

L'influence du doping du catalyseur sur l'activité photocatalytique a fait l'objet d'un petit nombre d'expériences dans le cas de l'oxyde de zinc [14] et de l'oxyde cuivreux [28, 29].

Dans le cas de l'oxyde cuivreux, le parallélisme obtenu entre la vitesse de la réaction photocatalytique et la conductivité des échantillons à la température de l'expérience, est assez remarquable, le maximum de photoactivité et de conductivité étant obtenu pour le Cu_2O pur; ces deux grandeurs décroissent régulièrement avec l'augmentation de la teneur en impuretés (Sb ou S). Ces expériences n'ont malheureusement été effectuées qu'à la température ordinaire, où l'activité catalytique est non mesurable en l'absence de rayonnement.

Dans le cas de l'oxyde de zinc, le problème est plus complexe. En effet, la modification de la teneur en zinc interstitiel et en lacunes d'oxygène, peut être obtenue non seulement par dopage mais aussi par traitement thermique en atmosphère oxydante ou réductrice. De plus, l'aire spécifique est influencée par le dopage. Enfin, les atomes de zinc intertitiels absorbent considérablement les photons de 4000 à 4500 Å de longueur d'onde. Lorsque un rayonnement polychromatique contenant cette gamme de longueurs d'onde est utilisé, les différences de rendement entre deux échantillons dopés différemment, peuvent résulter de doses différentes d'énergie lumineuse absorbée. L'interprétation de l'effet du dopage n'est donc pas immédiate.

Quelques expériences effectuées à basse pression et température ordinaire uniquement sont rapportées par STONE [14]. L'auteur signale que, en l'absence de rayonnement, le doping (Li_2O, Cu_2O_3) pratiquement n'a d'influence sur la vitesse de réaction. Sous rayonnement, les activités photocatalytiques des divers échantillons se présentent dans l'ordre décroissant suivant: ZnO dopé en Li_2O, ZnO pur, ZnO dopé par Cu_2O_3. Un classement identique est obtenu en se basant sur l'amplitude de la photodésorption de l'oxygène et de la photoadsorption du CO.

Les résultats de HAUFFE [28] corroborent en partie les résultats précédents. Cet auteur constate en effet que l'influence du rayonnement ne se manifeste que pour les échantillons d'oxyde de zinc dopés au Li_2O, et seulement dans des conditions assez particulières, puisqu'il s'agit d'échantillons «oxydés» dont l'activité catalytique n'est pas stationnaire; lorsque une valeur stationnaire de l'activité est atteinte, l'influence de l'irradiation disparait.

La conclusion théorique concernant l'indépendance de l'activité photocatalytique vis-à-vis de la position du niveau de Fermi (cfr § 2), ne semble donc pas avoir reçu de confirmation expérimentale.

Remarquons encore que les échantillons de ZnO dopés par Li_2O sont ceux qui, en l'absence de rayonnement, présentent l'activité catalytique la plus faible vis-à-vis de l'oxydation du CO. Les catalyseurs cités ici, ZnO, Al_2O_3, dont l'activité catalytique est influencée de manière importante par l'irradiation, ne sont d'ailleurs pas des catalyseurs très actifs vis-à-vis de l'oxydation du CO. Des expériences réalisées dans notre laboratoire, à l'aide de NiO qui est un catalyseur très actif vis-à-vis de cette réaction, indiquent que l'irradiation n'a dans ce cas aucune influence sur l'activité catalytique. On peut pratiquement en conclure en toute généralité que l'influence de l'irradiation ne se manifeste que lorsque l'activité catalytique est faible.

5. Conclusion

Dans l'état actuel des travaux et des idées en photosorption et en photocatalyse, deux remarques quelque peu contradictoires doivent être faites:

- D'une part, du point de vue théorique, le problème est relativement bien compris. On dispose de critères précis concernant les signes de l'effet photosorptif, on peut prévoir l'ampleur des phénomènes de photosorption et en déduire les possibilités de photocatalyse.
- Par contre, l'application des principes théoriques suppose la connaissance de valeurs numériques nombreuses concernant la structure des niveaux d'énergie du solide, valeurs inexistantes, incomplètes, ou difficiles à mesurer. A ce point de vue, un problème se pose: la connaissance de la structure énergétique du solide suppose l'emploi de solides aux propriétés bien défineis, c'est-à-dire, en pratique, de monocristaux; d'autre part, ces monocristaux risquent de n'avoir que des rapports assez lointains avec les catalyseurs polycristallins utilisés par les chimistes qui s'occupent de catalyse.

Il faut encore remarquer que les recherches dans le domaine de la photocatalyse présentent souvent un caractère décevant. Des effets marqués de l'irradiation ne se manifestant généralement que dans des domaines assez restreints de température et de pression, les résultats négatifs sont de ce fait beaucoup plus nombreux que les résultats positifs; ceux-ci ne sont d'ailleurs obtenus qu'en présence de solides généralement peu actifs au point de vue catalytique.

Les résultats obtenus jusqu'à présent permettent en tout cas de tirer deux conclusions importantes, non directement prévues par la théorie et dont celle-ci aura à tenir compte.

La première des ces conclusions concerne le mécanisme de désorption directe sous irradiation. Ce mécanisme où les porteurs libres créés par l'irradiation n'interviennent pas directement, a été proposé indépendamment par différents groupes de chercheurs. Il est susceptible de jouer un rôle dans tous les phénomènes de photosorption et semble intervenir de manière importante dans des circonstances relativement différentes: désorption de molécules photoadsorbées irréversiblement sur isolant (cas de O_2 et de CO sur Al_2O_3), désorption de molécules adsorbées faiblement (cas du CO_2 sur Al_2O_3), désorption de molécules chimisorbées à l'intervention de centres actifs absorbant sélectivement certains photons (cas de l'O_2 sur ZnO, les centres actifs étant les atomes de Zn interstitiels). La désorption directe apparaît donc comme un phénomène très général. Son mécanisme exact reste à définir et doit faire l'objet de recherches théoriques.

La seconde conclusion concerne l'aspect «localisé» auquel les phénomènes de photosorption conduisent fréquemment. Une des conclusions du précédent congrès de Catalyse d'Amsterdam concernait le retour à une conception »localisée» de l'adsorption et de la catalyse [32]. Dans cette conception, l'adsorption se produit donc sur certains «centres actifs«. Les expériences de photoadsorption décrites plus haut sont conformes à cette idée. Elles conduisent à la notion de centres photoactivables qui seraient constitués par certain défauts «biographiques» sur lesquels se fixeraient les valences libres (électrons ou trous livres) créées par le rayonnement. Ceci est parfaitement compatible avec la théorie électronique, mais enrichit cette théorie d'une notion supplémentaire. Cet aspect «localisé» des phénomènes de photosorption a d'ailleurs déjà été mis en évidence par STONE [33] dans des travaux sur oxyde de nickel non repris dans la présente revue.

Les résultats obtenus et les conclusions auxquelles nous venons d'aboutir, justifient notre intérêt pour les expériences de photoadsorption et de photocatalyse qui ont permis d'améliorer notre connaissance de l'acte catalytique.

Remerciements

Nous tenons à remercier les Drs J. DECOT et L. DEGOLS avec qui nous avons eu d'intéressantes discussions.

Literature

1. R. Coekelbergs, A. Crucq & A. Frennet: Adv. Catalysis, **13**, 55 (1962).
2. a) T. Volkenstein: Théorie électronique de la Catalyse sur les Semiconducteurs, Masson, Paris 1961.
   b) T. Volkenstein: Disc. Farad. Soc., **31**, 209 (1961).
   c) T. Volkenstein & I. V. Karpenko: J. Appl. Phys., **33**, 460 (1962).
3. R. Coekelbergs, A. Crucq, J. Decot, L. Degols, A. Frennet, G. Lienard & L. Timmerman: Industrial Uses of Large Radiation Sources, II, 3 (1963), IAEA Vienna.
4. S. N. Levine: Photochem. & Photobiology, **4**, 391 (1965).
5. S. R. Morrison & T. Freund: J. Chem. Phys., **47**, 1543 (1967).
6. H. W. Kohn & E. H. Taylor: Actes 2e Congrès Catal. Paris, Technip, **1461** (1961).
7. R. Coekelbergs, A. Crucq, J. Decot, A. Frennet & L. Timmerman: J. Chim. Phys., 891 (1963).
8. R. Coekelbergs, A. Crucq, J. Decot, L. Degols, M. Randoux & L. Timmerman: J. Phys. Chem. Sol., 1983 (1965).
9. Y. Kolbanovskii & Y. Pepelayev: Kinetics & Catalysis, **6**, 203 (1965).
10. R. Coekelbergs, A. Crucq, J. Decot, L. Degols, M. Randoux & L. Timmerman: J. Chim. Phys., 218 (1966).
11. T. Barry & F. S. Stone: Proc. Roy. Soc. (London), **A 225**, 124 (1960).
12. T. Barry: Actes 2e Congrès Intern. Catalyse Paris (1960), Technip, Paris, 1449 (1961).
13. T. J. Barry & K. Klier: Disc. Farad. Soc., **31**, 219 (1961).
14. E. Romero-Rossi & F. S. Stone: Actes 2e Congrès Intern. Catalyse Paris 1960, Technip, Paris, 1481 (1961).
15. J. Haber & A. Kowalska: Bull. Acad. Pol. Sc., Ser. Sc. Chim. **13**, 463 (1965).
16. Y. Fujita & T. Kwan: J. Res. Inst. Catal. Hokkaido Univ., **7**, 24 (1959).
17. Y. Solonitsin:
    a) Russ. J. Phys. Chem., **36**, 451 (1962),
    b) Kinetics & Catalysis, **6**, 214 (1965),
    c) S. et L. Basov, Kinetics & Catalysis, **6**, 673, (1965).
18. E. Molinari, F. Cramorossa & F. Paniccia: J. Catalysis, **4**, 415 (1965).
19. D. A. Melnick: J. Chem. Phys., **26**, 1136 (1957).
20. D. B. Medved: a) J. Chem. Phys., **28**, 870 (1959),
    b) J. Phys. Chem. Sol., **20**, 255 (1961).
21. T. Volkenstein: Ind. Chim. Belg. **31**, 755 (1966).
22. S.R.Morrison: Adv.Catal.,**7**,259 (1955).
23. J. Haber & A. Kowalska: Bull. Acad. Sc. Pol., Ser. Sc. Chim., **13**, 419 (1965).
24. R. Coekelbergs, A. Crucq, R. Collin, J. Decot, L. Degols & L. Timmerman: J. Catalysis, **6**, 85 (1967).
25. W. M. Ritchey & J. G. Calvert: J. Phys. Chem., **60**, 1465 (1965).
26. A. Crucq, J. Decot & L. Degols: unpublished.
27. G. M. Schwab, F. Steinbach, H. Noller & M. Venugopalam: Zt. Naturforschung, **19a**, 45 (1964).
28. W. Doerffler & K. Hauffe:
    a) J. Catalysis, **3**, 156 (1964),
    b) ibid., **3**, 171 (1964).
29. T. S. Nagarjunan & J. G. Calvert: J. Phys. Chem., **63**, 17 (1964).
30. A. Crucq, J. Decot & L. Degols, unpublished.
31. A. Crucq, J. Decot & L. Degols, unpublished.
32. A. Schuit: Coloquio sobre Química Física de Procesos en Superficies Sólidas, Consejo Superior de Investig. Científicas, Madrid, 475 (1965).
33. F. S. Stone: ibidem, 109.

ARBEITSMETHODEN DER MODERNEN NATURWISSENSCHAFTEN

Herausgegeben von Prof. Dr. Kurt Fischbeck, Heidelberg

Küster-Thiel-Fischbeck

Logarithmische Rechentafeln

für Chemiker, Pharmazeuten, Mediziner und Physiker

100., verbesserte und vermehrte Auflage. Mit 1 Mantissentaf. Oktav. XVI, 310 Seiten. 1969. Plastikeinband DM 22,—

Erik Asmus

Einführung in die höhere Mathematik und ihre Anwendungen

Ein Hilfsbuch für Chemiker, Physiker und andere Naturwissenschaftler

5., verbesserte Auflage.
Oktav. Mit 184 Abbildungen im Text. XII, 410 Seiten. 1969. Plastikeinband DM 24,—

György Pataki

Dünnschichtchromatographie in der Aminosäure- und Peptid-Chemie

Oktav. Mit 128 Abbildungen, 52 Tabellen, 1 Ausschlagtafel, 463 Literaturangaben. XX, 250 Seiten. 1966. Plastikeinband DM 38,—

Konrad Dorfner

Ionenaustauscher

Eigenschaften und Anwendungen

2., überarbeitete und erweiterte Auflage.
Oktav. Mit 63 Abbildungen. VIII, 211 Seiten. 1964. Plastikeinband DM 28,—
